高等学校教材

工程数学
复变函数、积分变换与场论

南京理工大学理学院　许孟　编

高等教育出版社·北京

内容提要

本书系统地讲解了复变函数、积分变换和场论的相关基础知识。全书共十章，介绍了复变函数的基本概念、解析函数、复变函数的积分学、复级数、留数、Fourier 变换、Laplace 变换和场论，其中积分变换中的 Mellin 变换、Hankel 变换和 Z 变换可作为延伸阅读材料。学习者通过学习和巩固练习，不仅能够掌握相关知识，还能够应用复变函数和积分变换的方法和技巧，处理工科专业的相关实际问题。为了便于学习者及时检查学习效果，把握学习进度，每章后面都附有适量的习题。

本书可作为已学过工科数学分析或高等数学、线性代数等课程的基础知识，进一步学习复变函数、积分变换、场论基础知识的工科专业本科生的教材，也可供行业技术人员参考。

图书在版编目(CIP)数据

工程数学.复变函数、积分变换与场论/许孟编.--北京:高等教育出版社,2020.7 (2023.6重印)

ISBN 978-7-04-053851-9

Ⅰ.①工… Ⅱ.①许… Ⅲ.①工程数学-高等学校-教材②复变函数-高等学校-教材③积分变换-高等学校-教材④场论-高等学校-教材 Ⅳ.①TB11

中国版本图书馆 CIP 数据核字(2020)第 041809 号

GONGCHENG SHUXUE FUBIAN HANSHU JIFEN BIANHUAN YU CHANGLUN

策划编辑 高 从　　责任编辑 高 从　　封面设计 姜 磊　　版式设计 杨 树
插图绘制 于 博　　责任校对 陈 杨　　责任印制 韩 刚

出版发行 高等教育出版社
社　　址 北京市西城区德外大街 4 号
邮政编码 100120
印　　刷 运河（唐山）印务有限公司
开　　本 787mm×960mm 1/16
印　　张 20
字　　数 360 千字
购书热线 010-58581118
咨询电话 400-810-0598

网　　址 http://www.hep.edu.cn
http://www.hep.com.cn
网上订购 http://www.hepmall.com.cn
http://www.hepmall.com
http://www.hepmall.cn
版　　次 2020 年 7 月第 1 版
印　　次 2023 年 6 月第 3 次印刷
定　　价 41.00 元

本书如有缺页、倒页、脱页等质量问题，请到所购图书销售部门联系调换

物 料 号 53851-00

工程数学 复变函数、积分变换与场论

南京理工大学理学院
许孟

1 计算机访问http://abook.hep.com.cn/1225679，或手机扫描二维码、下载并安装Abook应用。
2 注册并登录，进入“我的课程”。
3 输入封底数字课程账号（20位密码，刮开涂层可见），或通过Abook应用扫描封底数字课程账号二维码，完成课程绑定。
4 单击“进入课程”按钮，开始本数字课程的学习。

课程绑定后一年为数字课程使用有效期。受硬件限制，部分内容无法在手机端显示，请按提示通过计算机访问学习。

如有使用问题，请发邮件至abook@hep.com.cn。

http://abook.hep.com.cn/1225679

前　　言

本书是立足于经济社会发展需求和人才培养目标，同时结合编者多年教学实践经验和体会编写而成的，教材内容吸收和消化近年国内外优秀教材的优点，强调数学的逻辑规范性和延续性，突出数学知识的引入和应用。

在内容安排上，根据工科各专业对数学知识的不同需求对教学内容和教学课时进行区分，总课时分为 32、48、56 和 64 四种。通过教学内容的模块化组合，达到符合各专业实际需求的目的，使学生学有所用、学以致用，真正发挥好数学的工具作用。

凡教学中的难点都用 △ 号标出，超出大纲要求的内容都用 * 号标出，可根据各专业的需要来选用。四种教学课时的具体分配及适用专业见如下简表：

分章	课程内容	课时分配			
		32 课时	48 课时	56 课时	64 课时
第一章	复数域与复变函数	5	5	5	5
第二章	解析函数	9	9	9	12
第三章	复积分	6	6	6	7
第四章	级数	6	6	6	6
第五章	留数及其应用	6	6	6	6
第六章	Fourier 变换	0	9	7	10
第七章	Laplace 变换	0	7	7	8
* 第八章	Mellin 变换和 Hankel 变换	0	0	0	0
* 第九章	Z 变换	0	0	0	0
第十章	场论	0	0	10	10
课时总计		32	48	56	64
适用一级学科		材料科学与工程	环境科学与工程、信息与通信工程	动力工程及工程热物理、电气工程	机械工程、电子科学技术

本书的编写得到了南京理工大学教务处、理学院分管领导和学校各工科院系师生的大力支持和帮助，在此深表感谢！成书过程中，复旦大学、上海交通大学、国防科技大学和湖南大学等兄弟院校的同行慷慨地提供了许多宝贵的经验和资料，在此同样深表感谢！郑州大学的李梦如教授逐字逐句审阅了书稿，并提出了许多宝贵的意见和建议，使本书在内容和体系上更符合学生的认知规律。编辑高丛女士也为本书倾注了很多心血，做了大量辛勤的工作。在此，一并表示感谢！

由于时间仓促，编者水平和经验有限，书中难免存在欠妥之处，恳请广大读者批评指正。

编　者

2019 年 12 月

目　　录

第一章　复数域与复变函数

作为复变函数的基础知识, 本章我们先简单介绍复数域, 然后学习常见的初等函数, 最后给出一些复数的应用.

§1.1　复数的定义

首先我们给出复数的概念.

定义 1.1　称 i 为**虚数单位** (imaginary unit), 规定 $\mathrm{i}^2=-1$. 对任意的 $x,y\in\mathbf{R}$, 称 $z=x+y\mathrm{i}$ 为**复数** (complex number), x 称为 z 的**实部** (real part), 记为 $x=\mathrm{Re}(z)$. y 称为 z 的**虚部** (imaginary part), 记为 $y=\mathrm{Im}(z)$. 当 $x=0$, $y\neq 0$ 时, $z=y\mathrm{i}$ 称为**纯虚数** (pure imaginary number).

定义 1.2　两个复数**相等**, 是指它们的实部和虚部分别相等.
若一个复数的实部和虚部都等于 0, 则称这个复数为 0.

例 1.1　已知 $(x+y)+(x-2y)\mathrm{i}=(2x-5)+(3x+y)\mathrm{i}$, 求实数 x,y 的值.

解　根据两个复数相等的定义, 可得 $x+y=2x-5$ 和 $x-2y=3x+y$. 解得 $x=3$ 和 $y=-2$. □

注 1.1　与实数不同, 一般来说任意两个复数不能比较大小.

§1.2　复数的代数运算与复数集

本节我们将学习复数的一些运算和运算的性质.

定义 1.3　称复数 $x-\mathrm{i}y$ 是复数 $z=x+\mathrm{i}y$ 的**共轭复数** (conjugate complex number), 记为 $\bar{z}$.

定义 1.4 对两个复数 $z_1 = x_1 + \mathrm{i}y_1$ 和 $z_2 = x_2 + \mathrm{i}y_2$, 称

$$(x_1 + x_2) + \mathrm{i}(y_1 + y_2), \quad (x_1 - x_2) + \mathrm{i}(y_1 - y_2)$$

分别为 z_1 与 z_2 的**和** (sum) 与**差** (difference), 并分别记为 $z_1 + z_2$ 和 $z_1 - z_2$. 称

$$(x_1x_2 - y_1y_2) + \mathrm{i}(x_1y_2 + x_2y_1)$$

为 z_1 与 z_2 的**积** (product), 记为 $z_1 \cdot z_2$ 或 z_1z_2.

对复数 $z = x + \mathrm{i}y$, 称非负实数

$$\sqrt{x^2 + y^2}$$

为 z 的 **模** (module) 或**绝对值** (absolute value), 记为 $|z|$.

根据复数 z 与 $\bar{z}$ 的积的定义, 我们可得

$$z\bar{z} = (x + \mathrm{i}y)(x - \mathrm{i}y) = x^2 + y^2 = |z|^2.$$

定义 1.5 称满足 $z_2z = z_1(z_2 \neq 0)$ 的复数 z 为 z_1 除以 z_2 的**商** (quotient), 记为$\dfrac{z_1}{z_2}$. 于是

$$\frac{z_1}{z_2} = \frac{z_1 \cdot \overline{z_2}}{z_2 \cdot \overline{z_2}} = \frac{(x_1 + \mathrm{i}y_1)(x_2 - \mathrm{i}y_2)}{(x_2 + \mathrm{i}y_2)(x_2 - \mathrm{i}y_2)} = \frac{x_1x_2 + y_1y_2}{x_2^2 + y_2^2} + \mathrm{i}\frac{x_2y_1 - x_1y_2}{x_2^2 + y_2^2}.$$

例 1.2 已知 $z_1 = 3 + 2\mathrm{i}$ 和 $z_2 = 5 - 12\mathrm{i}$, 计算: (1) $\overline{z_1}$ 和 $|z_2|$; (2) $z_1 + z_2$; (3) $z_1 - z_2$; (4) z_1z_2; (5) $\dfrac{z_1}{z_2}$.

解 (1) $\overline{z_1} = 3 - 2\mathrm{i}$, $|z_2| = \sqrt{5^2 + (-12)^2} = 13$.

(2) $z_1 + z_2 = (3 + 5) + (2 - 12)\mathrm{i} = 8 - 10\mathrm{i}$.

(3) $z_1 - z_2 = (3 - 5) + (2 + 12)\mathrm{i} = -2 + 14\mathrm{i}$.

(4) $z_1z_2 = [(3 \cdot 5 - 2 \cdot (-12)] + [3 \cdot (-12) + 2 \cdot 5]\mathrm{i} = 39 - 26\mathrm{i}$.

(5) $$\frac{z_1}{z_2} = \frac{z_1 \cdot \overline{z_2}}{z_2 \cdot \overline{z_2}} = \frac{(3 + 2\mathrm{i})(5 + 12\mathrm{i})}{(5 - 12\mathrm{i})(5 + 12\mathrm{i})}$$
$$= \frac{15 - 24}{5^2 + (-12)^2} + \mathrm{i}\frac{10 + 36}{5^2 + (-12)^2} = \frac{-9 + 46\mathrm{i}}{169}.$$ □

下面我们来看复数运算满足的一些性质.

性质 1.1 对任意复数 $z, z_k(k=1,2,3)$, 复数的运算满足

(1) 交换律 $z_1+z_2=z_2+z_1, \quad z_1z_2=z_2z_1$;

(2) 结合律 $(z_1+z_2)+z_3=z_1+(z_2+z_3), \quad (z_1z_2)z_3=z_1(z_2z_3)$;

(3) 分配律 $(z_1+z_2)z_3=z_1z_3+z_2z_3, \quad z_1(z_2+z_3)=z_1z_2+z_1z_3$;

(4) $z+0=z=0+z, \quad z+(-1)z=0, \quad 1\cdot z=z, \quad 0\cdot z=0$;

(5) $\bar{\bar{z}}=z$;

(6) $z+\bar{z}=2\mathrm{Re}(z), \quad z-\bar{z}=2\mathrm{i}\,\mathrm{Im}(z)$;

(7) $\overline{z_1\pm z_2}=\overline{z_1}\pm\overline{z_2}, \quad \overline{z_1\cdot z_2}=\overline{z_1}\cdot\overline{z_2}, \quad \overline{\left(\dfrac{z_1}{z_2}\right)}=\dfrac{\overline{z_1}}{\overline{z_2}}$;

这些性质比较简单, 留给读者自己证明.

注 1.2 所有复数的全体

$$\{z=x+\mathrm{i}y:\forall\ x,y\in\mathbf{R}\}$$

构成一个复数集合, 记为 $\mathbf{C}$.

显然, 实数集合 $\mathbf{R}$ 是复数集合 $\mathbf{C}$ 的一个真子集, 且将上述复数集合的四则运算限制到实数集合上, 与原来实数集合上的四则运算是一致的. 如果 F 是 $\mathbf{C}$ 的一个子集, 且对四则运算是封闭的 (即 F 中任意两个复数的和、差、积、商 (除数不为零) 都在 F 中), 则称 F 是一个数域 (number field). 特别地, 复数集 $\mathbf{C}$ 构成一个数域, 称为**复数域** (complex field).

例 1.3 若 ξ 是实系数多项式方程

$$c_0z^n+c_1z^{n-1}+\cdots+c_{n-1}z+c_n=0$$

的根, 其中 $n\in\mathbf{N}$, $c_k\in\mathbf{R}$ ($k=0,1,\cdots,n$), $c_0\neq 0$, 则 $\bar{\xi}$ 也是方程

$$c_0z^n+c_1z^{n-1}+\cdots+c_{n-1}z+c_n=0$$

的根.

解 将等式 $c_0\xi^n+c_1\xi^{n-1}+\cdots+c_{n-1}\xi+c_n=0$ 等式两边同时取共轭, 并利用 $\overline{c_k}=c_k$ $(k=0,1,\cdots,n)$ 和共轭运算的性质立得结论. □

例 1.4 对任意 $z_1,z_2\in\mathbf{C}$, 并且当 z_2 作分母时不为零. 证明:

$$|z_1z_2|=|z_1|\cdot|z_2|, \quad \left|\frac{z_1}{z_2}\right|=\frac{|z_1|}{|z_2|}.$$

证明 设 $z_1=x_1+\mathrm{i}y_1,\ z_2=x_2+\mathrm{i}y_2$, 则

$$\begin{aligned}|z_1z_2|&=|(x_1x_2-y_1y_2)+\mathrm{i}(x_1y_2+x_2y_1)|=\sqrt{(x_1x_2-y_1y_2)^2+(x_1y_2+x_2y_1)^2}\\&=\sqrt{x_1^2x_2^2+y_1^2y_2^2+x_1^2y_2^2+x_2^2y_1^2}=\sqrt{(x_1^2+y_1^2)(x_2^2+y_2^2)}=|z_1|\cdot|z_2|.\end{aligned}$$

进一步有 $|z_1|=\left|\dfrac{z_1}{z_2}\cdot z_2\right|=\left|\dfrac{z_1}{z_2}\right|\cdot|z_2|$, 即得第二个等式. □

例 1.5 对任意 $z_1,z_2\in\mathbf{C}$, 证明: $|z_1+z_2|^2=|z_1|^2+|z_2|^2+2\mathrm{Re}(z_1\overline{z_2})$.

证明 因为

$$\begin{aligned}|z_1+z_2|^2&=(z_1+z_2)\overline{(z_1+z_2)}=(z_1+z_2)(\overline{z_1}+\overline{z_2})\\&=z_1\overline{z_1}+z_1\overline{z_2}+z_2\overline{z_1}+z_2\overline{z_2}\\&=|z_1|^2+|z_2|^2+z_1\overline{z_2}+z_2\overline{z_1}\end{aligned}$$

和

$$z_1\overline{z_2}+z_2\overline{z_1}=z_1\overline{z_2}+\overline{z_1\overline{z_2}}=2\mathrm{Re}(z_1\overline{z_2}),$$

所以 $|z_1+z_2|^2=|z_1|^2+|z_2|^2+2\mathrm{Re}(z_1\overline{z_2})$. □

定义 1.6 (1) 对 $n\in\mathbf{N}$, 把 n 个相同复数 z 的乘积, 称为 z 的 n 次**幂** (power), 记为 $z^n=\underbrace{z\cdot\cdots\cdot z}_{n\text{个}}$. 若 $z\neq 0$, 则我们定义$z^{-n}=\dfrac{1}{z^n}$ 和 $z^0=1$.

(2) 把满足方程 $w^n=z\neq 0$ 的 w, 称为 z 的 n 次**方根** (root), 记为 $w=\sqrt[n]{z}$.

§1.3 复数的几何表示、复平面与复球面

一个复数 $z=x+\mathrm{i}y$ 可以由一组有序实数 $(x,y)\in\mathbf{R}^2$ 唯一确定, 于是复数的全体与 xOy 平面上点的全体具有一一对应关系, 即每个复数 $z=x+\mathrm{i}y\in\mathbf{C}$ 可用该平面上坐标为 (x,y) 的点 P 来表示. 另外, 起点为原点 O 、终点为 P 点的向量 $\overrightarrow{OP}$ 也可以表示复数 z, 所以常把点 $P(x,y)$ 、复数 z 和向量 $\overrightarrow{OP}$ 当成同义的, 此时可用同一个符号 z 来表示, 这是复数的一种常用的表示方法, 如图 1.1 所示.

显然, 向量 $\overrightarrow{OP}$ 的长度为 $\sqrt{x^2+y^2}$, 等于复数 z 的模 $|z|$, 即

$$|\overrightarrow{OP}|=\sqrt{x^2+y^2}=|z|.$$

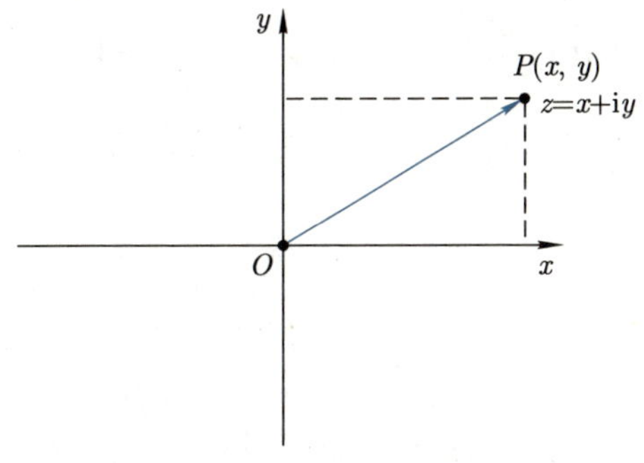

图 1.1 复数的几何表示

定义 1.7 给定平面上的直角坐标系 xOy, 其中 x 轴称为**实轴** (real axis), y 轴称为**虚轴** (imaginary axis), 两轴所在的平面称为**复平面** (complex plane) 或 ***z* 平面** (z-plane).

显然, 复数的加法可看作是向量的加法. 一些涉及复数与复变函数的问题也能借助几何语言和几何方法转化为平面几何问题或解析几何问题.

性质 1.2 对任意 $n \in \mathbf{N}_+$, 任意 $z = x + \mathrm{i}y$, $z_k, w_k \in \mathbf{C}$, 其中 $k = 1, 2, \cdots, n$, 有

(1) $|x| \leqslant |z|, |y| \leqslant |z|, \quad |z| \leqslant |x| + |y|$;

(2) $z\bar{z} = |z|^2 = |z^2|, \quad |z| = |\bar{z}|$;

(3) $|z_1 \cdots z_n| = |z_1| \cdots |z_n|, \quad |z^n| = |z|^n$;

(4) $|z_1 + z_2| \leqslant |z_1| + |z_2|, \quad |z_1 - z_2| \geqslant \big||z_1| - |z_2|\big|$;

(5) $|z_1 + z_2|^2 + |z_1 - z_2|^2 = 2(|z_1|^2 + |z_2|^2)$;

(6) $|z_1 + \cdots + z_n| \leqslant |z_1| + \cdots + |z_n|$;

(7) **(Cauchy 不等式)** $|z_1w_1 + \cdots + z_nw_n|^2 \leqslant (|z_1|^2 + \cdots + |z_n|^2)(|w_1|^2 + \cdots + |w_n|^2)$.

证明比较简单, 留给读者自己证明.

定义 1.8 对每一个非零的复数 $z = x + \mathrm{i}y$, 实轴的正向与表示 z 的向量 $\overrightarrow{OP}$ 的夹角 θ 称为复数 z 的**辐角** (argument 或 amplitude), 记为 $\theta = \mathrm{Arg}\, z$.

记 $r = |\overrightarrow{OP}| = |z| > 0$, 此时有 $\tan\theta = \dfrac{y}{x}$, $x = r\cos\theta$, $y = r\sin\theta$. 把

$$z = r(\cos\theta + \mathrm{i}\sin\theta) = |z|\ [\cos(\mathrm{Arg}\ z) + \mathrm{i}\sin(\mathrm{Arg}\ z)]$$

称为复数 z 的**三角表示式** (trigonometric expression).

任何一个复数 $z\neq 0$ 有无穷多个辐角. 若 θ_1 是其中之一, 则

$$\operatorname{Arg} z=\theta_1+2k\pi\ (k\in\mathbf{Z}).$$

定义 1.9 在 $z\neq 0$ 的辐角中, 把满足

$$-\pi<\theta_0\leqslant\pi$$

的 θ_0 称为辐角 $\operatorname{Arg} z$ 的**主值** (principal value), 记为 $\theta_0=\arg z$.

当 $z\neq 0$ 时, 辐角主值 $\arg z$ 可由反正切函数 $\operatorname{Arctan}\dfrac{y}{x}$ 的主值函数 $\arctan\dfrac{y}{x}$ 来确定. 于是,

$$\arg z=\begin{cases}\arctan\dfrac{y}{x}, & z\text{在第一、四象限内},\\ \pi+\arctan\dfrac{y}{x}, & z\text{在第二象限内},\\ -\pi+\arctan\dfrac{y}{x}, & z\text{在第三象限内},\\ 0, & z\text{在 }x\text{正半轴上},\\ \dfrac{\pi}{2}, & z\text{在 }y\text{正半轴上},\\ \pi, & z\text{在 }x\text{负半轴上},\\ -\dfrac{\pi}{2}, & z\text{在 }y\text{负半轴上}.\end{cases}$$

当 $z=0$ 时, 因为零向量没有确定的方向, 所以辐角无法定义.

例 1.6 证明: $\operatorname{Arg}(z_1z_2)=\operatorname{Arg} z_1+\operatorname{Arg} z_2$, $\operatorname{Arg}\left(\dfrac{z_1}{z_2}\right)=\operatorname{Arg} z_1-\operatorname{Arg} z_2$,

证明 设 $z_1=r_1(\cos\theta_1+\mathrm{i}\sin\theta_1)$, $z_2=r_2(\cos\theta_2+\mathrm{i}\sin\theta_2)$, 则

$$\begin{aligned}z_1z_2&=r_1(\cos\theta_1+\mathrm{i}\sin\theta_1)\cdot r_2(\cos\theta_2+\mathrm{i}\sin\theta_2)\\&=r_1r_2[(\cos\theta_1\cos\theta_2-\sin\theta_1\sin\theta_2)+\mathrm{i}(\sin\theta_1\cos\theta_2+\cos\theta_1\sin\theta_2)]\\&=r_1r_2[\cos(\theta_1+\theta_2)+\mathrm{i}\sin(\theta_1+\theta_2)].\end{aligned}$$

所以, 有 $|z_1z_2|=|z_1|\cdot|z_2|$ 和 $\operatorname{Arg}(z_1z_2)=\operatorname{Arg} z_1+\operatorname{Arg} z_2$.

于是,

$$\operatorname{Arg} z_1 = \operatorname{Arg}\left(\frac{z_1}{z_2}\cdot z_2\right) = \operatorname{Arg}\left(\frac{z_1}{z_2}\right) + \operatorname{Arg} z_2,$$

从而, $\operatorname{Arg}\left(\dfrac{z_1}{z_2}\right) = \operatorname{Arg} z_1 - \operatorname{Arg} z_2$. □

例 1.7 写出下列复数的三角表示式: (1) $z = 1 - \mathrm{i}$; (2) $z = -\sqrt{3} + \mathrm{i}$.

解 (1) 显然, $r = |z| = \sqrt{1^2 + (-1)^2} = \sqrt{2}$. 因为 z 在第四象限, 所以 $\theta = \arctan\dfrac{-1}{1} = -\dfrac{\pi}{4}$. 从而, z 的三角表示式为

$$z = \sqrt{2}\left[\cos\left(-\frac{\pi}{4}\right) + \mathrm{i}\sin\left(-\frac{\pi}{4}\right)\right].$$

(2) 显然, $r = |z| = \sqrt{(-\sqrt{3})^2 + 1^2} = 2$. 因为 z 在第二象限, 所以 $\theta = \pi + \arctan\dfrac{1}{-\sqrt{3}} = \dfrac{5\pi}{6}$. 从而, z 的三角表示式为

$$z = 2\left(\cos\frac{5\pi}{6} + \mathrm{i}\sin\frac{5\pi}{6}\right).$$ □

除了用平面内的点或向量来表示复数外, 我们还可以用球面上的点来表示复数. 下面, 我们来看如何建立复平面上的点与球面上的点的关系.

在三维空间中, 我们取一个与复平面切于原点 $z = 0$ 的半径为 $\dfrac{1}{2}$ 的球面

$$\xi^2 + \eta^2 + \left(\zeta - \frac{1}{2}\right)^2 = \left(\frac{1}{2}\right)^2.$$

则球面上的一点 S 与原点 (0,0,0) 重合, 通过 S 且垂直于复平面的直线交球面于另一点 $N(0,0,1)$, 称 N 为**北极** N, S 为**南极** S. 对复平面内任一点 $z(x,y,0)$, 若用直线连接 z 与 N, 则交球面于点 $P(\xi,\eta,\zeta)$(如图 1.2 所示); 反之, 对球面上任一点 P(异于 N), 若用直线连接 P 、 N, 则交复平面于点 z, 即球面上任一点（除 N 外）与复平面内的点存在一一对应关系.

事实上, 利用几何上三角形相似定理可知

$$\frac{x}{\xi} = \frac{y}{\eta} = \frac{1}{1-\zeta}, \quad 即 \quad \xi = (1-\zeta)x,\ \eta = (1-\zeta)y.$$

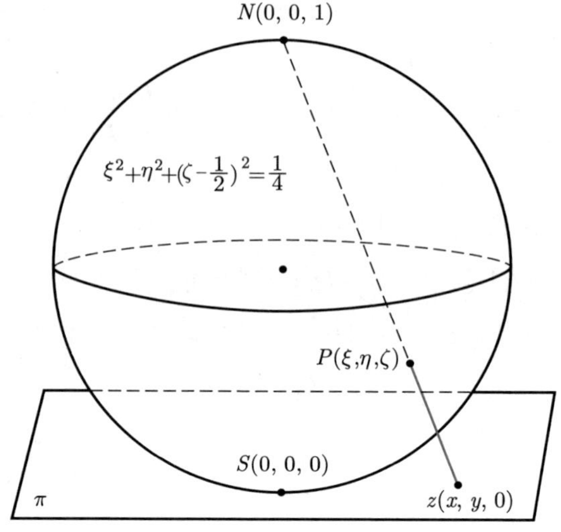

图 1.2 复球面

代入球面方程 $\xi^2+\eta^2+\left(\zeta-\dfrac{1}{2}\right)^2=\left(\dfrac{1}{2}\right)^2$, 得到

$$\xi=\frac{x}{x^2+y^2+1}=\frac{z+\bar{z}}{2(|z|^2+1)},$$
$$\eta=\frac{y}{x^2+y^2+1}=\frac{z-\bar{z}}{2\mathrm{i}(|z|^2+1)},$$
$$\zeta=\frac{x^2+y^2}{x^2+y^2+1}=\frac{|z|^2}{|z|^2+1},$$

和

$$x=\frac{\xi}{1-\zeta},\qquad y=\frac{\eta}{1-\zeta},$$

这即是球面上除 N 以外的点 $P(\xi,\eta,\zeta)$ 和复平面上点 $z(x,y,0)$ 的对应关系.

于是, 我们就可以用球面上的点来表示复数. 但是, 对于球面上的北极点 N, 还没有复平面内的一个点与它对应. 从图 1.2 易看到, 当点 z 无限地远离南极点 S 时, 或者说当 $|z|$ 无限地变大时, 点 P 就无限地靠近 N. 为此, 我们引进一个**理想点** (ideal point), 称为 **无穷远点** (infinite point), 记为 ∞. 然后, 将北极点 N 对应于无穷远点.

对于复数的无穷远点 ∞, 实部、虚部与辐角概念都是无意义的, 但它的模常常规定为正无穷大, 即 $|\infty|=+\infty$. 对于复平面上的任意一个复数 z, 都有 $|z|<+\infty$. 为了方便以后说明与应用, 关于 ∞ 的四则运算规定如下:

$$a+\infty=\infty+a=\infty,\quad a-\infty=\infty-a=\infty\quad(\text{复数}a\neq\infty).$$

$$a\cdot\infty=\infty\cdot a=\infty\quad(a\neq\infty,0).$$

$$\frac{a}{\infty}=0,\quad\frac{\infty}{a}=\infty\ (a\neq\infty).$$

$$\frac{a}{0}=\infty\ (a\neq 0).$$

知识拓展:

复球面

$\infty\pm\infty, 0\cdot\infty, \dfrac{\infty}{\infty}$ 和 $\dfrac{0}{0}$ 仍不确定, 是无意义的.

通常为了方便, 我们把无穷远点与复平面合在一起称为**扩充复平面** (extended complex plane), 记为 $\mathbf{C}\cup\{\infty\}$, 而不含 ∞ 点在内的复平面称为**有限平面或复平面**. 因此, 球面上每一点与扩充复平面上一个复数唯一对应, 这样的球面称为**复球面**或者 **Riemann 球面**, 它们之间的对应方法称为**球极投影** (stereographic projection).

可见, 复球面就是一个使扩充复平面上的每个点都有具体表示的几何模型.

自然地看, 球面上任意一条过北极点 N 的闭曲线就对应于复平面上一条经过无穷远点 ∞ 的直线, 此时, 我们可以把该直线看成半径为无穷大的圆. 又如, 当 z 趋向于 z_0 时, $\dfrac{1}{z-z_0}$ 怎么变化呢？在扩充复平面内考虑就显得非常自然.

§1.4 复变函数与初等函数

1.4.1 复变函数的定义

定义 1.10 设区域 $D\subseteq\mathbf{C}$, 若存在一确定的法则: 对任意一个 $z\in D$, 有一个或几个复数 $w=u+\mathrm{i}v$ 与之对应, 则称复变量 w 是复变量 z 的**复值函数** (complex function), 简称**复变函数**, 记 $w=f(z)$ 或 $f:D\to\mathbf{C}$.

定义中的区域 D, 称为函数 $w=f(z)$ 的**定义域** (domain of definition), 集合 $\{w=f(z):z\in D\}$ 称为函数 $w=f(z)$ 的**像集** (image set), 即函数值的集合, 简称**值域** (range of function). 若 $w=f(z)=f(x+\mathrm{i}y)=u(x,y)+\mathrm{i}v(x,y)$, 则称 u 为函数 f 的**实部**, 称 v 为函数 f 的**虚部**.

若每个 $z\in D$ 只有唯一的 w 与之对应, 则称函数 $w=f(z)$ 是**单值函数** (single-valued function). 否则称函数 $w=f(z)$ 是**多值函数** (multiple-valued function).

例如, $w=z^4$ 是复平面上的单值函数, 而 $w=\sqrt{z}$ 是复平面上的多值函数.

注 1.3 复变函数无法用同一平面内的几何图形表示出来, 必须把它看成两个复平面上的点集之间的对应关系.

例 1.8 求幂函数 $w=z^3+1$ 的实部 $u(x,y)$ 和虚部 $v(x,y)$.

解 因为

$$w=u+\mathrm{i}v=(x+\mathrm{i}y)^3+1=x^3-3xy^2+1+\mathrm{i}(3x^2y-y^3),$$

所以

$$u(x,y)=x^3-3xy^2+1, \quad v(x,y)=3x^2y-y^3. \qquad \square$$

定义 1.11 对给定的函数 $f:D\to f(D)$, 若 $z_1\neq z_2$ 必有 $f(z_1)\neq f(z_2)$, 则称 f 是**一一函数** (one-one function).

给定从 D 到 $f(D)$ 上的函数 $w=f(z)$, 对任一 $w\in f(D)$ 必有一个 (或几个) $z\in D$ 与之对应, 称此映射为 f 的**反函数** (inverse function), 记为 $z=f^{-1}(w)$.

例如, 函数$w=z^{\frac{1}{5}}$ 是复平面 $\mathbf{C}$ 上函数 $w=z^5$ 的反函数.

1.4.2 指数函数

定义 1.12 对任意复数$z=x+\mathrm{i}y$, 定义**指数函数** (exponential function) 为

$$\mathrm{e}^z=\mathrm{e}^x(\cos y+\mathrm{i}\sin y),$$

也记为 $\exp z$.

显然, 复指数函数 e^z 是实指数函数的推广, 即当 $z=x$ 时, $\mathrm{e}^z=\mathrm{e}^x$. 特别地, 当 $x=0$ 时,

$$\mathrm{e}^{\mathrm{i}y}=\cos y+\mathrm{i}\sin y,$$

称为 **Euler 公式**. 从而,

$$\mathrm{e}^z=\mathrm{e}^x(\cos y+\mathrm{i}\sin y)=\mathrm{e}^x\mathrm{e}^{\mathrm{i}y}.$$

此外, 复指数函数 e^z 还有如下性质:

性质 1.3 (1) 对任意复数 z, $\mathrm{e}^z\neq 0$, $|\mathrm{e}^z|=\mathrm{e}^x$, $\mathrm{Arg}(\mathrm{e}^z)=y+2k\pi, k\in\mathbf{Z}$.
(2) 指数函数 e^z 是一个以 $2\pi\mathrm{i}$ 为周期的周期函数, 即 $\mathrm{e}^{z+2\pi\mathrm{i}}=\mathrm{e}^z$.

证明留给读者自己验证.

例 1.9 对任意的复数 $z_1, z_2 \in \mathbf{C}$, 证明: $\mathrm{e}^{z_1+z_2} = \mathrm{e}^{z_1}\mathrm{e}^{z_2}$.

证明 设 $z_1 = x_1 + \mathrm{i}y_1$ 和 $z_2 = x_2 + \mathrm{i}y_2$, 则

$$\begin{aligned}
\mathrm{e}^{z_1}\mathrm{e}^{z_2} &= \mathrm{e}^{x_1}(\cos y_1 + \mathrm{i}\sin y_1)\cdot \mathrm{e}^{x_2}(\cos y_2 + \mathrm{i}\sin y_2)\\
&= \mathrm{e}^{x_1}\mathrm{e}^{x_2}[(\cos y_1\cos y_2 - \sin y_1 \sin y_2) + \mathrm{i}(\sin y_1\cos y_2 + \cos y_1 \sin y_2)]\\
&= \mathrm{e}^{x_1+x_2}[\cos(y_1+y_2) + \mathrm{i}\sin(y_1+y_2)] = \mathrm{e}^{x_1+x_2}\mathrm{e}^{\mathrm{i}(y_1+y_2)} = \mathrm{e}^{z_1+z_2}. \qquad \square
\end{aligned}$$

对任意非零复数 $z = x + \mathrm{i}y$, 记 $r = |z|$ 为复数 z 的模, $\theta = \mathrm{Arg}\ z$ 为复数 z 的辐角. 利用复数 z 的三角表示式 $z = r(\cos\theta + \mathrm{i}\sin\theta)$ 和 Euler 公式可以把 z 转化为

$$z = r\mathrm{e}^{\mathrm{i}\theta} = |z|\mathrm{e}^{\mathrm{i}\mathrm{Arg}\ z},$$

称为复数 z 的**指数表示式** (exponential expression).

由例 1.6 的证明可知, 若 $z_j = r_j\mathrm{e}^{\mathrm{i}\theta_j} \in \mathbf{C}$ (其中 $j = 1, 2$), 利用 z_j 的指数表示式, 则有

$$z_1 z_2 = r_1 r_2 \mathrm{e}^{\mathrm{i}(\theta_1+\theta_2)}.$$

若 $z = r\mathrm{e}^{\mathrm{i}\theta} \in \mathbf{C}$, 则

$$z^n = r^n(\cos n\theta + \mathrm{i}\sin n\theta)(n \in \mathbf{N}_+).$$

特别地, 令 $r = 1$, 则 $z = \mathrm{e}^{\mathrm{i}\theta} = \cos\theta + \mathrm{i}\sin\theta$, 此时有

$$\cos n\theta + \mathrm{i}\sin n\theta = (\cos\theta + \mathrm{i}\sin\theta)^n,$$

称为 **De Moivre 公式**.

例 1.10 对任意一个非零的复数 $z = r\mathrm{e}^{\mathrm{i}\theta} \neq 0$, 证明: z 有 n 个相异的 n 次方根 $\sqrt[n]{z}$

$$w_j = r^{\frac{1}{n}}\left(\cos\frac{\theta + 2j\pi}{n} + \mathrm{i}\sin\frac{\theta+2j\pi}{n}\right), \qquad j = 0, 1, \cdots, n-1 (n \in \mathbf{N}_+).$$

证明 设 z 的 n 次方根为 $w = \rho\mathrm{e}^{\mathrm{i}\varphi}$, 则其满足方程 $w^n = z$, 代入得

$$\begin{aligned}
&\rho^n \mathrm{e}^{\mathrm{i}n\varphi} = r\mathrm{e}^{\mathrm{i}\theta}\\
\Leftrightarrow\ & \rho^n = r,\ \mathrm{e}^{\mathrm{i}n\varphi} = \mathrm{e}^{\mathrm{i}\theta}\\
\Leftrightarrow\ & \rho = \sqrt[n]{r},\ \mathrm{i}n\varphi = \mathrm{i}\theta + 2k\pi\mathrm{i}, \quad k \in \mathbf{Z}\\
\Leftrightarrow\ & \rho = \sqrt[n]{r},\ \varphi = \frac{\theta + 2k\pi}{n}, \quad k \in \mathbf{Z}.
\end{aligned}$$

于是

$$\begin{aligned} w &= \sqrt[n]{z} = r^{\frac{1}{n}} \mathrm{e}^{\mathrm{i}\frac{\theta+2k\pi}{n}} \\ &= r^{\frac{1}{n}} \left(\cos \frac{\theta + 2k\pi}{n} + \mathrm{i} \sin \frac{\theta + 2k\pi}{n} \right), \quad k \in \mathbf{Z}. \end{aligned}$$

从而, z 有 n 个相异的 n 次方根

$$w_j = r^{\frac{1}{n}} \left(\cos \frac{\theta + 2j\pi}{n} + \mathrm{i} \sin \frac{\theta + 2j\pi}{n} \right), \quad j = 0, 1, \cdots, n-1 (n \in \mathbf{N}_+). \ \square$$

从几何上看, $\sqrt[n]{z}$ 的 n 个值就是以原点为中心、 $r^{\frac{1}{n}}$ 为半径的圆的内接正 n 边形的 n 个顶点.

当 $n = 2$ 时, z 的平方根 $\sqrt{z}$ 为

$$w_0 = \sqrt{r} \left(\cos \frac{\theta}{2} + \mathrm{i} \sin \frac{\theta}{2} \right), \quad w_1 = \sqrt{r} \left(\cos \frac{\theta + 2\pi}{2} + \mathrm{i} \sin \frac{\theta + 2\pi}{2} \right) = -w_0.$$

特别地, 当 $z = 1$ 时, $w_j = \mathrm{e}^{\frac{2j\pi}{n}\mathrm{i}} = \cos \frac{2j\pi}{n} + \mathrm{i} \sin \frac{2j\pi}{n}$ 称为**单位根** (roots of unity). 若记 $w_1 = \mathrm{e}^{\frac{2\pi}{n}\mathrm{i}} = \cos \frac{2\pi}{n} + \mathrm{i} \sin \frac{2\pi}{n}$, 则

$$w_1^n = 1, \quad w_j = w_1^j, \quad 1 + w_1 + w_1^2 + \cdots + w_1^{n-1} = 0.$$

例 1.11 求 $\sqrt[3]{1+\mathrm{i}}$.

解 因为 $1 + \mathrm{i} = \sqrt{2} \left(\cos \frac{\pi}{4} + \mathrm{i} \sin \frac{\pi}{4} \right)$, 所以

$$\sqrt[3]{1+\mathrm{i}} = \sqrt[6]{2} \left(\cos \frac{\frac{\pi}{4} + 2k\pi}{3} + \mathrm{i} \sin \frac{\frac{\pi}{4} + 2k\pi}{3} \right), \qquad k = 0, 1, 2.$$

即得 $w_0 = \sqrt[6]{2} \left(\cos \frac{\pi}{12} + \mathrm{i} \sin \frac{\pi}{12} \right)$, $w_1 = \sqrt[6]{2} \left(\cos \frac{3\pi}{4} + \mathrm{i} \sin \frac{3\pi}{4} \right)$, $w_2 = \sqrt[6]{2} \left(\cos \frac{17\pi}{12} + \mathrm{i} \sin \frac{17\pi}{12} \right)$. □

例 1.12 设 a, b, c 为复常数, 且 $a \neq 0$, 求二次方程 $az^2 + bz + c = 0$ 的解.

解 (配方法) 在方程 $az^2 + bz + c = 0$ 的两边同时乘 $4a$, 再加 b^2 得

$$4a^2 z^2 + 4abz + b^2 = b^2 - 4ac,$$

即 $(2az+b)^2=b^2-4ac$. 所以,

$$2az+b=\pm\sqrt{b^2-4ac}.$$

于是, $z=\dfrac{-b\pm\sqrt{b^2-4ac}}{2a}$ 即为所求. □

我们也知道: 上述平方根的正负, 恰好是平方根函数的两个值, 因此, 也可以只取其中之一, 即

$$z=\frac{-b+\sqrt{b^2-4ac}}{2a}.$$

1.4.3 对数函数

定义 1.13 称满足方程 $\mathrm{e}^w=z\neq 0$ 的函数 $w=f(z)$ 为**对数函数** (logarithmic function), 记作 $w=\mathrm{Ln}\, z$.

设 $w=u+\mathrm{i}v$, $z=r\mathrm{e}^{\mathrm{i}\theta}$, 由 $\mathrm{e}^w=z$ 得到 $u=\ln r=\ln|z|$ 和 $v=\theta=\mathrm{Arg}\, z$. 因此, 易知

$$\mathrm{Ln}\, z=\ln|z|+\mathrm{i}\mathrm{Arg}\, z.$$

定义 1.14 对于定义在区域 D 上的多值函数 $w=f(z)$, 若 $F(z)$ 在区域 D 内是单值连续函数, 且对任意 $z\in D$, 值 $F(z)$ 是 $f(z)$ 的其中之一, 则称函数 $w=F(z)$ 是函数 $w=f(z)$ 的一个**分支** (branch).

特别地,

定义 1.15 称单值函数 $\ln|z|+\mathrm{i}\arg z$ 为**对数函数** $\mathrm{Ln}\, z$ **的主值**, 记作 $\ln z$, 它是对数函数 $\mathrm{Ln}\, z$ 的主要分支 (principal branch).

于是, $\mathrm{Ln}\, z=\ln z+2k\pi\mathrm{i}$, $k\in\mathbf{Z}$. 对每一固定的 k, $\ln z+2k\pi\mathrm{i}$ 为一个单值函数, 是 $\mathrm{Ln}\, z$ 的一个分支.

注 1.4 (1) 在复数范围内, 正实数的对数也是多值的. 负数也有对数, 但 0 无对数.

(2) $\mathrm{Ln}(z_1z_2)=\mathrm{Ln}\, z_1+\mathrm{Ln}\, z_2$, $\mathrm{Ln}\dfrac{z_1}{z_2}=\mathrm{Ln}\, z_1-\mathrm{Ln}\, z_2$.

(3) 当 $n>1$ 时, $\mathrm{Ln}(z^n)=n\mathrm{Ln}\, z$ 和 $\mathrm{Ln}\sqrt[n]{z}=\dfrac{1}{n}\mathrm{Ln}\, z$ 都不成立.

例 1.13 求 $\mathrm{Ln}(-3+5\mathrm{i})$ 及其主值.

解 由定义知,

$$\mathrm{Ln}(-3+5\mathrm{i}) = \ln|-3+5\mathrm{i}| + \mathrm{i}\,\mathrm{Arg}(-3+5\mathrm{i}) = \ln\sqrt{34} + \left(\pi - \arctan\frac{5}{3}\right)\mathrm{i} + 2k\pi\mathrm{i},$$

其中 k 为任意整数. 由定义知, $\mathrm{Ln}(-3+5\mathrm{i})$ 的主值为

$$\ln(-3+5\mathrm{i}) = \ln|-3+5\mathrm{i}| + \mathrm{i}\arg(-3+5\mathrm{i}) = \ln\sqrt{34} + \left(\pi - \arctan\frac{5}{3}\right)\mathrm{i}.\quad \square$$

1.4.4 三角函数和双曲函数

定义 1.16 定义**三角函数** (trigonometric functions) 和**双曲函数** (hyperbolic functions) 分别为

$$\cos z = \frac{\mathrm{e}^{\mathrm{i}z} + \mathrm{e}^{-\mathrm{i}z}}{2}, \qquad \sin z = \frac{\mathrm{e}^{\mathrm{i}z} - \mathrm{e}^{-\mathrm{i}z}}{2\mathrm{i}}, \qquad \tan z = \frac{\sin z}{\cos z},$$

$$\cot z = \frac{\cos z}{\sin z}, \qquad \sec z = \frac{1}{\cos z}, \qquad \csc z = \frac{1}{\sin z},$$

$$\cosh z = \frac{\mathrm{e}^{z} + \mathrm{e}^{-z}}{2}, \qquad \sinh z = \frac{\mathrm{e}^{z} - \mathrm{e}^{-z}}{2}, \qquad \tanh z = \frac{\mathrm{e}^{z} - \mathrm{e}^{-z}}{\mathrm{e}^{z} + \mathrm{e}^{-z}}.$$

由定义易得如下的结论:

(1) $\mathrm{e}^{\mathrm{i}z} = \cos z + \mathrm{i}\sin z$, $\cos(\mathrm{i}y) = \cosh y$, $\sin(\mathrm{i}y) = \mathrm{i}\sinh y$.

(2) 周期性 $\cos(z+2\pi) = \cos z$, $\sin(z+2\pi) = \sin z$,
$\sinh(z+2\pi\mathrm{i}) = \sinh z$, $\cosh(z+2\pi\mathrm{i}) = \cosh z$.

(3) 奇偶性 $\cos(-z) = \cos z$, $\sin(-z) = -\sin z$,
$\sinh(-z) = -\sinh z$, $\cosh(-z) = \cosh z$.

(4)

$$\cos^2 z + \sin^2 z = 1,$$

$$\cos(z_1+z_2) = \cos z_1 \cos z_2 - \sin z_1 \sin z_2,$$

$$\sin(z_1+z_2) = \sin z_1 \cos z_2 + \cos z_1 \sin z_2.$$

注 1.5 $|\sin z| \leqslant 1$ 和 $|\cos z| \leqslant 1$ 在复数范围内不再成立.

例 1.14 求 $\sin z = 0$ 的根.

解 因为 $\sin z = 0$, 所以 $\mathrm{e}^{\mathrm{i}z} = \mathrm{e}^{-\mathrm{i}z}$, 即 $\mathrm{e}^{2\mathrm{i}z} = 1$. 从而,

$$2\mathrm{i}z = \mathrm{Ln}\,1 = \ln 1 + \mathrm{i}2k\pi = \mathrm{i}2k\pi,$$

其中 k 为任意整数. 因此, $z = k\pi$ 即为所求. $\square$

1.4.5 反三角函数和反双曲函数

反三角函数 (inverse trigonometric functions) 定义为三角函数的反函数. **反双曲函数** (inverse hyperbolic functions) 定义为双曲函数的反函数.

例如, 设 $z=\sin w$, 则反正弦函数

$$w=\operatorname{Arcsin} z=-\mathrm{i}\operatorname{Ln}(\mathrm{i}z+\sqrt{1-z^2}).$$

事实上, 由 $z=\sin w=\dfrac{\mathrm{e}^{\mathrm{i}w}-\mathrm{e}^{-\mathrm{i}w}}{2\mathrm{i}}$ 可知, w 满足方程 $\mathrm{e}^{2\mathrm{i}w}-2\mathrm{i}z\mathrm{e}^{\mathrm{i}w}-1=0$. 于是, $\mathrm{e}^{\mathrm{i}w}=\mathrm{i}z+\sqrt{1-z^2}$, 然后两端取对数即得结论.

类似地, 可以得到

$$\begin{aligned}
&\text{反余弦函数 } \operatorname{Arccos} z=-\mathrm{i}\operatorname{Ln}(z+\sqrt{z^2-1}),\\
&\text{反正切函数 } \operatorname{Arctan} z=-\frac{\mathrm{i}}{2}\operatorname{Ln}\frac{1+\mathrm{i}z}{1-\mathrm{i}z},\\
&\text{反双曲正弦函数 } \operatorname{Arsinh} z=\operatorname{Ln}(z+\sqrt{z^2+1}),\\
&\text{反双曲余弦函数 } \operatorname{Arcosh} z=\operatorname{Ln}(z+\sqrt{z^2-1}),\\
&\text{反双曲正切函数 } \operatorname{Artanh} z=\frac{1}{2}\operatorname{Ln}\frac{1+z}{1-z}.
\end{aligned}$$

例 1.15 求反双曲正切函数 $w=\operatorname{Artanh} z$ 的表达式.

解 由 $z=\tanh w=\dfrac{\mathrm{e}^w-\mathrm{e}^{-w}}{\mathrm{e}^w+\mathrm{e}^{-w}}$, 得 $\mathrm{e}^{2w}=\dfrac{1+z}{1-z}$. 从而, $2w=\operatorname{Ln}\dfrac{1+z}{1-z}$. 因此, $w=\dfrac{1}{2}\operatorname{Ln}\dfrac{1+z}{1-z}$ 即为所求. □

1.4.6 一般幂函数

定义 1.17 设 $z\in\mathbf{C}\setminus\{0\}$, $b\in\mathbf{C}$, 定义**一般幂函数**为 $z^b=\mathrm{e}^{b\operatorname{Ln} z}$, 即

$$z^b=\mathrm{e}^{b\operatorname{Ln} z}=\mathrm{e}^{b(\ln|z|+\mathrm{i}\arg z+2k\pi\mathrm{i})},\quad k\in\mathbf{Z}.$$

一般地, z^b 是多值的.

当 $b\in\mathbf{Z}$ 时, z^b 是单值函数, 且 $z^b=\mathrm{e}^{b(\ln|z|+\mathrm{i}\arg z)}$.

当 $b=\dfrac{p}{q}$ (其中 p 和 q 为互质的整数, $q>0$) 时, z^b 具有 q 个值

$$z^b=\mathrm{e}^{\frac{p}{q}\ln|z|+\mathrm{i}\frac{p}{q}\arg z+\frac{kp}{q}2\pi\mathrm{i}},\quad k=0,1,\cdots,q-1.$$

注 1.6 (1) 当 $b=n$ (n 为正整数) 时,

$$\begin{aligned} z^b &= z^n = \mathrm{e}^{n\mathrm{Ln}\, z} = \mathrm{e}^{\mathrm{Ln}\, z+\mathrm{Ln}\, z+\cdots+\mathrm{Ln}\, z}(\text{指数 } n \text{ 项}) \\ &= \mathrm{e}^{\mathrm{Ln}\, z}\cdot \mathrm{e}^{\mathrm{Ln}\, z}\cdot \cdots \cdot \mathrm{e}^{\mathrm{Ln}\, z} \quad (\text{因子 } n \text{ 个}) \\ &= z\cdot z\cdot \cdots \cdot z \quad (\text{因子 } n \text{ 个}) \\ &= z^n. \end{aligned}$$

这与“ z 的 n 次幂” (§1.2 中定义 1.6) 是完全一致的.

(2) 当 $b=\dfrac{1}{n}$ (n 为正整数) 时,

$$\begin{aligned} z^b &= z^{\frac{1}{n}} = \mathrm{e}^{\frac{1}{n}\mathrm{Ln}\, z} = \mathrm{e}^{\frac{1}{n}(\ln|z|+\mathrm{i}\arg\ z+\mathrm{i}2k\pi)} = \mathrm{e}^{\frac{1}{n}\ln|z|}\cdot \mathrm{e}^{\frac{1}{n}(\arg\ z+2k\pi)\mathrm{i}} \\ &= |z|^{\frac{1}{n}}\left(\cos\frac{\arg\ z+2k\pi}{n}+\mathrm{i}\sin\frac{\arg\ z+2k\pi}{n}\right), \quad k=0,1,\cdots,n-1. \end{aligned}$$

这与“ z 的 n 次方根” (§1.2 中定义 1.6 和 §1.4.2 中例 1.10) 是完全一致的.

注 1.7 一般情况下, 幂函数 $w=z^b$ 也是一个多值函数. 当 $b=n\in\mathbf{N}$ 为正整数时, 幂函数 $w=z^n$ 是一个单值函数. 当 $b=\dfrac{1}{n}$ 时, 幂函数 $w=z^{\frac{1}{n}}$ 是一个具有 n 个分支的多值函数. 当 b 为无理数或复数时, 幂函数 $w=z^b$ 是一个具有无穷分支的多值函数.

例 1.16 求 $(1+\mathrm{i})^{\mathrm{i}}$ 的值.

解

$$\begin{aligned} (1+\mathrm{i})^{\mathrm{i}} &= \mathrm{e}^{\mathrm{i}\mathrm{Ln}(1+\mathrm{i})} = \mathrm{e}^{\mathrm{i}\left(\ln|1+\mathrm{i}|+\mathrm{i}\frac{\pi}{4}+2k\pi\mathrm{i}\right)} = \mathrm{e}^{-\left(2k\pi+\frac{\pi}{4}\right)+\frac{\mathrm{i}}{2}\ln 2} \\ &= \mathrm{e}^{-\left(2k\pi+\frac{\pi}{4}\right)}\left(\cos\frac{\ln 2}{2}+\mathrm{i}\sin\frac{\ln 2}{2}\right). \end{aligned}$$

□

§1.5 复数的应用

复数有很多应用, 我们下面仅举几个例子.

1. 平面曲线的表示

借助 R.Descartes 的思想, 确定平面直角坐标系后, 很多平面曲线能用复数形式的方程（或不等式）来表示. 反之, 也可以由复数形式的方程（或不等式）来确定它所表示的平面图形.

定义 1.18 若 $x(t),y(t)$ 是 $[a,b]$ 上两个连续的实变函数, 则方程组 $x=$

$x(t), y=y(t)$ 表示一条平面曲线 γ, 称

$$\begin{cases} x=x(t), \\ y=y(t), \end{cases} \quad t\in[a,b]$$

为**连续曲线 γ 的参数表示式** (parametric representation of continuous curve γ). 若令

$$z(t)=x(t)+\mathrm{i}y(t), \quad t\in[a,b],$$

则该曲线 γ 可用 $z=z(t)(t\in[a,b])$ 来表示, 称为平面曲线 γ 的 **复数表示式** (complex representation).

进一步, 若在 $[a,b]$ 上 $x'(t)$ 和 $y'(t)$ 都是连续的且对任意的 $t\in[a,b]$ 有

$$[x'(t)]^2+[y'(t)]^2\neq 0,$$

则称这条曲线 γ 是 **光滑的** (smooth). 由几段光滑曲线依次相接所组成的曲线 γ 称为 **分段光滑曲线** (piecewise smooth curve).

例 1.17 求出平面上经过不同的两点 $z_1=x_1+\mathrm{i}y_1$ 和 $z_2=x_2+\mathrm{i}y_2$ 的直线方程的参数表示式和复数表示式.

解 我们学过, 经过平面上不同的两点 (x_1,y_1) 和 (x_2,y_2) 的直线方程的参数表示式为

$$\begin{cases} x=x_1+t(x_2-x_1), \\ y=y_1+t(y_2-y_1), \end{cases} \quad t\in(-\infty,+\infty),$$

所以所求直线方程的复数表示式为

$$z=z_1+t(z_2-z_1), \quad t\in(-\infty,+\infty). \qquad \square$$

如果我们在上式两端取共轭后, 消去参数 t, 也可得直线方程的另一种复数表示式

$$(\overline{z_2}-\overline{z_1})z-(z_2-z_1)\bar{z}+\overline{z_1}z_2-z_1\overline{z_2}=0.$$

例 1.18 求出平面上抛物线方程 $y=4x^2$ 的复数形式的方程表示式.

解 因为 $x=\dfrac{z+\bar{z}}{2}$ 和 $y=\dfrac{z-\bar{z}}{2\mathrm{i}}$, 所以抛物线方程 $y=4x^2$ 变为 $\dfrac{z-\bar{z}}{2\mathrm{i}}=4\left(\dfrac{z+\bar{z}}{2}\right)^2$, 即 $2\mathrm{i}(z+\bar{z})^2-z+\bar{z}=0$. $\square$

例 1.19 求出下列方程所表示的曲线: (1) $\mathrm{Re}(\bar{z}-2+5\mathrm{i})=3$; (2) $|z-\mathrm{i}|=|z+3\mathrm{i}|$; (3) $|z-1+2\mathrm{i}|=4$.

解 (1) 设 $z=x+y\mathrm{i}$, 则 $\bar{z}-2+5\mathrm{i}=(x-2)+(-y+5)\mathrm{i}$. 从而方程 $\mathrm{Re}(\bar{z}-2+5\mathrm{i})=3$ 变为 $x-2=3$, 即 $x=5$, 或者 $\mathrm{Re}(z)=5$.

(2) 因为从几何上看方程 $|z-\mathrm{i}|=|z+3\mathrm{i}|$ 表示到点 i 和点 $-3\mathrm{i}$ 距离相等的点的轨迹, 所以方程 $|z-\mathrm{i}|=|z+3\mathrm{i}|$ 表示的曲线是连接点 i 和点 $-3\mathrm{i}$ 的线段的垂直平分线, 即 $y=-1$, 或者 $\mathrm{Im}(z)=-1$.

(3) 因为从几何上看方程 $|z-(1-2\mathrm{i})|=4$ 表示到点 $1-2\mathrm{i}$ 距离等于 4 的点的轨迹, 所以方程 $|z-(1-2\mathrm{i})|=4$ 表示的曲线是圆心为点 $1-2\mathrm{i}$ 、半径为 4 的圆. 设 $z=x+y\mathrm{i}$, 则方程 $|z-1+2\mathrm{i}|=4$ 变为 $\sqrt{(x-1)^2+(y+2)^2}=4$, 即 $(x-1)^2+(y+2)^2=16$. □

一般地, 我们知道, 圆方程为 $|z-z_0|=R$ (其中 $R>0$), 椭圆方程为 $|z-z_1|+|z-z_2|=2a$ (其中 $|z_1-z_2|<2a$, $a\in\mathbf{R}_+$), 双曲线方程为 $\big||z-z_1|-|z-z_2|\big|=2a$ (其中 $|z_1-z_2|>2a$, $a\in\mathbf{R}_+$), 半射线方程 $\arg(z-z_0)=\theta_0$ 表示从点 z_0 出发, 与 x 轴的夹角为 θ_0 的射线 (不包含起点 z_0), 直线方程 $\overline{z_0}z+z_0\bar{z}+a=0$(其中复数 $z_0\neq 0$ 和任意实数 a) 表示复平面上的一条直线.

复数在场论和电学上也有广泛应用.

2. 场论上的应用——平面向量场

我们知道**平面向量场** (planar vector field) 是指向量场中的向量都平行于一个给定的平面 π, 且在垂直于平面 π 的任何一条直线上的所有点处的向量都相等. 显然, 这种向量场在所有平行于 π 的平面内分布情况完全相同, 所以可以用一个位于平行平面中的平面 π_0 内的向量场来表示. 取定平面 π_0 内的直角坐标系 xOy, 于是向量场 $\boldsymbol{A}$ 的表示式为

$$\boldsymbol{A}=\boldsymbol{P}(x,y,t)+\mathrm{i}\,\boldsymbol{Q}(x,y,t).$$

例如, 一条河流河水的表面形成一个平面流速场可表示为

$$\boldsymbol{v}=\boldsymbol{u}(x,y,t)+\mathrm{i}\,\boldsymbol{v}(x,y,t).$$

***3. 电学上的应用**

复数在电学上的应用, 主要与正弦信号有关, 例如, 阻抗 (electrical impedance), 它由电阻和电抗组成. 电阻用实数表示, 由导体材料等因素决定; 而电抗用纯虚数表示, 是交流电中电容、电感对电流所起的阻碍作用, 与频率有关系.

计算交流电电压与电流的关系有复数形式的欧姆定律, 它就是复电流 $\boldsymbol{I}$ 、

复电压 $\boldsymbol{U}$ 和复阻抗

$$Z = R + \mathrm{i}\left(\omega L - \frac{1}{\omega C}\right)$$

满足 $\boldsymbol{U} = Z\boldsymbol{I}$, 其中 $\mathrm{i}\omega L$ 为感抗, $-\mathrm{i}\dfrac{1}{\omega C}$ 为容抗.

习题一

1. 证明: $\mathrm{Re}(\mathrm{i}z) = -\mathrm{Im}\, z$, $\mathrm{Im}(\mathrm{i}z) = \mathrm{Re}\, z$.

2. 证明: 方程 $z^2 - 2z + 2 = 0$ 有两个根 $z = 1 \pm \mathrm{i}$.

3. 计算:

(1) $|1+4\mathrm{i}|$;　(2) $(\sqrt{3}+\mathrm{i})^7$;　(3) $(1-\mathrm{i})^4$;

(4) $\dfrac{1}{(2-3\mathrm{i})(1+\mathrm{i})}$;　(5) $\dfrac{-1+3\mathrm{i}}{2-\mathrm{i}}$.

4. 写出下列复数的指数表示式和三角表示式:

(1) $-1-\mathrm{i}$;　(2) $(1-\sqrt{3}\mathrm{i})^{\frac{1}{2}}$;　(3) $(3+4\mathrm{i})^{1+\mathrm{i}}$;　(4) $(-\sqrt{3}+\mathrm{i})^{5+12\mathrm{i}}$.

5. 求出 $\mathrm{Ln}(\sqrt{3}-\mathrm{i})$ 及其主值.

6. 证明: 反余弦函数为 $\mathrm{Arccos}\, z = -\mathrm{i}\mathrm{Ln}(z + \sqrt{z^2-1})$.

7. 证明: (二项式展开定理)

$$(z_1+z_2)^n = \sum_{k=0}^{n} \begin{pmatrix} n \\ k \end{pmatrix} z_1^{n-k} z_2^k,$$

其中 $n = 1, 2, \cdots$, $\begin{pmatrix} n \\ k \end{pmatrix} = \dfrac{n!}{k!(n-k)!}$.

8. 证明:

$$1 + z + z^2 + \cdots + z^n = \frac{1-z^{n+1}}{1-z} \quad (z \neq 1).$$

并利用上式证明 (Lagrange 三角恒等式)

$$1 + \cos\theta + \cos 2\theta + \cdots + \cos n\theta = \frac{1}{2} + \frac{\sin\dfrac{2n+1}{2}\theta}{2\sin\dfrac{1}{2}\theta} \quad (0 < \theta < 2\pi).$$

9. 求出下列方程的全部解:

(1) $\cos z = 0$;　(2) $z^3 + 1 = 0$.

10. 证明复平面上的直线方程可以表示为

$$\bar{a}z + a\bar{z} + b = 0,$$

其中 a 为任意不为零的复常数, b 为一个实常数.

11. 证明复平面上的圆方程可以表示为

$$\bar{z}z+\bar{a}z+a\bar{z}+b=0,$$

其中 a 为一个给定的复常数, b 为一个给定的实常数.

12. 指出下列方程所表示的点 z 的轨迹:

(1) $|z-\mathrm{i}|=3$; (2) $|z-1-\sqrt{3}\mathrm{i}|=|z+2|$; (3) $\arg(z-4\mathrm{i})=\dfrac{\pi}{3}$;

(4) $|z+2\mathrm{i}|+|z-2\mathrm{i}|=10$; (5) $|z-2|-|z+2|=1$; (6) $\mathrm{Re}(\bar{z}-5+3\mathrm{i})=4$.

第二章 解析函数

本章我们来学习复变函数理论的微分学. 首先引进复数列的极限概念, 然后定义复变函数的极限、连续、可导, 之后我们讨论解析函数与它的实部、虚部之间的关系, 最后我们从几何角度来分析解析函数的一些特征. 事实上, 解析函数是单复变函数理论研究的主要对象, 也是我们学习的重点.

§2.1 复 数 列

定义 2.1 设 $\{\alpha_n\}_{n=1}^{\infty}$ 为一个复数列, 复数 $\alpha \in \mathbf{C}$. 若对任意给定的 $\varepsilon > 0$, 存在正整数 $N = N(\varepsilon) > 0$, 使得当 $n > N$ 时, 都有 $|\alpha_n - \alpha| < \varepsilon$ 成立, 则称 α 为复数列 $\{\alpha_n\}_{n=1}^{\infty}$ 的**极限** (limit), 也称 $\{\alpha_n\}_{n=1}^{\infty}$ **收敛**于 α, 记为 $\lim\limits_{n\to\infty} \alpha_n = \alpha$ 或者 $\alpha_n \to \alpha$ $(n \to \infty)$. 否则, 称为 $\{\alpha_n\}_{n=1}^{\infty}$ **发散**.

习惯上, 若 $\lim\limits_{n\to\infty} \alpha_n = \infty$, 则称 $\{\alpha_n\}$ 发散到无穷大. 也即是说, 对任意给定的正数 $M > 0$, 存在一个正整数 $N > 0$ (可能与 M 有关), 使得当 $n > N$ 时, 都有 $|\alpha_n| > M$ 成立.

定理 2.1 复数列 $\{\alpha_n\}_{n=1}^{\infty}$ 收敛于 α 的充要条件是

$$\lim_{n\to\infty} a_n = a, \quad \lim_{n\to\infty} b_n = b,$$

其中 $\alpha_n = a_n + \mathrm{i}b_n$, $\alpha = a + \mathrm{i}b$.

证明 (必要性) 设 $\lim\limits_{n\to\infty} \alpha_n = \alpha$, 则对任意的 $\varepsilon > 0$, 存在正整数 $N > 0$, 使得当 $n > N$ 时, 有 $|\alpha_n - \alpha| < \varepsilon$ 成立. 因为

$$|a_n - a| \leqslant |\alpha_n - \alpha| < \varepsilon, \quad |b_n - b| \leqslant |\alpha_n - \alpha| < \varepsilon.$$

所以 $\lim\limits_{n\to\infty} a_n = a$ 和 $\lim\limits_{n\to\infty} b_n = b$.

(充分性) 设 $\lim\limits_{n\to\infty} a_n = a$ 且 $\lim\limits_{n\to\infty} b_n = b$, 则对任意的 $\varepsilon > 0$, 存在一个正整数

$N_1>0$, 使得当 $n>N_1$ 时, 有 $|a_n-a|<\dfrac{\varepsilon}{2}$. 此外, 对上述给定的同一个 $\varepsilon>0$, 存在一个正整数 $N_2>0$, 使得当 $n>N_2$ 时, 有 $|b_n-b|<\dfrac{\varepsilon}{2}$. 令 $N=\max\{N_1,N_2\}$, 则对上述任意给定的 $\varepsilon>0$, 存在正整数 $N>0$, 使得当 $n>N$ 时, 同时有 $|a_n-a|<\dfrac{\varepsilon}{2}$ 和 $|b_n-b|<\dfrac{\varepsilon}{2}$ 成立. 于是, $|\alpha_n-\alpha|\leqslant|a_n-a|+|b_n-b|<\varepsilon$. 因此, $\lim\limits_{n\to\infty}\alpha_n=\alpha$. □

注 2.1 上述定理的结论也等价于“ $\{\alpha_n\}_{n=1}^{\infty}$ 是一个 Cauchy 列”, 即对任意给定的 $\varepsilon>0$, 存在一个正整数 $N=N(\varepsilon)>0$, 使得当 $n,m>N$ 时, 都有 $|\alpha_n-\alpha_m|<\varepsilon$ 成立.

定理 2.2 若 $\lim\limits_{n\to\infty}\alpha_n=\alpha$, 则存在一个 $M>0$, 使得对任意的 $n\in\mathbf{N}$, 都有 $|\alpha_n|\leqslant M$ 成立.

例 2.1 讨论下面复数列的敛散性: (1) $\alpha_n=\dfrac{1}{n^5}+\mathrm{i}$; (2) $\alpha_n=(-1)^n+\dfrac{\mathrm{i}}{n^2}$; (3) $\alpha_n=\mathrm{i}^n$.

解 (1) $\lim\limits_{n\to\infty}\alpha_n=\lim\limits_{n\to\infty}\dfrac{1}{n^5}+\mathrm{i}\lim\limits_{n\to\infty}1=0+\mathrm{i}=\mathrm{i}$,

或者对任意给定的 $\varepsilon>0$, 存在 $N=\left[\varepsilon^{-\frac{1}{5}}\right]>0$, 使得当 $n>N$ 时, 都有 $\left|\alpha_n-\mathrm{i}\right|=\dfrac{1}{n^5}<\varepsilon$ 成立, 故 $\{\alpha_n\}_{n=1}^{\infty}$ 收敛, 且 $\lim\limits_{n\to\infty}\alpha_n=\mathrm{i}$.

(2) 因为实数列 $\left\{\dfrac{1}{n^2}\right\}_{n=1}^{\infty}$ 收敛, 而 $\{(-1)^n\}_{n=1}^{\infty}$ 发散, 所以复数列 $\{\alpha_n\}_{n=1}^{\infty}$ 发散.

(3) 因为数列 $\{\mathrm{i}^n\}_{n=1}^{\infty}$ 是由无穷多个 $\mathrm{i},-1,-\mathrm{i},1$ 重复构成的, 所以复数列 $\{\alpha_n\}_{n=1}^{\infty}$ 发散. □

§2.2 复变函数的极限和连续性

类似于一元实变实值函数, 下面我们给出复变函数在一点 z_0 处的极限定义.

定义 2.2 设 $w=f(z)$ 在 z_0 的去心邻域 $0<|z-z_0|<r$ 内有定义. 若存在确定的数 $w_0\in\mathbf{C}$, 对任给定的 $\varepsilon>0$, 存在正数 $\delta=\delta(\varepsilon)\in(0,r]$, 使得当 $0<|z-z_0|<\delta$ 时, 必有 $|f(z)-w_0|<\varepsilon$ 成立, 则称 w_0 为 $f(z)$ 当 z 趋向于 z_0

时的**极限**, 记为 $\lim\limits_{z\to z_0} f(z)=w_0$.

注 2.2 (1) 定义 2.2 中 z 趋向于 z_0 的方式是任意的, 也即无论以何种方式 $z\to z_0$, 都有 $f(z)\to w_0$.

(2) 有时为了说明方便, 习惯上也可以取 $w_0=\infty$.

知识扩展

可以利用定义 2.2 证明, $\lim\limits_{z\to -\mathrm{i}} z^3=\mathrm{i}$, 而极限 $\lim\limits_{z\to 0}\dfrac{z}{\bar{z}}$ 不存在.

定理 2.3 设 $f(z)=u(x,y)+\mathrm{i}v(x,y)$, $w_0=u_0+\mathrm{i}v_0$, $z_0=x_0+\mathrm{i}y_0$, 则 $\lim\limits_{z\to z_0} f(z)=w_0$ 等价于 $\lim\limits_{(x,y)\to(x_0,y_0)} u(x,y)=u_0$ 且 $\lim\limits_{(x,y)\to(x_0,y_0)} v(x,y)=v_0$, 等价于 $\lim\limits_{z\to z_0}\overline{f(z)}=\overline{w_0}$, 也等价于 $\lim\limits_{z\to z_0}\mathrm{Re}(f(z))=\mathrm{Re}(w_0)$ 且 $\lim\limits_{z\to z_0}\mathrm{Im}(f(z))=\mathrm{Im}(w_0)$.

这里我们只证明第一个等价性, 其他留给读者自己证明.

证明 因为 $\lim\limits_{z\to z_0} f(z)=w_0$, 所以由定义知: 对任意给定的 $\varepsilon>0$, 存在 $\delta>0$, 使得当 $0<|(x+\mathrm{i}y)-(x_0+\mathrm{i}y_0)|<\delta$ 时, 都有 $|(u+\mathrm{i}v)-(u_0+\mathrm{i}v_0)|<\varepsilon$ 成立. 也就是说, 当 $0<\sqrt{(x-x_0)^2+(y-y_0)^2}<\delta$ 时, 有 $\sqrt{(u-u_0)^2+(v-v_0)^2}<\varepsilon$ 成立. 从而,

$$|u-u_0|<\varepsilon,\quad |v-v_0|<\varepsilon.$$

因此, $\lim\limits_{(x,y)\to(x_0,y_0)} u(x,y)=u_0$ 且 $\lim\limits_{(x,y)\to(x_0,y_0)} v(x,y)=v_0$.

反之, 若 $\lim\limits_{(x,y)\to(x_0,y_0)} u(x,y)=u_0$ 和 $\lim\limits_{(x,y)\to(x_0,y_0)} v(x,y)=v_0$ 成立, 则对任意给定的同一个 $\varepsilon>0$, 分别存在 $\delta_1>0$ 和 $\delta_2>0$, 使得当 $0<\sqrt{(x-x_0)^2+(y-y_0)^2}<\delta_1$ 时, 有 $|u(x,y)-u_0|<\dfrac{\varepsilon}{2}$ 成立; 当 $0<\sqrt{(x-x_0)^2+(y-y_0)^2}<\delta_2$ 时, 有 $|v(x,y)-v_0|<\dfrac{\varepsilon}{2}$ 成立. 令 $\delta=\min\{\delta_1,\delta_2\}>0$, 则有 $0<\sqrt{(x-x_0)^2+(y-y_0)^2}<\delta$, 即 $0<|z-z_0|<\delta$, 此时

$$|f(z)-w_0|=|(u+\mathrm{i}v)-(u_0+\mathrm{i}v_0)|\leqslant|u-u_0|+|v-v_0|<\frac{\varepsilon}{2}+\frac{\varepsilon}{2}=\varepsilon$$

成立. 因此, $\lim\limits_{z\to z_0} f(z)=w_0$. □

类似于实变函数极限的四则运算法则, 我们有

定理 2.4 若 $\lim\limits_{z\to z_0} f(z)=A$, $\lim\limits_{z\to z_0} g(z)=B$, 则 $\lim\limits_{z\to z_0}[f(z)\pm g(z)]=A\pm B$, $\lim\limits_{z\to z_0} f(z)g(z)=AB$, $\lim\limits_{z\to z_0}\dfrac{f(z)}{g(z)}=\dfrac{A}{B}\ (B\neq 0)$.

类似于实变函数情形, 根据定理 2.3, 不难证明复变函数极限的四则运算法则 (定理 2.4). 这里证明从略.

定义 2.3 设 $w=f(z)$ 在 z_0 的去心邻域 $0<|z-z_0|<r$ 内有定义. 若对任给定的 $M>0$, 存在正数 $\delta=\delta(\varepsilon)\in(0,r]$, 使得当 $0<|z-z_0|<\delta$ 时, 都有 $|f(z)|>M$ 成立, 则称当 z 趋向于 z_0 时 $f(z)$ 趋向于无穷大, 或称为 $f(z)$ 的**极限**为无穷大, 记为 $\lim\limits_{z\to z_0} f(z)=\infty$.

利用定义可以证明, $\lim\limits_{z\to -2}\dfrac{1+\mathrm{i}z}{z+2}=\infty$, $\lim\limits_{z\to \mathrm{i}}\dfrac{z}{z^2+1}=\infty$, $\lim\limits_{z\to\infty}\dfrac{\mathrm{i}+2z}{z+1}=2$, $\lim\limits_{z\to\infty}\dfrac{z^3+5z+7}{z^2+2}=\infty$.

定义 2.4 设 $w=f(z)$ 在 z_0 的某个邻域 D 内有定义. 若 $\lim\limits_{z\to z_0} f(z)=f(z_0)$, 则称 $f(z)$ 在 z_0 处是**连续的** (continuous). 若 $f(z)$ 在区域 D 内处处连续, 则称 $f(z)$ 在 D 内连续.

定理 2.5 函数 $f(z)=u(x,y)+\mathrm{i}v(x,y)$ 在 $z_0=x_0+\mathrm{i}y_0$ 处连续的充要条件是 $u(x,y)$ 和 $v(x,y)$ 在 (x_0,y_0) 处均连续.

利用定理 2.3 不难证明定理 2.5, 证明留给读者.

定理 2.6 (1) 在 z_0 处连续的两个函数 $f(z)$ 和 $g(z)$ 的和、差、积、商 (分母在 z_0 不为零) 在 z_0 处都连续.

(2) 若函数 $h=g(z)$ 在 z_0 处连续, $w=f(h)$ 在 $h_0=g(z_0)$ 处连续, 则复合函数 $w=f(g(z))$ 在 z_0 处连续.

例 2.2 (1) 幂函数 $w=z^n(n\in\mathbf{N}_+)$ 在复平面 $\mathbf{C}$ 上处处连续;

(2) 多项式函数 $P_n(z)=a_0z^n+a_1z^{n-1}+\cdots+a_{n-1}z+a_n(n\in\mathbf{N}_+)$ 在复平面 $\mathbf{C}$ 上处处连续;

(3) 有理分式函数 $\dfrac{P_n(z)}{Q_m(z)}$ 在复平面上使分母不为零的点处是连续的, 其中 $n,m\in\mathbf{N}_+$, $P_n(z)$ 和 $Q_m(z)$ 分别为 n 次和 m 次多项式函数;

(4) 指数函数 $w=\mathrm{e}^z$ 在复平面 $\mathbf{C}$ 上处处连续, 但 $\lim\limits_{z\to\infty}\mathrm{e}^z$ 不存在.

由定理 2.6 容易得到例 2.2 中的结论, 详细证明留给读者.

例 2.3 证明: 函数 $w=\arg z$ 在原点和负实轴上是不连续的.

证明 因为在原点处辐角无法确定, 所以函数 $w=\arg z$ 在原点是不连续的.

对负实轴上任一点 $z_0=x_0<0$, 有

$$\lim_{(x,y)\to(x_0,0+)}\arg(x+\mathrm{i}y)=\pi,\qquad \lim_{(x,y)\to(x_0,0-)}\arg(x+\mathrm{i}y)=-\pi.$$

所以 $\lim\limits_{(x,y)\to(x_0,0)}\arg(x+\mathrm{i}y)$ 不存在. 从而, 函数 $w=\arg z$在负实轴上任一点都是不连续的. □

§2.3 复变函数的可导性和解析性

2.3.1 复变函数的导数

本节我们首先给出复变函数的可导概念.

定义 2.5 设复变函数 $w=f(z)$ 定义在区域 D 上, 点 $z_0, z_0+\Delta z\in D$. 若

$$\lim_{\Delta z\to 0}\frac{f(z_0+\Delta z)-f(z_0)}{\Delta z}$$

存在, 则称 $f(z)$ 在 z_0 处是**可导的** (derivable), 该极限值称为 $f(z)$ 在 z_0 处的**导数** (derivative), 记为 $f'(z_0)$ 或 $\left.\dfrac{\mathrm{d}w}{\mathrm{d}z}\right|_{z=z_0}$.

若复变函数 $w=f(z)$ 在区域 D 内处处可导, 则称 $f(z)$ 在 D 内可导.

例 2.4 求幂函数 $w=z^n$ 在 $z_0\in\mathbf{C}$ 处的导数, 其中 n 为正整数.

解 由定义知

$$\begin{aligned}\left.\frac{\mathrm{d}w}{\mathrm{d}z}\right|_{z=z_0}&=\lim_{\Delta z\to 0}\frac{(z_0+\Delta z)^n-z_0^n}{\Delta z}\\&=\lim_{\Delta z\to 0}\left[nz_0^{n-1}+\frac{n(n-1)}{2}z_0^{n-2}\Delta z+\cdots+nz_0(\Delta z)^{n-2}+(\Delta z)^{n-1}\right]\\&=nz_0^{n-1}.\end{aligned}$$

□

注 2.3 (1) 定义 2.5 中 $z_0+\Delta z$ 趋向于 z_0 (即 $\Delta z\to 0$) 的方式是任意的, 极限值存在与 $\Delta z\to 0$ 的方式无关.

(2) 可导一定连续, 反之不真. 例如, 可以利用定义证明, $f(z)=\bar{z}$ 在整个复平面上处处连续, 但处处不可导.

事实上, 因为 f 在 z_0 处可导, 所以对任意的 $\varepsilon>0$, 存在 $\delta>0$, 使得当 $0<|\Delta z|<\delta$ 时, 有

$$\left|\frac{f(z_0+\Delta z)-f(z_0)}{\Delta z}-f'(z_0)\right|<\varepsilon$$

成立. 记 $\rho(\Delta z)=\dfrac{f(z_0+\Delta z)-f(z_0)}{\Delta z}-f'(z_0)$, 则 $\lim\limits_{\Delta z\to 0}\rho(\Delta z)=0$ 和

$$f(z_0+\Delta z)-f(z_0)=f'(z_0)\Delta z+\rho(\Delta z)\Delta z. \tag{2.3.1}$$

因此, $\lim\limits_{\Delta z\to 0}f(z_0+\Delta z)=f(z_0)$, 即 f 在 z_0 处连续. □

定理 2.7(求导法则) 设 f,g,ψ 都是可导函数, 则

(1) $(C)'=0$, 其中 C 为复常数.

(2) $[f(z)\pm g(z)]'=f'(z)\pm g'(z)$.

(3) $[f(z)g(z)]'=f'(z)g(z)+f(z)g'(z)$.

(4) $\left[\dfrac{f(z)}{g(z)}\right]'=\dfrac{f'(z)g(z)-f(z)g'(z)}{g^2(z)}$, 其中 $g(z)\neq 0$.

(5) $[f(g(z))]'=f'(g(z))g'(z)$.

(6) $f'(z)=\dfrac{1}{\psi'(w)}$, 其中 $w=f(z)$ 和 $z=\psi(w)$是两个互为反函数的单值函数, 且 $\psi'(w)\neq 0$.

利用可导函数定义, 证明比较简单 (留给读者).

下面我们给出复变函数微分的概念.

定义 2.6 设复变函数 $w=f(z)$ 在 z_0 处可导, 则由 (2.3.1) 知

$$\Delta w=f(z_0+\Delta z)-f(z_0)=f'(z_0)\Delta z+o(\Delta z),$$

其中 $o(\Delta z)=\rho(\Delta z)\Delta z$ 是 $|\Delta z|$ 的高阶无穷小量, 即 $\lim\limits_{\Delta z\to 0}\rho(\Delta z)=0$, 而 $f'(z_0)\Delta z$ 是函数 $w=f(z)$ 的改变量 Δw 的线性部分, 称 $f'(z_0)\Delta z$ 为 $w=f(z)$ 在 z_0 处的**微分** (differential), 记为

$$\mathrm{d}w=f'(z_0)\Delta z. \tag{2.3.2}$$

若函数 $w=f(z)$ 在 z_0 处的微分存在, 则称函数 $w=f(z)$ 在 z_0 处是**可微的** (differentiable). 若函数 $w=f(z)$ 在区域 D 内处处可微, 则称函数 $w=f(z)$ 在 D 内可微.

特别地, 当 $f(z)=z$ 时, 由 (2.3.2) 知, $\mathrm{d}z=\Delta z$. 习惯上, 记

$$\mathrm{d}w=f'(z_0)\mathrm{d}z.$$

或

$$f'(z_0)=\left.\frac{\mathrm{d}w}{\mathrm{d}z}\right|_{z=z_0}.$$

因此, "函数 $w=f(z)$ 在 z_0 处可导"与"函数 $w=f(z)$ 在 z_0 处可微"是等价的.

例 2.5 若 $\lambda\neq 1$, 证明: 函数 $w=\lambda x+\mathrm{i}y$ 在整个复平面上每一点都不可微.

证明 对任意点 $z\in\mathbf{C}$, 有

$$\frac{\Delta w}{\Delta z}=\frac{\lambda(x+\Delta x)+\mathrm{i}(y+\Delta y)-\lambda x-\mathrm{i}y}{\Delta x+\mathrm{i}\Delta y}=\frac{\lambda\Delta x+\mathrm{i}\Delta y}{\Delta x+\mathrm{i}\Delta y}.$$

当 Δz 沿实轴方向（即 $\Delta y=0,\ \Delta z=\Delta x$ ）趋于零时, $\dfrac{\Delta w}{\Delta z}$ 趋于 λ; 当 Δz 沿虚轴方向 (即 $\Delta x=0,\ \Delta z=\Delta y$) 趋于零时, $\dfrac{\Delta w}{\Delta z}$ 趋于 1. 因为 $\lambda\neq 1$, 所以, $\lim\limits_{\Delta z\to 0}\dfrac{\Delta w}{\Delta z}$ 不存在. □

下面我们来看如果一个复变函数 $f(z)=u(x,y)+\mathrm{i}v(x,y)$ 在点 $z=x+\mathrm{i}y$ 可导, 那么会有什么结论.

利用导数定义, 我们先取沿实轴 x 方向的极限 (即 $\Delta x\to 0$ 和 $\Delta y=0$), 此时有

$$\begin{aligned}
f'(z)&=\lim_{\Delta z\to 0}\frac{f(z+\Delta z)-f(z)}{\Delta z}=\lim_{\Delta x\to 0}\frac{f(z+\Delta x)-f(z)}{\Delta x}\\
&=\lim_{\Delta x\to 0}\frac{[u(x+\Delta x,y)+\mathrm{i}v(x+\Delta x,y)]-[u(x,y)+\mathrm{i}v(x,y)]}{\Delta x}\\
&=\lim_{\Delta x\to 0}\frac{u(x+\Delta x,y)-u(x,y)}{\Delta x}+\mathrm{i}\lim_{\Delta x\to 0}\frac{v(x+\Delta x,y)-v(x,y)}{\Delta x}\\
&=\frac{\partial u(x,y)}{\partial x}+\mathrm{i}\frac{\partial v(x,y)}{\partial x}.
\end{aligned}$$

然后我们取沿虚轴 y 方向的极限 (即 $\Delta x=0$ 和 $\Delta y\to 0$), 此时有

$$\begin{aligned}
f'(z) &= \lim_{\Delta z\to 0}\frac{f(z+\Delta z)-f(z)}{\Delta z}=\lim_{\mathrm{i}\Delta y\to 0}\frac{f(z+\mathrm{i}\Delta y)-f(z)}{\mathrm{i}\Delta y}\\
&=\lim_{\Delta y\to 0}\frac{[u(x,y+\Delta y)+\mathrm{i}v(x,y+\Delta y)]-[u(x,y)+\mathrm{i}v(x,y)]}{\mathrm{i}\Delta y}\\
&=\frac{1}{\mathrm{i}}\lim_{\Delta y\to 0}\frac{u(x,y+\Delta y)-u(x,y)}{\Delta y}+\lim_{\Delta y\to 0}\frac{v(x,y+\Delta y)-v(x,y)}{\Delta y}\\
&=\frac{1}{\mathrm{i}}\frac{\partial u(x,y)}{\partial y}+\frac{\partial v(x,y)}{\partial y}=\frac{\partial v(x,y)}{\partial y}-\mathrm{i}\frac{\partial u(x,y)}{\partial y}.
\end{aligned}$$

之后, 比较上面两式可得 $f'(z)=\dfrac{\partial u}{\partial x}+\mathrm{i}\dfrac{\partial v}{\partial x}=\dfrac{\partial v}{\partial y}-\mathrm{i}\dfrac{\partial u}{\partial y}$, 从而有

$$\frac{\partial u}{\partial x}=\frac{\partial v}{\partial y},\quad \frac{\partial u}{\partial y}=-\frac{\partial v}{\partial x}, \tag{2.3.3}$$

方程 (2.3.3)称为 **Cauchy-Riemann 方程**.

进一步, 有

$$\begin{aligned}
|f'(z)|^2 &= \left(\frac{\partial u}{\partial x}\right)^2+\left(\frac{\partial v}{\partial x}\right)^2\\
&=\frac{\partial u}{\partial x}\frac{\partial v}{\partial y}-\frac{\partial u}{\partial y}\frac{\partial v}{\partial x}=\begin{vmatrix}\dfrac{\partial u}{\partial x} & \dfrac{\partial u}{\partial y}\\ \dfrac{\partial v}{\partial x} & \dfrac{\partial v}{\partial y}\end{vmatrix}.
\end{aligned}$$

即 $|f'(z)|^2$ 是二元函数 $u(x,y),v(x,y)$ 关于 x,y 的 Jacobi 矩阵的行列式.

于是, 我们得到如下定理.

△ **定理 2.8** 设函数 $f(z)=u(x,y)+\mathrm{i}v(x,y)$ 在区域 D 内连续, 则 $f(z)$ 在 D 内一点 $z=x+\mathrm{i}y$ 可导的充要条件是 $u(x,y)$ 与 $v(x,y)$ 在点 (x,y) 处可微, 且在该点满足 Cauchy-Riemann 方程

$$\frac{\partial u}{\partial x}=\frac{\partial v}{\partial y},\qquad \frac{\partial u}{\partial y}=-\frac{\partial v}{\partial x}.$$

证明 (必要性) 设 $f(z)$ 在点 $z=x+\mathrm{i}y\in D$ 可导, 则对充分小的 $|\Delta z|=|\Delta x+\mathrm{i}\Delta y|>0$, 有

$$f(z+\Delta z)-f(z)=f'(z)\Delta z+\rho(\Delta z)\Delta z,$$

其中 $\lim\limits_{\Delta z\to 0}\rho(\Delta z)=0$. 令 $f(z+\Delta z)-f(z)=\Delta u+\mathrm{i}\Delta v$, $f'(z)=a+\mathrm{i}b$, $\rho(\Delta z)=\rho_1(\Delta x,\Delta y)+\mathrm{i}\rho_2(\Delta x,\Delta y)$. 于是

$$\begin{aligned}\Delta u+\mathrm{i}\Delta v&=(a+\mathrm{i}b)(\Delta x+\mathrm{i}\Delta y)+(\rho_1+\mathrm{i}\rho_2)(\Delta x+\mathrm{i}\Delta y)\\&=(a\Delta x-b\Delta y+\rho_1\Delta x-\rho_2\Delta y)+\mathrm{i}(b\Delta x+a\Delta y+\rho_2\Delta x+\rho_1\Delta y),\end{aligned}$$

所以

$$\begin{aligned}\Delta u&=a\Delta x-b\Delta y+\rho_1\Delta x-\rho_2\Delta y,\\\Delta v&=b\Delta x+a\Delta y+\rho_2\Delta x+\rho_1\Delta y.\end{aligned}$$

又因为 $\lim\limits_{(\Delta x,\Delta y)\to(0,0)}\rho_j(\Delta x,\Delta y)=0$, 其中 $j=1,2$, 所以 $u(x,y)$ 与 $v(x,y)$在点 (x,y) 处可微, 且在该点 (x,y) 满足 Cauchy-Riemann 方程:

$$a=\frac{\partial u}{\partial x}=\frac{\partial v}{\partial y},\quad -b=\frac{\partial u}{\partial y}=-\frac{\partial v}{\partial x}.$$

(充分性) 设 $u(x,y)$ 与 $v(x,y)$ 在点 (x,y) 处可微, 则

$$\begin{aligned}\Delta u&=\frac{\partial u}{\partial x}\Delta x+\frac{\partial u}{\partial y}\Delta y+\varepsilon_1\Delta x+\varepsilon_2\Delta y,\\\Delta v&=\frac{\partial v}{\partial x}\Delta x+\frac{\partial v}{\partial y}\Delta y+\varepsilon_3\Delta x+\varepsilon_4\Delta y,\end{aligned}$$

其中 $\lim\limits_{(\Delta x,\Delta y)\to(0,0)}\varepsilon_j(\Delta x,\Delta y)=0\ (j=1,2,3,4)$. 再由 Cauchy-Riemann 方程得

$$\begin{aligned}f(z+\Delta z)-f(z)&=\Delta u+\mathrm{i}\Delta v\\&=\left(\frac{\partial u}{\partial x}+\mathrm{i}\frac{\partial v}{\partial x}\right)\Delta x+\left(\frac{\partial u}{\partial y}+\mathrm{i}\frac{\partial v}{\partial y}\right)\Delta y+\\&\quad(\varepsilon_1+\mathrm{i}\varepsilon_3)\Delta x+(\varepsilon_2+\mathrm{i}\varepsilon_4)\Delta y\\&=\left(\frac{\partial u}{\partial x}+\mathrm{i}\frac{\partial v}{\partial x}\right)(\Delta x+\mathrm{i}\Delta y)+(\varepsilon_1+\mathrm{i}\varepsilon_3)\Delta x+(\varepsilon_2+\mathrm{i}\varepsilon_4)\Delta y.\end{aligned}$$

又因为 $\left|\frac{\Delta x}{\Delta z}\right|\leqslant 1$, $\left|\frac{\Delta y}{\Delta z}\right|\leqslant 1$, 所以当 $\Delta z\to 0$ 时, $(\varepsilon_1+\mathrm{i}\varepsilon_3)\frac{\Delta x}{\Delta z}\to 0$, $(\varepsilon_2+\mathrm{i}\varepsilon_4)\frac{\Delta y}{\Delta z}\to 0$.

进一步, 有

$$\begin{aligned}\frac{f(z+\Delta z)-f(z)}{\Delta z} &= \frac{\partial u}{\partial x}+\mathrm{i}\frac{\partial v}{\partial x}+(\varepsilon_1+\mathrm{i}\varepsilon_3)\frac{\Delta x}{\Delta z}+(\varepsilon_2+\mathrm{i}\varepsilon_4)\frac{\Delta y}{\Delta z},\\ \frac{f(z+\Delta z)-f(z)}{\Delta z} &\to \frac{\partial u}{\partial x}+\mathrm{i}\frac{\partial v}{\partial x}\quad (\text{当 } \Delta z\to 0\text{时}).\end{aligned}$$

故 $f(z)$ 在 $z=x+\mathrm{i}y\in D$ 处可导. □

注 2.4 Cauchy-Riemann 方程的极坐标形式为

$$\frac{\partial u}{\partial r}=\frac{1}{r}\frac{\partial v}{\partial \theta},\qquad \frac{1}{r}\frac{\partial u}{\partial \theta}=-\frac{\partial v}{\partial r}, \tag{2.3.4}$$

此时导函数表达式为

$$f'(z)=\mathrm{e}^{-\mathrm{i}\theta}\left(\frac{\partial u}{\partial r}+\mathrm{i}\frac{\partial v}{\partial r}\right). \tag{2.3.5}$$

证明 设 $f(z)$ 满足 Cauchy-Riemann 方程 $\dfrac{\partial u}{\partial x}=\dfrac{\partial v}{\partial y}$ 和 $\dfrac{\partial u}{\partial y}=-\dfrac{\partial v}{\partial x}$, 且 $x=r\cos\theta, y=r\sin\theta$, 则

$$\begin{aligned}\frac{\partial u}{\partial r}&=\frac{\partial u}{\partial x}\frac{\partial x}{\partial r}+\frac{\partial u}{\partial y}\frac{\partial y}{\partial r}=\frac{\partial v}{\partial y}\cos\theta-\frac{\partial v}{\partial x}\sin\theta,\\ \frac{\partial u}{\partial \theta}&=\frac{\partial u}{\partial x}\frac{\partial x}{\partial \theta}+\frac{\partial u}{\partial y}\frac{\partial y}{\partial \theta}=\frac{\partial v}{\partial y}(-r\sin\theta)-\frac{\partial v}{\partial x}(r\cos\theta),\\ \frac{\partial v}{\partial r}&=\frac{\partial v}{\partial x}\frac{\partial x}{\partial r}+\frac{\partial v}{\partial y}\frac{\partial y}{\partial r}=\frac{\partial v}{\partial x}\cos\theta+\frac{\partial v}{\partial y}\sin\theta,\\ \frac{\partial v}{\partial \theta}&=\frac{\partial v}{\partial x}\frac{\partial x}{\partial \theta}+\frac{\partial v}{\partial y}\frac{\partial y}{\partial \theta}=\frac{\partial v}{\partial x}(-r\sin\theta)+\frac{\partial v}{\partial y}(r\cos\theta),\end{aligned}$$

因此, (2.3.4)成立. 从而, 导函数

$$\begin{aligned}f'(z)&=\frac{\partial u}{\partial x}+\mathrm{i}\frac{\partial v}{\partial x}=\frac{\partial u}{\partial r}\frac{\partial r}{\partial x}+\frac{\partial u}{\partial \theta}\frac{\partial \theta}{\partial x}+\mathrm{i}\left(\frac{\partial v}{\partial r}\frac{\partial r}{\partial x}+\frac{\partial v}{\partial \theta}\frac{\partial \theta}{\partial x}\right)\\ &=\frac{\partial u}{\partial r}\frac{x}{r}+\frac{\partial u}{\partial \theta}\frac{-y}{x^2+y^2}+\mathrm{i}\left(\frac{\partial v}{\partial r}\frac{x}{r}+\frac{\partial v}{\partial \theta}\frac{-y}{x^2+y^2}\right)\\ &=\frac{\partial u}{\partial r}\cos\theta-r\frac{\partial v}{\partial r}\cdot\frac{-r\sin\theta}{r^2}+\mathrm{i}\left(\frac{\partial v}{\partial r}\cos\theta+r\frac{\partial u}{\partial r}\cdot\frac{-r\sin\theta}{r^2}\right)\\ &=(\cos\theta-\mathrm{i}\sin\theta)\left(\frac{\partial u}{\partial r}+\mathrm{i}\frac{\partial v}{\partial r}\right)=\mathrm{e}^{-\mathrm{i}\theta}\left(\frac{\partial u}{\partial r}+\mathrm{i}\frac{\partial v}{\partial r}\right).\end{aligned}$$

□

注 2.5 (1) 任意一个复变实值函数或者有导数为零, 或者导数不存在.

(2) 任意一个实变复值函数的导数可以归为研究两个实变实值函数的导数.

例 2.6 讨论函数 $f(z)=x^3+y^3+x^2y^2\mathrm{i}$ 的可导性, 并求出可导点处的导数.

解 二元初等函数 $u(x,y)=x^3+y^3$ 和 $v(x,y)=x^2y^2$ 都在整个复平面上处处可微, 有

$$\frac{\partial u}{\partial x}=3x^2,\quad \frac{\partial v}{\partial y}=2x^2y,\quad \frac{\partial u}{\partial y}=3y^2,\quad \frac{\partial v}{\partial x}=2xy^2,$$

令 $\dfrac{\partial u}{\partial x}=\dfrac{\partial v}{\partial y},\quad \dfrac{\partial u}{\partial y}=-\dfrac{\partial v}{\partial x}$, 解得 $(x,y)=(0,0)$ 或 $\left(-\dfrac{3}{2},\dfrac{3}{2}\right)$. 所以, 由定理 2.8 可知, 函数 $f(z)$ 仅在 $z_1=0$ 和 $z_2=-\dfrac{3}{2}+\dfrac{3}{2}\mathrm{i}$ 处可导, 且导数分别为

$$\begin{aligned}
f'(0)&=\left(\frac{\partial u}{\partial x}+\mathrm{i}\frac{\partial v}{\partial x}\right)\bigg|_{z=z_1}=0,\\
f'\left(-\frac{3}{2}+\frac{3}{2}\mathrm{i}\right)&=\left(\frac{\partial u}{\partial x}+\mathrm{i}\frac{\partial v}{\partial x}\right)\bigg|_{z=z_2}=\left(3x^2+2xy^2\mathrm{i}\right)\Big|_{(x,y)=(-\frac{3}{2},\frac{3}{2})}\\
&=\frac{27}{4}-\frac{27}{4}\mathrm{i}.
\end{aligned}$$

□

例 2.7 设正整数 $n\geqslant 1$, 利用极坐标讨论幂函数 $f(z)=z^n$ 的可导性, 并求出可导点处的导数值.

解 因为 $f(z)=z^n=r^n(\cos n\theta+\mathrm{i}\sin n\theta)$, 所以二元初等函数 $u(r,\theta)=r^n\cos n\theta$ 和 $v(r,\theta)=r^n\sin n\theta$ 都在整个复平面上处处可微, 且处处满足其极坐标形式的 Cauchy-Riemann 方程

$$\frac{\partial u}{\partial r}=nr^{n-1}\cos n\theta=\frac{1}{r}\frac{\partial v}{\partial \theta},\quad \frac{1}{r}\frac{\partial u}{\partial \theta}=-nr^{n-1}\sin n\theta=-\frac{\partial v}{\partial r}.$$

由定理 2.8 可知, 幂函数 $f(z)=z^n$ 在整个复平面上处处可导, 且其导数值分别为

$$(z^n)'=\mathrm{e}^{-\mathrm{i}\theta}\left(\frac{\partial u}{\partial r}+\mathrm{i}\frac{\partial v}{\partial r}\right)=\mathrm{e}^{-\mathrm{i}\theta}\cdot nr^{n-1}\mathrm{e}^{\mathrm{i}n\theta}=nr^{n-1}\mathrm{e}^{\mathrm{i}(n-1)\theta}=nz^{n-1}.$$

□

2.3.2 复变函数的解析性

定义 2.7 若函数 $f(z)$ 在 z_0 及 z_0 的某个邻域内处处可导, 则称 $f(z)$ 在 z_0 处是**解析的** (analytic).

若 $f(z)$ 在区域 D 内每一点都解析, 则称 $f(z)$ 在 D 内解析, 或称 $f(z)$ 是 D 内的一个**解析函数** (analytic function) 或**全纯函数** (holomorphic function).

若 $f(z)$ 在 z_0 处不解析, 则称点 z_0 是 $f(z)$ 的**奇点** (singular point).

注 2.6 (1) 任意一个复变函数在区域内解析与在区域内可导是等价的, 但是任意一个复变函数在一点处解析比在一点处可导的要求要强得多.

(2) 解析函数的四则运算和复合运算法则也成立.

例 2.8 讨论分式线性函数 $w=\dfrac{az+b}{cz+d}$ 的解析性, 其中 a,b,c,d 为复常数且 $ad-bc\neq 0$.

解 除了使得分母等于零的点 $z=-\dfrac{d}{c}$ 外, 由导数的运算法则知, 函数 $w=\dfrac{az+b}{cz+d}$ 在复平面内处处可导, 且

$$w'=\frac{a(cz+d)-c(az+b)}{(cz+d)^2}=\frac{ad-bc}{(cz+d)^2}.$$

所以, 函数 $w=\dfrac{az+b}{cz+d}$ 除奇点 $z=-\dfrac{d}{c}$ 外在复平面内处处解析. □

2.3.3 判定解析函数的充要条件和必要条件

那么如何判断一个复变函数在某个区域内是不是解析的呢?

定理 2.9 函数 $f(z)=u(x,y)+\mathrm{i}v(x,y)$ 在其定义域 D 内解析的充要条件是函数 $u(x,y)$ 与 $v(x,y)$ 在 D 内可微, 且满足 Cauchy-Riemann 方程

$$\frac{\partial u}{\partial x}=\frac{\partial v}{\partial y},\qquad \frac{\partial u}{\partial y}=-\frac{\partial v}{\partial x}.$$

定理 2.9 的结论显然可由定理 2.8 和定义 2.7 得到.

注 2.7 定理 2.8 和定理 2.9 是判断函数 $f(z)$ 在某点是否可导, 在某区域内是否解析的常用工具.

若 $f(z)=u(x,y)+\mathrm{i}v(x,y)$ 在区域 D 内不满足 Cauchy-Riemann 方程, 则 $f(z)$ 在 D 内不解析. 若 $f(z)=u(x,y)+\mathrm{i}v(x,y)$ 在区域 D 内满足 Cauchy-Riemann 方程, 且 u,v 具有一阶连续偏导数, 则 $f(z)$ 在 D 内解析.

例 2.9 证明: 指数函数 $f(z)=\mathrm{e}^z=\mathrm{e}^x(\cos y+\mathrm{i}\sin y)$ 在复平面 $\mathbf{C}$ 内处处解析, 且 $f'(z)=f(z)$.

证明 因为二元初等函数 $u(x,y)=\mathrm{e}^x\cos y$ 和 $v(x,y)=\mathrm{e}^x\sin y$ 都在整个

复平面上处处可微, 且处处其 Cauchy-Riemann 方程

$$\frac{\partial u}{\partial x}=\mathrm{e}^x\cos y=\frac{\partial v}{\partial y},\quad \frac{\partial u}{\partial y}=-\mathrm{e}^x\sin y=-\frac{\partial v}{\partial x}$$

成立. 所以由定理 2.9 可知, 函数 $f(z)$ 在整个复平面内处处解析, 且导数为

$$f'(z)=\frac{\partial u}{\partial x}+\mathrm{i}\frac{\partial v}{\partial x}=\mathrm{e}^x\cos y+\mathrm{i}\mathrm{e}^x\sin y=f(z).\qquad\square$$

例 2.10 证明: (1) 多项式函数 $P_n(z)=a_0z^n+a_1z^{n-1}+\cdots+a_{n-1}z+a_n$ (n 为正整数) 是复平面 $\mathbf{C}$ 内的一个解析函数.

(2) 对数主值函数 $\ln z$ 在除去原点和负实轴的复平面内解析, 对数函数 $\mathrm{Ln}\ z$ 的各个分支在除去原点和负实轴的复平面内解析, 且具有相同的导数值 $\dfrac{1}{z}$.

(3) 幂函数 $w=z^b(b\in\mathbf{C})$ 的各个分支在除去原点和负实轴的复平面内也是解析的, 且 $(z^b)'=bz^{b-1}$.

例 2.10 的证明比较简单, 证明留给读者.

例 2.11 讨论函数 $w=\sqrt{z}$.

解 设 $z=r\mathrm{e}^{\mathrm{i}\theta}$, 则

$$\sqrt{z}=\sqrt{r}\mathrm{e}^{\frac{\theta+2k\pi}{2}\mathrm{i}},\quad k=0,1.$$

于是, 当 $k=0$ 时, $\sqrt{z}=\sqrt{r}\mathrm{e}^{\frac{\theta}{2}\mathrm{i}}$; 当 $k=1$ 时, $\sqrt{z}=-\sqrt{r}\mathrm{e}^{\frac{\theta}{2}\mathrm{i}}$.

若 Ω 是由复平面除去负实轴所剩的区域, 则在 Ω 内可定义函数 $w=\sqrt{z}$ 的两个解析分支

$$\begin{aligned}w_1(z)&=\sqrt{r}\mathrm{e}^{\frac{\theta}{2}\mathrm{i}}, &-\pi<\theta<\pi,\\ w_2(z)&=-\sqrt{r}\mathrm{e}^{\frac{\theta}{2}\mathrm{i}}, &-\pi<\theta<\pi.\end{aligned}$$

当 z 在 Ox 轴上方时, 即 $0<\theta<\pi$ 时, 则 $\arg(w_1)=\dfrac{\theta}{2}\in\left(0,\dfrac{\pi}{2}\right)$, $\arg(w_2)=\dfrac{\theta}{2}-\pi\in\left(-\pi,-\dfrac{\pi}{2}\right)$, 此时 w_1 在第一象限, w_2 在第三象限, 且 w_1 和 w_2 关于原点对称. 当 z 在 Ox 轴下方时, 即 $-\pi<\theta<0$ 时, 则 $\arg(w_1)=\dfrac{\theta}{2}\in\left(-\dfrac{\pi}{2},0\right)$, $\arg(w_2)=\dfrac{\theta}{2}+\pi\in\left(\dfrac{\pi}{2},\pi\right)$, 此时 w_1 在第四象限, w_2 在第二象限, 且 w_1 和 w_2 也关于原点对称.

于是, 对 $w=\sqrt{z}$ 的两个分支 $w_1(z)$ 和 $w_2(z)$, 考虑两个平面 P_1 和 P_2, 把 $w_1(z)$ 和 $w_2(z)$ 分别看作是定义在平面 P_1 和 P_2 上去掉负实轴后所剩的区域.

先把平面 P_2 放在平面 P_1 的下面, 然后将两平面均沿负实轴劈开, 各有上沿和下沿, 最后把 P_1 的下沿与 P_2 的上沿相接, 把 P_2 的下沿与 P_1 的上沿相接 (虽然把 P_2 的下沿与 P_1 的上沿连接时要穿过中间的平面, 对此不加考虑), 这样就构成了一个曲面 (如图 2.1 所示), 称为函数 $w=\sqrt{z}$ 的 Riemann **曲面**, 且在这个曲面上 $w=\sqrt{z}$ 是单值的. □

知识拓展:

Riemann 曲面

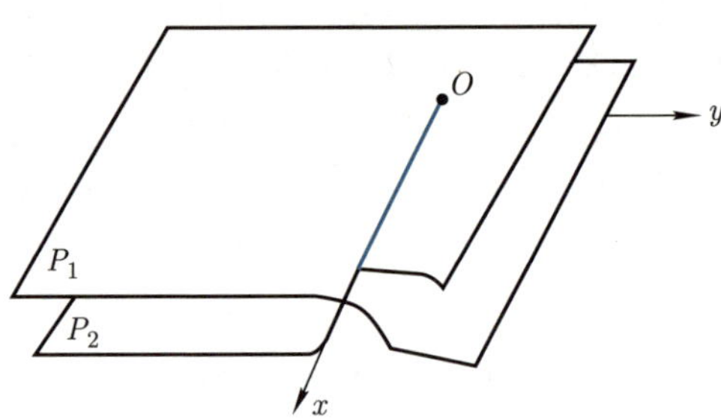

图 2.1 Riemann 曲面

研究区域上的解析函数, 也可以从以下角度来考虑.

对于任意一个复变函数 $w=f(z)=u(x,y)+\mathrm{i}v(x,y)$, 利用 $x=\dfrac{z+\bar{z}}{2}$ 和 $y=\dfrac{z-\bar{z}}{2\mathrm{i}}$, 则有

$$w=f(z)=u(x,y)+\mathrm{i}v(x,y)=u\left(\frac{z+\bar{z}}{2},\frac{z-\bar{z}}{2\mathrm{i}}\right)+\mathrm{i}v\left(\frac{z+\bar{z}}{2},\frac{z-\bar{z}}{2\mathrm{i}}\right). \tag{2.3.6}$$

因此, 可以把函数 $w=f(z)$ 看成自变量为 $z,\bar{z}$ 的二元函数 $w=\widetilde{f}(z,\bar{z})$.

定理 2.10 函数 $w=f(x,y)=u(x,y)+\mathrm{i}v(x,y)$ 是区域 D 上的一个解析函数的必要条件是函数 $w=\widetilde{f}(z,\bar{z})$ 中不含 $\bar{z}$, 即

$$\frac{\partial\widetilde{f}(z,\bar{z})}{\partial\bar{z}}=0.$$

证明 利用 (2.3.6), 我们有

$$\begin{aligned}\frac{\partial\widetilde{f}(z,\bar{z})}{\partial\bar{z}}&=\frac{\partial u}{\partial x}\frac{\partial x}{\partial\bar{z}}+\frac{\partial u}{\partial y}\frac{\partial y}{\partial\bar{z}}+\mathrm{i}\left(\frac{\partial v}{\partial x}\frac{\partial x}{\partial\bar{z}}+\frac{\partial v}{\partial y}\frac{\partial y}{\partial\bar{z}}\right)\\&=\frac{1}{2}\left(\frac{\partial u}{\partial x}-\frac{\partial v}{\partial y}\right)+\frac{\mathrm{i}}{2}\left(\frac{\partial u}{\partial y}+\frac{\partial v}{\partial x}\right).\end{aligned}$$

因为函数 $w=f(z)=u(x,y)+\mathrm{i}v(x,y)$ 是区域 D 上的一个解析函数, 所以函数 $u(x,y)$ 和 $v(x,y)$ 必满足 Cauchy-Riemann 方程. 从而

$$\frac{\partial \widetilde{f}(z,\bar{z})}{\partial \bar{z}}=0. \qquad \square$$

例如, 函数 $f(z)=\bar{z}$ 在整个复平面上处处满足 $\dfrac{\partial \widetilde{f}}{\partial \bar{z}}=1$, 所以由定理 2.10 知, $f(z)=\bar{z}$ 在整个复平面上处处不解析.

例 2.12 讨论函数 $f(z)=x^2-y^2-2xy\mathrm{i}$ 的解析性.

解 利用 $x=\dfrac{z+\bar{z}}{2}$ 和 $y=\dfrac{z-\bar{z}}{2\mathrm{i}}$, 则有

$$\widetilde{f}(z,\bar{z})=\left(\frac{z+\bar{z}}{2}\right)^2-\left(\frac{z-\bar{z}}{2\mathrm{i}}\right)^2-2\frac{z+\bar{z}}{2}\cdot\frac{z-\bar{z}}{2\mathrm{i}}\mathrm{i}=\bar{z}^2.$$

于是, $\dfrac{\partial \widetilde{f}(z,\bar{z})}{\partial \bar{z}}=2\bar{z}$. 因此, 只有当 $z=0$ 时, $\left.\dfrac{\partial \widetilde{f}(z,\bar{z})}{\partial \bar{z}}\right|_{z=0}=0$. 当 $z\neq 0$ 时, $\dfrac{\partial \widetilde{f}(z,\bar{z})}{\partial \bar{z}}\neq 0$. 所以, 函数 $f(z)=x^2-y^2-2xy\mathrm{i}$在整个复平面上处处不解析. $\square$

例 2.13 讨论函数 $f(z)=|z|^2$ 的解析性.

解 显然, $f(z)=z\bar{z}$. 于是, $\dfrac{\partial \widetilde{f}(z,\bar{z})}{\partial \bar{z}}=z$. 因此, 只有当 $z=0$ 时, $\left.\dfrac{\partial \widetilde{f}(z,\bar{z})}{\partial \bar{z}}\right|_{z=0}=0$. 当 $z\neq 0$ 时, $\dfrac{\partial \widetilde{f}(z,\bar{z})}{\partial \bar{z}}\neq 0$. 所以, 函数 $f(z)=|z|^2$在整个复平面上处处不解析. $\square$

关于函数 $w=f(z)$ 在扩充复平面上无穷远点 ∞ 有什么性质呢?

作变换 $\xi=\dfrac{1}{z}$, 它把 z 平面上的无穷远点 $z=\infty$ 变成了 ξ 平面上的原点 $\xi=0$, 把去心邻域 $R<|z|<+\infty$ 转化为去心邻域 $0<|\xi|<\dfrac{1}{R}$. 此时有如下定义:

定义 2.8 若函数 $\varphi(\xi)$ 在 $\xi=0$ 处是解析的 (或奇异的), 则称函数 $f(z)$ 在 $z=\infty$ 处是**解析的** (**或奇异的**).

2.3.4 解析函数与其实部、虚部之间的关系

为了确定一个解析函数与其实部、虚部之间的关系, 我们首先给出调和函

数的定义.

定义 2.9 若 n 元实变实值函数 $\varphi(x_1, x_2, \cdots, x_n)$ 在区域 $G \subset \mathbf{R}^n$ 内具有二阶连续的偏导数, 且满足 Laplace 方程

$$\Delta\varphi = \sum_{k=1}^{n} \frac{\partial^2 \varphi}{\partial x_k^2} = 0,$$

则称 $\varphi(x_1, x_2, \cdots, x_n)$ 为区域 G 内的一个**调和函数** (harmonic function).

例如, 流体力学中出现的流速场的流函数和势函数、静电场中的力函数和势函数、热流场中的流函数和温度分布函数等都是调和函数.

调和函数有一些重要的性质, 这里不加证明. 例如, 任意一个调和函数在平移变换、伸缩变换和正交变换下仍是一个调和函数. 任意一个调和函数在其定义域内都是光滑的和解析的.

当 $n = 2$ 时, 我们有

定理 2.11 区域 D 内的任何一个解析函数 $f(z) = u(x, y) + \mathrm{i}v(x, y)$ 的实部 $u(x, y)$ 和虚部 $v(x, y)$ 都是 D 内的调和函数.

为了给出定理的证明, 我们需要利用一个结论: 区域 D 内的解析函数的导数也是解析函数, 从而解析函数具有任意阶导数 (参见定理 3.10).

定理 2.11 的证明 因为 $w = f(z) = u(x, y) + \mathrm{i}v(x, y)$ 是解析函数, 所以 u 和 v 满足 Cauchy-Riemann 方程

$$\frac{\partial u}{\partial x} = \frac{\partial v}{\partial y}, \quad \frac{\partial u}{\partial y} = -\frac{\partial v}{\partial x}.$$

从而,

$$\frac{\partial^2 u}{\partial x^2} = \frac{\partial^2 v}{\partial y \partial x}, \qquad \frac{\partial^2 u}{\partial y^2} = -\frac{\partial^2 v}{\partial x \partial y}.$$

根据解析函数可导性质知, u 与 v 具有任意阶的连续偏导数. 所以, $\dfrac{\partial^2 v}{\partial y \partial x} = \dfrac{\partial^2 v}{\partial x \partial y}$. 从而, $\Delta u = 0$. 同理, $\Delta v = 0$. 故 u 与 v 都是调和函数. □

定义 2.10 设 $u(x, y)$ 和 $v(x, y)$ 是区域 D 内的一个调和函数, 且 $f(z) = u(x, y) + \mathrm{i}v(x, y)$ 在 D 内解析, 则称函数 $v(x, y)$ 是 $u(x, y)$ 的一个**共轭调和函数** (harmonic conjugate).

定理 2.11 表明: 区域 D 内的一个解析函数 $f(z)=u(x,y)+\mathrm{i}v(x,y)$ 的虚部 $v(x,y)$ 是实部 $u(x,y)$ 的共轭调和函数. 反之, 对于任意两个调和函数 $u(x,y)$, $v(x,y)$, 函数 $f(z)=u(x,y)+\mathrm{i}v(x,y)$ 并不一定解析. 但是, 若已知一个调和函数 $u(x,y)$ (或 $v(x,y)$), 则可利用 Cauchy-Riemann 方程求得另外一个调和函数 $v(x,y)$(或 $u(x,y)$), 使得它们构成一个解析函数 $f(z)=u(x,y)+\mathrm{i}v(x,y)$.

例 2.14 设 $u(x,y)=x^3-3xy^2+xy$, 证明: $u(x,y)$ 是一个调和函数, 并求它的共轭调和函数 $v(x,y)$, 使得 $f(z)=u(x,y)+\mathrm{i}v(x,y)$ 解析且 $f(0)=\mathrm{i}$.

证明 (1) 因为 $u(x,y)=x^3-3xy^2+xy$, 所以,

$$u_x=3x^2-3y^2+y, \qquad u_y=-6xy+x.$$

进一步, 有 $u_{xx}=6x$ 和 $u_{yy}=-6x$. 从而,

$$\Delta u(x,y)=u_{xx}+u_{yy}=6x-6x=0.$$

因此, $u(x,y)$ 是一个调和函数.

(2) 因为 $f(z)=u(x,y)+\mathrm{i}v(x,y)$ 解析, 所以满足 Cauchy-Riemann 方程

$$v_x=-u_y=6xy-x, \tag{2.3.7}$$

$$v_y=u_x=3x^2-3y^2+y. \tag{2.3.8}$$

解法一 (线积分法) 因为 $\mathrm{d}v=v_x\mathrm{d}x+v_y\mathrm{d}y=-u_y\mathrm{d}x+u_x\mathrm{d}y$, 所以由 (2.3.7) 和 (2.3.8) 可得

$$\begin{aligned}
v(x,y) &= \int_{(x_0,y_0)}^{(x,y)} -u_y\mathrm{d}x+u_x\mathrm{d}y+C \quad (\text{不妨取}(x_0,y_0)=(0,0)) \qquad (2.3.9)\\
&= \int_{(0,0)}^{(x,y)} (6xy-x)\mathrm{d}x+(3x^2-3y^2+y)\mathrm{d}y+C\\
&= \int_0^x (6x\cdot 0-x)\mathrm{d}x+\int_0^y (3x^2-3y^2+y)\mathrm{d}y+C\\
&= -\frac{x^2}{2}+3x^2y-y^3+\frac{y^2}{2}+C,
\end{aligned}$$

其中 C 为任意常数.

解法二 (偏积分法) 在 (2.3.7) 两边关于 x 积分, 可得

$$v(x,y)=3x^2y-\frac{x^2}{2}+\varphi(y), \tag{2.3.10}$$

其中 $\varphi(y)$ 为 y 的待定函数. 于是,

$$v_y(x,y) = 3x^2 + \varphi'(y). \tag{2.3.11}$$

比较 (2.3.8) 和 (2.3.11) 可得 $\varphi'(y) = -3y^2 + y$. 所以, $\varphi(y) = -y^3 + \dfrac{y^2}{2} + C$, 其中 C 为任意常数. 代入 (2.3.10) 即得 $v(x,y) = -\dfrac{x^2}{2} + 3x^2y - y^3 + \dfrac{y^2}{2} + C$.

(3)

$$\begin{aligned} f(z) &= u(x,y) + v(x,y)\mathrm{i} \\ &= (x^3 - 3xy^2 + xy) + \left(-\frac{x^2}{2} + 3x^2y - y^3 + \frac{y^2}{2} + C\right)\mathrm{i} \\ &= z^3 - \frac{\mathrm{i}}{2}z^2 + C\mathrm{i}. \end{aligned}$$

又因为 $f(0) = \mathrm{i}$, 所以 $C = 1$. 因此, $f(z) = z^3 - \dfrac{\mathrm{i}}{2}z^2 + \mathrm{i}$ 即为所求. □

§2.4 共形映射

本节我们将从分析解析函数构成的映射特征出发, 引入共形映射的概念. 然后研究特殊的共形映射——分式线性映射, 并讨论它的性质和应用. 最后, 讨论几个常见的初等函数构成的共形映射的性质.

2.4.1 共形映射的定义

设 z 平面内一条有向连续曲线 γ 的复数表示式为 $z = z(t)(\alpha \leqslant t \leqslant \beta)$, 其正向取 t 增大时点 z 的移动方向.

对任意的 $t_0, t_0 + \Delta t \in (\alpha, \beta)$, 记点 $z(t_0)$ 为 P_0, P 是曲线 γ 上的点 $z(t_0 + \Delta t)$ (如图 2.2 所示). 割线 P_0P 的正向（对应于 t 增大的方向）与 $\dfrac{z(t_0 + \Delta t) - z(t_0)}{\Delta t}$ 的方向相同, 当 $P \to P_0$ 时, 割线 P_0P 的极限位置就是 γ 上 P_0 处的切线. 于是, 向量 $z'(t_0) = \lim\limits_{\Delta t \to 0} \dfrac{z(t_0 + \Delta t) - z(t_0)}{\Delta t}$ 与 γ 相切于 $z(t_0)$ 且方向与 γ 的正向一致.

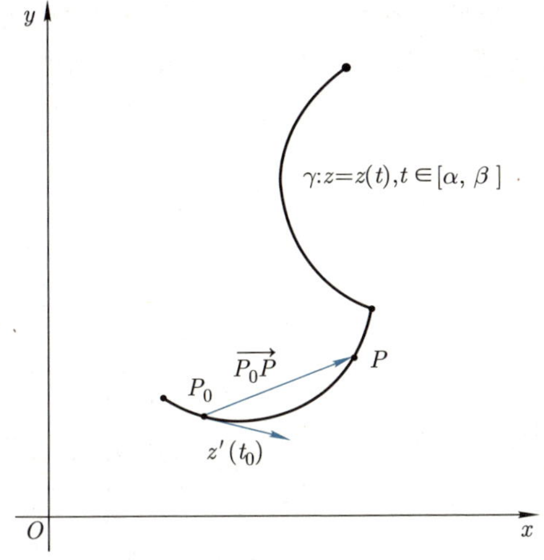

图 2.2 切向量 $z'(t_0)$

若 $z'(t_0)\neq 0$, $t_0\in(\alpha,\beta)$, 则向量 $z'(t_0)$ 与 γ 相切于点 $z_0=z(t_0)$, 且 $z'(t_0)$ 的方向与曲线 γ 的方向一致.

若规定 $z'(t_0)$ 的上述方向为 γ 上 z_0 处切线的方向, 则有

(1) $\operatorname{Arg} z'(t_0)$ 就是 γ 上点 z_0 处切线的正向与 x 轴正向之间的夹角.

(2) 相交于一点的两条曲线 γ_1 与 γ_2 正向之间的夹角就是 γ_1 与 γ_2 在交点处的两条切线正向之间的夹角.

定理 2.12 设函数 $w=f(z)$ 在区域 D 内解析, 点 $z_0\in D$ 且 $f'(z_0)\neq 0$, 则映射 $w=f(z)$ 在 z_0 具有性质:

(1) **保角性** (perseveration of angles): 过 z_0 的两条曲线的夹角跟映射后所得两曲线间的夹角在大小和方向上保持不变.

(2) **伸缩率不变性**: 过 z_0 的任一条曲线的伸缩率 $|f'(z_0)|$ 保持不变.

证明 (1) 设 $\gamma: z=z(t)$ 为 z 平面内过 z_0 的一条有向光滑曲线, 其中 $t\in[\alpha,\beta]$, $z_0=z(t_0)$, $z'(t_0)\neq 0$, $t_0\in(\alpha,\beta)$, 其正向对应于 t 增大的方向. 如图 2.3 所示, 映射 $w=f(z)$ 把曲线 γ 映成 w 平面内过 $w_0=f(z_0)$ 的一条有向光滑曲线 $\varGamma: w=f(z(t))$, 其中 $t\in[\alpha,\beta]$, 其正向对应于 t 增大的方向且 $w'(t_0)=f'(z_0)z'(t_0)\neq 0$. 于是, 在 $\varGamma$ 上点 w_0 处有切线存在且

$$\operatorname{Arg} w'(t_0)=\operatorname{Arg}\Big(f'(z_0)z'(t_0)\Big)=\operatorname{Arg} f'(z_0)+\operatorname{Arg} z'(t_0)$$

或

$$\operatorname{Arg} w'(t_0)-\operatorname{Arg} z'(t_0)=\operatorname{Arg} f'(z_0).$$

因此, 辐角 $\operatorname{Arg} f'(z_0)$ 是曲线 γ 经过 $w=f(z)$ 映射后在 z_0 处的**转动角** (原来切线的正向与映射后的切线的正向之间的夹角). 此外, 转动角的大小与方向跟曲线 γ 的形状与方向无关.

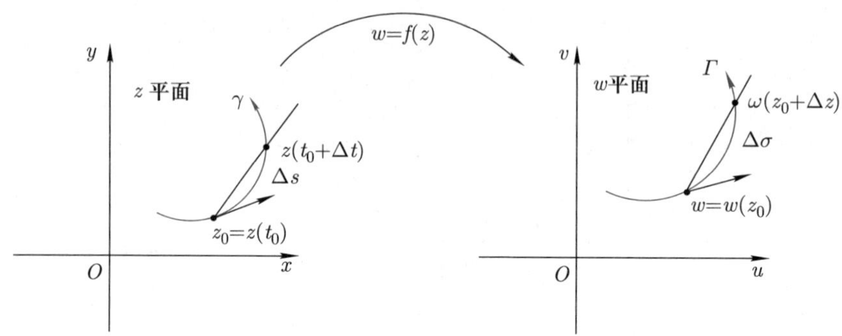

图 2.3 $w=f(z)$ 映射图示

设曲线γ_1 与 γ_2 相交于 z_0, 其中 $\gamma_j: z=z_j=z_j(t)$, $t\in[\alpha,\beta]$, $j=1,2$ 且 $z_0=z_1(t_0)=z_2(t_0')$, $t_0,t_0'\in(\alpha,\beta)$. 所以, 映射 $w=f(z)$ 把曲线 γ_1 和 γ_2 分别映成 w 平面内相交于 $w_0=f(z_0)$ 的两条曲线 $\varGamma_j: w=w_j=f(z_j(t))$, 其中 $t\in[\alpha,\beta]$, $j=1,2$. 于是,

$$\begin{aligned}&\operatorname{Arg} w_1'(t_0)-\operatorname{Arg} z_1'(t_0)=\operatorname{Arg} f'(z_0)=\operatorname{Arg} w_2'(t_0')-\operatorname{Arg} z_2'(t_0')\\ \text{或}\quad &\operatorname{Arg} w_2'(t_0')-\operatorname{Arg} w_1'(t_0)=\operatorname{Arg} z_2'(t_0')-\operatorname{Arg} z_1'(t_0).\end{aligned}$$

因此, 映射 $w=f(z)$ 保持两曲线间的夹角的大小与方向不变 (即保角性).

(2) 设 $z-z_0=r\mathrm{e}^{\mathrm{i}\theta}$, $w-w_0=\rho\mathrm{e}^{\mathrm{i}\varphi}$, $\Delta s=\overset{\frown}{z_0z}$, $\Delta\sigma=\overset{\frown}{w_0w}$,

$$\frac{w-w_0}{z-z_0}=\frac{f(z)-f(z_0)}{z-z_0}=\frac{\rho\mathrm{e}^{\mathrm{i}\varphi}}{r\mathrm{e}^{\mathrm{i}\theta}}=\frac{\Delta\sigma}{\Delta s}\cdot\frac{\rho}{\Delta\sigma}\cdot\frac{\Delta s}{r}\mathrm{e}^{\mathrm{i}(\varphi-\theta)},$$

于是, 由 $\lim\limits_{z\to z_0}\dfrac{\rho}{\Delta\sigma}=1=\lim\limits_{z\to z_0}\dfrac{\Delta s}{r}$ 知

$$|f'(z_0)|=\lim_{z\to z_0}\frac{\Delta\sigma}{\Delta s}.$$

该极限值称为曲线 γ 在 z_0 的**伸缩率** (scale factors), 与曲线 γ 的形状, 方向无关 (即伸缩率不变). □

定义 2.11 设在 z_0 的某邻域内函数 $w=f(z)$ 是一一的, 且在 z_0 处具有保角性和伸缩率的不变性, 则称映射 $w=f(z)$ 在 z_0 是**共形的** (conformal).

若映射 $w=f(z)$ 在 D 内的每一点都是共形的, 则称 $w=f(z)$ 是区域 D 内的一个**共形映射** (conformal mapping).

定理 2.13 若函数 $w=f(z)$ 在 z_0 处解析且 $f'(z_0)\neq 0$, 则映射 $w=f(z)$ 在 z_0 是共形的, 且 $\mathrm{Arg}\ f'(z_0)$ 表示该映射在 z_0 的转动角, $|f'(z_0)|$ 表示伸缩率.

若解析函数 $w=f(z)$ 在 D 内处处有 $f'(z)\neq 0$, 则映射 $w=f(z)$ 是 D 内的一个共形映射.

下面通过例题给出一个结论:

例 2.15 若 $f(z)=u+\mathrm{i}v$ 是一个解析函数, 且 $f'(z)\neq 0$, 则等值曲线族 $u(x,y)=C_1$ 和 $v(x,y)=C_2$ 必互相正交, 其中 C_1 和 C_2 为常数.

证明 因为 $f(z)=u+\mathrm{i}v$ 解析, 所以 $f'(z)=v_y-\mathrm{i}u_y\neq 0$. 因此, u_y 和 v_y 必不全为零.

若在曲线$u(x,y)=C_1$ 和 $v(x,y)=C_2$ 的交点 (x,y) 处 u_y 和 v_y 都不为零, 则由隐函数的存在定理知, $u_x+u_y\left.\dfrac{\mathrm{d}y}{\mathrm{d}x}\right|_{u(x,y)=C_1}=0$ 和 $v_x+v_y\left.\dfrac{\mathrm{d}y}{\mathrm{d}x}\right|_{v(x,y)=C_2}=0$. 于是, 曲线 $u(x,y)=C_1$ 和 $v(x,y)=C_2$ 在交点 (x,y) 处的切线斜率分别为 $\left.\dfrac{\mathrm{d}y}{\mathrm{d}x}\right|_{u(x,y)=C_1}=-\dfrac{u_x}{u_y}$ 和 $\left.\dfrac{\mathrm{d}y}{\mathrm{d}x}\right|_{v(x,y)=C_2}=-\dfrac{v_x}{v_y}$. 由 Cauchy-Riemann 方程 $u_x=v_y$ 和 $u_y=-v_x$ 知, $\left.\dfrac{\mathrm{d}y}{\mathrm{d}x}\right|_{u(x,y)=C_1}\cdot\left.\dfrac{\mathrm{d}y}{\mathrm{d}x}\right|_{v(x,y)=C_2}=\left(-\dfrac{u_x}{u_y}\right)\cdot\left(-\dfrac{v_x}{v_y}\right)=-1$. 因此, 曲线 $u(x,y)=C_1$ 和 $v(x,y)=C_2$ 在交点 (x,y) 处相互正交.

若 $u_y=0$, 则 $v_y\neq 0$. 于是曲线 $v(x,y)=C_2$ 在交点处的切线是水平的, 而曲线 $u(x,y)=C_1$ 在交点处的切线是垂直的, 因此曲线族互相正交. 类似地, 若 $v_y=0$, 则 $u_y\neq 0$. 于是曲线 $u(x,y)=C_1$ 在交点处的切线是水平的, 而曲线 $v(x,y)=C_2$ 在交点处的切线是垂直的, 因此曲线族互相正交. □

由例 2.15 知, 平面流速场中的流线和等势线、静电场中的电力线和等势线都是相互正交的.

$^{\triangle}$2.4.2 分式线性映射

分式线性映射是共形映射中比较简单, 但很重要的一类映射, 具有非常广泛的应用.

定义 2.12 设 $a,b,c,d\in\mathbf{C}$ 且 $ad-bc\neq 0$, 称 $w=S(z)=\dfrac{az+b}{cz+d}$ 为**分式线性映射** (fractional linear mapping), 又称**双线性映射** (bilinear mapping) 或 **Möbius 映射**.

当复数 $a,b,c,d\in\mathbf{C}$ 满足 $ad-bc=0$ 时, 映射 $w=S(z)=\dfrac{az+b}{cz+d}$ 满足 $\dfrac{\mathrm{d}w}{\mathrm{d}z}=0$, 则 w 为常数, 即比值 $\dfrac{az+b}{cz+d}$ 恒为常数. 此时, 映射 $w=S(z)$ 把除去 $z\neq-\dfrac{d}{c}$ 的复平面 $\mathbf{C}$ 映射成 w 平面上一点.

注 2.8 (1) 任意一个分式线性映射 $w=S(z)=\dfrac{az+b}{cz+d}$ 对应于一个非奇异矩阵 $\begin{pmatrix} a & b\\ c & d\end{pmatrix}$.

(2) 由分式线性映射 $w=S(z)=\dfrac{az+b}{cz+d}$ 得 $z=\dfrac{dw-b}{-cw+a}$, 所以分式线性映射 $w=S(z)=\dfrac{az+b}{cz+d}$ 的逆映射 $w=S^{-1}(z)$ 也是一个分式线性映射.

(3) 两个分式线性映射的复合, 也是一个分式线性映射.

事实上, 映射 $w=\dfrac{\alpha\xi+\beta}{\gamma\xi+\delta}$ $(\alpha\delta-\beta\gamma\neq 0)$ 与 $\xi=\dfrac{\alpha'z+\beta'}{\gamma'z+\delta'}$ $(\alpha'\delta'-\beta'\gamma'\neq 0)$ 复合可得 $w=\dfrac{az+b}{cz+d}$ 且 $ad-bc=(\alpha\delta-\beta\gamma)(\alpha'\delta'-\beta'\gamma')\neq 0$.

(4) 导数 $\dfrac{\mathrm{d}w}{\mathrm{d}z}=S'(z)=\dfrac{ad-bc}{(cz+d)^2}\neq 0$ 说明在除了 $z\neq-\dfrac{d}{c}$ 外的每一点是保角的.

(5) 注意到复球面 S^2 与扩充复平面$\mathbf{C}\cup\{\infty\}$ 的一一对应关系, 只要补充定义 $S(\infty)=\dfrac{a}{c}(c\neq 0)$ 或 $S(\infty)=\infty(c=0)$ 和 $S\left(-\dfrac{d}{c}\right)=\infty$, 就可以把分式线性映射 $w=S(z)$ 看成复球面 S^2 上的一个双射.

(6) 可把一个一般形式的分式线性映射分解成一些简单映射的复合.

事实上, 映射 $w=\dfrac{\alpha\xi+\beta}{\gamma\xi+\delta}$ 可化为 $w=\left(\beta-\dfrac{\alpha\delta}{\gamma}\right)\dfrac{1}{\gamma\xi+\delta}+\dfrac{\alpha}{\gamma}$. 于是, 令

$\xi_1=\gamma\xi+\delta,\ \xi_2=\dfrac{1}{\xi_1}$, 则 $w=\left(\beta-\dfrac{\alpha\delta}{\gamma}\right)\xi_2+\dfrac{\alpha}{\gamma}$.

下面我们来研究三种特殊映射: (i) 平移 $w=z+b$; (ii) 数乘 $w=az$; (iii) 反演 $w=\dfrac{1}{z}$.

(i) $w=z+b$ 是平移映射, 在扩充复平面上是一一的, $w'=(z+b)'=1\neq 0$ $(z\neq\infty)$; 当 $z=\infty$ 时, $w=\infty$. 分别作反演变换 $\xi=\dfrac{1}{z}$ 和 $\eta=\dfrac{1}{w}$, 于是 $\eta=\dfrac{1}{w}=\dfrac{1}{z+b}=\dfrac{1}{\dfrac{1}{\xi}+b}=\dfrac{\xi}{1+b\xi}$ 在 $\xi=0$ 处解析且 $\eta'|_{\xi=0}=\left.\dfrac{1}{(1+b\xi)^2}\right|_{\xi=0}=1\neq 0$. 所以, η 在 $\xi=0$ 处共形, 即 $w=z+b$ 在 $z=\infty$ 处共形. 从而, $w=z+b$ 在 $\mathbf{C}\cup\{\infty\}$ 上共形. 例如, 平移映射 $w=z+b$ 将圆周 $|z-z_0|=R$ 映成圆周 $|w-(z_0+b)|=R$.

(ii) $w=az$ $(a\neq 0)$ 是一个旋转与伸缩映射, 令 $z=r\mathrm{e}^{\mathrm{i}\theta}$, $a=\lambda\mathrm{e}^{\mathrm{i}\alpha}$, 则 $w=r\lambda\mathrm{e}^{\mathrm{i}(\theta+\alpha)}$ 是一个先把 z 逆时针旋转 α 角度, 再将 $|z|$ 伸长 (或缩短) 到 $\lambda=|a|$ 倍的映射. 此映射扩充复平面上是一一的, $w'=a\neq 0$ $(z\neq\infty)$; 当 $z=\infty$ 时, $w=\infty$. 分别作反演变换 $\xi=\dfrac{1}{z}$ 和 $\eta=\dfrac{1}{w}$, 于是 $\eta=\dfrac{1}{w}=\dfrac{1}{az}=\dfrac{1}{a}\xi$ 在 $\xi=0$ 处解析且$\eta'|_{\xi=0}=\dfrac{1}{a}\neq 0$. 所以, η 在 $\xi=0$ 处共形, 即 $w=az$ 在 $z=\infty$ 处共形. 从而, $w=az$ 在 $\mathbf{C}\cup\{\infty\}$ 上共形. 数乘映射 $w=az$ 可将圆周 $|z-z_0|=R$ 映成圆周 $|w-az_0|=R|a|$.

(iii) $w=\dfrac{1}{z}$, 被称为反演变换, 它是扩充复平面上的一一对应, 用几何方法可由 z 作出 w.

为了由 z 确定映射 $w=\dfrac{1}{z}$, 我们先引入一个新的概念.

定义 2.13 设 γ 是以点 $O(z=z_0)$ 为中心, r 为半径的圆周 $|z-z_0|=r$. 在以点 O 为起点的一条半直线上, 若有两点 P,P' 满足 $|OP|\cdot|OP'|=r^2$, 则称 P,P' 关于圆周 γ 互为**对称点** (symmetric points).

规定: 无穷远点 ∞ 的对称点是圆心 O.

设 P 在 γ 外, 从 P 作圆周 γ 的切线 PT, T 为切点, 由 T 作半直线 OP 的垂直线 TP' 交 OP 于 P'(如图 2.4 所示), 则 P 与 P' 互为对称点 (因为 $\triangle OP'T\backsim\triangle OTP$, 所以 $|OP|\cdot|OP'|=|OT|^2=r^2$).

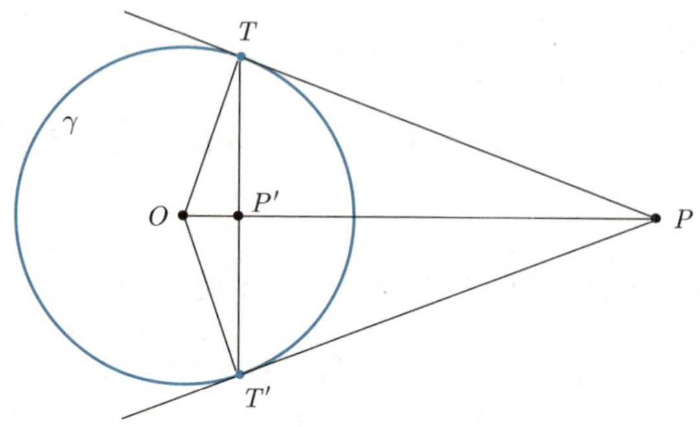

图 2.4　对称点

设 $z = r\mathrm{e}^{\mathrm{i}\theta}$, 令 $w_1 = \dfrac{1}{\bar{z}} = \dfrac{1}{r}e^{\mathrm{i}\theta}$, 则 $|z|\cdot|w_1| = 1$, 即 z 与 w_1 关于 $|z| = 1$ 对称. 于是, $w = \overline{w_1} = \dfrac{1}{r}\mathrm{e}^{-\mathrm{i}\theta}$, 即 w_1 与 w 关于实轴对称. 因此, 利用对称性先由 z 作出 w_1, 再作出 w 即可.

注意到 $w' = -\dfrac{1}{z^2} \neq 0\ (z \neq 0, \infty)$, 那么 $w = \dfrac{1}{z}$ 在 $z = 0, \infty$ 处是否共形呢?

规定:两条伸向无穷远的曲线 (或直线) 在 ∞ 处的夹角, 等于它们在映射 $\xi = \dfrac{1}{z}$ 下所映成的过原点 $\xi = 0$ 的两条像曲线的夹角.

因为 $w = \dfrac{1}{z} = \xi$ 在 $\xi = 0$ 处解析且 $w'|_{\xi=0} = 1 \neq 0$, 所以, $w = \dfrac{1}{z}$ 在 $z = \infty$ 处共形. 又因为逆变换 $z = \dfrac{1}{w}$ 在 $w = \infty$ 处共形, 所以 $w = \dfrac{1}{z}$ 在 $z = 0$ 处共形. 从而, $w = \dfrac{1}{z}$ 在扩充复平面 $\mathbf{C} \cup \{\infty\}$ 上共形.

为了得到分式线性映射的性质 (定理 2.14), 我们给出下面的结果.

命题　z_1, z_2 是一对关于圆周 $\gamma : |z - z_0| = R$ 的对称点的充要条件是经过 z_1, z_2 的任何圆周 $\varGamma$ 与 γ 正交.

证明　(必要性) 如图 2.5 所示, 从 z_0 作圆周 $\varGamma$ 的切线, 切点为 z'. 由切割线定理和对称点定义知:

$$|z' - z_0|^2 = |z_0 - z_1| \cdot |z_0 - z_2| = R^2.$$

故 $|z' - z_0| = R$, 即 z' 在 γ 上且切线 $z' - z_0$ 是 γ 的半径. 所以, 圆周 $\varGamma$ 与 γ 正交.

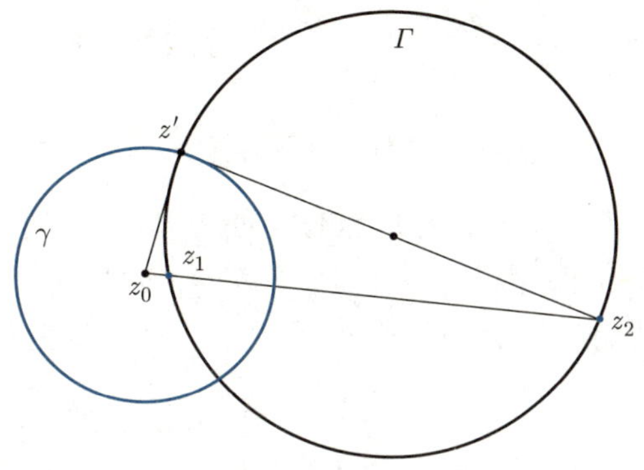

图 2.5 对称性

特殊地, 对经过 z_1, z_2 的直线 l (看成扩充复平面上半径为无穷大的圆周), 不妨设它与圆周 γ 的两交点分别为 z_3 和 z_4. 因为 z_1, z_2 是一对关于圆周 γ 的对称点, 所以直线 l 必经过圆心 z_0, 即 z_3z_4 是圆周 γ 的直径. 因此, 特殊圆周 l 与 γ 正交.

若圆周 γ 退化成直线, 则由几何学知, 显然结论成立.

(充分性) 设 Γ 是经过 z_1, z_2 且与 γ 正交的任一圆周, 则连接 z_1, z_2 的直线 l(看成扩充复平面上半径为无穷大的圆周) 必与 γ 正交, 不妨设直线 l 与圆周 γ 的两交点分别为 z_3 和 z_4, 则 z_3z_4 是圆周 γ 的直径, 即 z_0 在直线 l 上.

对一般情形, 设圆周 Γ 与 γ 的交点为 z' 和 z'', 并连接 z_0z' 和 z_0z'', 则 Γ 与 γ 在交点 z' 和 z'' 处正交, 即圆周 γ 的半径 z_0z' 和 z_0z'' 就是圆周 Γ 的切线. 再对圆周 Γ 利用切割线定理, 可得 $|z_1 - z_0| \cdot |z_2 - z_0| = R^2$. 从而, z_1, z_2 是一对关于圆周 $\gamma : |z - z_0| = R$ 的对称点.

若圆周 γ 退化成直线, 则由几何学知, 结论也成立. □

为了更好地了解分式线性映射, 我们引入如下定义.

定义 2.14 设 z_1, z_2, z_3, z_4 是扩充复平面上不同的四点, 把比值

$$\frac{z_1 - z_3}{z_2 - z_3} : \frac{z_1 - z_4}{z_2 - z_4} = \frac{(z_1 - z_3)(z_2 - z_4)}{(z_1 - z_4)(z_2 - z_3)}$$

称为 z_1, z_2, z_3, z_4 的**交比** (cross ratio), 记为 (z_1, z_2, z_3, z_4).

显然,

$$(\infty, z_2, z_3, z_4) = \frac{1}{z_2 - z_3} : \frac{1}{z_2 - z_4}, \quad \cdots .$$

映射 $(z,z_2,z_3,z_4): z\mapsto \dfrac{z-z_3}{z_2-z_3}:\dfrac{z-z_4}{z_2-z_4}$ 是分式线性映射将 $z_2\mapsto 1$, $z_3\mapsto 0$, $z_4\mapsto\infty$.

于是, 我们有一般分式线性映射的如下性质:

定理 2.14 分式线性映射在扩充复平面上是一一对应的, 且具有 (1) 保角性; (2) 保圆性; (3) 保对称性 (即 z_1,z_2 是关于圆周 γ 的一对对称点, 经分式线性映射 $w=f(z)$ 的像点 w_1,w_2 也是关于 γ 的像曲线 γ' 的一对对称点); (4) 保交比性.

证明 分式线性映射可分解为分式线性映射 $w=z+b$, $w=a\xi$, $w=\dfrac{1}{z}$ 的复合. 根据注 2.8 中的 (5) 可知, 分式线性映射在扩充复平面 $\mathbf{C}\cup\{\infty\}$ 上是一一对应的.

(1) 由前面三种特殊映射证明过程即得结论.

(2) 首先, 映射 $w=az+b$ (其中 $a\neq 0$) 将 z 平面内的一个圆周 $|z-z_0|=R$ (或 $\bar{z}z+\xi\bar{z}+\bar{\xi}z+q=0$, 其中常数 $\xi\in\mathbf{C}$, 常数 $q\in\mathbf{R}$) 映射成 w 平面内的 $|w-(b+az_0)|=|a|R$ (或 $\bar{w}w+(\xi a-b)\bar{w}+\overline{\xi a-b}w+|a|^2q+|b|^2-\xi a\bar{b}-\overline{\xi a}b=0$), 即像曲线仍是一个圆周.

其次, 我们可以把直线看成扩充复平面上半径为无穷大的圆周. 于是, 映射 $w=az+b$(其中 $a\neq 0$) 将 z 平面内的一条直线 $\bar{\xi}z+\xi\bar{z}+q=0$ (其中 ξ 为非零复常数, q 为实常数) 映射成 $\overline{a\xi}w+a\xi\bar{w}+|a|^2q-a\xi\bar{b}-\overline{\xi a}b=0$, 即像曲线仍是一条直线.

最后, 我们来看映射 $w=\dfrac{1}{z}$ 的保圆性.

映射 $w=\dfrac{1}{z}$ 将 z 平面内的一个圆周 $\bar{z}z+\xi\bar{z}+\bar{\xi}z+q=0$ (其中常数 $\xi\in\mathbf{C}$, 常数 $q\in\mathbf{R}$) 映射成 w 平面内的 $q\bar{w}w+\xi w+\bar{\xi}\bar{w}+1=0$. 于是, 当 $q\neq 0$ 时, 映射 $w=\dfrac{1}{z}$ 将圆周 $\bar{z}z+\xi\bar{z}+\bar{\xi}z+q=0$ 映射成圆周 $\bar{w}w+\dfrac{\xi}{q}w+\dfrac{\bar{\xi}}{q}\bar{w}+\dfrac{1}{q}=0$. 当 $q=0$ 时, 映射 $w=\dfrac{1}{z}$ 将圆周 $\bar{z}z+\xi\bar{z}+\bar{\xi}z=0$ 映射成直线 $\xi w+\bar{\xi}\bar{w}+1=0$.

映射 $w=\dfrac{1}{z}$ 将 z 平面内的一条直线 $\xi\bar{z}+\bar{\xi}z+q=0$ (其中非零常数 $\xi\in\mathbf{C}$, 常数 $q\in\mathbf{R}$)映射成 w 平面内的 $q\bar{w}w+\xi w+\bar{\xi}\bar{w}=0$. 于是, 当 $q\neq 0$ 时, 映射 $w=\dfrac{1}{z}$ 将直线 $\xi\bar{z}+\bar{\xi}z+q=0$ 映射成圆周 $\bar{w}w+\dfrac{\xi}{q}w+\dfrac{\bar{\xi}}{q}\bar{w}=0$. 当 $q=0$ 时, 映射 $w=\dfrac{1}{z}$ 将直线 $\xi\bar{z}+\bar{\xi}z=0$ 映射成直线 $\xi w+\bar{\xi}\bar{w}=0$.

所以, 映射 $w=\dfrac{1}{z}$ 将 z 平面内的一个圆周或一条直线映射后的像曲线仍是一个圆周或一条直线.

(3) 设过点 w_1,w_2 的任一圆周 C' 是经过点 z_1,z_2 的圆周 C 由分式线性映射 $w=f(z)$ 映射后所成. 因为 z_1,z_2 是关于圆周 γ 的一对对称点, 所以, 由命题知, C 与 γ 正交. 再利用上面 (1) 所证分式线性映射 $w=f(z)$ 的保角性知, C' 与 γ' 也正交. 因此, 再由圆周 C 的任意性和命题知, w_1,w_2 也是一对关于圆周 γ' 的对称点.

(4) 对任意的分式线性映射 T, z_1,z_2,z_3,z_4 是任意四个不同的点, 映射 $(z,T(z_2),T(z_3),T(z_4))$ 把 $T(z_2),T(z_3),T(z_4)$ 变成 $1,0,\infty$. 此外, 若 $S(z)=(z,z_2,z_3,z_4)$, 则映射 S 把 z_2,z_3,z_4 变成 $1,0,\infty$. 从而, ST^{-1} 把 $T(z_2),T(z_3),T(z_4)$ 变成 $1,0,\infty$. 因此,

$$(T(z_1),T(z_2),T(z_3),T(z_4))=ST^{-1}(T(z_1))=S(z_1)=(z_1,z_2,z_3,z_4). \qquad \square$$

注 2.9 (1) 由定理 2.14(2) 的证明过程知, 在分式线性映射下, 若给定的圆周或直线上没有点映射成 ∞, 则它就映射成半径为有限的圆周. 若有一个点映射成 ∞, 则它就映射成直线.

(2) 定理 2.14 中 (2) 的证明也可以实化为 $\mathbf{R}^2$ 上平面直角坐标 (x,y) 来讨论.

对映射 $w=\dfrac{1}{z}$, 令 $z=x+\mathrm{i}y$, $w=u+\mathrm{i}v$. 于是, $u=\dfrac{x}{x^2+y^2}$, $v=\dfrac{-y}{x^2+y^2}$ 和 $x=\dfrac{u}{u^2+v^2}$, $y=\dfrac{-v}{u^2+v^2}$. 因此, 映射 $w=\dfrac{1}{z}$ 将 $\mathbf{R}^2$ 上圆方程 $a(x^2+y^2)+bx+cy+d=0$ (其中 $a,b,c,d\in\mathbf{R}$) 映射成方程 $d(u^2+v^2)+bu-cv+a=0$. 显然, 当 $a\neq 0$ 且 $d\neq 0$ 时, 映射 $w=\dfrac{1}{z}$ 将圆周 $a(x^2+y^2)+bx+cy+d=0$ 映成圆周$d(u^2+v^2)+bu-cv+a=0$. 当 $a\neq 0$ 且 $d=0$ 时, 映射 $w=\dfrac{1}{z}$ 将圆周 $a(x^2+y^2)+bx+cy=0$ 映成直线 $bu-cv+a=0$. 当 $a=0$ 且 $d\neq 0$ 时, 映射 $w=\dfrac{1}{z}$ 将直线 $bx+cy+d=0$ 映成圆周 $d(u^2+v^2)+bu-cv=0$. 当 $a=0$ 且 $d=0$ 时, 映射 $w=\dfrac{1}{z}$ 将直线 $bx+cy=0$ 映成直线 $bu-cv=0$. $\square$

我们知道, 分式线性映射具有保圆性, 能将 z 平面上的一个圆周或一条直线映射成 w 平面上的一个圆周或一条直线. 反之, 能不能找到一个映射 $w=f(z)$, 甚至是分式线性映射 $w=S(z)$, 将 z 平面上的给定圆周 γ 映射成 w 平面上的给定圆周 γ' 呢?

我们知道，平面上任意不共线的三点唯一确定一个圆周. 当然，共线的三点也唯一确定一条直线. 当其中有一点是无穷远点 ∞ 的特殊情形下，也是这样. 于是，我们可以选取 z 平面给定圆周 γ 上的三点 z_1, z_2, z_3 和 w 平面上给定圆周 γ' 上的三点 w_1, w_2, w_3，构造一个映射 $w = f(z)$ 满足

$$f(z_1) = w_1, \quad f(z_2) = w_2, \quad f(z_3) = w_3, \tag{2.4.1}$$

然后证明 $w = f(z)$ 必将 z 平面上的圆周 γ 映射成 w 平面上的圆周 γ'.

注意到分式线性映射 $w = \dfrac{az+b}{cz+d}$ 实质上只有三个独立的常数，为此，要确定一个分式线性映射只需给定三个条件. 对于上面的条件 (2.4.1)，我们可以尝试去确定一个分式线性映射.

对于 $w_1 = 0, w_2 = 1, w_3 = \infty$ 的特殊情形，易于构造一个满足 (2.4.1) 的分式线性映射 $w = f(z)$，它将 z 平面上的圆周 γ 映射成 w 平面上的实轴. 若 $z_1, z_2, z_3 \in \mathbf{C}$，则

$$w = S(z) = \frac{(z-z_1)(z_2-z_3)}{(z-z_3)(z_2-z_1)}.$$

若 $z_1, z_2 \in \mathbf{C}$，$z_3 = \infty$，则

$$w = S(z) = \frac{z-z_1}{z_2-z_1}.$$

若 z_1, z_2 中有一点为无穷远点，则类似可得

$$S(z) = \frac{z_2-z_3}{z-z_3}\ (z_1 = \infty), \quad S(z) = \frac{z-z_1}{z-z_3}\ (z_2 = \infty).$$

易知，上面的表达式的右边就是四点 z, z_1, z_2, z_3 的交比. 因此，对一般情形，我们有下面定理.

定理 2.15 对 z 平面上任给定的三个相异点 z_1, z_2, z_3 和 w 平面上任给定的三个相异点 w_1, w_2, w_3，存在唯一的分式线性映射，将 z_1, z_2, z_3 分别映成 w_1, w_2, w_3.

证明 只要构造下述映射，即可证明.

$$(w, w_1, w_2, w_3) = (z, z_1, z_2, z_3)\text{或者}(w, w_3, w_1, w_2) = (z, z_3, z_1, z_2). \qquad \square$$

例 2.16 求一个分式线性映射 $w = f(z)$，它把 z 平面上的点 $z_1 = -1$，$z_2 = 0$，$z_3 = 1$ 分别映射成 w 平面上的点 $w_1 = \mathrm{i}$，$w_2 = \infty$，$w_3 = 1$.

解法一 设所求的映射为 $w=\dfrac{az+b}{cz+d}$, 其中 $a,b,c,d\in\mathbf{C}$ 且 $ad-bc\neq 0$. 因为点 $z_2=0$ 被映射成 $w_2=\infty$, 所以 $d=0$, 即 $w=\dfrac{az+b}{cz}$, 其中 $bc\neq 0$. 又因为点 $z_1=-1$ 和 $z_3=1$ 分别被映射成点 $w_1=\mathrm{i}$ 和 $w_3=1$, 所以有 $-\mathrm{i}c=-a+b$ 和 $c=a+b$. 于是, $a=\dfrac{1+\mathrm{i}}{2}c$ 和 $b=\dfrac{1-\mathrm{i}}{2}c$. 取 $c=2$, 则所求分式线性映射为 $w=\dfrac{(1+\mathrm{i})z+1-\mathrm{i}}{2z}$.

解法二 利用定理 2.15 知, 所求的映射为

$$(w,1,\mathrm{i},\infty)=(z,1,-1,0),$$

即 $\dfrac{w-\mathrm{i}}{1-\mathrm{i}}=\dfrac{z+1}{1+1}:\dfrac{z-0}{1-0}$, 化简得 $w=\dfrac{(1+\mathrm{i})z+1-\mathrm{i}}{2z}$, 即为所求. □

在两个已知圆周 γ 与 γ' 上分别取定三个不同点后, 必存在一个分式线性映射将 γ 映成 γ', 那么会把 γ 的内部映成什么呢?

可以证明在分式线性映射下, γ 的内部不是映成 γ' 的内部, 便是映成 γ' 的外部, 不可能映成既有 γ' 的内部也有 γ' 的外部. 于是, 在分式线性映射下, 在 γ 内任意的点 z_0, 若它的像在 γ' 的内部, 则 γ 的内部就映成 γ' 的内部; 若点 z_0 的像在 γ' 的外部, 则 γ 的内部就映成 γ' 的外部.

同样, 可以证明常用的另一种判别方法: 在 γ 上取定三点 z_1,z_2,z_3, 它们在 γ' 上的像分别为 w_1,w_2,w_3. 若 γ 上依 $z_1\to z_2\to z_3$ 绕向与 γ' 上依 $w_1\to w_2\to w_3$ 绕向相同, 则 γ 的内部就映成 γ' 的内部; 若方向相反, 则 γ 的内部就映成 γ' 的外部, 如图 2.6 所示.

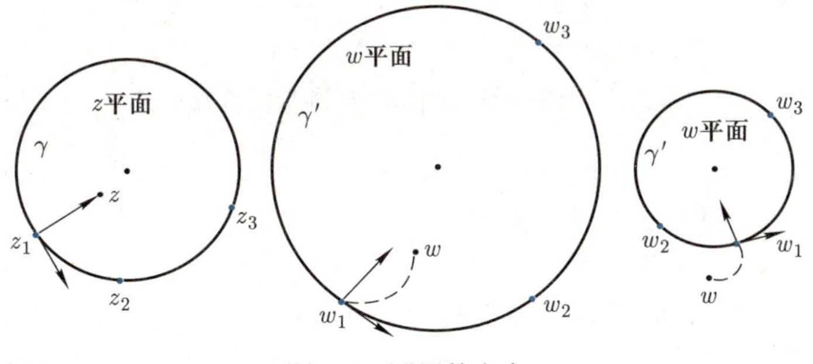

图 2.6 圆周的方向

在分式线性映射下, 当两圆周上没有点映射成 ∞ 点时, 这两个圆周的弧所围成的区域映射成两圆弧所围成的区域; 当两圆周上有一点映射成 ∞ 点时, 这

两个圆周的弧所围成的区域映射成一个圆弧与一条直线所围成的区域; 当两圆周交点中的一个映射成 ∞ 点时, 这两个圆周的弧所围成的区域映射成角形区域.

下面让我们来学习三类典型的分式线性映射.

在处理边界由圆周、圆弧、直线、直线段所组成的区域的共形映射时, 分式线性映射因具有保圆性、保对称性, 有十分重要的应用.

类型 I. 将上半平面 $\mathrm{Im}(z)>0$ 映射成单位圆盘 $|w|<1$ 的分式线性映射. 通过求逆映射的方法, 也可求出"把单位圆盘 $|z|<1$ 映成上半平面 $\mathrm{Im}(w)>0$ 的分式线性映射".

方法一 把 x 轴 $\mathrm{Im}(z)=0$ 看成半径为无穷大的圆周, 为方便起见取定三点 $z_1=-1$, $z_2=0$, $z_3=1$, 使它们依次对应于 $|w|=1$ 上三点 $w_1=1$, $w_2=\mathrm{i}$, $w_3=-1$. 因为 $z_1\to z_2\to z_3$ 与 $w_1\to w_2\to w_3$ 的绕向相同, 所以所求的分式线性映射 (如图 2.7 所示) 为

$$\frac{w-1}{w-\mathrm{i}}:\frac{-1-1}{-1-\mathrm{i}}=\frac{z-(-1)}{z-0}:\frac{1-(-1)}{1-0},$$

即 $w=\dfrac{z-\mathrm{i}}{\mathrm{i}z-1}$. □

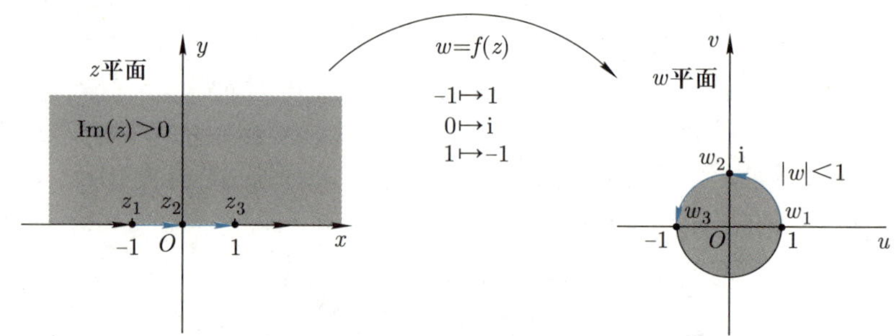

图 2.7 上半平面映射成单位圆盘的特殊形式

注 2.10 若选取其他三对不同点, 也可以得到满足要求但不同于上式的分式线性映射. 因此, 这样的映射有无穷多个.

方法二 把上半平面看成半径为无穷大的圆域, 实轴 $\mathrm{Im}(z)=0$ 对应于圆域的边界圆周, 于是所求的分式线性映射必将 $\mathrm{Im}(z)>0$ 的边界"圆周" $\mathrm{Im}(z)=0$ 映射成 $|w|<1$ 的边界圆周 $|w|=1$. 因为总有上半平面中一点 $z=\lambda$ 映射成 $|w|=1$ 的圆心 $w=0$, x 轴 $\mathrm{Im}(z)=0$ 映射成 $|w|=1$; 而 $z=\lambda$ 与 $z=\bar{\lambda}$ 是关于 x 轴的一对对称点, 相应地, $w=0$ 与 $w=\infty$ 是关于圆周 $|w|=1$ 的一对对称点, 所以, $z=\bar{\lambda}$ 必映射成 $w=\infty$. 故所求的分式线性映射 (如图 2.8 所

示) 为 $w=k\dfrac{z-\lambda}{z-\bar{\lambda}}$, 其中 k 为复常数. 又因为对任意 $z\in\mathbf{R}$ 都有 $|w|=1$, 所以 $\left|k\dfrac{z-\lambda}{z-\bar{\lambda}}\right|=1$. 因此, $|k|=1$, 即 $k=\mathrm{e}^{\mathrm{i}\theta}$, 其中 $\theta\in\mathbf{R}$. 故所求的分式线性映射的一般形式为

$$w=\mathrm{e}^{\mathrm{i}\theta}\frac{z-\lambda}{z-\bar{\lambda}},\quad \theta\in\mathbf{R},\quad \mathrm{Im}(\lambda)>0.$$

反之亦真. □

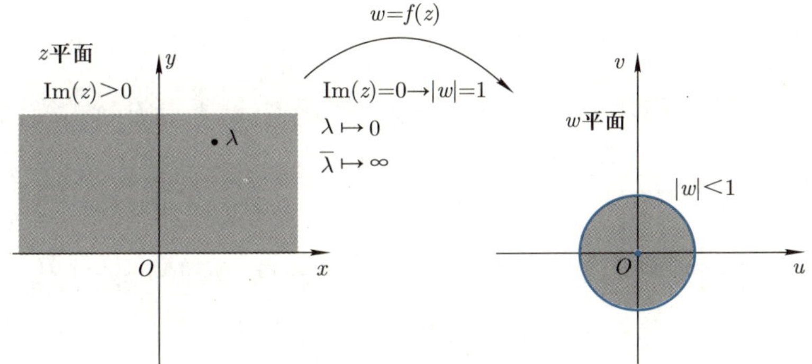

图 2.8 上半平面映射成单位圆盘的一般形式

注 2.11 上式中即使 λ 给定, w 也不唯一, 还需确定 $\theta\in\mathbf{R}$, 必须利用其余对应关系或旋转角 $\arg\, w'(\lambda)$, 这要根据情况具体而定.

例 2.17 求将单位圆盘 $|z|<1$ 映射成上半平面 $\mathrm{Im}(w)>0$ 的分式线性映射 $w=f(z)$, 且使得 $f(0)=\mathrm{i}$ 和 $f(1)=0$.

解 先求逆映射 $z=g(w)$, 它是将上半平面 $\mathrm{Im}(w)>0$ 映射成单位圆盘 $|z|<1$ 的分式线性映射, 且使得 $g(\mathrm{i})=0$ 和 $g(0)=1$. 利用 $g(\mathrm{i})=0$ 知, 所以, 所求的映射为 $z=\mathrm{e}^{\mathrm{i}\theta}\dfrac{w-\mathrm{i}}{w+\mathrm{i}}$, 其中 $\theta\in\mathbf{R}$. 又因为 $g(0)=1$, 所以 $\mathrm{e}^{\mathrm{i}\theta}=-1$. 因此, 映射 $z=-\dfrac{w-\mathrm{i}}{w+\mathrm{i}}$ 即为所求映射 $w=f(z)$ 的逆映射. 故, $w=f(z)=\mathrm{i}\dfrac{1-z}{1+z}$. □

例 2.18 求将上半平面 $\mathrm{Im}(z)>0$ 映射成圆盘 $|w-4\mathrm{i}|<2$, 且满足 $w(4\mathrm{i})=4\mathrm{i}$ 和 $\arg w'(4\mathrm{i})=\dfrac{\pi}{2}$ 的分式线性映射 $w=f(z)$.

解 注意到映射 $\xi=\dfrac{w-4\mathrm{i}}{2}$ 将圆盘 $|w-4\mathrm{i}|<2$ 映射成单位圆盘 $|\xi|<1$, 且 $\xi(4\mathrm{i})=0$. 而将上半平面 $\mathrm{Im}(z)>0$ 映射成单位圆盘 $|\xi|<1$ 且 $\xi(4\mathrm{i})=0$ 的分式线性映射为 $\xi=\mathrm{e}^{\mathrm{i}\theta}\dfrac{z-4\mathrm{i}}{z+4\mathrm{i}}$, 其中 $\theta\in\mathbf{R}$. 于是, $w=2\xi+4\mathrm{i}=2\mathrm{e}^{\mathrm{i}\theta}\dfrac{z-4\mathrm{i}}{z+4\mathrm{i}}+4\mathrm{i}$,

从而 $w'(z)=2\mathrm{e}^{\mathrm{i}\theta}\dfrac{8\mathrm{i}}{(z+4\mathrm{i})^2}$. 进一步, $w'(4\mathrm{i})=-\dfrac{1}{4}\mathrm{i}\mathrm{e}^{\mathrm{i}\theta}=\dfrac{1}{4}\mathrm{e}^{\mathrm{i}\left(\theta-\frac{\pi}{2}\right)}$. 又因为 $\arg w'(4\mathrm{i})=\dfrac{\pi}{2}$, 所以可取 $\theta=\pi$. 因此, 所求映射

$$w=f(z)=-2\frac{z-4\mathrm{i}}{z+4\mathrm{i}}+4\mathrm{i}.$$

□

类型 II. 将单位圆盘 $|z|<1$ 映射成单位圆盘 $|w|<1$ 的分式线性映射.

设 z 平面上 $|z|<1$ 内一点 $z=\alpha$ 映射成 w 平面上 $|w|<1$ 的中心 $w=0$, 则 $z=\alpha$ 关于 $|z|=1$ 的对称点 $z=\dfrac{1}{\bar{\alpha}}$ 被映射成 w 平面上 $w=0$ 关于 $|w|=1$ 的对称点 $w=\infty$ (如图 2.9 所示). 设所求的分式线性映射为 $w=k\dfrac{z-\alpha}{z-\dfrac{1}{\bar{\alpha}}}=k\bar{\alpha}\dfrac{z-\alpha}{\bar{\alpha}z-1}=k'\dfrac{z-\alpha}{1-\bar{\alpha}z}$, 其中 $k'=-k\bar{\alpha}$ 为常数. 又因为 z 平面上 $|z|=1$ 上的点要映射成 w 平面上 $|w|=1$ 上的点, 所以将 $z=1$ 代入得

$$1=|w|=\left|k'\frac{1-\alpha}{1-\bar{\alpha}\cdot 1}\right|=|k'|\frac{|1-\alpha|}{|1-\bar{\alpha}|}=|k'|$$

或

$$1=|w|=\left|k'\frac{z-\alpha}{1-\bar{\alpha}z}\right|=|k'|\frac{|z-\alpha|}{|z\bar{z}-\bar{\alpha}z|}=|k'|\frac{|z-\alpha|}{|z|\cdot|\bar{z}-\bar{\alpha}|}=|k'|.$$

从而, $k'=\mathrm{e}^{\mathrm{i}\varphi}$, 其中 $\varphi\in\mathbf{R}$. 故所求的分式线性映射的一般形式为

$$w=\mathrm{e}^{\mathrm{i}\varphi}\frac{z-\alpha}{1-\bar{\alpha}z},\quad \varphi\in\mathbf{R},\quad |\alpha|<1.$$

反之亦真. □

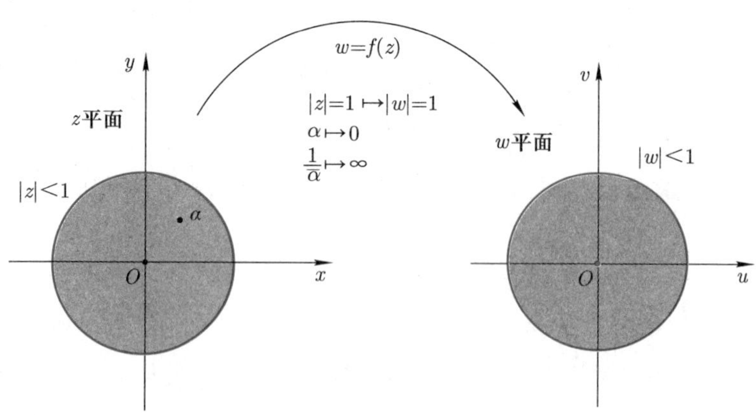

图 2.9 单位圆盘映射成单位圆盘的一般形式

注 2.12 要完全确定上式, 除确定 $\alpha(|\alpha|<1)$ 外, 还需给出确定 φ 的条件.

例 2.19 求将单位圆盘 $|z|<1$ 映射成单位圆盘 $|w|<1$ 的分式线性映射 $w=f(z)$, 且使得 $w\left(\dfrac{\mathrm{i}}{2}\right)=0$ 和 $w'\left(\dfrac{\mathrm{i}}{2}\right)<0$.

解 因为 $w\left(\dfrac{\mathrm{i}}{2}\right)=0$, 所以, 所求的映射为

$$w=\mathrm{e}^{\mathrm{i}\varphi}\frac{z-\dfrac{\mathrm{i}}{2}}{1+\dfrac{\mathrm{i}}{2}z},$$

其中 $\varphi\in\mathbf{R}$. 于是, $w'(z)=\mathrm{e}^{\mathrm{i}\varphi}\dfrac{\dfrac{3}{4}}{\left(1+\dfrac{\mathrm{i}}{2}z\right)^2}$. 从而, $w'\left(\dfrac{\mathrm{i}}{2}\right)=\dfrac{4}{3}\mathrm{e}^{\mathrm{i}\varphi}$. 又因为 $w'\left(\dfrac{\mathrm{i}}{2}\right)<0$, 所以 $\mathrm{e}^{\mathrm{i}\varphi}=-1$. 因此, 所求映射为 $w=-\dfrac{z-\dfrac{\mathrm{i}}{2}}{1+\dfrac{\mathrm{i}}{2}z}=\dfrac{\mathrm{i}-2z}{2+\mathrm{i}z}$. □

类型 III. 将上半平面 $\mathrm{Im}(z)>0$ 映射成上半平面 $\mathrm{Im}(w)>0$ 的分式线性映射.

把上半平面看成半径为无穷大的圆域, x 轴 $\mathrm{Im}(z)=0$ 看成圆域的边界圆周, 于是所求的分式线性映射必把 $\mathrm{Im}(z)=0$ 映射成 $\mathrm{Im}(w)=0$, 把 z 平面上实轴上三点 z_1, z_2, z_3 依次映成 w 平面实轴上三点 w_1, w_2, w_3 (如图 2.10 所示). 故所求的分式线性映射为

$$\frac{w-w_1}{w-w_2}:\frac{w_3-w_1}{w_3-w_2}=\frac{z-z_1}{z-z_2}:\frac{z_3-z_1}{z_3-z_2}$$

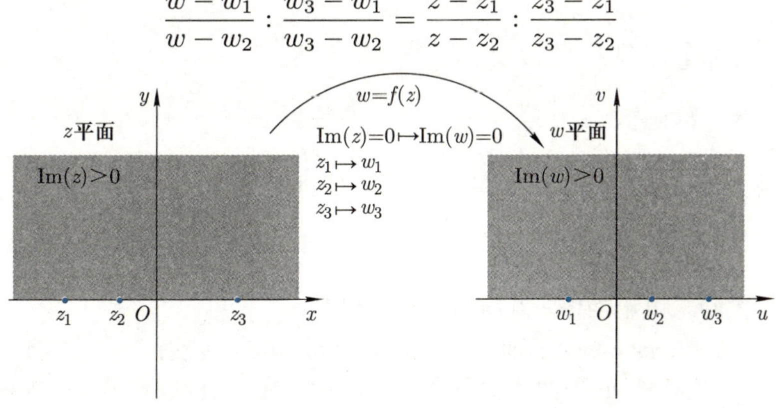

图 2.10 上半平面映射成上半平面的一般形式

即 $w=\dfrac{az+b}{cz+d}$, 其中 $a,b,c,d\in\mathbf{R}$ 由 $z_k, w_k(k=1,2,3)$ 得到. 又因为

$$\begin{aligned}\operatorname{Im}(w)&=\frac{w-\bar{w}}{2\mathrm{i}}=\frac{1}{2\mathrm{i}}\left(\frac{az+b}{cz+d}-\frac{a\bar{z}+b}{c\bar{z}+d}\right)\\&=\frac{ad-bc}{|cz+d|^2}\cdot\frac{z-\bar{z}}{2\mathrm{i}}=\frac{ad-bc}{|cz+d|^2}\operatorname{Im}(z),\end{aligned}$$

所以, $w=\dfrac{az+b}{cz+d}$ 能将 $\operatorname{Im}(z)>0$ 映射成 $\operatorname{Im}(w)>0$ 的充要条件是

$$a,b,c,d\in\mathbf{R}\quad 且\quad ad-bc>0.$$

□

注 2.13 分式线性映射 $w=\dfrac{az+b}{cz+d}$ 将上半平面 $\operatorname{Im}(z)>0$ 映射成下半平面 $\operatorname{Im}(w)<0$ 的充要条件是

$$a,b,c,d\in\mathbf{R}\quad 且\quad ad-bc<0.$$

例 2.20 求将上半平面 $\operatorname{Im}(z)>0$ 映射成上半平面 $\operatorname{Im}(w)>0$, 且把 $z=0,\mathrm{i}$ 分别映射成 $w=0,1+\mathrm{i}$ 的分式线性映射 $w=f(z)$.

解 设所求的分式线性映射为 $w=\dfrac{az+b}{cz+d}$, 其中 $a,b,c,d\in\mathbf{R}$. 因为 $w(0)=0$, 所以 $b=0$. 从而, $w=\dfrac{az}{cz+d}=\dfrac{z}{hz+k}$, 其中 $h=\dfrac{c}{a}\in\mathbf{R}$ 和 $k=\dfrac{d}{a}\in\mathbf{R}$. 又因为 $w(\mathrm{i})=1+\mathrm{i}$, 所以 $1+\mathrm{i}=\dfrac{\mathrm{i}}{h\mathrm{i}+k}$, 即 $k-h+\mathrm{i}(k+h)=\mathrm{i}$. 从而, $h=k=\dfrac{1}{2}$. 令 $a=1$, 则 $c=d=\dfrac{1}{2}$. 又因为 $ad-bc=1\cdot\dfrac{1}{2}-0\cdot\dfrac{1}{2}=\dfrac{1}{2}>0$, 所以 $w=\dfrac{2z}{z+1}$ 即为所求映射. □

2.4.3 幂函数

幂函数 $w=z^n\ (n\geqslant 2)$ 在 z 平面内处处可导且 $\dfrac{\mathrm{d}w}{\mathrm{d}z}=nz^{n-1}$. 于是, 当 $z\neq 0$ 时, $\dfrac{\mathrm{d}w}{\mathrm{d}z}\neq 0$, 所以在 z 平面内除去原点外, 映射 $w=z^n$ 处处共形.

下面我们来讨论当 $z=0$ 时幂函数的性质.

令 $z=r\mathrm{e}^{\mathrm{i}\theta}$, $w=\rho\mathrm{e}^{\mathrm{i}\varphi}$, 则 $\rho=r^n$, $\varphi=n\theta$. 于是, 映射 $w=z^n$ 将 z 平面上圆周 $|z|=r$ 映射成 w 平面上的圆周 $|w|=r^n$. 特别地, 映射 $w=z^n$ 将单位圆周映射 $|z|=1$ 映射成单位圆周 $|w|=1$; 将射线 $\theta=\theta_0$ 映射成射线 $\varphi=n\theta_0$ (如

图 2.11 所示); 将正实轴 $\theta=0$ 映射成正实轴 $\varphi=0$; 将角形域 $0<\theta<\theta_0<\dfrac{2\pi}{n}$ 映射成角形域 $0<\varphi<n\theta_0$.

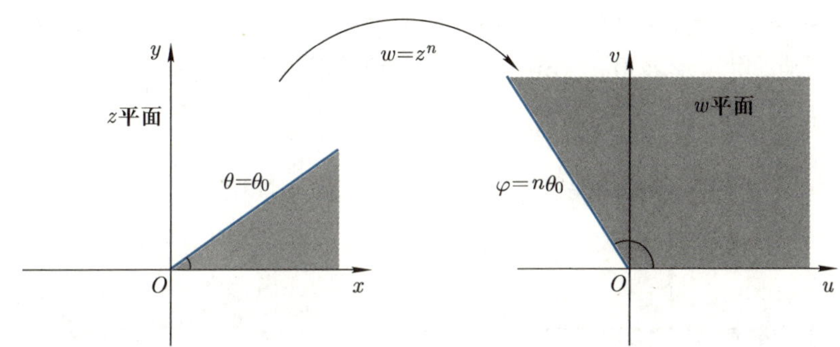

图 2.11 原点处幂函数的性质

显然, 映射 $w=z^n$ 将角形域 $0<\theta<\dfrac{2\pi}{n}$ 映射成沿正实轴剪开的 w 平面 $0<\varphi<2\pi$, 把 $\theta=0$ 映射成 w 平面正实轴的上沿 $\varphi=0$, 把 $\theta=\dfrac{2\pi}{n}$ 映射成 w 平面正实轴的下沿 $\varphi=2\pi$. 在这样两个域上的点在映射 $w=z^n$ 或映射 $z=\sqrt[n]{w}$ 下一一对应.

于是, $w=z^n$ 的逆映射 $z=\sqrt[n]{w}$ 将 w 平面上的角形区域 $D:0<\arg\ w<n\alpha\leqslant 2\pi$ 变成 z 平面上的角形区域 $D':0<\arg\ z<\alpha$ (其中 $z=\sqrt[n]{w}$ 是 D 内的一个单值解析分支, 它的值完全由 D' 确定).

知识扩展

注 2.14 将角形域映射成角形域, 可利用幂函数或根式函数 (的一个分支) 所构成的变换.

例 2.21 求把角形域 $0<\arg\ z<\dfrac{\pi}{3}$ 映射成单位圆盘$|w|<1$ 的一个映射 $w=f(z)$.

解 (1) 映射 $w_1=z^3$ 把角形域 $0<\arg\ z<\dfrac{\pi}{3}$ 映射成上半平面 $\mathrm{Im}(w_1)>0$. (2) 映射 $w=\dfrac{w_1-\mathrm{i}}{w_1+\mathrm{i}}$ 把上半平面 $\mathrm{Im}(w_1)>0$ 映射成单位圆盘 $|w|<1$. 所以 $w=\dfrac{w_1-\mathrm{i}}{w_1+\mathrm{i}}=\dfrac{z^3-\mathrm{i}}{z^3+\mathrm{i}}$ 即为所求的一个映射. □

2.4.4 指数函数

因为 $w'=\mathrm{e}^z\neq 0$, 所以映射 $w=\mathrm{e}^z$ 在 $\mathbf{C}$ 上共形.

设 $z=x+\mathrm{i}y$, $w=\rho\mathrm{e}^{\mathrm{i}\varphi}$, 则 $\rho=\mathrm{e}^x$, $\varphi=y$. 于是, 对给定的常数 $x_0, y_0\in\mathbf{R}$, 映射 $w=\mathrm{e}^z$ 将 z 平面上直线 $x=x_0$ 映射成 w 平面上的圆周 $\rho=\mathrm{e}^{x_0}$; 将 z 平面上直线 $y=y_0$ 映射成 w 平面上的射线 $\varphi=y_0$; 将 z 平面上带形区域 $0<\mathrm{Im}(z)<a\leqslant 2\pi$ 映射成 w 平面上的角形域 $0<\arg\ w<a$ (如图 2.12 所示). 特别地, 将带形域 $0<\mathrm{Im}(z)<2\pi$ 映射成沿正实轴剪开的 w 平面上的角形域 $0<\arg\ w<2\pi$.

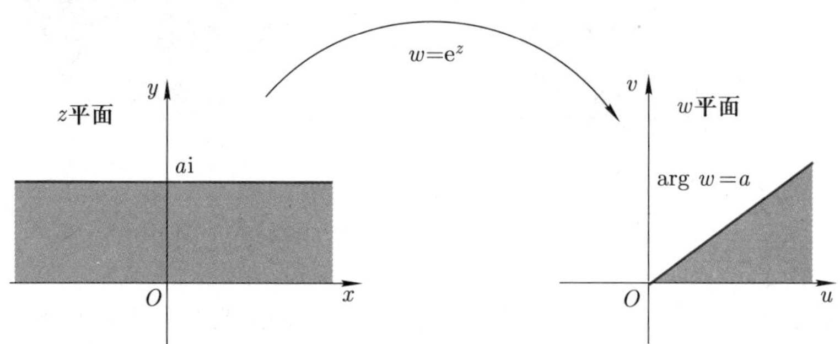

图 2.12 指数函数的性质

因此, $w=\mathrm{e}^z$ 的逆映射 $z=\ln\ w$(或者取对数函数 $z=\mathrm{Ln}\ w$ 一个单值解析分支), 将 w 平面上角形域 $0<\arg\ w<h<2\pi$ 映射成 z 平面上带形域 $0<\mathrm{Im}(z)<h$.

注 2.15 要把水平的带形域 $0<\mathrm{Im}(z)<a(\leqslant 2\pi)$ 映射成角形域 $0<\arg\ w<a$, 常利用指数函数.

例 2.22 求把带形域 $\pi<\mathrm{Re}(z)<5\pi$ 映射成单位圆盘 $|w|<1$ 的一个映射 $w=f(z)$.

解 (1) 映射$w_1=\dfrac{z-\pi}{4}\mathrm{i}$ 把带形域 $\pi<\mathrm{Re}(z)<5\pi$ 映射成带形域 $0<\mathrm{Im}(w_1)<\pi$. (2) 映射 $w_2=\mathrm{e}^{w_1}$ 把带形域 $0<\mathrm{Im}(w_1)<\pi$ 映射成上半平面 $\mathrm{Im}(w_2)>0$. (3) $w=\dfrac{w_2-\mathrm{i}}{w_2+\mathrm{i}}$ 把上半平面 $\mathrm{Im}(w_2)>0$ 映射成单位圆盘 $|w|<1$. 所以

$$w=\frac{w_2-\mathrm{i}}{w_2+\mathrm{i}}=\frac{\mathrm{e}^{w_1}-\mathrm{i}}{\mathrm{e}^{w_1}+\mathrm{i}}=\frac{\mathrm{e}^{\frac{z-\pi}{4}\mathrm{i}}-\mathrm{i}}{\mathrm{e}^{\frac{z-\pi}{4}\mathrm{i}}+\mathrm{i}}$$

即为所求的一个映射. □

例 2.23 求把上半圆盘 $D:|z|<1, \mathrm{Im}(z)>0$ 映射成上半平面 $\mathrm{Im}(w)>0$ 的一个映射 $w=f(z)$ (如图 2.13 所示).

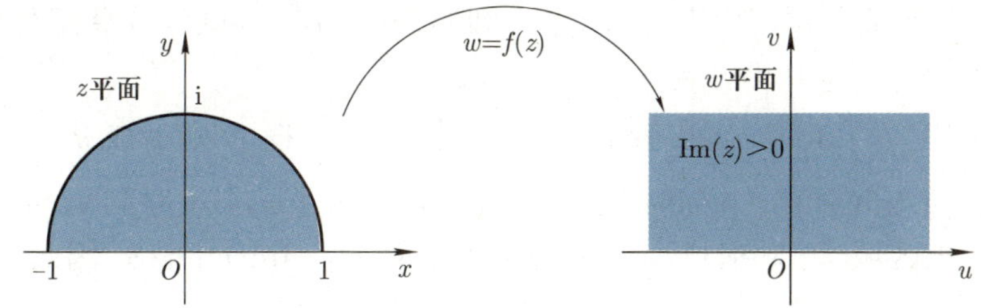

图 2.13 上半圆盘映射成上半平面

解法一 (1) 映射 $w_1 = -\dfrac{z+1}{z-1}$ 把 D 映射成 w_1 平面中区域 $D_1 : 0 < \arg\ w_1 < \dfrac{\pi}{2}$, 并把 $-1 \mapsto 0,\ 1 \mapsto \infty,\ 0 \mapsto 1,\ \mathrm{i} \mapsto \mathrm{i}$. (2) 映射 $w = w_1^2$ 把区域 D_1 映射成 w 平面中上半平面 $D_2 : \mathrm{Im}(w) > 0$. 因此, 所求的一个映射为

$$w = w_1^2 = \left(-\frac{z+1}{z-1}\right)^2 = \frac{(z+1)^2}{(z-1)}.$$

解法二 (1) 映射 $w_1 = \dfrac{z-1}{z+1}$ 把 D 映射成 w_1 平面中区域 $D_1 : \dfrac{\pi}{2} < \arg(w_1) < \pi$, 并把 $1 \mapsto 0,\ -1 \mapsto \infty,\ 0 \mapsto -1,\ \mathrm{i} \mapsto \mathrm{i}$. (2) 映射 $w_2 = -\mathrm{i}w_1$ 把区域 D_1 映射成 w_2 平面中区域 $D_2 : 0 < \arg\ w_2 < \dfrac{\pi}{2}$. (3) 映射 $w = w_2^2$ 把区域 D_2 映射成 w 平面中上半平面 $D_3 : \mathrm{Im}(w) > 0$. 因此所求的一个映射为

$$w = w_2^2 = (-\mathrm{i}w_1)^2 = -\left(\frac{z-1}{z+1}\right)^2 = -\frac{(z-1)^2}{(z+1)^2}. \qquad \square$$

* **注 2.16** Joukowski 函数

$$w = \frac{1}{2}\left(z + \frac{R^2}{z}\right), \quad R > 0$$

Joukowski 函数 $w = \dfrac{1}{2}\left(z + \dfrac{R^2}{z}\right)$除 $z = 0$ 外在 z 平面内处处解析. 因为 $w' = \dfrac{1}{2}\left(1 - \dfrac{R^2}{z^2}\right)$, 所以 Joukowski 函数除 $z = 0$ 和 $z = \pm R$ 外是处处共形的. 它将一个通过点 $z = R$ 与 $z = -R$ 的圆周 γ 的外部映射成除去一个连接点 $w = R$ 与 $w = -R$ 的圆

知识拓展: Joukowski 机翼剖面

弧 σ 之外的扩充平面. 特别地, 当 γ 为圆周 $|z|=R$ 时, 圆弧 σ 将退化成线段 $-R\leqslant \mathrm{Re}(w)\leqslant R$, $\mathrm{Im}(w)=0$.

解法三 (1) Joukowski 函数 $w_1=\dfrac{1}{2}\left(z+\dfrac{1}{z}\right)$ 把 D 映射成 w_1 平面中下半平面 $D_1:\mathrm{Im}(w_1)<0$, 并把 $1\mapsto 1$, $0\mapsto\infty$, $-1\mapsto -1$, $\mathrm{i}\mapsto 0$. (2) 映射 $w=-w_1$ 把区域 D_1 映射成 w 平面中上半平面 $D_2:\mathrm{Im}(w)>0$. 因此, 所求的一个映射为

$$w=-w_1=-\frac{1}{2}\left(z+\frac{1}{z}\right). \qquad \square$$

例 2.24 求将月形域 $D:|z|<1,\left|z-\dfrac{\mathrm{i}}{2}\right|>\dfrac{1}{2}$ 映射成上半平面 $\mathrm{Im}(w)>0$ 的一个映射 $w=f(z)$.

解 (1) 映射 $w_1=\dfrac{z}{z-\mathrm{i}}$ 把 D 映射成 w_1 平面中带形域 $D_1:0<\mathrm{Re}(w_1)<\dfrac{1}{2}$, 并把 $0\mapsto 0$, $\mathrm{i}\mapsto\infty$, $-\mathrm{i}\mapsto\dfrac{1}{2}$. (2) 映射 $w_2=2\pi\mathrm{i}w_1$ 把带形域 D_1 映射成 w_2 平面中带形域 $D_2:0<\mathrm{Im}(w_2)<\pi$. (3) 映射 $w=\mathrm{e}^{w_2}$ 把带形域 D_2 映射成 w 平面中上半平面 $D_3:\mathrm{Im}(w)>0$. 因此, 所求的一个映射为

知识扩展

$$w=\mathrm{e}^{w_2}=\mathrm{e}^{2\pi\mathrm{i}w_1}=\mathrm{e}^{2\pi\mathrm{i}\frac{z}{z-\mathrm{i}}}. \qquad \square$$

*2.4.5 正弦函数

对任意的 $z=x+\mathrm{i}y$ 和 $w=u+\mathrm{i}v$, 注意到 $\sin z=\sin x\cosh y+\mathrm{i}\cos x\sinh y$, 所以, $u=\sin x\cosh y$ 和 $v=\cos x\sinh y$.

显然, 直线 $x=0$(y 轴) 被一一映射成 $u=0$(v 轴). 直线 $x=x_0\in\left(0,\dfrac{\pi}{2}\right)$ 上的点被映射成曲线

$$u=\sin x_0\cosh y,\quad v=\cos x_0\sinh y,\quad -\infty<y<\infty$$

上的点, 即在焦点为 $w=\pm\sqrt{\sin^2 x_0+\cos^2 x_0}=\pm 1$ 的双曲线 $\dfrac{u^2}{\sin^2 x_0}-\dfrac{v^2}{\cos^2 x_0}=1$ 右支上. 事实上, 一一映射 $v=\cos x_0\sinh y$ 表明当点(x_0,y) 沿直线 $x=x_0$ 向上运动时, 它的像点沿双曲线右支也向上运动 (如图 2.14 所示). 类似地, 直线 $x=x_0\in\left(-\dfrac{\pi}{2},0\right)$ 被映射成双曲线 $\dfrac{u^2}{\sin^2 x_0}-\dfrac{v^2}{\cos^2 x_0}=1$ 左

支上, 一一映射 $v=\cos x_0\sinh y$ 表明当点 (x_0,y) 沿直线 $x=x_0$ 向上运动时, 它的像点沿双曲线左支也向上运动.

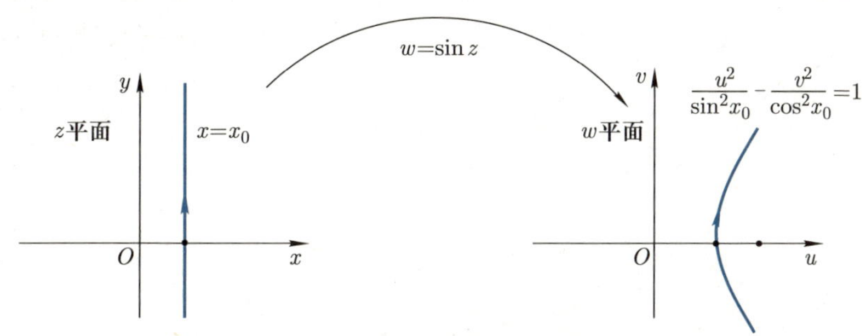

图 2.14 正弦函数的性质

显然, x 轴上水平线段 $y=0,x\in[-\pi,\pi]$ 被映射成 u 轴上的线段 $v=0,u=\sin x\in[-1,1]$, 但此时映射不是一一的. 水平线段 $y=y_0>0,x\in[-\pi,\pi]$ 上的点被映射成曲线

$$u=\sin x\cosh y_0,\quad v=\cos x\sinh y_0,\quad -\pi\leqslant x\leqslant\pi$$

上的点, 即在焦点为 $w=\pm\sqrt{\cosh^2 y_0-\sinh^2 y_0}=\pm1$ 的椭圆 $\dfrac{u^2}{\cosh^2 y_0}+\dfrac{v^2}{\sinh^2 y_0}=1$ 上. 当水平线段 $y=y_0>0,x\in[-\pi,\pi]$ 上的点 (x,y_0) 从点 $A(-\pi,y_0)$ 经点 $B\left(-\dfrac{\pi}{2},y_0\right)\to C(0,y_0)\to D\left(\dfrac{\pi}{2},y_0\right)$ 向右移动到点 $E(\pi,y_0)$ 时, 在映射 $w=\sin z$ 下的像点 $(u,v)=(\sin x\cosh y_0,\cos x\sinh y_0)$ 从点 $A'(0,-\sinh y_0)$ 经点 $B'(-\cosh y_0,0)\to C'(0,\sinh y_0)\to D'(\cosh y_0,0)$在椭圆 $\dfrac{u^2}{\cosh^2 y_0}+\dfrac{v^2}{\sinh^2 y_0}=1$ 顺时针方向移动到点 $E'(0,-\sinh y_0)$. 注意到当正数 y_0 变小时, 椭圆也变小了, 但焦点 $(\pm1,0)$ 不变.

注 2.17 利用三角恒等式 $\cos z=\sin\left(z+\dfrac{\pi}{2}\right)$, $\sinh z=-\mathrm{i}\sin(\mathrm{i}z)$ 和复合映射, 可以类似地研究映射 $w=\cos z$ 和 $w=\sinh z$ 的性质.

例 2.25 求闭半带形域 $G:-\dfrac{\pi}{2}\leqslant x\leqslant\dfrac{\pi}{2},y\geqslant 0$ 在映射 $w=\sin z$ 下的像集.

解 (1) 我们首先考虑闭半带形域 G 的边界.

半直线 $BA:x=\dfrac{\pi}{2},y\geqslant 0$ 在映射 $w=\sin z$ 下被映射成半直线 $B'A'$:

$u=\cosh y\geqslant 1, v=0$, 且当 BA 上点向上运动时像点沿 $B'A'$ 向右运动. 直线段 $DB: -\dfrac{\pi}{2}\leqslant x\leqslant\dfrac{\pi}{2}, y=0$ 在映射 $w=\sin z$ 下被映射成直线段 $D'B': u=\sin x\in[-1,1], v=0$, 且当 DB 上点向右运动时像点沿 $D'B'$ 向右运动. 半直线 $DE: x=-\dfrac{\pi}{2}, y\geqslant 0$在映射 $w=\sin z$ 下被映射成半直线 $D'E': u=-\cosh y\leqslant -1, v=0$, 且当 DE 上点向上运动时像点沿 $D'E'$ 向左运动.

因此, 半带形域 G 的边界在映射 $w=\sin z$ 下被一一映射成 w 平面的实轴 $v=0$.

(2) 我们考虑闭半带形域 G 的内部.

对任意的点 $(x,y)\in G$, 必在半直线 $x=x_0\in\left(-\dfrac{\pi}{2},\dfrac{\pi}{2}\right), y>0$ 上. 这些半直线的像集必是对应双曲线的右 (或左) 上半分支, 且充满了 w 平面的上半平面. 当半直线 $x=x_0\in\left(0,\dfrac{\pi}{2}\right), y>0$ 向左移动趋向于 y 轴 $(x=0)$ 的正半轴时, 作为像集的双曲线右上半分支也趋向于 v 轴 $(u=0)$ 的正半轴. 当半直线 $x=x_0\in\left(0,\dfrac{\pi}{2}\right), y>0$ 向右移动趋向于半直线 $BA: x=\dfrac{\pi}{2}, y>0$ 时, 作为像集的双曲线右上半分支趋向于半直线$B'A': u=\cosh y>1, v=0$. 当半直线 $x=x_0\in\left(-\dfrac{\pi}{2},0\right), y>0$ 向右移动趋向于 y 轴 $(x=0)$ 正半轴时, 作为像集的双曲线左上半分支也趋向于 v 轴 $(u=0)$ 的正半轴. 当半直线 $x=x_0\in\left(-\dfrac{\pi}{2},0\right), y>0$ 向左移动趋向于半直线 $DE: x=-\dfrac{\pi}{2}, y>0$ 时, 作为像集的双曲线左上半分支趋向于半直线 $D'E': u=-\cosh y<1, v=0$.

因此, 闭半带形域 $G: -\dfrac{\pi}{2}\leqslant x\leqslant\dfrac{\pi}{2}, y\geqslant 0$ 在映射 $w=\sin z$ 下的像集为闭的上半平面 $\operatorname{Im}(w)\geqslant 0$. □

例 2.26 求闭矩形域 $J: -\dfrac{\pi}{2}\leqslant x\leqslant\dfrac{\pi}{2}, 0\leqslant y\leqslant b$ 在映射 $w=\sin z$ 下的像集.

解 水平线段 $L: -\dfrac{\pi}{2}\leqslant x\leqslant\dfrac{\pi}{2}, 0<y_0\leqslant b$ 被映射成椭圆 $\dfrac{u^2}{\cosh^2 y}+\dfrac{v^2}{\sinh^2 y_0}=1$ 的上半部分 L'. 当 $y_0>0$ 变小时, 水平线段 L 向下趋向于 x 轴上的线段 $EOF: -\dfrac{\pi}{2}\leqslant x\leqslant\dfrac{\pi}{2}, y=0$, 在映射 $w=\sin z$ 下的像集

$L': \dfrac{u^2}{\cosh^2 y_0}+\dfrac{v^2}{\sinh^2 y_0}=1, v\geqslant 0$也向下趋向于 u 轴上的线段 $E'O'F': -1\leqslant u\leqslant 1, v=0$, 且映射是一一的.

因此, 闭矩形域 $J: -\dfrac{\pi}{2}\leqslant x\leqslant \dfrac{\pi}{2}, 0\leqslant y\leqslant b$ 在映射 $w=\sin z$ 下的像集为闭的上半椭圆盘 $\dfrac{u^2}{\cosh^2 b}+\dfrac{v^2}{\sinh^2 b}\leqslant 1, v\geqslant 0.$ □

习题二

1. 讨论复数列的敛散性: (1) $\alpha_n=-3+\dfrac{(-1)^n}{n^2}\mathrm{i}$; (2) $\beta_n=(-1+\mathrm{i})^{-n}$.

2. 设 $\lim\limits_{n\to\infty}\alpha_n=\alpha$, 证明: $\lim\limits_{n\to\infty}|\alpha_n|=|\alpha|$.

3. 设 $\lim\limits_{n\to\infty}\alpha_n=\alpha$, 证明: 存在一个 $M>0$, 使得对任意的正整数 $n\in\mathbf{N}_+$, 都有 $|\alpha_n|\leqslant M$ 成立.

4. 证明: 当 $c\neq 0$ 时, $\lim\limits_{z\to\infty}\dfrac{az+b}{cz+d}=\dfrac{a}{c}$, 其中 $a,b,c,d\in\mathbf{C}$.

5. 设 $f(z)=\mathrm{e}^x(x\cos y-y\sin y)+\mathrm{i}\mathrm{e}^x(y\cos y+x\sin y)$ 在 z 平面上解析, 求 $f'(z)$.

6. 设 $f(z)=a\ln(x^2+y^2)+\mathrm{i}\arctan\dfrac{y}{x}$ 在 $x>0$ 时解析, 试确定 a 的值.

7. 设 $f(z)=u+\mathrm{i}v$ 是 z 的解析函数, 证明:

$$\left(\frac{\partial|f(z)|}{\partial x}\right)^2+\left(\frac{\partial|f(z)|}{\partial y}\right)^2=|f'(z)|^2.$$

8. 已知 $u(x,y)=x^2-y^2$, 证明: u 是一个调和函数, 并求出一个解析函数 $f(z)=u(x,y)+\mathrm{i}v(x,y)$.

9. 已知 $v(x,y)=y^2-x^2+2x$, 求一个解析函数 $f(z)=u(x,y)+\mathrm{i}v(x,y)$ 使得 $f(0)=1$.

10. 设 $f(z)=u+\mathrm{i}v$ 是 z 的解析函数, 证明:

$$\frac{\partial^2|f(z)|^2}{\partial x^2}+\frac{\partial^2|f(z)|^2}{\partial y^2}=4|f'(z)|^2.$$

11. 设 $f(z)=u+\mathrm{i}v$ 是 z 的解析函数, 证明: $\overline{\mathrm{i}\overline{f(z)}}$ 也是 z 的解析函数, 且 $-u$ 是 v 的共轭调和函数.

12. 求映射 $w=z\mathrm{e}^z$ 在点 $z=1+\mathrm{i}$ 处的伸缩率和转动角.

13. 证明: 交比 $(z_1,z_2,z_3,z_4)\in\mathbf{R}$ 等价于 z_1,z_2,z_3,z_4 在一个圆周或一条直线上.

14. 求 z 平面中的上半个圆盘 $|z| < R, \operatorname{Im}(z) > 0$ 在映射 $w = z^2$ 下的像集.

15. 求将 z 平面中的区域 $D: \operatorname{Re}(z) > 0, |z+1| < \sqrt{2}$ 映射成 w 平面中上半平面 $\operatorname{Im}(w) > 0$ 的一个映射.

16. 求将 z 平面中的区域 $D: \operatorname{Re}(z) < 0, |z-1| < \sqrt{2}$ 映射成 w 平面中单位圆盘 $|w| < 1$ 的一个映射.

17. 求将 z 平面中的区域 $D: |z| < 1, 0 < \arg z < \dfrac{\pi}{3}$ 映射成 w 平面中单位圆盘 $|w| < 1$ 的一个映射.

18. 求将 z 平面中的区域 $D: -\dfrac{\pi}{3} < \arg z < \dfrac{\pi}{3}$ 映射成 w 平面中单位圆盘 $|w| < 1$ 的一个映射.

19. 求将 z 平面中的区域 $D: \operatorname{Im}(z) > 0, |z| < 1$ 映射成 w 平面中右半平面 $\operatorname{Re}(w) > 0$ 的一个映射.

20. 求将 z 平面中的上半平面 $D: \operatorname{Im}(z) > 0$ 映射成 w 平面中圆盘 $|w-1| < 2$ 的一个映射 $w = f(z)$, 并满足 $f(\mathrm{i}) = 1$ 和 $f'(\mathrm{i}) > 0$.

21. 求将 z 平面中的单位圆盘 $D: |z| < 1$ 映射成 w平面中单位圆盘 $|w| < 1$ 的一个映射 $w = f(z)$, 并满足 $f\left(\dfrac{\mathrm{i}}{2}\right) = 0$ 和 $\arg f'\left(\dfrac{\mathrm{i}}{2}\right) = \dfrac{\pi}{2}$.

22. 求将 z 平面中的区域 $D: -\dfrac{\pi}{4} < \arg z < \dfrac{\pi}{2}$ 映射成 w 平面中上半平面 $\operatorname{Im}(w) > 0$ 的一个映射 $w = f(z)$, 且将 $z = 1-\mathrm{i}, \mathrm{i}, 0$ 分别映成 $w = 2, -1, 0$.

23. 求将 z 平面中的区域$D: 0 < \arg z < \dfrac{\pi}{2}$ 映射成 w 平面中上半平面 $\operatorname{Im}(w) > 0$ 的映射一个 $w = f(z)$, 且将 $z = 1, \mathrm{i}, 0$ 分别映成 $w = 2, -1, 0$.

24. 求将 z 平面中的区域 $D: -\dfrac{\pi}{2} < \arg z < \dfrac{\pi}{2}$ 映射成 w 平面中上半平面 $\operatorname{Im}(w) > 0$ 的一个映射 $w = f(z)$, 且将 $z = -\mathrm{i}, \mathrm{i}, 0$ 分别映成 $w = 2, -1, 0$.

25. 求将 z 平面中三点 $z = \infty, 1, 0$ 分别映射成 w 平面中三点 $w = 2, 0, \infty$ 的一个分式线性映射 $w = f(z)$.

26. 求将 z 平面中的带形区域 $D: 0 < \operatorname{Re}(z) < \dfrac{\pi}{2}$ 映射成 w 平面中上半平面 $\operatorname{Im}(w) > 0$ 的一个映射 $w = f(z)$.

第三章 复 积 分

本章我们来学习复变函数的积分学. 首先利用实积分引进复积分的概念, 然后讨论单连通区域上的 Cauchy-Goursat 定理和多连通区域上的复合闭路定理, 之后证明著名的 Cauchy 积分公式和高阶导数公式, 最后给出一些应用, 比如得到代数学基本定理和最大模原理.

§3.1 复变函数的积分

3.1.1 复积分的定义

利用实变量的实值函数积分, 可以定义实变量的复值函数积分.

定义 3.1 实数区间 $[a,b]$ 上复值连续函数 $f(t)=u(t)+\mathrm{i}v(t)$ 的**定积分** (definite integral) 定义为

$$\int_a^b f(t)\mathrm{d}t=\int_a^b u(t)\mathrm{d}t+\mathrm{i}\int_a^b v(t)\mathrm{d}t.$$

与实积分类似, 它满足如下性质:

(1) $\displaystyle\int_a^b[\alpha f(t)+\beta g(t)]\mathrm{d}t=\alpha\int_a^b f(t)\mathrm{d}t+\beta\int_a^b g(t)\mathrm{d}t,\quad \forall\ \alpha,\beta\in\mathbf{C};$

(2) $\displaystyle\int_b^a f(t)\mathrm{d}t=-\int_a^b f(t)\mathrm{d}t;$

(3) $\displaystyle\int_a^c f(t)\mathrm{d}t=\int_a^b f(t)\mathrm{d}t+\int_b^c f(t)\mathrm{d}t;$

(4) $\displaystyle\left|\int_a^b f(t)\mathrm{d}t\right|\leqslant\int_a^b |f(t)|\mathrm{d}t.$

这些性质比较容易证明, 下面我们只验证 $\displaystyle\left|\int_a^b f(t)\mathrm{d}t\right|\leqslant\int_a^b |f(t)|\mathrm{d}t$, 其

余性质的证明留给读者自己练习. 事实上, 不妨设 $\int_a^b f(t)\mathrm{d}t = r\mathrm{e}^{\mathrm{i}\theta}$, 其中 $\theta \in (-\pi, \pi]$, 则

$$\begin{aligned}\left|\int_a^b f(t)\mathrm{d}t\right| &= r = \int_a^b f(t)\mathrm{e}^{-\mathrm{i}\theta}\mathrm{d}t = \mathrm{Re}\Big(\int_a^b f(t)\mathrm{e}^{-\mathrm{i}\theta}\mathrm{d}t\Big)\\ &= \int_a^b \mathrm{Re}\Big(f(t)\mathrm{e}^{-\mathrm{i}\theta}\Big)\mathrm{d}t \leqslant \int_a^b \Big|f(t)\mathrm{e}^{-\mathrm{i}\theta}\Big|\mathrm{d}t \leqslant \int_a^b |f(t)|\mathrm{d}t.\end{aligned}$$

设 (分段) 光滑曲线 (或弧) 的参数方程为 $\gamma : z = z(t)$, $t \in [a, b]$, 复变函数 $f(z)$ 在 γ 上连续, 则 $f(z(t))$ 在弧 γ 上连续. 于是, 我们有

定义 3.2(弧 γ 上的复线积分) 若 $f(z)$ 在弧 γ 上连续, 则定义

$$\int_\gamma f(z)\mathrm{d}z = \int_a^b f(z(t))z'(t)\mathrm{d}t.$$

性质 3.1 弧上的复线积分具有以下性质:

(1) $$\int_a^b f(z(t))z'(t)\mathrm{d}t = \int_\alpha^\beta f(z(t(\tau)))z'(t(\tau))t'(\tau)\mathrm{d}\tau,$$

其中 $t = t(\tau), \tau \in [\alpha, \beta]$ 为分段光滑增函数.

(2) $$\int_{\gamma^-} f(z)\mathrm{d}z = \int_{-b}^{-a} f(z(-t))(-z'(-t))\mathrm{d}t = -\int_\gamma f(z)\mathrm{d}z,$$

其中 $\gamma^- : z = z(-t), t \in [-b, -a]$.

(3) $$\int_{\gamma_1+\gamma_2+\cdots+\gamma_n} f(z)\mathrm{d}z = \int_{\gamma_1} f(z)\mathrm{d}z + \int_{\gamma_2} f(z)\mathrm{d}z + \cdots + \int_{\gamma_n} f(z)\mathrm{d}z,$$

其中 $\gamma_1, \gamma_2, \cdots, \gamma_n$ 是除边界点外无公共内点的 $n(\in \mathbf{N}_+)$ 条分段光滑曲线.

(4) $$\int_\gamma [\alpha f(z)+\beta g(z)]\mathrm{d}z = \alpha\int_\gamma f(z)\mathrm{d}z + \beta\int_\gamma g(z)\mathrm{d}z,$$

其中 f, g 为分段光滑曲线 γ 上的连续函数, 任意常数 $\alpha, \beta \in \mathbf{C}$.

借助 $\begin{cases} z = x + \mathrm{i}y, \\ \bar{z} = x - \mathrm{i}y \end{cases}$ 和 $\begin{cases} x = \dfrac{z+\bar{z}}{2}, \\ y = \dfrac{z-\bar{z}}{2\mathrm{i}} \end{cases}$ 的对应关系, 我们可以定义:

$$\int_\gamma f(z)\,\mathrm{d}\bar{z} = \overline{\int_\gamma \overline{f(z)}\mathrm{d}z},$$

$$\int_\gamma f(z)\mathrm{d}x = \frac{1}{2}\Big(\int_\gamma f(z)\mathrm{d}z + \int_\gamma f(z)\mathrm{d}\bar{z}\Big),$$

$$\int_\gamma f(z)\mathrm{d}y = \frac{1}{2\mathrm{i}}\Big(\int_\gamma f(z)\mathrm{d}z - \int_\gamma f(z)\mathrm{d}\bar{z}\Big).$$

定义 3.3 若 $f(z) = u + \mathrm{i}v$ 是分段光滑曲线 γ 上的连续函数, 则有

$$\int_\gamma f(z)\mathrm{d}z = \int_\gamma (u + \mathrm{i}v)(\mathrm{d}x + \mathrm{i}\mathrm{d}y) = \int_\gamma u\mathrm{d}x - v\mathrm{d}y + \mathrm{i}\int_\gamma v\mathrm{d}x + u\mathrm{d}y. \tag{3.1.1}$$

注 3.1 当然, 也可先定义 $\int_\gamma p(x,y)\mathrm{d}x + q(x,y)\mathrm{d}y$, 然后把 (3.1.1) 式作为 $\int_\gamma f(z)\mathrm{d}z$ 的定义.

我们还可以参考实变量的实值函数的 Riemann 积分定义来定义复积分.

设 γ 是区域 D 内有向的分段光滑曲线, $w = f(z)$ 是区域 D 内的一个复变函数, 把曲线 γ 任意分成 n 个弧段 $a = z_0, z_1, \cdots, z_{k-1}, z_k, \cdots, z_n = b$, 在每个弧段 $\widehat{z_{k-1}z_k}$ $(k = 1, 2, \cdots, n)$ 上任取一点 ξ_k, 并作和式

$$S_n = \sum_{k=1}^{n} f(\xi_k)(z_k - z_{k-1}) = \sum_{k=1}^{n} f(\xi_k)\Delta z_k,$$

其中 $\Delta z_k = z_k - z_{k-1}$, 记 Δs_k=$\widehat{z_{k-1}z_k}$ 的长度, $\delta = \max\limits_{1\leqslant k\leqslant n}\{\Delta s_k\}$.当 n 无限增大且 $\delta \to 0$ 时, 对 γ 的任何分法和 ξ_k 的任何取法, 若 S_n 的极限存在且唯一, 则称这个极限为函数 $f(z)$ 沿曲线 γ 的**积分** (integral), 记为

$$\lim_{n\to\infty}\sum_{k=1}^{n} f(\xi_k)\Delta z_k = \int_\gamma f(z)\mathrm{d}z.$$

当 $f(z)$ 连续且 γ 光滑时, 复积分 $\int_\gamma f(z)\mathrm{d}z$ 一定存在.

下面我们来看关于弧长的曲线积分的定义. 注意到在曲线弧 γ 上, 只要分割点 z_k 越来越多, 每个弧段$\widehat{z_{k-1}z_k}$ $(k = 1, 2, \cdots, n)$ 的长度都可以用直线段 $\Delta z_k = z_k - z_{k-1}$ 的长度近似. 于是, 我们有

定义 3.4 若在曲线弧 γ 上任意作内接折线, 当折线段的最大边长趋于 0 时, 折线的长度趋向于一个确定的极限, 则称这个极限为曲线弧 γ 的**弧长** (arc length), 即

$$s=\lim_{n\to\infty}\sum_{k=1}^{n}|\Delta z_k|=\lim_{n\to\infty}\sum_{k=1}^{n}|z_k-z_{k-1}|,$$

并称这个曲线弧 γ 是**可求长的** (rectifiable).

易知: 分段光滑弧 γ 是可求长的.

* **注 3.2** 设 $h(t)$ 是闭区间 $[a,b]$ 上的有界函数, 对闭区间 $[a,b]$ 的任意分割 $T:a=t_0<t_1<\cdots<t_n=b$, 和式

$$V_h[a,b]=\sup_T\sum_{k=1}^{n}|h(t_k)-h(t_{k-1})|,$$

称为 h 在 $[a,b]$ 上的**全变差** (total variation). 其中符号 sup 表示最小上界, 称为**上确界**. 若 $V_h[a,b]$ 是有界的, 则称 h 是 $[a,b]$ 上的一个**有界变差函数**. 于是, 可求长的曲线弧 γ 的弧长也可定义为

$$s=\sup_{a=t_0<\cdots<t_n=b}\sum_{k=1}^{n}|z(t_k)-z(t_{k-1})|.$$

因此, 弧 $\gamma:z=z(t)(t\in[a,b])$ 是可求长的充要条件是函数 $z(t)=x(t)+\mathrm{i}y(t)$ 的实部 $x(t)$ 与虚部 $y(t)$ 都是 $[a,b]$ 上的一个有界变差函数.

类似于复积分定义, 若 γ 是可求长的, 且复变函数 $f(z)$ 在 γ 上连续, 则可以定义复变函数 $f(z)$ 关于弧长 s 的曲线积分为

$$\int_\gamma f(z)\mathrm{d}s=\lim_{n\to\infty}\sum_{k=1}^{n}f(z(t_k))|z(t_k)-z(t_{k-1})|.$$

也直接定义如下:

定义 3.5 设复变函数 $f(z)$ 在可求长曲线弧 γ 上连续, 则其关于弧长 s 的曲线积分为

$$\int_\gamma f(z)\mathrm{d}s=\int_\gamma f(z)|\mathrm{d}z|=\int_\gamma f(z(t))|z'(t)|\mathrm{d}t.$$

显然它与参数选择无关.

性质 3.2

$$\int_{\gamma^-} f(z)\mathrm{d}s = \int_{\gamma} f(z)\mathrm{d}s, \qquad \left|\int_{\gamma} f(z)\mathrm{d}z\right| \leqslant \int_{\gamma} |f(z)|\mathrm{d}s.$$

例 3.1 计算 $\int_{\gamma} z\mathrm{d}z$, 其中 γ 为 (1) 从原点沿曲线 $z(t) = t + \mathrm{i}t^2$ 到点 $1+\mathrm{i}$; (2) 从原点沿曲线 $z(t) = t^2 + \mathrm{i}t$ 到点 $1+\mathrm{i}$; (3) 从原点沿实轴到 1, 再沿平行于虚轴到点 $1+\mathrm{i}$ (如图 3.1 所示).

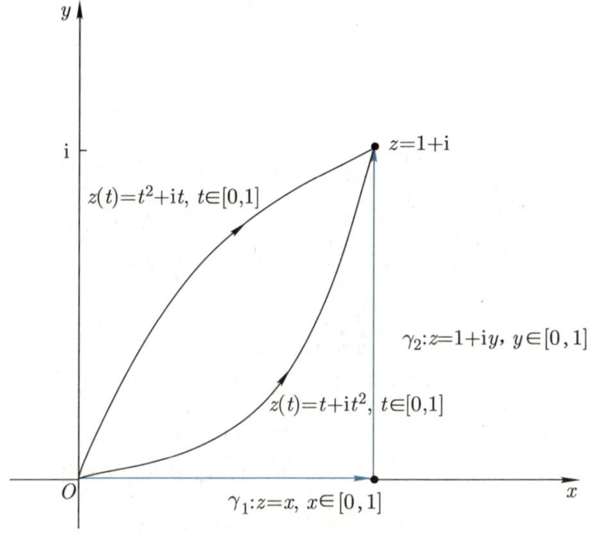

图 3.1 不同积分路径

解 (1) $\displaystyle\int_{\gamma} z\mathrm{d}z = \int_0^1 (t+\mathrm{i}t^2)\cdot(1+2t\mathrm{i})\mathrm{d}t = \int_0^1 (t-2t^3+3t^2\mathrm{i})\mathrm{d}t = \mathrm{i}.$

(2) $\displaystyle\int_{\gamma} z\mathrm{d}z = \int_0^1 (t^2+\mathrm{i}t)\cdot(2t+\mathrm{i})\mathrm{d}t = \int_0^1 (2t^3-t+3t^2\mathrm{i})\mathrm{d}t = \mathrm{i}.$

(3)
$$\begin{aligned}\int_{\gamma} z\mathrm{d}z &= \int_{\gamma_1:z=x,x\in[0,1]} z\mathrm{d}z + \int_{\gamma_2:z=1+\mathrm{i}y,y\in[0,1]} z\mathrm{d}z \\ &= \int_0^1 x\mathrm{d}x + \int_0^1 (1+\mathrm{i}y)\cdot\mathrm{i}\mathrm{d}y = \mathrm{i}.\end{aligned}$$

□

例 3.2 计算 $\int_\gamma \bar{z}\mathrm{d}z$, 其中 γ 为 (1) 从原点沿曲线 $z(t)=t+\mathrm{i}t^2$ 到点 $1+\mathrm{i}$; (2) 从原点沿曲线 $z(t)=t^2+\mathrm{i}t$ 到点 $1+\mathrm{i}$; (3) 从原点沿实轴到 1, 再沿平行于虚轴到点 $1+\mathrm{i}$.

解 (1) $\displaystyle\int_\gamma \bar{z}\mathrm{d}z=\int_0^1 \overline{(t+\mathrm{i}t^2)}\cdot(1+2t\mathrm{i})\mathrm{d}t=\int_0^1(t+2t^3+t^2\mathrm{i})\mathrm{d}t=1+\frac{\mathrm{i}}{3}.$

(2) $\displaystyle\int_\gamma \bar{z}\mathrm{d}z=\int_0^1 \overline{(t^2+\mathrm{i}t)}\cdot(2t+\mathrm{i})\mathrm{d}t=\int_0^1(2t^3+t-t^2\mathrm{i})\mathrm{d}t=1-\frac{\mathrm{i}}{3}.$

(3)
$$\begin{aligned}\int_\gamma \bar{z}\mathrm{d}z&=\int_{\gamma_1:z=x,x\in[0,1]}\bar{z}\mathrm{d}z+\int_{\gamma_2:z=1+\mathrm{i}y,y\in[0,1]}\bar{z}\mathrm{d}z\\&=\int_0^1 x\mathrm{d}x+\int_0^1\overline{(1+\mathrm{i}y)}\cdot\mathrm{i}\mathrm{d}y=1+\mathrm{i}.\end{aligned}$$
□

△ **例 3.3** 计算 $\displaystyle\oint_\gamma \frac{\mathrm{d}z}{(z-z_0)^{n+1}}$, 其中 $\gamma:|z-z_0|=r$, 取逆时针方向, $n\in\mathbf{Z}$.

解 曲线 γ 的参数方程为 $z=z_0+r\mathrm{e}^{\mathrm{i}\theta}$, 其中 $\theta\in[0,2\pi]$. 于是

$$\oint_\gamma \frac{\mathrm{d}z}{(z-z_0)^{n+1}}=\int_0^{2\pi}\frac{\mathrm{i}r\mathrm{e}^{\mathrm{i}\theta}\mathrm{d}\theta}{r^{n+1}\mathrm{e}^{\mathrm{i}(n+1)\theta}}=\frac{\mathrm{i}}{r^n}\int_0^{2\pi}\mathrm{e}^{-\mathrm{i}n\theta}\mathrm{d}\theta=\begin{cases}2\pi\mathrm{i}, & n=0,\\ 0, & n\neq 0.\end{cases}$$

说明积分值与积分路线圆周的中心和半径均无关. □

于是, 产生一个问题: 在什么条件下, 任意复变函数沿封闭曲线的积分值为零?

由例 3.1 —例 3.3 可知, 积分值与积分路线无关, 或沿封闭曲线的积分值为零的条件, 可能与被积函数的解析性及区域的单连通性有关.

3.1.2 Cauchy-Goursat 基本定理

定理 3.1(Cauchy-Goursat 基本定理) 若函数$f(z)$在单连通区域D内处处解析, 则$f(z)$沿D内的任何一条封闭曲线γ的积分为零, 即 $\displaystyle\oint_\gamma f(z)\mathrm{d}z=0.$

这个定理的证明比较复杂, 我们只在给定附加条件下进行证明.

设 $f(z)=u+\mathrm{i}v$ 在单连通区域 D 内处处解析. 附加条件: $f'(z)$ 在 D 内连续. 所以, $f'(z)=u_x+\mathrm{i}v_x=v_y-\mathrm{i}u_y$, u 和 v 及它们的偏导数 u_x,u_y,v_x,v_y 在

D 内均连续, 且满足 Cauchy-Riemann 方程 $u_x = v_y$, $u_y = -v_x$. 取 γ 为 D 内任意一条简单闭曲线, G 为 γ 所围的区域, 则利用 Green 公式 (参见附录 2) 和 Cauchy-Riemann 方程得

$$\begin{aligned}\oint_\gamma f(z)\mathrm{d}z &= \oint_\gamma u\mathrm{d}x - v\mathrm{d}y + \mathrm{i}\oint_\gamma v\mathrm{d}x + u\mathrm{d}y\\ &= \iint_G (-v_x - u_y)\mathrm{d}\sigma + \mathrm{i}\iint_G (u_x - v_y)\mathrm{d}\sigma = 0,\end{aligned}$$

从而 $f(z)$ 沿单连通区域 D 内任何一条闭曲线的积分为零.

注 3.3 (1) 曲线 γ 未必是简单曲线.

(2) 若积分曲线 $\gamma = \partial D$, 函数 $f(z)$ 在 D 内与 γ 上解析 (即在闭区域 $\overline{D} = D \cup \gamma$ 上解析), 则 $\displaystyle\oint_\gamma f(z)\mathrm{d}z = 0$.

事实上, 若函数 $f(z)$ 在 D 内解析, 在闭区域 $\overline{D}$ 上连续, 则 $\displaystyle\oint_{\partial D} f(z)\mathrm{d}z = 0$. 此处不予证明, 有兴趣的读者可自己证明.

*** 定理 3.2** 若函数 $f(z)$ 在闭矩形域 $R: a \leqslant x \leqslant b, c \leqslant y \leqslant d$ 上解析, 则 $\displaystyle\oint_{\partial R} f(z)\mathrm{d}z = 0$.

证明 (二分法) 令 $\eta(R) = \displaystyle\oint_{\partial R} f(z)\mathrm{d}z$. 如图 3.2 所示, 利用二分边长的方法把矩形 R 为四个小矩形 $R^{(k)}$, 其中 $k = 1, 2, 3, 4$. 于是, $\eta(R) = \eta(R^{(1)}) + \eta(R^{(2)}) + \eta(R^{(3)}) + \eta(R^{(4)})$. 因此, 至少存在某个 $\eta(R^{(j)})$ 使得 $|\eta(R^{(j)})| \geqslant \dfrac{1}{4}|\eta(R)|$, 不妨表示这个矩形 $R^{(j)}$ 为 R_1. 依次下去……, 得到矩形套

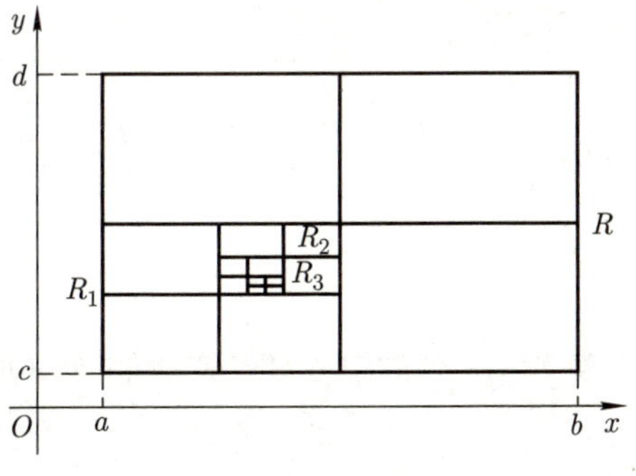

图 3.2 二分法

$$R \supseteq R_1 \supseteq R_2 \supseteq \cdots \supseteq R_n \supseteq \cdots$$

且 $|\eta(R_n)| \geqslant \frac{1}{4}|\eta(R_{n-1})|$, 因此, $|\eta(R_n)| \geqslant \frac{1}{4^n}|\eta(R)|$. 矩形 R_n 收敛于点 $z^* \in R$ (于是, 对任意的 $\delta > 0$, 使得当 n 充分大时, 有 $R_n \subseteq \{z : |z - z^*| < \delta\}$).

首先, 取 $\delta > 0$ 充分小, 使得在 $|z - z^*| < \delta$ 内 $f(z)$ 解析. 其次, 若 $\varepsilon > 0$ 给定, 取 δ 使 $\left|\frac{f(z) - f(z^*)}{z - z^*} - f'(z^*)\right| < \varepsilon$ 成立. 利用 $\oint_{\partial R_n} \mathrm{d}z = 0$ 和 $\oint_{\partial R_n} z\mathrm{d}z = 0$ 得

$$\eta(R_n) = \oint_{\partial R_n} [f(z) - f(z^*) - f'(z^*)(z - z^*)]\mathrm{d}z.$$

于是, $|\eta(R_n)| \leqslant \varepsilon \oint_{\partial R_n} |z - z^*| \cdot |\mathrm{d}z| \leqslant \varepsilon d_n L_n$, 其中 L_n 为 R_n 的周长, d_n 为 R_n 的对角线长度. 若 L 为 R 的周长, d 为 R 的对角线长度, 则 $d_n = 2^{-n}d$, $L_n = 2^{-n}L$. 故 $|\eta(R)| \leqslant 4^n|\eta(R_n)| \leqslant 4^n \cdot 4^{-n}dL\varepsilon = dL\varepsilon$. 再由 ε 的任意性, 结论得证. □

* **定理 3.3** 设函数 $f(z)$ 在 R' 上解析, 其中 R' 是矩形 R 中除去有限多个内点 ξ_j 的区域. 若对任意 j, 有 $\lim\limits_{z \to \xi_j} (z - \xi_j)f(z) = 0$, 则 $\oint_{\partial R} f(z)\mathrm{d}z = 0$.

证明 不妨只考虑单点 ξ 情形, 此时分 R 为 9 个矩形, 于是 $\oint_{\partial R} f(z)\mathrm{d}z = \oint_{\partial R_0} f(z)\mathrm{d}z$, 其中 R_0 是 R 内的包含内点 ξ 的小矩形. 由假设, 对任意充分小的 $\varepsilon > 0$, 取 R_0 充分小使得 $|f(z)| \leqslant \frac{\varepsilon}{|z - \xi|}$, 其中 $z \in \partial R_0$. 不妨设 ξ 是 ∂R_0 的中心, 知 $\oint_{\partial R_0} \frac{|\mathrm{d}z|}{|z - \xi|} < 8$. 所以,

$$\left|\oint_{\partial R} f(z)\mathrm{d}z\right| = \left|\oint_{\partial R_0} f(z)\mathrm{d}z\right| \leqslant \varepsilon \oint_{\partial R_0} \frac{|\mathrm{d}z|}{|z - \xi|} < 8\varepsilon.$$

再由 ε 的任意性可知, 结论成立. □

* **定理 3.4** 若函数 $f(z)$ 在开圆盘 $D : |z - z_0| < \rho$ 内解析, 则对 D 内任意闭曲线 γ, 有 $\oint_\gamma f(z)\mathrm{d}z = 0$.

* **定理 3.5** 设函数 $f(z)$ 在区域 D' 内解析, 其中 D' 是开圆盘 D 中除去有限多个内点 ξ_j 的区域. 若对任意 j, 有 $\lim\limits_{z\to\xi_j}(z-\xi_j)f(z)=0$, 则对任意 D' 内闭曲线 γ, 有 $\displaystyle\oint_\gamma f(z)\mathrm{d}z=0$.

由 Cauchy-Goursat 定理还可以得到如下定理:

定理 3.6 若函数 $f(z)$ 在单连通区域 D 内连续, 则函数 $f(z)$ 在 D 内处处解析的充要条件是 $\displaystyle\int_\gamma f(z)\mathrm{d}z$ 与连接起点及终点的路线 γ 无关.

证明 (必要性) 由 Cauchy-Goursat 定理即知.

(充分性) 固定点 $z_0\in D$, 任取一点 $z\in D$, 由假设知 $\displaystyle\int_{z_0}^z f(z)\mathrm{d}z$ 的值与连接起点 z_0 及终点 z 的路线无关, 所以它定义了一个 $z\in D$ 的单值函数

$$F(z)=\int_{z_0}^z f(z)\mathrm{d}z.$$

以 z 为中心作一个含于 D 内的小圆 $\varGamma$(如图 3.3 所示), 取 $|\Delta z|$ 充分小使得 $z+\Delta z$ 仍含于 $\varGamma$ 内. 于是, 由积分与路线无关 (可先取 z_0 到 z 的直线段, 再取 z 到 $z+\Delta z$ 的直线段), 得到

$$F(z+\Delta z)-F(z)=\int_{z_0}^{z+\Delta z}f(\xi)\mathrm{d}\xi-\int_{z_0}^{z}f(\xi)\mathrm{d}\xi=\int_{z}^{z+\Delta z}f(\xi)\mathrm{d}\xi.$$

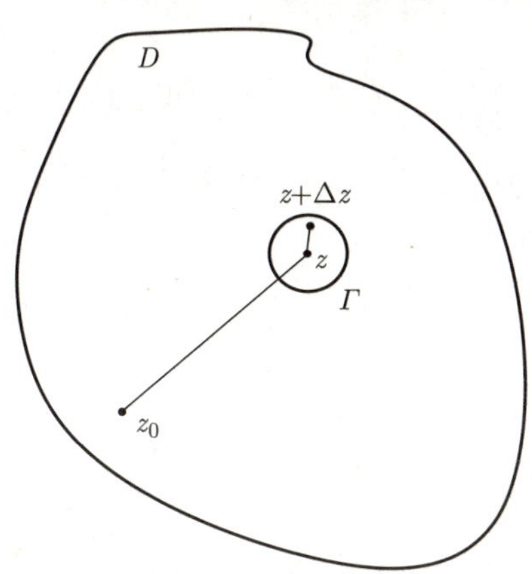

图 3.3 与积分路径无关

因为 $f(z)$ 在 D 内连续, 所以对任给定的 $\varepsilon > 0$, 存在 $\delta > 0$, 使得对满足 $|\xi - z| < \delta$ 的一切的 ξ 都在 Γ 内 (即当 $\delta < |\Delta z|$ 时), 总有 $|f(\xi) - f(z)| < \varepsilon$ 成立. 所以

$$\begin{aligned}\left|\frac{F(z+\Delta z)-F(z)}{\Delta z}-f(z)\right| &= \frac{1}{|\Delta z|}\left|\int_z^{z+\Delta z} f(\xi)\mathrm{d}\xi - \int_z^{z+\Delta z} f(z)\mathrm{d}\xi\right| \\ &\leqslant \frac{1}{|\Delta z|}\int_z^{z+\Delta z} |f(\xi)-f(z)||\mathrm{d}\xi| \\ &\leqslant \frac{1}{|\Delta z|}\cdot\varepsilon\cdot|\Delta z| = \varepsilon.\end{aligned}$$

从而, $F'(z) = f(z)$. 因此, $F(z)$ 是 D 内的一个解析函数. 再由定理 "解析函数的导数仍是解析函数" (定理 3.10) 知, $f(z)$ 是 D 内的一个解析函数. □

推论 3.1 若函数 $f(z)$ 在单连通区域 D 内处处解析, 则必存在 D 内的一个解析函数 $F(z)$, 使得 $F'(z) = f(z)$.

定义 3.6 若函数 $F(z)$ 在区域 D 内的导数等于 $f(z)$, 即 $F'(z) = f(z)$, 则称 $F(z)$ 是 $f(z)$ 在区域 D 内的一个**原函数** (primitive function).

显然, 函数 $f(z)$ 的任何两个原函数 F_1, F_2 相差一个常数. 事实上, 因为 $(F_1(z) - F_2(z))' = F_1'(z) - F_2'(z) = f(z) - f(z) = 0$, 所以 $F_1(z) - F_2(z) =$常数.

进一步, 若函数 $f(z)$ 在区域 D 内有一个原函数 $F(z)$, 则 $f(z)$ 有无穷多个原函数, 且具有一般表达式 $F(z) + C$, 其中 C 为任意常数.

定义 3.7 称 $f(z)$ 的原函数的一般表达式 $F(z) + C$ 为 $f(z)$ 的**不定积分** (indefinite integral), 记作 $\displaystyle\int f(z)\mathrm{d}z = F(z) + C$.

定理 3.7 若 $f(z)$ 在单连通区域 D 内处处解析, $F(z)$ 为 $f(z)$ 的一个原函数, 则 $\displaystyle\int_{z_0}^{z_1} f(z)\mathrm{d}z = F(z_1) - F(z_0)$, 其中 $z_0, z_1 \in D$.

证明 因为 $\displaystyle\int_{z_0}^{z} f(z)\mathrm{d}z$ 也是 $f(z)$ 的一个原函数, 所以 $\displaystyle\int_{z_0}^{z} f(z)\mathrm{d}z - F(z) = C$, 其中 C 为常数. 当 $z = z_0$ 时, 有 $C = -F(z_0)$. 从而, $\displaystyle\int_{z_0}^{z} f(z)\mathrm{d}z = F(z) - F(z_0)$, 结论成立. □

例 3.4 设 $v(x,y) = \mathrm{e}^x(y\cos y + x\sin y) + x + y$, 求另一个调和函数 u, 使得 $f(z) = u(x,y) + \mathrm{i}v(x,y)$ 解析且 $f(0) = 0$.

解 (**不定积分法**) 因为 $v(x,y)=\mathrm{e}^x(y\cos y+x\sin y)+x+y$, 所以

$$v_x=\mathrm{e}^x[y\cos y+(x+1)\sin y]+1,\quad v_y=\mathrm{e}^x[(1+x)\cos y-y\sin y]+1.$$

又因为 $f(z)=u(x,y)+\mathrm{i}v(x,y)$ 解析, 所以

$$\begin{aligned}f'(z)&=v_y+\mathrm{i}v_x\\&=\mathrm{e}^x[(1+x)\cos y-y\sin y]+1+\mathrm{i}\mathrm{e}^x[y\cos y+(x+1)\sin y]+\mathrm{i}\\&=\mathrm{e}^x(\cos y+\mathrm{i}\sin y)(1+x+\mathrm{i}y)+1+\mathrm{i}=\mathrm{e}^z(1+z)+1+\mathrm{i}.\end{aligned}$$

从而,

$$f(z)=\int f'(z)\mathrm{d}z=\int[\mathrm{e}^z(1+z)+1+\mathrm{i}]\mathrm{d}z=z\mathrm{e}^z+(1+\mathrm{i})z+C,$$

其中 C 为任意常数. 又因为 $f(0)=0$, 所以 $f(z)=z\mathrm{e}^z+(1+\mathrm{i})z$. 因此,

$$\begin{aligned}u(x,y)&=\mathrm{Re}(f(z))=\mathrm{Re}\Big(z\mathrm{e}^z+(1+\mathrm{i})z\Big)\\&=\mathrm{e}^x(x\cos y-y\sin y)+x-y.\end{aligned}$$ □

例 3.5 求积分 $\displaystyle\int_\gamma z\mathrm{e}^{z^2}\mathrm{d}z$ 的值, 其中 γ 是从原点到 i 的直线段.

解 因为函数 $f(z)=z\mathrm{e}^{z^2}$在整个复平面上处处解析, 所以积分 $\displaystyle\int_\gamma z\mathrm{e}^{z^2}\mathrm{d}z$ 的值只依赖于起点 O 和终点 i. 又因为 $f(z)=z\mathrm{e}^{z^2}$ 的一个原函数为 $F(z)=\dfrac{1}{2}\mathrm{e}^{z^2}$, 所以

$$\int_\gamma z\mathrm{e}^{z^2}\mathrm{d}z=\int_0^{\mathrm{i}} z\mathrm{e}^{z^2}\mathrm{d}z=\frac{1}{2}\mathrm{e}^{z^2}\Big|_{z=0}^{\mathrm{i}}=\frac{1-\mathrm{e}}{2\mathrm{e}}.$$ □

例 3.6 求积分 $\displaystyle\int_\gamma f(z)\mathrm{d}z$ 的值, 其中函数 $f(z)=\mathrm{e}^{-y}(\cos x+\mathrm{i}\sin x)$, 积分曲线 $\gamma: z=z(t)=(1-t^2)+\mathrm{i}t,\ t\in[-1,1]$.

解 因为函数 $f(z)=\mathrm{e}^{-y}(\cos x+\mathrm{i}\sin x)=\mathrm{e}^{-y}\cdot\mathrm{e}^{\mathrm{i}x}=\mathrm{e}^{\mathrm{i}(x+\mathrm{i}y)}=\mathrm{e}^{\mathrm{i}z}$在整个复平面上处处解析, 所以积分 $\displaystyle\int_\gamma f(z)\mathrm{d}z$ 的值只依赖于起点 $-\mathrm{i}$ 和终点 i. 又因为 $f(z)=\mathrm{e}^{\mathrm{i}z}$ 的一个原函数为 $F(z)=-\mathrm{i}\mathrm{e}^{\mathrm{i}z}$, 所以

$$\int_\gamma f(z)\mathrm{d}z=\int_{-\mathrm{i}}^{\mathrm{i}} f(z)\mathrm{d}z=-\mathrm{i}\mathrm{e}^{\mathrm{i}z}\Big|_{z=-\mathrm{i}}^{\mathrm{i}}=\mathrm{i}(\mathrm{e}-\mathrm{e}^{-1}).$$ □

3.1.3 复合闭路定理

下面, 我们将单连通区域上的 Cauchy-Goursat 定理推广到多连通区域上.

设函数 $f(z)$ 在多连通区域 D 内解析, γ 为 D 内的任意一条简单闭曲线. 若 γ 的内部完全含于 D, $f(z)$ 在 γ 上及其内部解析, 则 $\oint_\gamma f(z)\mathrm{d}z = 0$. 但是, 当 γ 的内部不完全含于 D 时, 积分值 $\oint_\gamma f(z)\mathrm{d}z$ 不一定为 0.

假设 γ, γ_1 为 D 内的任意两条简单闭曲线, γ_1 在 γ 的内部, 且以 γ 及 γ_1 为边界的区域 D_1 完全含于 D, 作两条不相交的弧段 $\overset{\frown}{AA'}$ 及 $\overset{\frown}{BB'}$, 如图 3.4 所示. 于是, $AEBB'E'A'A$ 及 $AA'F'B'BFA$ 形成两条全在 D 内的简单闭曲线, 它们的内部完全含于 D, 所以有

$$\oint_{AEBB'E'A'A} f(z)\mathrm{d}z = 0, \quad \oint_{AA'F'B'BFA} f(z)\mathrm{d}z = 0.$$

相加上面两式得

$$\oint_\gamma f(z)\mathrm{d}z + \oint_{\gamma_1^-} f(z)\mathrm{d}z = 0$$

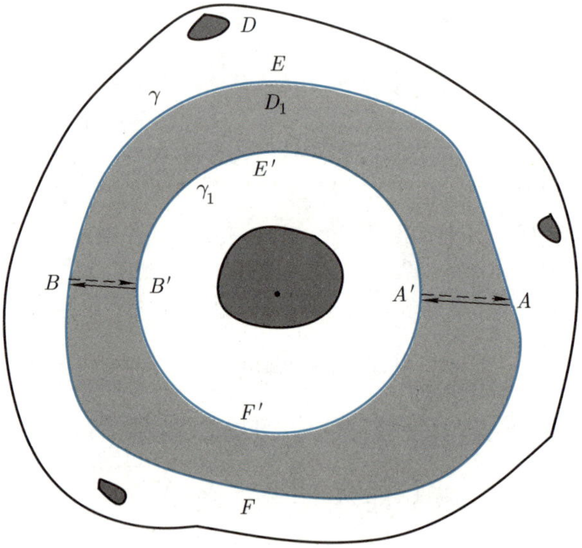

图 3.4 闭路变形定理

或

$$\oint_{\gamma} f(z)\mathrm{d}z = \oint_{\gamma_1} f(z)\mathrm{d}z.$$

这说明: 若把 γ 及 γ_1 看成一条复合闭路 $\Gamma = \gamma \cup \gamma_1^-$, 并将其当成区域 D_1 的边界, 其定向为: 沿 Γ 的正向前进时, 内部区域 D_1 总在 Γ 的左边, 则 $\oint_{\Gamma} f(z)\mathrm{d}z = 0$. 或者说, 在区域内的一个解析函数 $f(z)$ 沿闭曲线 γ 的积分 $\oint_{\gamma} f(z)\mathrm{d}z$, 不因闭曲线 γ 在区域内作连续变形而改变其值, 该性质称为**闭路变形定理**$^{\triangle}$.

例 3.7 计算 $\oint_{\gamma} \dfrac{\mathrm{d}z}{z - z_0}$, 其中 γ 为包含 z_0 的任何一条简单闭曲线 (取正向).

解 取特殊的简单闭曲线 $\gamma : |z - z_0| = r$, 其中 $r > 0$, 由例 3.3 知, $\oint_{|z-z_0|=r} \dfrac{\mathrm{d}z}{z - z_0} = 2\pi\mathrm{i}$. 再利用闭路变形定理可知, $\oint_{\gamma} \dfrac{\mathrm{d}z}{z - z_0} = 2\pi\mathrm{i}$. □

进一步可以得到如下定理:

定理 3.8(**复合闭路定理**) 设 γ 为多连通区域 D 内的一条简单闭曲线, $\gamma_1, \cdots, \gamma_n$ 是在 γ 内部的简单闭曲线, 它们互不包含也互不相交, 并且以 γ, $\gamma_1, \cdots, \gamma_n$ 为边界的区域完全含于 D. 若函数 $f(z)$ 在 D 内解析, 则

(1) $\oint_{\gamma} f(z)\mathrm{d}z = \sum\limits_{k=1}^{n} \oint_{\gamma_k} f(z)\mathrm{d}z$, 其中 γ 与 $\gamma_1, \cdots, \gamma_n$ 均取正向.

(2) $\oint_{\Gamma} f(z)\mathrm{d}z = 0$, 其中 $\Gamma = \gamma \bigcup \left(\bigcup\limits_{j=1}^{n} \gamma_j^- \right)$ 是由 γ 及 $\gamma_1, \cdots, \gamma_n$所围成的复合闭路, γ 以逆时针方向作为闭曲线 Γ 的正向, 而 $\gamma_1, \cdots, \gamma_n$ 以顺时针方向作为闭曲线 Γ 的正向 (如图 3.5 所示).

例 3.8 求下列积分的值: (1) $\oint_{|z|=1} \dfrac{\mathrm{d}z}{(z-2)^2(z+3)}$; (2) $\oint_{|z|=3} \dfrac{\mathrm{d}z}{z^2 - 3z - 4}$;

(3) $\oint_{|z-1|=2} \dfrac{3z - 2\mathrm{i}}{z^2 - \mathrm{i}z}\mathrm{d}z$; (4) $\oint_{|z-\mathrm{i}|=\frac{1}{2}} \dfrac{1}{(z^2+1)z}\mathrm{d}z$.

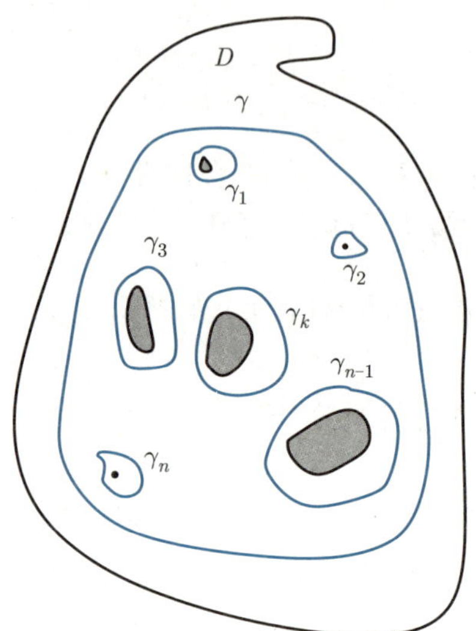

图 3.5　复合闭路定理

解　(1) 因为函数 $f(z)=\dfrac{1}{(z-2)^2(z+3)}$ 在区域 $|z|<1$ 内解析, 所以由 Cauchy-Goursat 定理知, $\displaystyle\oint_{|z|=1}\frac{\mathrm{d}z}{(z-2)^2(z+3)}=0$.

(2) 利用例 3.7 的结论, 我们有

$$
\begin{aligned}
\oint_{|z|=3}\frac{\mathrm{d}z}{z^2-3z-4}&=\oint_{|z|=3}\frac{1}{5}\left(\frac{1}{z-4}-\frac{1}{z+1}\right)\mathrm{d}z\\
&=\frac{1}{5}\oint_{|z|=3}\frac{1}{z-4}\mathrm{d}z-\frac{1}{5}\oint_{|z|=3}\frac{1}{z+1}\mathrm{d}z\\
&=0-\frac{1}{5}\cdot 2\pi\mathrm{i}=-\frac{2\pi\mathrm{i}}{5}.
\end{aligned}
$$

(3) $$
\begin{aligned}
\oint_{|z-1|=2}\frac{3z-2\mathrm{i}}{z^2-\mathrm{i}z}\mathrm{d}z&=\oint_{|z-1|=2}\frac{2}{z}\mathrm{d}z+\oint_{|z-1|=2}\frac{1}{z-\mathrm{i}}\mathrm{d}z\\
&=2\cdot 2\pi\mathrm{i}+2\pi\mathrm{i}=6\pi\mathrm{i}.
\end{aligned}
$$

(4) $$
\begin{aligned}
\oint_{|z-\mathrm{i}|=\frac{1}{2}}\frac{1}{(z^2+1)z}\mathrm{d}z&=\oint_{|z-\mathrm{i}|=\frac{1}{2}}\frac{1}{z}\mathrm{d}z-\frac{1}{2}\oint_{|z-\mathrm{i}|=\frac{1}{2}}\frac{1}{z-\mathrm{i}}\mathrm{d}z-\frac{1}{2}\oint_{|z-\mathrm{i}|=\frac{1}{2}}\frac{1}{z+\mathrm{i}}\mathrm{d}z\\
&=0-\frac{1}{2}\cdot 2\pi\mathrm{i}-0=-\pi\mathrm{i}.
\end{aligned}
$$
□

§3.2 Cauchy 积分公式和高阶导数公式

本节我们来学习两个重要的公式.

定理 3.9(Cauchy 积分公式) 若函数 $f(z)$ 在区域 D 内处处解析, γ 为 D 内的任意一条正向简单闭曲线, 它的内部完全含于 D, z_0 为 γ 内的任一点, 则

$$f(z_0)=\frac{1}{2\pi \mathrm{i}}\oint_{\gamma}\frac{f(z)}{z-z_0}\mathrm{d}z.$$

证明 因为函数 $f(z)$ 在区域 D 内处处解析, 所以 $f(z)$ 在 z_0 连续, 即对任意给定的 $\varepsilon>0$, 存在 $\delta=\delta(\varepsilon)>0$, 使得当 $|z-z_0|<\delta$ 时, 都有 $|f(z)-f(z_0)|<\varepsilon$ 成立. 如图 3.6 所示, 作一个小圆周 $\varGamma:|z-z_0|=R$, 使得 $R<\delta$ 且圆周 $\varGamma$ 全部都包含在 γ 的内部. 于是, 由闭路变形定理知

$$\begin{aligned}\oint_{\gamma}\frac{f(z)}{z-z_0}\mathrm{d}z&=\oint_{\varGamma}\frac{f(z)}{z-z_0}\mathrm{d}z=\oint_{\varGamma}\frac{f(z_0)}{z-z_0}\mathrm{d}z+\oint_{\varGamma}\frac{f(z)-f(z_0)}{z-z_0}\mathrm{d}z\\&=2\pi\mathrm{i}f(z_0)+\oint_{\varGamma}\frac{f(z)-f(z_0)}{z-z_0}\mathrm{d}z.\end{aligned}$$

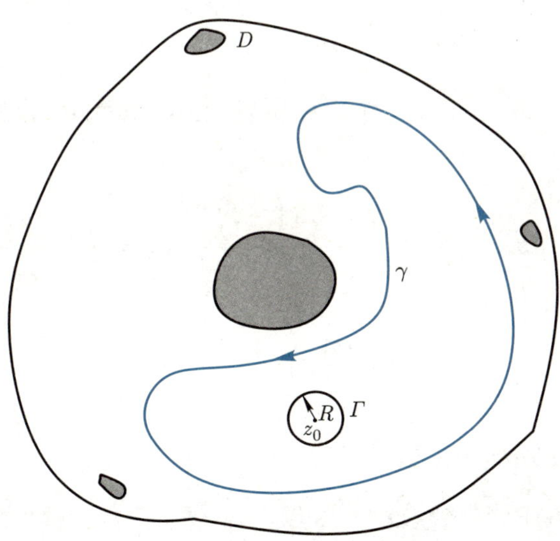

图 3.6 Cauchy 积分公式

又因为

$$\left|\oint_\Gamma \frac{f(z)-f(z_0)}{z-z_0}\mathrm{d}z\right| \leqslant \oint_\Gamma \frac{|f(z)-f(z_0)|}{|z-z_0|}\mathrm{d}s \leqslant \frac{\varepsilon}{R}\oint_\Gamma \mathrm{d}s = 2\pi\varepsilon$$

和 $\varepsilon>0$ 的任意性, 所以, 有 $\oint_\Gamma \frac{f(z)-f(z_0)}{z-z_0}\mathrm{d}z=0$. 从而, Cauchy 积分公式成立. □

注 3.4 (1) 若函数 $f(z)$ 在由简单闭曲线 γ 所围成的区域内及 γ 上解析, 则 Cauchy 积分公式仍成立.

△(2) Cauchy 积分公式将一个函数在 γ 内部任一点的值用它在边界上的值来表示, 即 $f(z)$ 在区域边界上的值一旦确定, 则它在区域内部任一点的值也确定了.

(3) Cauchy 积分公式不但提供了计算某些复变函数沿闭路积分的一种方法, 而且给出了解析函数的一个积分表达式, 这是研究解析函数的有力工具之一.

(4) 若 γ 是圆周 $|z-z_0|=R$, 即 $z=z_0+R\mathrm{e}^{\mathrm{i}\theta}$, 其中 $\theta\in[0,2\pi)$, 则 Cauchy 积分公式变为

$$f(z_0)=\frac{1}{2\pi}\int_0^{2\pi} f(z_0+R\mathrm{e}^{\mathrm{i}\theta})\mathrm{d}\theta,$$

即一个解析函数 $f(z)$ 在圆心处的值 $f(z_0)$ 等于它在圆周上值的平均值.

例 3.9 设 $\gamma: x^2+y^2-2x=0$(取正向), 求 $\oint_\gamma \frac{\sin\left(\frac{\pi}{4}z\right)}{z^2-1}\mathrm{d}z$.

解 因为积分路径 $\gamma: |z-1|=1$, 所以, 由 Cauchy 积分公式知

$$\oint_\gamma \frac{\sin\left(\frac{\pi}{4}z\right)}{z^2-1}\mathrm{d}z = \oint_{|z-1|=1} \frac{\sin\left(\frac{\pi}{4}z\right)}{(z+1)(z-1)}\mathrm{d}z = \oint_{|z-1|=1} \frac{\frac{\sin\left(\frac{\pi}{4}z\right)}{z+1}}{z-1}\mathrm{d}z$$

$$= 2\pi\mathrm{i}\left[\frac{\sin\left(\frac{\pi}{4}z\right)}{z+1}\right]\Bigg|_{z=1} = \pi\mathrm{i}\sin\frac{\pi}{4} = \frac{\sqrt{2}}{2}\pi\mathrm{i}.$$ □

下面我们来看另外一个公式.

定理 3.10(高阶导数公式) 设 $f(z)$ 是区域 D 内的解析函数, z_0 为 D 内任一点, γ 为 D 内围绕 z_0 的任一正向简单闭曲线, 则有

$$f^{(n)}(z_0)=\frac{n!}{2\pi \mathrm{i}}\oint_\gamma \frac{f(z)}{(z-z_0)^{n+1}}\mathrm{d}z,\quad n=1,2,\cdots.$$

解析函数 $f(z)$ 的导函数 $f'(z)$ 仍是解析函数.

△ **证明** 对任意 $z_0\in D$, 先证 $n=1$ 时 $f'(z_0)=\dfrac{1}{2\pi \mathrm{i}}\oint_\gamma \dfrac{f(z)}{(z-z_0)^2}\mathrm{d}z$ 成立.

首先注意到取适当小的 $|\Delta z|$, 利用 Cauchy 积分公式有

$$\begin{aligned}\frac{f(z_0+\Delta z)-f(z_0)}{\Delta z}&=\frac{1}{2\pi \mathrm{i}\Delta z}\Big[\oint_\gamma \frac{f(z)}{z-z_0-\Delta z}\mathrm{d}z-\oint_\gamma \frac{f(z)}{z-z_0}\mathrm{d}z\Big]\\&=\frac{1}{2\pi \mathrm{i}}\oint_\gamma \frac{f(z)}{(z-z_0)(z-z_0-\Delta z)}\mathrm{d}z\\&=\frac{1}{2\pi \mathrm{i}}\oint_\gamma \frac{f(z)}{(z-z_0)^2}\mathrm{d}z+\frac{1}{2\pi \mathrm{i}}\oint_\gamma \frac{\Delta z f(z)}{(z-z_0)^2(z-z_0-\Delta z)}\mathrm{d}z\\&=\frac{1}{2\pi \mathrm{i}}\oint_\gamma \frac{f(z)}{(z-z_0)^2}\mathrm{d}z+I,\end{aligned}$$

其中 $I=\dfrac{1}{2\pi \mathrm{i}}\oint_\gamma \dfrac{\Delta z f(z)}{(z-z_0)^2(z-z_0-\Delta z)}\mathrm{d}z$.

因为 $f(z)$ 在 γ 上连续, 所以 $f(z)$ 在 γ 上有界, 即存在正实数 $M>0$, 使得对任意的 $z\in\gamma$, 都有 $|f(z)|\leqslant M$. 设 d 为从 z_0 到曲线 γ上各点的最短距离, 即 $d=\mathrm{dist}(z_0,\gamma)$, 并取 $|\Delta z|$ 适当小使得 $|\Delta z|<\dfrac{d}{2}$, 则对任意的 $z\in\gamma$, 都有 $|z-z_0|\geqslant d$ 和 $|z-z_0-\Delta z|\geqslant |z-z_0|-|\Delta z|>\dfrac{d}{2}$. 从而, 有 $\dfrac{1}{|z-z_0|}\leqslant\dfrac{1}{d}$ 和 $\dfrac{1}{|z-z_0-\Delta z|}\leqslant\dfrac{2}{d}$. 于是,

$$\begin{aligned}|I|&=\Big|\frac{1}{2\pi \mathrm{i}}\oint_\gamma \frac{\Delta z f(z)}{(z-z_0)^2(z-z_0-\Delta z)}\mathrm{d}z\Big|\leqslant\frac{1}{2\pi}\oint_\gamma \frac{|\Delta z|\cdot|f(z)|}{|z-z_0|^2|z-z_0-\Delta z|}\mathrm{d}s\\&<\frac{1}{2\pi}|\Delta z|M\cdot\frac{1}{d^2}\cdot\frac{2}{d}\oint_\gamma \mathrm{d}s=|\Delta z|\cdot\frac{ML}{\pi d^3},\end{aligned}$$

其中 L 为 γ 的长度. 于是, $\lim\limits_{\Delta z\to 0}I=0$. 所以, 由导数定义知

$$f'(z_0)=\lim_{\Delta z\to 0}\frac{f(z_0+\Delta z)-f(z_0)}{\Delta z}=\frac{1}{2\pi \mathrm{i}}\oint_\gamma \frac{f(z)}{(z-z_0)^2}\mathrm{d}z.$$

即当 $n=1$ 时, 公式成立.

利用上述方法, 可求极限得

$$\lim_{\Delta z\to 0}\frac{f'(z_0+\Delta z)-f'(z_0)}{\Delta z}=f''(z_0)=\frac{2!}{2\pi i}\oint_\gamma\frac{f(z)}{(z-z_0)^3}dz.$$

进而可知, 一个解析函数的导数仍是解析函数.

依此类推, 即可证明结论. □

注 3.5 (1) $f'(z_0)$ 可由 Cauchy 积分公式在积分号下对 z_0 求导而得.

(2) 高阶导数公式的作用不在于通过积分来求导, 而在于通过求导来求积分.

例 3.10 求积分 $\oint_{|z|=\frac{3}{2}}\frac{\cos\pi z}{(z-1)^5}dz$ 的值.

解 由高阶导数公式知,

$$\oint_{|z|=\frac{3}{2}}\frac{\cos\pi z}{(z-1)^5}dz=\frac{2\pi i}{(5-1)!}(\cos\pi z)^{(4)}\Big|_{z=1}=-\frac{\pi^5 i}{12}.$$ □

例 3.11 函数 $f(z)$ 在 $|z-a|<R$ 内解析, 证明: 对任一 r $(0<r<R)$ 都有 $f'(a)=\frac{1}{\pi r}\int_0^{2\pi}\mathrm{Re}\left[f(a+re^{i\theta})\right]e^{-i\theta}d\theta$.

证明 根据高阶导数公式和 Cauchy-Goursat 定理, 我们有

$$f'(a)=\frac{1}{2\pi i}\oint_{|z-a|=r}\frac{f(z)}{(z-a)^2}dz,\quad \oint_{|z-a|=r}f(z)dz=0.$$

将圆周 $|z-a|=r$ 的参数方程 $z=a+re^{i\theta}(\theta\in[0,2\pi])$ 代入上面两个方程, 得

$$f'(a)=\frac{1}{2\pi i}\int_0^{2\pi}\frac{f(a+re^{i\theta})}{(re^{i\theta})^2}re^{i\theta}id\theta=\frac{1}{2\pi r}\int_0^{2\pi}f(a+re^{i\theta})e^{-i\theta}d\theta,$$

$$\int_0^{2\pi}f(a+re^{i\theta})e^{i\theta}d\theta=0.$$

对第二个等式两边取共轭, 有 $\int_0^{2\pi}\overline{f(a+re^{i\theta})}e^{-i\theta}d\theta=0$. 于是,

$$\begin{aligned}f'(a)&=\frac{1}{2\pi r}\int_0^{2\pi}f(a+re^{i\theta})e^{-i\theta}d\theta+\frac{1}{2\pi r}\int_0^{2\pi}\overline{f(a+re^{i\theta})}e^{-i\theta}d\theta\\&=\frac{1}{\pi r}\int_0^{2\pi}\frac{f(a+re^{i\theta})+\overline{f(a+re^{i\theta})}}{2}e^{-i\theta}d\theta\\&=\frac{1}{\pi r}\int_0^{2\pi}\mathrm{Re}\left[f(a+re^{i\theta})\right]e^{-i\theta}d\theta.\end{aligned}$$ □

例 3.12 设函数 $f(z)$ 在 $|z|<R$ 内解析, 且 $f(0)=1$, $f'(0)=2$, 其中 $R>1$. 计算 $\oint_{|z|=1}(z+1)^2\dfrac{f(z)}{z^2}\mathrm{d}z$, 并由此求出积分 $\int_0^{2\pi}\cos^2\dfrac{\theta}{2}f(\mathrm{e}^{\mathrm{i}\theta})\mathrm{d}\theta$ 的值.

解 由高阶导数公式知

$$\oint_{|z|=1}(z+1)^2\frac{f(z)}{z^2}\mathrm{d}z=2\pi\mathrm{i}[(z+1)^2f(z)]'\Big|_{z=0}=8\pi\mathrm{i}.$$

将圆周 $|z|=1$ 的参数方程 $z=\mathrm{e}^{\mathrm{i}\theta}(\theta\in[0,2\pi])$ 代入, 然后直接计算得

$$\begin{aligned}\oint_{|z|=1}(z+1)^2\frac{f(z)}{z^2}\mathrm{d}z&=\int_0^{2\pi}(\mathrm{e}^{\mathrm{i}\theta}+1)^2\frac{f(\mathrm{e}^{\mathrm{i}\theta})}{\mathrm{e}^{2\mathrm{i}\theta}}\mathrm{i}\mathrm{e}^{\mathrm{i}\theta}\mathrm{d}\theta\\&=\mathrm{i}\int_0^{2\pi}(2+\mathrm{e}^{\mathrm{i}\theta}+\mathrm{e}^{-\mathrm{i}\theta})f(\mathrm{e}^{\mathrm{i}\theta})\mathrm{d}\theta\\&=\mathrm{i}\int_0^{2\pi}(2+2\cos\theta)f(\mathrm{e}^{\mathrm{i}\theta})\mathrm{d}\theta\\&=4\mathrm{i}\int_0^{2\pi}\cos^2\frac{\theta}{2}f(\mathrm{e}^{\mathrm{i}\theta})\mathrm{d}\theta.\end{aligned}$$

所以, $\int_0^{2\pi}\cos^2\dfrac{\theta}{2}f(\mathrm{e}^{\mathrm{i}\theta})\mathrm{d}\theta=\dfrac{8\pi\mathrm{i}}{4\mathrm{i}}=2\pi.$ □

例 3.13 设 $f(z)=\oint_{|\xi|=3}\dfrac{3\xi^3+7\xi^2+1}{(\xi-z)^2}\mathrm{d}\xi$, 求 $f'(1+\mathrm{i})$ 的值.

解 因为 $|1+\mathrm{i}|<3$, 所以对满足 $|z|<3$ 的 z, 由高阶导数公式知

$$f(z)=2\pi\mathrm{i}\cdot\frac{\mathrm{d}}{\mathrm{d}\xi}(3\xi^3+7\xi^2+1)\Big|_{\xi=z}=2\pi\mathrm{i}(9z^2+14z).$$

进一步, 有 $f'(z)=2\pi\mathrm{i}(18z+14)$. 从而,

$$f'(1+\mathrm{i})=2\pi\mathrm{i}(18z+14)|_{z=1+\mathrm{i}}=4\pi(-9+16\mathrm{i}).$$ □

例 3.14 求下列积分的值: (1) $\oint_{|z|=3}\dfrac{\cos\pi z}{z^2+3z+2}\mathrm{d}z$; (2) $\oint_{|z+1|=5}\dfrac{\mathrm{e}^{3z}}{z^2(z+\mathrm{i})}\mathrm{d}z$.

解 (1) 因为函数 $f(z)=\dfrac{\cos\pi z}{z^2+3z+2}=\dfrac{\cos\pi z}{(z+1)(z+2)}$在整个复平面 $\mathbf{C}$ 内除了点 $z=-1$ 和 $z=-2$ 外都解析, 所以可以在圆周 $\gamma:|z|=3$ 内分别作互不相交互不包含的两个小圆周$\gamma_1:|z+1|=\dfrac{1}{8}$ 和 $\gamma_2:|z+2|=\dfrac{1}{16}$(如图 3.7(a)

所示). 于是, 分别利用复合闭路定理和 Cauchy 积分公式得

$$\begin{aligned}\oint_{|z|=3}\frac{\cos\pi z}{z^2+3z+2}\mathrm{d}z &= \oint_{|z+1|=\frac{1}{8}}\frac{\cos\pi z}{(z+1)(z+2)}\mathrm{d}z+\oint_{|z+2|=\frac{1}{16}}\frac{\cos\pi z}{(z+1)(z+2)}\mathrm{d}z\\ &=\oint_{|z+1|=\frac{1}{8}}\frac{\frac{\cos\pi z}{z+2}}{z+1}\mathrm{d}z+\oint_{|z+2|=\frac{1}{16}}\frac{\frac{\cos\pi z}{z+1}}{z+2}\mathrm{d}z\\ &=2\pi\mathrm{i}\frac{\cos\pi z}{z+2}\Big|_{z=-1}+2\pi\mathrm{i}\frac{\cos\pi z}{z+1}\Big|_{z=-2}=-4\pi\mathrm{i}.\end{aligned}$$

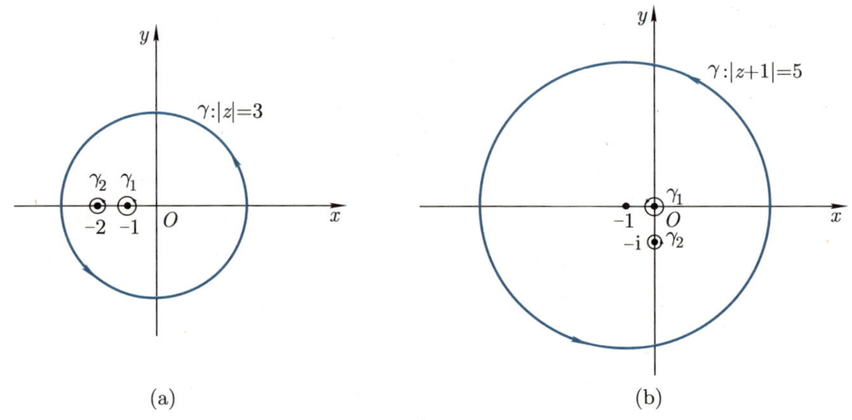

图 3.7　例 3.14 示意图

(2) 因为函数 $f(z)=\dfrac{\mathrm{e}^{3z}}{z^2(z+\mathrm{i})}$ 在整个复平面 $\mathbf{C}$ 内除了点 $z=0$ 和 $z=-\mathrm{i}$ 外都解析 (如图 3.7(b) 所示), 所以可以在圆周 $\gamma:|z+1|=5$ 内分别作互不相交互不包含的两个小圆周 $\gamma_1:|z|=\dfrac{1}{4}$ 和 $\gamma_2:|z+\mathrm{i}|=\dfrac{1}{6}$. 于是, 分别利用复合闭路定理、高阶导数公式和 Cauchy 积分公式得

$$\oint_{|z+1|=5}\frac{\mathrm{e}^{3z}}{z^2(z+\mathrm{i})}\mathrm{d}z=\oint_{|z|=\frac{1}{4}}\frac{\mathrm{e}^{3z}}{z^2(z+\mathrm{i})}\mathrm{d}z+\oint_{|z+\mathrm{i}|=\frac{1}{6}}\frac{\mathrm{e}^{3z}}{z^2(z+\mathrm{i})}\mathrm{d}z$$

$$\begin{aligned}&=\oint_{|z|=\frac{1}{4}}\frac{\frac{\mathrm{e}^{3z}}{z+\mathrm{i}}}{z^2}\mathrm{d}z+\oint_{|z+\mathrm{i}|=\frac{1}{6}}\frac{\frac{\mathrm{e}^{3z}}{z^2}}{z+\mathrm{i}}\mathrm{d}z=2\pi\mathrm{i}\left(\frac{\mathrm{e}^{3z}}{z+\mathrm{i}}\right)'\Big|_{z=0}+2\pi\mathrm{i}\frac{\mathrm{e}^{3z}}{z^2}\Big|_{z=-\mathrm{i}}\\ &=2\pi\mathrm{i}\cdot\frac{\mathrm{e}^{3z}3(z+\mathrm{i})-\mathrm{e}^{3z}\cdot 1}{(z+\mathrm{i})^2}\Big|_{z=0}+2\pi\mathrm{i}\frac{\mathrm{e}^{-3\mathrm{i}}}{(-\mathrm{i})^2}\\ &=2\pi\mathrm{i}\cdot(1-3\mathrm{i})-2\pi\mathrm{i}\mathrm{e}^{-3\mathrm{i}}=2\pi(3-\sin 3)+\mathrm{i}2\pi(1-\cos 3).\end{aligned}$$

□

§3.3 复积分的应用

本小节我们来看几个应用. 首先来介绍一个著名的不等式.

定理 3.11(Cauchy 不等式) 设复变函数 $f(z)$ 在圆周 $\gamma:|z-z_0|=R$ 内解析, 且在圆周 γ 上连续, 则

$$|f^{(n)}(z_0)| \leqslant \frac{n!}{R^n}M, \qquad n=1,2,\cdots, \tag{3.3.1}$$

其中 $M=\max\limits_{z\in\gamma}|f(z)|$.

证明 由解析函数 $f(z)$ 的高阶导数公式知

$$\begin{aligned}|f^{(n)}(z_0)| &= \left|\frac{n!}{2\pi\mathrm{i}}\oint_\gamma \frac{f(z)}{(z-z_0)^{n+1}}\mathrm{d}z\right| \leqslant \frac{n!}{2\pi}\oint_\gamma \frac{|f(z)|}{|z-z_0|^{n+1}}\mathrm{d}s \\ &\leqslant \frac{n!}{2\pi}\frac{M}{R^{n+1}}\cdot 2\pi R = \frac{n!}{R^n}M.\end{aligned}$$

□

3.3.1 代数学基本定理

为了证明代数学基本定理, 我们先给出著名的 Liouville 定理.

定理 3.12(Liouville 定理) 若复变函数 $f(z)$ 在整个复平面 $\mathbf{C}$ 上解析且有界, 则 $f(z)$ 必为常值函数.

证明 任取一点 $z_0\in\mathbf{C}$, 作圆周 $\gamma:|z-z_0|=R$. 因为 $f(z)$ 在 $\mathbf{C}$ 上有界, 所以存在一个 $M>0$, 使得对任意 $\xi\in\mathbf{C}$, 都有 $|f(\xi)|\leqslant M$ 成立. 由 Cauchy 不等式 (3.3.1) 知

$$|f'(z_0)| \leqslant \frac{M}{R}.$$

然后令 $R\to+\infty$ 取极限可得

$$f'(z_0)=0, \quad \forall\, z_0\in\mathbf{C}.$$

从而, $f(z)$ 为 $\mathbf{C}$ 上的常值函数. □

定理 3.13(**代数学基本定理**) 任意 n 次代数方程 $z^n+c_1z^{n-1}+\cdots+c_{n-1}z+c_n=0$ 在复数域内至少存在一个根, 其中 n 为正整数, $c_1,c_2,\cdots,c_n$ 都是复常数.

证明 (反证法) 设 $p(z)=z^n+c_1z^{n-1}+\cdots+c_{n-1}z+c_n$为任意一个次数大于零的多项式, 其中 n 为正整数. 若对任意的 $z\in\mathbf{C}$ 都有 $p(z)\neq 0$, 则 $\dfrac{1}{p(z)}$ 在整个复平面 $\mathbf{C}$ 内解析. 又因为当 z 趋向于 ∞ 时 $p(z)$ 也趋向于 ∞, 所以当 z 趋向于 ∞ 时

$$\begin{aligned}\left|\frac{1}{p(z)}\right|&=\left|\frac{1}{z^n(1+c_1z^{-1}+\cdots+c_{n-1}z^{1-n}+c_nz^{-n})}\right|\\&\leqslant\frac{1}{|z|^n(1-|c_1z^{-1}+\cdots+c_{n-1}z^{1-n}+c_nz^{-n}|)}\leqslant\frac{2}{|z|^n}\end{aligned}$$

必趋向于 0, 因此 $\dfrac{1}{p(z)}$ 在复平面 $\mathbf{C}$ 内有界. 再由 Liouville 定理知, 在复平面 $\mathbf{C}$ 上 $\dfrac{1}{p(z)}$ 必为常值函数. 这显然与“ $p(z)$ 是一个次数大于零的多项式”矛盾! 所以, 方程 $p(z)=0$ 必有一个根. 从而, 代数学基本定理成立. □

*3.3.2 最大模原理

下面我们来学习另一个重要的应用.

定理 3.14(**最大模原理**) 若一个非常数值的复变函数 $f(z)$ 在区域 D 内解析, 且在闭区域 $\overline{D}$ 上连续, 则 $|f(z)|$ 只能在边界 ∂D 上取得极大值.

证明 对正整数 $n\in\mathbf{N}_+$, 任意的 $z\in D$ 和复变函数 $f^n(z)$, 利用 Cauchy 积分公式可得

$$f^n(z)=\frac{1}{2\pi\mathrm{i}}\oint_\gamma\frac{f^n(\xi)}{\xi-z}\mathrm{d}\xi,$$

其中 γ 为 D 内围绕 z 的任意一条正向简单闭曲线, 且它的内部完全含于 D. 令 $M=\max\limits_{\xi\in\gamma}|f(\xi)|$, $d=\min\limits_{\xi\in\gamma}|\xi-z|=\mathrm{dist}(z,\gamma)$, L 为闭曲线 γ 的长度, 则

$$|f(z)|^n=|f^n(z)|=\left|\frac{1}{2\pi\mathrm{i}}\oint_\gamma\frac{f^n(\xi)}{\xi-z}\mathrm{d}\xi\right|\leqslant\frac{1}{2\pi}\oint_\gamma\frac{|f^n(\xi)|}{|\xi-z|}\mathrm{d}s\leqslant\frac{M^nL}{2\pi d}.$$

于是,

$$|f(z)| \leqslant M\left(\frac{L}{2\pi d}\right)^{\frac{1}{n}}.$$

最后, 令 $n \to +\infty$ 取极限可得

$$|f(z)| \leqslant M.$$

从而, 立即得到定理的结论. □

习题三

1. 设 γ 为自原点到 $1+\mathrm{i}$ 的直线段, 求积分 $\displaystyle\int_\gamma |z|\mathrm{d}z$ 的值.

2. 设 $\gamma: |z|=2$ 正向圆周, 求积分 $\displaystyle\oint_\gamma \frac{\bar{z}}{|z|}\mathrm{d}z$ 的值.

3. 求积分 $\displaystyle\int_\gamma f(z)\mathrm{d}z$ 的值, 其中函数 $f(z)=y^3-3x^2y-\mathrm{i}(3xy^2-x^3)$, 积分曲线 $\gamma: z=z(t)=t+\mathrm{i}t^2$ 是从原点到点 $1+\mathrm{i}$ 的一段.

4. 求积分 $\displaystyle\oint_{|z-\mathrm{i}|=\frac{3}{2}} \frac{\mathrm{e}^{\mathrm{i}z}}{z^2(z^2+1)}\mathrm{d}z$ 的值.

5. 设 $f(z)=\displaystyle\oint_{|\xi|=3} \frac{2\xi^3+9\xi^2+6\sqrt{5}}{(\xi-z)^2}\mathrm{d}\xi$, 求 $f'(1+\mathrm{i})$ 的值.

6. 设函数 $g(z)=\displaystyle\oint_{|\xi|=3} \frac{\xi^3+3\xi}{3(\xi-z)^2}\mathrm{d}\xi$, 求 $g'(1-\mathrm{i})$ 的值.

7. 设 $f(z)=\displaystyle\oint_{|\xi|=2} \frac{\mathrm{e}^\xi}{\xi-z}\mathrm{d}\xi$, 求积分 $\displaystyle\int_0^{\mathrm{i}} f(z)\mathrm{d}z$ 的值.

8. 求积分 $\displaystyle\oint_{|z|=2} \frac{\mathrm{e}^z}{(z-1)^2(z-3)}\mathrm{d}z$ 的值.

9. 求积分 $\displaystyle\oint_{|z-3|=2} \frac{1}{(z-2)^2z^3}\mathrm{d}z$ 的值.

10. 求积分 $\displaystyle\oint_{|z|=2} \frac{\mathrm{e}^z}{(z-1)^4}\mathrm{d}z$ 的值.

11. 计算积分 $I=\displaystyle\oint_\gamma \frac{1}{z^3(z+1)(z-2)}\mathrm{d}z$, 其中 γ 是正向圆周 $|z|=r$ $(r\neq 1,2)$.

12. 设复变函数 $f(z)$ 在 $|z|<1$ 内解析, 在 $|z|\leqslant 1$ 上连续, 且 $M=\max\limits_{|z|=1}|f(z)|$, 证明: 对任意的满足 $|z|\leqslant 1$ 的 z, 都有 $|f(z)|\leqslant M$.

13. 设函数 $f(z)$ 为整个复平面上的有界解析函数, 证明:

(1) $\lim\limits_{R\to+\infty}\oint_{|z|=R}\dfrac{f(z)}{z(z-a)}\mathrm{d}z=0$, 其中 a 为任意复数; (2) $f(z)$ 为常值函数.

第四章　级　　数

本章我们将学习复级数的相关知识. 首先, 我们讲述复数项级数和复变函数项级数的基本概念和性质; 其次, 学习关于幂级数的一个重要定理—— Abel 定理; 再次, 研究解析函数与幂级数的关系; 最后学习圆环上的 Laurent 级数及其应用.

§4.1　无穷级数

定义 4.1　设 $\{\alpha_n\}_{n=1}^{\infty}$ 为任意一个复数列, 表达式

$$\sum_{n=1}^{\infty}\alpha_n=\alpha_1+\alpha_2+\cdots+\alpha_n+\cdots$$

称为**无穷级数** (infinite series), 简称**级数** (series). 级数的前 n 项之和

$$S_n=\alpha_1+\alpha_2+\cdots+\alpha_n$$

称为级数 $\sum\limits_{n=1}^{\infty}\alpha_n$ 的**部分和** (partial sum). 若部分和数列 $\{S_n\}_{n=1}^{\infty}$ 收敛, 则称级数 $\sum\limits_{n=1}^{\infty}\alpha_n$ **收敛** (converge), 且极限 $S=\lim\limits_{n\to\infty}S_n$ 称为级数 $\sum\limits_{n=1}^{\infty}\alpha_n$ 的**和** (sum). 否则, 称级数 $\sum\limits_{n=1}^{\infty}\alpha_n$ **发散** (diverge).

由定理 2.1 可知:

定理 4.1　级数 $\sum\limits_{n=1}^{\infty}\alpha_n$ 收敛的充要条件是实级数 $\sum\limits_{n=1}^{\infty}a_n$ 和 $\sum\limits_{n=1}^{\infty}b_n$ 都收敛, 其中 $\alpha_n=a_n+\mathrm{i}b_n$, $\alpha=a+\mathrm{i}b$. 也等价于 **Cauchy 收敛准则**成立, 即对

任意给定的 $\varepsilon > 0$, 存在正整数 $N = N(\varepsilon) > 0$, 使得当 $n > N$ 和任意的整数 $m \geqslant 0$ 时, 都有

$$|\alpha_n + \alpha_{n+1} + \cdots + \alpha_{n+m}| < \varepsilon.$$

证明留给读者练习.

定理 4.2(**级数收敛的必要条件**) 若复数项级数 $\sum_{n=1}^{\infty} \alpha_n$ 收敛, 则 $\lim_{n\to\infty} \alpha_n = 0$.

证明 记部分和 $S_n = \sum_{k=1}^{n} \alpha_k$ 和 $\sum_{n=1}^{\infty} \alpha_n = \lim_{n\to\infty} S_n = S$, 则

$$\lim_{n\to\infty} \alpha_n = \lim_{n\to\infty} (S_n - S_{n-1}) = \lim_{n\to\infty} S_n - \lim_{n\to\infty} S_{n-1} = S - S = 0. \qquad \square$$

推论 4.1(**收敛级数通项的有界性**) 若复数项级数 $\sum_{n=1}^{\infty} \alpha_n$ 收敛, 则存在一个 $M > 0$, 使得对任意的 $n \in \mathbf{N}_+$, 都有 $|\alpha_n| \leqslant M$ 成立.

定理 4.3 若复数项级数 $\sum_{n=1}^{\infty} \alpha_n$ 和 $\sum_{n=1}^{\infty} \beta_n$ 都收敛, 且 $\sum_{n=1}^{\infty} \alpha_n = \alpha$, $\sum_{n=1}^{\infty} \beta_n = \beta$, 则对任意的复数 $\xi, \eta \in \mathbf{C}$, 复数项级数 $\sum_{n=1}^{\infty} (\xi\alpha_n + \eta\beta_n)$ 也收敛, 且

$$\sum_{n=1}^{\infty} (\xi\alpha_n + \eta\beta_n) = \xi\alpha + \eta\beta.$$

证明比较简单, 留给读者自己练习.

定理 4.4 若 $\sum_{n=1}^{\infty} |\alpha_n|$ 收敛, 则 $\sum_{n=1}^{\infty} \alpha_n$ 收敛且 $\left|\sum_{n=1}^{\infty} \alpha_n\right| \leqslant \sum_{n=1}^{\infty} |\alpha_n|$.

证明 记 $\alpha_n = a_n + \mathrm{i}b_n$. 因为 $|\alpha_n| = \sqrt{a_n^2 + b_n^2}$, $|a_n| \leqslant |\alpha_n|$, $|b_n| \leqslant |\alpha_n|$, 且级数 $\sum_{n=1}^{\infty} |\alpha_n|$ 收敛, 所以 $\sum_{n=1}^{\infty} |a_n|$ 和 $\sum_{n=1}^{\infty} |b_n|$ 都收敛. 利用实级数的绝对收敛性质知, $\sum_{n=1}^{\infty} a_n$ 和 $\sum_{n=1}^{\infty} b_n$ 都收敛, 从而 $\sum_{n=1}^{\infty} \alpha_n$ 收敛.

显然, 对任意的 $N \in \mathbf{N}$, 都有 $\left|\sum_{n=1}^{N} \alpha_n\right| \leqslant \sum_{n=1}^{N} |\alpha_n|$ 成立, 所以令 $N \to +\infty$, 则有 $\left|\sum_{n=1}^{\infty} \alpha_n\right| \leqslant \sum_{n=1}^{\infty} |\alpha_n|$ 成立. □

定义 4.2 若级数 $\sum_{n=1}^{\infty} |\alpha_n|$ 收敛, 则称级数 $\sum_{n=1}^{\infty} \alpha_n$ **绝对收敛** (absolute convergence). 若 $\sum_{n=1}^{\infty} |\alpha_n|$ 发散, 而 $\sum_{n=1}^{\infty} \alpha_n$ 收敛, 则称 $\sum_{n=1}^{\infty} \alpha_n$ **条件收敛** (conditional convergence).

定理 4.5 级数 $\sum_{n=1}^{\infty} \alpha_n$ 绝对收敛的充要条件是 $\sum_{n=1}^{\infty} a_n$ 和 $\sum_{n=1}^{\infty} b_n$ 都绝对收敛, 其中 $\alpha_n = a_n + \mathrm{i}b_n$.

证明比较简单, 留给读者自己练习.

注 4.1 级数 $\sum_{n=1}^{\infty} |\alpha_n|$ 的敛散性通常用正项级数的判定法来确定, 参见高等数学或数学分析教材.

定理 4.6 若正项级数 $\sum_{n=1}^{\infty} c_n$ 收敛, 且对任意的 $n \in \mathbf{N}$ 都有 $|\alpha_n| \leqslant c_n$ 成立, 则级数 $\sum_{n=1}^{\infty} \alpha_n$ 绝对收敛.

证明比较简单, 留给读者自己练习.

定理 4.7 绝对收敛的级数 $\sum_{n=1}^{\infty} \alpha_n$ 不因改变项的位置而改变它的和.

证明留给读者自己练习.

例 4.1 讨论下列级数的敛散性和绝对收敛性:

(1) $\sum_{n=1}^{\infty} \left(\frac{1}{n^2} + \frac{\mathrm{i}}{n}\right)$; (2) $\sum_{n=1}^{\infty} \left[\frac{(-1)^n}{n} + \frac{\mathrm{i}}{2^n}\right]$; (3) $\sum_{n=1}^{\infty} \frac{(3+4\mathrm{i})^n}{n!}$.

解 (1) 因为 $\sum_{n=1}^{\infty} \frac{1}{n^2}$ 收敛, 而 $\sum_{n=1}^{\infty} \frac{1}{n}$ 发散, 所以 $\sum_{n=1}^{\infty} \left(\frac{1}{n^2} + \frac{\mathrm{i}}{n}\right)$ 发散.

(2) 因为 $\sum_{n=1}^{\infty}\frac{(-1)^n}{n}$ 条件收敛, 而 $\sum_{n=1}^{\infty}\frac{1}{2^n}$ 绝对收敛, 所以 $\sum_{n=1}^{\infty}\left[\frac{(-1)^n}{n}+\frac{\mathrm{i}}{2^n}\right]$ 条件收敛.

(3) 因为 $\left|\frac{(3+4\mathrm{i})^n}{n!}\right|=\frac{5^n}{n!}$, 而 $\sum_{n=1}^{\infty}\frac{5^n}{n!}=\mathrm{e}^5-1$, $\sum_{n=1}^{\infty}\frac{(3+4\mathrm{i})^n}{n!}$ 绝对收敛. □

§4.2　幂级数和 Taylor 级数

定义 4.3　设 $\{f_n(z)\}_{n=1}^{\infty}$ 为任意一个复变函数列, 其中 $f_n(z)$ $(n=1,2,\cdots)$ 在共同区域 D 内有定义, 表达式

$$\sum_{n=1}^{\infty}f_n(z)=f_1(z)+f_2(z)+\cdots+f_n(z)+\cdots$$

称为**复变函数项级数**, 记为 $\sum_{n=1}^{\infty}f_n(z)$. 其前 n 项和

$$S_n(z)=f_1(z)+f_2(z)+\cdots+f_n(z)$$

称为级数 $\sum_{n=1}^{\infty}f_n(z)$ 的**部分和**. 若对某个点 $z_0\in D$ 有 $\lim_{n\to\infty}S_n(z_0)=S(z_0)$, 则称级数 $\sum_{n=1}^{\infty}f_n(z)$ **在点 z_0 收敛**, 而且 $S(z_0)$ 称为它的和, 记为 $\sum_{n=1}^{\infty}f_n(z_0)=S(z_0)$.

若级数 $\sum_{n=1}^{\infty}f_n(z)$ 在 D 内处处收敛, 则它的和一定是 z 的一个函数

$$S(z)=f_1(z)+f_2(z)+\cdots+f_n(z)+\cdots=\sum_{n=1}^{\infty}f_n(z),$$

称 $S(z)$ 为级数 $\sum_{n=1}^{\infty}f_n(z)$ 的**和函数**.

$\sum_{n=1}^{\infty}f_n(z)=S(z)$ 意味着, 对任意给定的 $z\in D$ 和 $\varepsilon>0$, 存在一个正整

数 $N = N(\varepsilon)$, 使得当 $n \geqslant N$ 时, 都有 $|S_n(z) - S(z)| < \varepsilon$ 成立, 此时称级数 $\sum\limits_{n=1}^{\infty} f_n(z)$ 在 D 上 **一致收敛** (uniformly converge) 于 $S(z)$.

若对任意的 $z \in D$, 级数 $\sum\limits_{n=1}^{\infty} |f_n(z)|$ 收敛, 则称级数 $\sum\limits_{n=1}^{\infty} f_n(z)$ 在 D 上**绝对收敛**.

例如, 实变函数 $f_n(x) = x^n$ 在 $[0,1)$ 上每点都收敛于 0, 但在 $[0,1)$上不是一致收敛于 0. 再如, 级数 $\sum\limits_{n=0}^{\infty} z^n$ 在开圆盘 $|z| < 1$ 内每点都收敛于 $\dfrac{1}{1-z}$, 但是在开圆盘 $|z| < 1$ 内不是一致收敛于 $\dfrac{1}{1-z}$, 而在闭子圆盘 $|z| \leqslant r$ 上一致收敛于 $\dfrac{1}{1-z}$, 其中 $0 < r < 1$. 又如, 函数 $F_n(z) = \dfrac{nz}{n+1} + \dfrac{1}{n^2}$ 在任意的闭圆盘 $|z| \leqslant R$ 上一致收敛于 $F(z) = z$.

定理 4.8 区域 D 上的连续函数列 $\{f_n(z)\}_{n=1}^{\infty}$ 的一致收敛的极限函数 $f(z)$ 仍是连续函数.

证明 因为 $\{f_n(z)\}_{n=1}^{\infty}$ 在 D 上一致收敛于函数 $f(z)$, 所以对任意给定的 $\varepsilon > 0$, 存在一个正整数 N, 使得当 $n \geqslant N$ 时, 对任意 $z \in D$, 有

$$|f_n(z) - f(z)| < \frac{\varepsilon}{3}$$

成立. 对任意的点 $z_0 \in D$, 再由 $f_n(z)$ 在 D 上的连续性知, 对上述给定的 $\varepsilon > 0$ 和充分大的 n, 存在一个 $\delta > 0$, 使得当 $|z - z_0| < \delta$ 时, 都有

$$|f_n(z) - f_n(z_0)| < \frac{\varepsilon}{3}$$

成立. 于是,

$$\begin{aligned} |f(z) - f(z_0)| &\leqslant |f(z) - f_n(z)| + |f_n(z) - f_n(z_0)| + |f_n(z_0) - f(z_0)| \\ &< \frac{\varepsilon}{3} + \frac{\varepsilon}{3} + \frac{\varepsilon}{3} = \varepsilon \end{aligned}$$

成立, 即 $f(z)$ 在点 z_0 处连续. 再由点 $z_0 \in D$ 的任意性可知, 函数 $f(z)$ 在 D 上连续函数. □

定理 4.9(**Weierstrass 的 M 判别法**) 对区域 D 上的级数 $\sum_{n=1}^{\infty} f_n(z)$, 设存在正整数 N, 使得 $n > N$ 时, 对任意 $z \in D$ 有

$$|f_n(z)| \leqslant M a_n,$$

其中常数 $M > 0$. 若正项级数 $\sum_{n=1}^{\infty} a_n$ 收敛, 则 $\sum_{n=1}^{\infty} f_n(z)$ 在 D 上一致 (绝对) 收敛.

证明留给有兴趣的读者自己证明.

特别地, 级数

$$\sum_{n=0}^{\infty} c_n(z-z_0)^n = c_0 + c_1(z-z_0) + \cdots + c_n(z-z_0)^n + \cdots$$

称为**幂级数** (power series).

经过平移, 一般的幂级数都可转化为 $\sum_{n=0}^{\infty} c_n z^n$.

定理 4.10(**Abel 定理**) 对任意的幂级数 $\sum_{n=0}^{\infty} c_n z^n$, 存在一个数 $R \in [0, +\infty]$, 满足

(1) 当 $|z| < R$ 时, 级数 $\sum_{n=0}^{\infty} c_n z^n$ 绝对收敛; 且当 $0 \leqslant \rho < R$ 时, 级数在 $\{z : |z| < \rho\}$ 上一致收敛.

(2) 当 $|z| > R$ 时, 级数发散. (满足条件 (1) 和 (2) 的数 R 称为幂级数的**收敛半径**.)

(3) 在 $|z| < R$ 内级数 $\sum_{n=0}^{\infty} c_n z^n$ 的和函数 $f(z)$ 是解析函数, 其导数可通过逐项微分 (求导) 得到, 且 $\sum_{n=1}^{\infty} c_n n z^{n-1}$ 和 $\sum_{n=0}^{\infty} c_n z^n$ 有相同的收敛半径.

* 证明 只要取

$$\frac{1}{R} = \limsup_{n\to\infty} \sqrt[n]{|c_n|}. \qquad (\text{称为 } \textbf{Hadamard 公式})$$

(1) 当 $|z|<R$ 时, 取 ρ 使 $|z|<\rho<R$, 则 $\dfrac{1}{\rho}>\dfrac{1}{R}$. 从而由 Hadamard 公式知, 存在正整数 N_0, 使得当 $n>N_0$ 时有 $\sqrt[n]{|c_n|}<\dfrac{1}{\rho}$. 此时, 有 $|c_nz^n|<\left(\dfrac{|z|}{\rho}\right)^n$. 因为 $\displaystyle\sum_{n=1}^{\infty}\left(\frac{|z|}{\rho}\right)^n$ 收敛, 所以由 M 判别法知 $\displaystyle\sum_{n=0}^{\infty}c_nz^n$ 绝对收敛.

另取 $\rho'\in(\rho,R)$, 则存在正整数 N, 当 $n>N$ 时, 有 $|c_nz^n|<\left(\dfrac{\rho}{\rho'}\right)^n$. 因为 $\displaystyle\sum_{n=1}^{\infty}\left(\frac{\rho}{\rho'}\right)^n$ 收敛, 所以 $\displaystyle\sum_{n=0}^{\infty}c_nz^n$ 一致收敛.

(2) 当 $|z|>R$ 时, 取 $\rho\in(R,|z|)$. 因为 $\dfrac{1}{\rho}<\dfrac{1}{R}$, 所以由 Hadamard 公式知, 存在正整数 N_0, 使得当 $n>N_0$ 时, 有 $\sqrt[n]{|c_n|}>\dfrac{1}{\rho}$. 此时, 有 $|c_nz^n|>\left(\dfrac{|z|}{\rho}\right)^n$. 因为级数 $\displaystyle\sum_{n=1}^{\infty}\left(\frac{|z|}{\rho}\right)^n$ 发散, 所以级数 $\displaystyle\sum_{n=1}^{\infty}c_nz^n$ 发散.

(3) 因为 $\displaystyle\lim_{n\to\infty}\sqrt[n]{n}=1$, 所以级数 $\displaystyle\sum_{n=1}^{\infty}c_nz^n$ 和它的导数 $\displaystyle\sum_{n=1}^{\infty}c_nnz^{n-1}$ 有相同的收敛半径. 当 $|z|<R$ 时, 记

$$f(z)=\sum_{n=0}^{\infty}c_nz^n=S_n(z)+R_n(z),$$

其中 $R_n(z)=\displaystyle\sum_{k=n}^{\infty}c_kz^k$, $S_n(z)=c_0+c_1z+\cdots+c_{n-1}z^{n-1}$,

$$g(z)=\sum_{k=1}^{\infty}kc_kz^{k-1}=\lim_{n\to\infty}S_n'(z).$$

下证 $f'(z)=g(z)$.

事实上, 因为

$$\frac{f(z)-f(z_0)}{z-z_0}-g(z_0)=\left[\frac{S_n(z)-S_n(z_0)}{z-z_0}-S_n'(z_0)\right]+[S_n'(z_0)-g(z_0)]+\frac{R_n(z)-R_n(z_0)}{z-z_0},$$

其中 $|z|,|z_0|<\rho<R, z\neq z_0$. 而

$$\frac{R_n(z)-R_n(z_0)}{z-z_0}=\sum_{k=n}^{\infty}c_k(z^{k-1}+z^{k-2}z_0+\cdots+zz_0^{k-2}+z_0^{k-1}),$$

于是, 对某 N_0, 当 $n\geqslant N_0$ 时有

$$\left|\frac{R_n(z)-R_n(z_0)}{z-z_0}\right|\leqslant\sum_{k=n}^{\infty}k|c_k|\rho^{k-1}<\frac{\varepsilon}{3}.$$

另外, 由 $\lim\limits_{n\to\infty}S_n'(z)=g(z)$ 可知, 存在正整数 N_1, 使得当 $n\geqslant N_1$ 时, 有 $|S_n'(z_0)-g(z_0)|<\dfrac{\varepsilon}{3}$. 取固定的 $n\geqslant\max\{N_0,N_1\}$, 由 $\lim\limits_{z\to z_0}\dfrac{S_n(z)-S_n(z_0)}{z-z_0}=S_n'(z_0)$ 知, 存在 $\delta>0$, 使得当 $0<|z-z_0|<\delta$ 时, 都有

$$\left|\frac{S_n(z)-S_n(z_0)}{z-z_0}-S_n'(z_0)\right|<\frac{\varepsilon}{3}.$$

所以, 当 $0<|z-z_0|<\delta$ 时, $\left|\dfrac{f(z)-f(z_0)}{z-z_0}-g(z_0)\right|<\varepsilon$. □

* **注 4.2** (1) Abel 定理证明中实数列 $\{a_n\}_{n=1}^{\infty}$ 的上 (下) 极限的定义为

$$\limsup_{n\to\infty}a_n\overset{\text{def}}{=\!=}\inf_{n\geqslant1}(\sup_{k\geqslant n}a_k),\qquad \liminf_{n\to\infty}a_n\overset{\text{def}}{=\!=}\sup_{n\geqslant1}(\inf_{k\geqslant n}a_k).$$

(2) $|z|=R$ 称为**收敛圆** (the circle of convergence), 幂级数 $\sum\limits_{n=0}^{\infty}c_nz^n$ 在其上的收敛性不定, 需要另作具体分析.

由 Abel 定理的证明可以得到如下常用的求收敛半径的方法, 证明略.

推论 4.2(收敛半径的求法)

(1) (**比值法**) 若 $\lim\limits_{n\to\infty}\left|\dfrac{c_{n+1}}{c_n}\right|=\lambda\neq0$, 则收敛半径 $R=\dfrac{1}{\lambda}=\lim\limits_{n\to\infty}\dfrac{|c_n|}{|c_{n+1}|}$.

(2) (**根式法**) 若 $\lim\limits_{n\to\infty}\sqrt[n]{|c_n|}=\lambda\neq0$, 则收敛半径 $R=\dfrac{1}{\lambda}=\dfrac{1}{\lim\limits_{n\to\infty}\sqrt[n]{|c_n|}}$.

注 4.3 (1) 当 $\lambda=0$ 时, 对任意的 z, 若级数 $\sum\limits_{n=0}^{\infty}|c_n||z|^n$ 收敛, 则 $\sum\limits_{n=0}^{\infty}c_nz^n$ 收敛, 且收敛半径为 $R=+\infty$.

(2) 当 $\lambda=+\infty$ 时, 若级数 $\sum\limits_{n=0}^{\infty}|c_n||z|^n(z\neq0)$ 不收敛, 则 $\sum\limits_{n=0}^{\infty}c_nz^n$ 也不能收敛, 即收敛半径为 $R=0$.

例 4.2 求幂级数 $\sum_{n=0}^{\infty}\frac{(3-\mathrm{i})^n}{n^2}(z+1)^n$ 的收敛半径 R.

解 利用比值法知

$$R=\lim_{n\to\infty}\frac{|c_n|}{|c_{n+1}|}=\lim_{n\to\infty}\frac{\left|\frac{(3-\mathrm{i})^n}{n^2}\right|}{\left|\frac{(3-\mathrm{i})^{n+1}}{(n+1)^2}\right|}=\frac{1}{|3-\mathrm{i}|}=\frac{1}{\sqrt{10}}.$$ □

例 4.3 求幂级数 $\sum_{n=0}^{\infty}nz^n$ 的收敛半径.

解 由 Hadamard 公式知,

$$R=\frac{1}{\limsup_{n\to\infty}\sqrt[n]{|c_n|}}=\frac{1}{\lim_{n\to\infty}\sqrt[n]{n}}=1.$$ □

例 4.4 求幂级数 $\sum_{n=0}^{\infty}n^nz^n$ 的收敛半径.

解 由 Hadamard 公式知,

$$R=\frac{1}{\limsup_{n\to\infty}\sqrt[n]{|c_n|}}=\frac{1}{\lim_{n\to\infty}n}=0.$$ □

* **例 4.5** 求幂级数 $\sum_{n=0}^{\infty}\frac{1}{n!}z^n$ 的收敛半径.

解 由著名的 Stirling 公式[①]知$0\leqslant\sqrt[n]{\frac{1}{n!}}\leqslant\frac{\mathrm{e}}{n}$, 所以 $\lim_{n\to\infty}\sqrt[n]{\frac{1}{n!}}=0$. 因此, 由用 Hadamard 公式知

$$R=\frac{1}{\limsup_{n\to\infty}\sqrt[n]{|c_n|}}=+\infty.$$ □

* **例 4.6** 求幂级数 $\sum_{n=0}^{\infty}[(-1)^n+2]^nz^n$ 的收敛半径.

① 这里的 Stirling 公式指的是 $\lim_{n\to+\infty}\frac{n!}{\sqrt{2\pi n}\left(\frac{n}{\mathrm{e}}\right)^n}=1$.

解 由 Hadamard 公式知

$$R=\frac{1}{\limsup\limits_{n\to\infty}\sqrt[n]{|c_n|}}=\frac{1}{\limsup\limits_{n\to\infty}|(-1)^n+2|}=\frac{1}{3}.$$ □

例 4.7 讨论幂级数 $\sum\limits_{n=0}^{\infty}z^n$ 的收敛范围, 并求出收敛时幂级数的和函数 $f(z)$.

解 因为幂级数 $\sum\limits_{n=0}^{\infty}z^n$ 的部分和

$$S_n=\sum_{k=0}^{n-1}z^k=1+z+z^2+\cdots+z^{n-1}=\frac{1-z^n}{1-z},\quad z\neq 1,$$

且有

$$\lim_{n\to\infty}z^n=\begin{cases}0, & |z|<1,\\ \infty, & |z|>1,\\ 1, & z=1,\\ \text{不存在}, & |z|=1, z\neq 1,\end{cases}$$

所以, 当 $|z|<1$ 时有 $\lim\limits_{n\to\infty}S_n=\lim\limits_{n\to\infty}\dfrac{1-z^n}{1-z}=\dfrac{1}{1-z}$. 此时幂级数 $\sum\limits_{n=0}^{\infty}z^n$ 收敛且和函数 $f(z)=\dfrac{1}{1-z}$. 而当 $|z|\geqslant 1$ 时有 $\lim\limits_{n\to\infty}z^n\neq 0$, 此时幂级数 $\sum\limits_{n=0}^{\infty}z^n$ 发散. 因此, 幂级数 $\sum\limits_{n=0}^{\infty}z^n$ 的收敛范围是 $|z|<1$. □

由 Abel 定理不难推得, 在 $|z|<R$ 内幂级数 $\sum\limits_{n=0}^{\infty}c_nz^n$ 的和函数 $f(z)$ 有任意阶导数, 即

$$\begin{aligned}
&f(z)=c_0+c_1z+c_2z^2+\cdots+c_nz^n+\cdots\\
&f'(z)=c_1+2c_2z+3c_3z^2+\cdots+nc_nz^{n-1}+\cdots\\
&f''(z)=2c_2+3\cdot 2c_3z+\cdots+n(n-1)c_nz^{n-2}+\cdots\\
&\qquad\cdots\cdots\cdots\cdots
\end{aligned}$$

令 $z=0$, 我们可得

$$c_k=\frac{f^{(k)}(0)}{k!}\quad(k=0,1,2,\cdots).$$

进一步, 我们有

$$f(z)=f(0)+f'(0)z+\frac{f''(0)}{2!}z^2+\cdots+\frac{f^{(n)}(0)}{n!}z^n+\cdots,$$

即 **Maclaurin 级数**.

定理 4.11(**Taylor 展开定理**) 设 $f(z)$ 在区域 D 内解析, 点 $z_0\in D$, $d=\operatorname{dist}(z_0,\partial D)$, 则当 $|z-z_0|<d$ 时, 有

$$f(z)=\sum_{n=0}^{\infty}c_n(z-z_0)^n,$$

其中 $c_n=\dfrac{1}{n!}f^{(n)}(z_0)$, $n=0,1,2,\cdots$. 该级数称为 **Taylor 级数**,

证明 如图 4.1 所示, 作以 z_0 为中心的任何一个圆周 $\gamma:|\xi-z_0|=r<d$, 使得它的内部完全含于 D, 则对 γ 内任意的一点 z, 由 Cauchy 积分公式有

$$f(z)=\frac{1}{2\pi\mathrm{i}}\oint_{\gamma}\frac{f(\xi)}{\xi-z}\mathrm{d}\xi,\quad\left|\frac{z-z_0}{\xi-z_0}\right|<1.$$

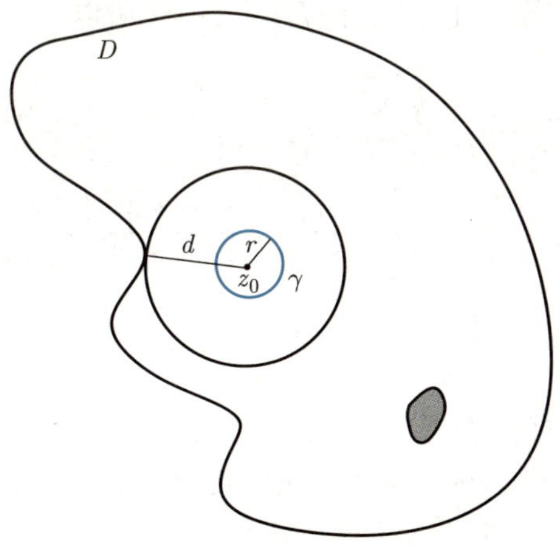

图 4.1 Taylor 展开定理

又因为

$$\frac{1}{\xi-z}=\frac{1}{(\xi-z_0)-(z-z_0)}=\frac{1}{\xi-z_0}\frac{1}{1-\dfrac{z-z_0}{\xi-z_0}}=\sum_{n=0}^{\infty}\frac{(z-z_0)^n}{(\xi-z_0)^{n+1}},$$

所以, 由高阶导数公式知

$$\begin{aligned}f(z)&=\frac{1}{2\pi \mathrm{i}}\oint_{\gamma}\frac{f(\xi)}{\xi-z}\mathrm{d}\xi\\&=\sum_{n=0}^{N-1}\left[\frac{1}{2\pi \mathrm{i}}\oint_{\gamma}\frac{f(\xi)}{(\xi-z_0)^{n+1}}\mathrm{d}\xi\right](z-z_0)^n+\frac{1}{2\pi \mathrm{i}}\oint_{\gamma}\left[\sum_{n=N}^{\infty}\frac{f(\xi)}{(\xi-z_0)^{n+1}}(z-z_0)^n\right]\mathrm{d}\xi\\&=\sum_{n=0}^{N-1}\frac{f^{(n)}(z_0)}{n!}(z-z_0)^n+R_N(z),\end{aligned}$$

其中

$$R_N(z)=\frac{1}{2\pi \mathrm{i}}\oint_{\gamma}\left[\sum_{n=N}^{\infty}\frac{f(\xi)}{(\xi-z_0)^{n+1}}(z-z_0)^n\right]\mathrm{d}\xi.$$

下证在 γ 内,

$$\lim_{N\to\infty}R_N(z)=0.$$

事实上, 令 $\left|\dfrac{z-z_0}{\xi-z_0}\right|=\dfrac{|z-z_0|}{r}=q\in[0,1)$, 由 $f(z)$ 在 γ 上连续知, $f(z)$ 在 γ 上有界, 即存在 $M>0$, 在 γ 上有 $|f(z)|\leqslant M$. 所以,

$$\begin{aligned}|R_N(z)|&=\left|\frac{1}{2\pi \mathrm{i}}\oint_{\gamma}\sum_{n=N}^{\infty}\frac{f(\xi)}{(\xi-z_0)^{n+1}}(z-z_0)^n\mathrm{d}\xi\right|\\&\leqslant\frac{1}{2\pi}\oint_{\gamma}\sum_{n=N}^{\infty}\frac{|f(\xi)|}{|\xi-z_0|}\frac{|z-z_0|^n}{|\xi-z_0|^n}\mathrm{d}s\leqslant\frac{1}{2\pi}\sum_{n=N}^{\infty}\frac{M}{r}q^n\cdot 2\pi r\\&=\frac{Mq^N}{1-q}\to 0\quad(N\to\infty).\end{aligned}$$

□

注 4.4 (1) 若 $f(z)$ 在点 $z_0\in D$ 处解析, η 是 $f(z)$ 的距 z_0 最近的一个奇点, 则使 $f(z)$ 在 z_0 的 Taylor 展开式成立的圆域的半径 R 就等于从 z_0 到 η 之间的距离, 即

$$R=|z_0-\eta|.$$

事实上, 因为 $f(z)$ 在 D 内解析, 所以奇点 η 不可能在收敛圆内, 并且它也不可能在收敛圆外 (否则收敛半径 R 可扩大), 因此奇点 η 只能在收敛圆周上.

(2) 任一解析函数的 Taylor 展开式是唯一的.

因此, 综合 Abel 定理和 Taylor 展开定理可知, $f(z)$ **在** z_0**处解析的充要条件是** $f(z)$ **在** z_0 **的邻域内可展开成幂级数** $f(z)=\sum\limits_{n=0}^{\infty}c_n(z-z_0)^n$.

那么如何求一个解析函数的 Taylor 级数呢?

直接法: 直接算出各阶导数后, 利用 Taylor 展开式可得. 例如, e^z, $\sin z$, $\cos z$ 等.

例 4.8 讨论指数函数 $f(z)=\mathrm{e}^z$ 在 $z=0$ 处的 Taylor 展开式.

解 因为

$$(\mathrm{e}^z)^{(n)}=\mathrm{e}^z(n=1,2,\cdots),\quad \mathrm{e}^0=1,$$

所以

$$c_n=\frac{f^{(n)}(0)}{n!}=\frac{1}{n!}.$$

从而, 指数函数 $f(z)=\mathrm{e}^z$ 在 $z=0$ 处的 Taylor 展开式为

$$\mathrm{e}^z=\sum_{n=0}^{\infty}\frac{z^n}{n!}=1+z+\frac{z^2}{2!}+\cdots+\frac{z^n}{n!}+\cdots. \qquad \square$$

类似地, 我们可以得到

$$\sin z=\sum_{n=0}^{\infty}(-1)^n\frac{z^{2n+1}}{(2n+1)!}=z-\frac{z^3}{3!}+\cdots+(-1)^n\frac{z^{2n+1}}{(2n+1)!}+\cdots,\ z_0=0.$$

$$\cos z=\sum_{n=0}^{\infty}(-1)^n\frac{z^{2n}}{(2n)!}=1-\frac{z^2}{2!}+\cdots+(-1)^n\frac{z^{2n}}{(2n)!}+\cdots,\ z_0=0.$$

$$\sinh z=\sum_{n=0}^{\infty}\frac{z^{2n+1}}{(2n+1)!}=z+\frac{z^3}{3!}+\cdots+\frac{z^{2n+1}}{(2n+1)!}+\cdots,\quad z_0=0.$$

$$\cosh z = \sum_{n=0}^{\infty} \frac{z^{2n}}{(2n)!} = 1 + \frac{z^2}{2!} + \cdots + \frac{z^{2n}}{(2n)!} + \cdots, \qquad z_0 = 0.$$

$$\frac{1}{1-z} = \sum_{n=0}^{\infty} \frac{(z-\mathrm{i})^n}{(1-\mathrm{i})^{n+1}} = \frac{1}{1-\mathrm{i}} + \frac{z-\mathrm{i}}{(1-\mathrm{i})^2} + \cdots + \frac{(z-\mathrm{i})^n}{(1-\mathrm{i})^{n+1}} + \cdots, \ z_0 = \mathrm{i}.$$

$$z^3 = 1 + 3(z-1) + 3(z-1)^2 + (z-1)^3, \qquad z_0 = 1.$$

$$(1+z)^\alpha = 1 + \alpha z + \frac{\alpha(\alpha-1)}{2!} z^2 + \cdots + \frac{\alpha(\alpha-1)\cdots(\alpha-n+1)}{n!} z^n + \cdots,$$

$$|z| < 1 \quad \alpha \in \mathbf{C}\backslash\mathbf{N}, \quad \text{解析分支}.$$

间接法： 借助一些已知函数的展开式, 利用幂级数的运算性质和分析性质, 以唯一性为依据而得出 Taylor 展开式. 例如,

$$\sin z = \frac{\mathrm{e}^{\mathrm{i}z} - \mathrm{e}^{-\mathrm{i}z}}{2\mathrm{i}} = \sum_{n=0}^{\infty} (-1)^n \frac{z^{2n+1}}{(2n+1)!}.$$

$$\cos z = \frac{\mathrm{e}^{\mathrm{i}z} + \mathrm{e}^{-\mathrm{i}z}}{2} = \sum_{n=0}^{\infty} (-1)^n \frac{z^{2n}}{(2n)!}.$$

$$\ln(1+z) = \int_0^z \frac{\mathrm{d}z}{1+z} = \sum_{n=0}^{\infty} (-1)^n \frac{z^{n+1}}{n+1}, \quad |z| < 1, \quad \text{解析分支}.$$

$$\arctan z = \int_0^z \frac{\mathrm{d}z}{1+z^2} = z - \frac{z^3}{3} + \frac{z^5}{5} - \frac{z^7}{7} + \cdots, \quad |z| < 1.$$

对收敛圆上点的收敛情形, 我们有如下结果.

* **定理 4.12**(**Abel 极限定理**) (不失一般性, 设 $R = 1$ 和 $z_0 = 1$.) 若 $\sum\limits_{n=0}^{\infty} c_n$ 收敛, 则当 $z \to 1(|z| < 1)$ 且保持 $\dfrac{|1-z|}{1-|z|}$ 仍有界时, 有 $f(z) = \sum\limits_{n=0}^{\infty} c_n z^n \to f(1)$.

证明 不妨设 $\sum\limits_{n=0}^{\infty} c_n = 0$, 否则只要加某一常数. 记 $S_n = c_0 + c_1 + c_2 + \cdots + c_n$, 因为

$$\begin{aligned}
S_n(z) &= c_0 + c_1 z + c_2 z^2 + \cdots + c_n z^n \\
&= S_0 + (S_1 - S_0) z + \cdots + (S_n - S_{n-1}) z^n \\
&= S_0(1-z) + S_1(z - z^2) + \cdots + S_{n-1}(z^{n-1} - z^n) + S_n z^n \\
&= (1-z)(S_0 + S_1 z + \cdots + S_{n-1} z^{n-1}) + S_n z^n,
\end{aligned}$$

和 $S_nz^n \to 0\ (n\to\infty)$, 所以

$$f(z)=(1-z)\sum_{n=0}^{\infty}S_nz^n.$$

由 $\dfrac{|1-z|}{1-|z|}$ 有界知, 存在某常数 $K>0$, 使得 $|1-z|\leqslant K(1-|z|)$. 由 $S_n\to 0$ 知, 对任意 $\varepsilon>0$, 存在充分大的正整数 m, 使得当 $n\geqslant m$ 时, 有 $|S_n|<\varepsilon$ 成立. 从而,

$$\left|\sum_{n=m}^{\infty}S_nz^n\right|\leqslant\varepsilon\sum_{n=m}^{\infty}|z|^n=\frac{\varepsilon|z|^m}{1-|z|}<\frac{\varepsilon}{1-|z|}<\frac{K\varepsilon}{|1-z|}.$$

因此,

$$|f(z)|\leqslant|1-z|\left|\sum_{n=0}^{m-1}S_nz^n\right|<K\varepsilon\to 0\quad(\text{当}z\to 1\text{时}).$$

□

定理 4.13(幂级数的有理运算和复合运算) 设 $f(z)=\sum\limits_{n=0}^{\infty}a_nz^n$ 和 $g(z)=\sum\limits_{n=0}^{\infty}b_nz^n$ 的收敛半径分别为 r_1 和 r_2, 令 $R=\min\{r_1,r_2\}$, 则当 $|z|<R$ 时, 有

$$f(z)\pm g(z)=\sum_{n=0}^{\infty}a_nz^n\pm\sum_{n=0}^{\infty}b_nz^n=\sum_{n=0}^{\infty}(a_n\pm b_n)z^n,$$

$$f(z)g(z)=\left(\sum_{n=0}^{\infty}a_nz^n\right)\left(\sum_{n=0}^{\infty}b_nz^n\right)=\sum_{n=0}^{\infty}(a_nb_0+a_{n-1}b_1+\cdots+a_0b_n)z^n.$$

此外, 若 $f(z)=\sum\limits_{n=0}^{\infty}a_nz^n$ 的收敛半径为 r, $g(z)$ 在 $|z|<R$ 内解析且 $|g(z)|<r$, 则当 $|z|<R$ 时, 有

$$f(g(z))=\sum_{n=0}^{\infty}a_n[g(z)]^n.$$

证明比较简单, 留给读者练习.

例 4.9 求函数 $f(z)=\dfrac{z^3}{z+2}$ 在 $z=0$ 处的 Taylor 级数和它的收敛半径 R.

解 $\dfrac{z^3}{z+2}=z^3\cdot\dfrac{1}{2\left[1-\left(-\frac{z}{2}\right)\right]}=\dfrac{z^3}{2}\cdot\sum\limits_{n=0}^{\infty}\left(-\dfrac{z}{2}\right)^n=\sum\limits_{n=0}^{\infty}\dfrac{(-1)^n}{2^{n+1}}z^{n+3}$,

收敛半径

$$R=\lim_{n\to\infty}\frac{|c_n|}{|c_{n+1}|}=\lim_{n\to\infty}\frac{\left|\dfrac{(-1)^n}{2^{n+1}}\right|}{\left|\dfrac{(-1)^{n+1}}{2^{n+2}}\right|}=2.$$ □

例 4.10 利用间接法把函数 $f(z)=\dfrac{1+2z^2}{9+z^2}$ 展开成 z 的幂级数.

解 因为函数 $f(z)$ 在 $z=0$ 处解析, 所以 $f(z)$ 能展开成 Maclaurin 级数. 借助展开式 $\dfrac{1}{1-z}=\sum\limits_{n=0}^{\infty}z^n\ (|z|<1)$, 有

$$\frac{1}{9+z^2}=\frac{1}{9}\cdot\frac{1}{1+\dfrac{z^2}{9}}=\frac{1}{9}\sum_{n=0}^{\infty}\left(-\frac{z^2}{9}\right)^n=\sum_{n=0}^{\infty}\frac{(-1)^n}{9^{n+1}}z^{2n},\qquad |z|<3.$$

所以, 当 $|z|<3$ 时, 有

$$\frac{1+2z^2}{9+z^2}=\frac{2(9+z^2)-17}{9+z^2}=2-\frac{17}{9+z^2}=2-17\sum_{n=0}^{\infty}\frac{(-1)^n}{9^{n+1}}z^{2n}.$$ □

定理 4.14 设幂级数 $\sum\limits_{n=0}^{\infty}c_n(z-z_0)^n$ 的收敛半径为 R, 则

(1) $\sum\limits_{n=0}^{\infty}c_n(z-z_0)^n$ 的和函数 $f(z)$ 是收敛圆 $|z-z_0|<R$ 内的解析函数.

(2) $f(z)$ 在收敛圆内的导数可由其幂级数逐项求导再求和得到, 即

$$f'(z)=\sum_{n=1}^{\infty}nc_n(z-z_0)^{n-1}.$$

(3) $f(z)$ 在收敛圆内的积分值可由其幂级数逐项积分再求和得到, 即

$$\int_\gamma f(z)\mathrm{d}z=\sum_{n=0}^{\infty}c_n\int_\gamma (z-z_0)^n\mathrm{d}z,$$

其中 γ 含于收敛圆 $\{z:|z-z_0|<R\}$ 内, 或者

$$\int_{z_0}^{z} f(\xi)\mathrm{d}\xi=\sum_{n=0}^{\infty}\frac{c_n}{n+1}(z-z_0)^{n+1}.$$

证明留给读者练习.

例 4.11 设幂级数 $\sum\limits_{n=1}^{\infty}a_n(z-2-\mathrm{i}\sqrt{3})^n$ 在 $z=1$ 处条件收敛, 求出幂级数 $\sum\limits_{n=0}^{\infty}\frac{a_n}{n2^n}z^n$ 的收敛半径.

解 因为 $z=1$ 必在幂级数 $\sum\limits_{n=1}^{\infty}a_n(z-2-\mathrm{i}\sqrt{3})^n$ 的收敛圆上, 所以

$$\lim_{n\to\infty}\frac{|a_n|}{|a_{n+1}|}=|1-2-\mathrm{i}\sqrt{3}|=\sqrt{(-1)^2+(-\sqrt{3})^2}=2.$$

从而, 幂级数 $\sum\limits_{n=0}^{\infty}\frac{a_n}{n2^n}z^n$ 的收敛半径为

$$\lim_{n\to\infty}\frac{\left|\frac{a_n}{n2^n}\right|}{\left|\frac{a_{n+1}}{(n+1)2^{n+1}}\right|}=\lim_{n\to\infty}\frac{|a_n|}{|a_{n+1}|}\cdot\frac{2(n+1)}{n}=4.$$

□

例 4.12 求函数 $f(z)=\dfrac{z^4+z^3-5z^2-8z-7}{(z-3)(z+1)^2}$ 在 $z=0$ 处的 Taylor级数.

解 $f(z)=\dfrac{z^4+z^3-5z^2-8z-7}{(z-3)(z+1)^2}=z+2+\dfrac{2}{z-3}+\dfrac{1}{(z+1)^2}.$

因为

$$\frac{2}{z-3}=\frac{2}{-3}\cdot\frac{1}{1-\frac{z}{3}}=-\frac{2}{3}\sum_{n=0}^{\infty}\left(\frac{z}{3}\right)^n=-\sum_{n=0}^{\infty}\frac{2}{3^{n+1}}z^n,\qquad |z|<3,$$

$$\frac{1}{z+1}=\frac{1}{1-(-z)}=\sum_{n=0}^{\infty}(-z)^n=\sum_{n=0}^{\infty}(-1)^nz^n,\qquad |z|<1,$$

$$\begin{aligned}\frac{1}{(z+1)^2}&=-\left(\frac{1}{z+1}\right)'=-\left(\sum_{k=0}^{\infty}(-1)^kz^k\right)'=-\sum_{k=1}^{\infty}(-1)^k(z^k)'\\&=\sum_{k=1}^{\infty}(-1)^{k-1}kz^{k-1}=\sum_{n=0}^{\infty}(-1)^n(n+1)z^n,\qquad |z|<1,\end{aligned}$$

所以, 当 $|z|<1$ 时, 我们有

$$\begin{aligned} f(z) &= z+2-\sum_{n=0}^{\infty}\frac{2}{3^{n+1}}z^n+\sum_{n=0}^{\infty}(-1)^n(n+1)z^n \\ &= \frac{7}{3}-\frac{11}{9}z+\sum_{n=2}^{\infty}\left[(-1)^n(n+1)-\frac{2}{3^{n+1}}\right]z^n. \end{aligned}$$

□

§4.3　Laurent 级数

利用 Taylor 展开定理可知, 一个在以 z_0 为中心的圆域内的解析函数 $f(z)$ 可在该圆域内展开成 $z-z_0$ 的幂级数.

若将级数

$$b_0+b_1(z-z_0)^{-1}+b_2(z-z_0)^{-2}+\cdots+b_n(z-z_0)^{-n}+\cdots$$

看成变元 $\dfrac{1}{z-z_0}$ 的正常幂级数, 则它在某圆 $|z-z_0|=R$ 外收敛 (除 $R=+\infty$ 外) 且在区域 $|z-z_0|\geqslant\rho>R$ 内一致收敛, 从而该级数表示区域 $|z-z_0|>R$ 内的一个解析函数.

考虑更一般形式的级数 $\sum\limits_{n=-\infty}^{+\infty}c_n(z-z_0)^n$, 它的敛散性怎么样呢?

正幂项 (含常数项) 部分: 设 $\sum\limits_{n=0}^{+\infty}c_n(z-z_0)^n$ 的收敛半径为 R_2, 则当 $|z-z_0|<R_2$ 时, 级数收敛; 当 $|z-z_0|>R_2$ 时, 级数发散.

负幂项部分: 设 $\sum\limits_{n=1}^{+\infty}c_{-n}(z-z_0)^{-n}$ 的收敛半径为 R_1, 当 $|z-z_0|>R_1$ 时, 级数收敛; 当 $|z-z_0|<R_1$ 时, 级数发散.

对级数 $\sum\limits_{n=-\infty}^{+\infty}c_n(z-z_0)^n$ 的敛散性, 我们规定:

$\sum\limits_{n=-\infty}^{+\infty}c_n(z-z_0)^n$ 收敛当且仅当 $\sum\limits_{n=0}^{+\infty}c_n(z-z_0)^n$ 和 $\sum\limits_{n=1}^{+\infty}c_{-n}(z-z_0)^{-n}$ 均收敛. 于是, 把 $\sum\limits_{n=-\infty}^{+\infty}c_n(z-z_0)^n$ 看作 $\sum\limits_{n=0}^{+\infty}c_n(z-z_0)^n$ 与 $\sum\limits_{n=1}^{+\infty}c_{-n}(z-z_0)^{-n}$ 的和.

易知, 当 $R_1 > R_2$ 时, $\sum\limits_{n=0}^{+\infty} c_n(z-z_0)^n$ 与 $\sum\limits_{n=1}^{+\infty} c_{-n}(z-z_0)^{-n}$ 收敛域没有公共范围, 故 $\sum\limits_{n=-\infty}^{+\infty} c_n(z-z_0)^n$ 发散. 当 $R_1 < R_2$ 时, $\sum\limits_{n=0}^{+\infty} c_n(z-z_0)^n$ 与 $\sum\limits_{n=1}^{+\infty} c_{-n}(z-z_0)^{-n}$ 收敛域的公共范围是圆环域 $R_1 < |z-z_0| < R_2$, 故 $\sum\limits_{n=-\infty}^{+\infty} c_n(z-z_0)^n$ 在圆环域 $R_1 < |z-z_0| < R_2$ 内收敛, 在此圆环域 $R_1 < |z-z_0| < R_2$ 外发散. 在圆环域的边界上 $|z-z_0| = R_1$ 和 $|z-z_0| = R_2$ 上可能有些点收敛, 有些点发散.

注 4.5 (1) 可能 $R_1 = 0$ 或 $R_2 = +\infty$.

(2) 幂级数在收敛圆内具有的许多性质, 级数 $\sum\limits_{n=-\infty}^{+\infty} c_n(z-z_0)^n$ 在收敛圆环域内也同样具有. 例如, 级数 $\sum\limits_{n=-\infty}^{+\infty} c_n(z-z_0)^n$ 在收敛圆环域内其和函数是解析的, 且可以逐项求积和逐项求导.

于是, 产生一个反问题 “在圆环域内解析的函数是否能展开成一个级数? ”.

例如, 函数 $f(z) = \dfrac{1}{z(1-z)}$ 在 $z=0$ 和 $z=1$ 不解析, 但在不同圆环域 $0<|z|<1$, $1<|z|<+\infty$, $0<|z-1|<1$ 和 $1<|z-1|<\infty$ 都是解析的. 当 $0<|z|<1$ 时,

$$f(z) = \frac{1}{z(1-z)} = \frac{1}{z} + \frac{1}{1-z} = \frac{1}{z} + 1 + z + z^2 + \cdots + z^n + \cdots.$$

当 $1<|z|<+\infty$ 时,

$$f(z) = \frac{1}{z(1-z)} = \frac{1}{-z^2\left(1-\dfrac{1}{z}\right)} = -\frac{1}{z^2}\left(1+\frac{1}{z}+\frac{1}{z^2}+\cdots+\frac{1}{z^n}+\cdots\right).$$

当 $0<|z-1|<1$ 时,

$$\begin{aligned} f(z) &= \frac{1}{z(1-z)} = \frac{1}{1-z} + \frac{1}{z} = \frac{1}{1-z} + \frac{1}{1-(1-z)} \\ &= \frac{1}{1-z} + 1 + (1-z) + (1-z)^2 + \cdots + (1-z)^n + \cdots. \end{aligned}$$

当 $1 < |z-1| < +\infty$ 时,

$$f(z) = \frac{1}{z(1-z)} = \frac{-1}{z-1} \cdot \frac{1}{z-1+1} = \frac{-1}{(z-1)^2} \cdot \frac{1}{1+\dfrac{1}{z-1}}$$
$$= \frac{-1}{(z-1)^2}\left[1 + \frac{-1}{z-1} + \left(\frac{-1}{z-1}\right)^2 + \cdots + \left(\frac{-1}{z-1}\right)^n + \cdots\right].$$

定理 4.15 设 $f(z)$ 在圆环域 $R_1 < |z-z_0| < R_2$ 内处处解析, 则

$$f(z) = \sum_{n=-\infty}^{+\infty} c_n (z-z_0)^n,$$

其中 $c_n = \dfrac{1}{2\pi i}\displaystyle\oint_\gamma \frac{f(\xi)}{(\xi - z_0)^{n+1}}d\xi$, $n \in \mathbf{Z}$, γ 为圆环域内绕 z_0 的任何一条正向简单闭曲线.

证明 如图 4.2 所示, 令 $f_1(z) = \dfrac{1}{2\pi i}\displaystyle\oint_{|\xi - z_0| = r_1} \frac{f(\xi)}{\xi - z}d\xi$, 其中 $|z-z_0| < r_1 < R_2$. 再令 $f_2(z) = -\dfrac{1}{2\pi i}\displaystyle\oint_{|\xi - z_0| = r_2} \frac{f(\xi)}{\xi - z}d\xi$, 其中 $|z-z_0| > r_2 > R_1$.

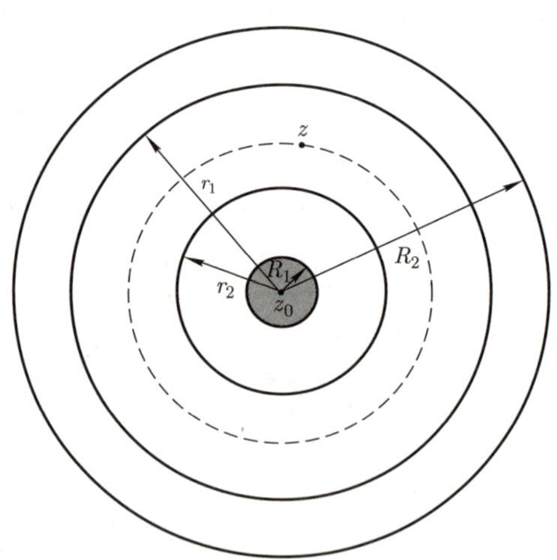

图 4.2 定理 4.15

显然, $f_1(z)$ 和 $f_2(z)$ 分别与 $r_j (j=1,2)$ 的定义无关, 所以 $f_1(z)$ 和 $f_2(z)$ 唯一确定, 分别是 $|z-z_0| < R_2$ 和 $|z-z_0| > R_1$ 内的解析函数. 进一步,

由 Cauchy 积分公式知, $f(z) = f_1(z) + f_2(z)$. 又 $f_1(z)$ 的 Taylor 展开式为 $f_1(z) = \sum\limits_{n=0}^{+\infty} c_n(z-z_0)^n$, 其中 $c_n = \dfrac{1}{2\pi i}\displaystyle\oint_{|\xi-z_0|=r_1} \dfrac{f(\xi)}{(\xi-z_0)^{n+1}}d\xi$.

作变换 $\xi = z_0 + \dfrac{1}{\xi'}$, $z = z_0 + \dfrac{1}{z'}$ 把 $|\xi - z_0| = r_2$ 变成 $|\xi'| = \dfrac{1}{r_2}$ (带负定向), 所以

$$f_2(z) = f_2\left(z_0 + \frac{1}{z'}\right) = \frac{1}{2\pi i}\oint_{|\xi'|=\frac{1}{r_2}} \frac{z'}{\xi'}\frac{f\left(z_0+\dfrac{1}{\xi'}\right)}{\xi'-z'}d\xi' = \sum_{n=1}^{+\infty} B_n(z')^n,$$

其中

$$B_n = \frac{1}{2\pi i}\oint_{|\xi'|=\frac{1}{r_2}} \frac{f\left(z_0+\dfrac{1}{\xi'}\right)}{(\xi')^{n+1}}d\xi' = \frac{1}{2\pi i}\oint_{|\xi-z_0|=r_2} f(\xi)(\xi-z_0)^{n-1}d\xi.$$

因此, $f(z) = \sum\limits_{n=-\infty}^{+\infty} c_n(z-z_0)^n$, 其中 $c_n = \dfrac{1}{2\pi i}\displaystyle\oint_{|\xi-z_0|=r} \dfrac{f(\xi)}{(\xi-z_0)^{n+1}}d\xi$, $n \in \mathbf{Z}$, $r \in (R_1, R_2)$ 与积分值无关. □

定义 4.4 定理 4.15 中表达式

$$f(z) = \sum_{n=0}^{+\infty} c_n(z-z_0)^n + \sum_{n=1}^{+\infty} c_{-n}(z-z_0)^{-n} = \sum_{n=-\infty}^{+\infty} c_n(z-z_0)^n$$

称为函数 $f(z)$ 在圆环域 $R_1 < |z-z_0| < R_2$ 内的 **Laurent 展开式**, 级数 $\sum\limits_{n=-\infty}^{+\infty} c_n(z-z_0)^n$ 称为 $f(z)$ 在圆环域 $R_1 < |z-z_0| < R_2$ 内的 **Laurent 级数**, 其中的正整次幂部分和负整次幂部分分别称为 Laurent 级数的**解析部分** (analytic part) 和 **主要部分** (principal part).

在某一圆环域内的解析函数 $f(z)$ 的 Laurent 展开式唯一.

注 4.6 (1) 一个函数可能在几个圆环域内解析, 在不同的圆环域内的 Laurent 展开式是不同的.

(2) 函数 $f(z)$ 在以 z_0 为中心的圆环域内的 Laurent 级数中尽管含有 $z - z_0$ 的负次幂且 z_0 是这些项的奇点, 但 z_0 可能是 $f(z)$ 的奇点, 也可能不是 $f(z)$ 的奇点.

例如, 在圆环域 $1<|z|<3$ 内函数 $f(z)=\dfrac{1}{(z-1)(z+3)}$ 的 Laurent 展开式

$$\begin{aligned} f(z) &= \frac{1}{(z-1)(z+3)}=\frac{1}{4}\left(\frac{1}{z-1}-\frac{1}{z+3}\right)=\frac{1}{4z}\cdot\frac{1}{1-\dfrac{1}{z}}-\frac{1}{12}\cdot\frac{1}{1+\dfrac{z}{3}} \\ &= \frac{1}{4z}\sum_{k=0}^{\infty}\frac{1}{z^k}-\frac{1}{12}\sum_{k=0}^{\infty}\frac{(-z)^k}{3^k}, \end{aligned}$$

中含有 z 的负幂次项, 但 $z_0=0$ 不是 $f(z)$ 的奇点.

又如, 在圆环域 $0<|z|<+\infty$ 内函数 $f(z)=z^2\mathrm{e}^{\frac{1}{z}}$ 的 Laurent 展开式

$$f(z)=z^2\mathrm{e}^{\frac{1}{z}}=z^2\sum_{k=0}^{\infty}\frac{1}{k!z^k}=\sum_{k=0}^{\infty}\frac{1}{k!z^{k-2}}$$

中含有 z 的负幂次项, 但 $z_0=0$ 是 $f(z)$ 的奇点.

将圆环域内的解析函数展开成 Laurent 级数, 也同样有**直接法和间接法**两种.

例 4.13 将函数 $f(z)=\dfrac{1}{1+z^2}$ 分别在圆环域 $0<|z-\mathrm{i}|<2$ 和 $2<|z-\mathrm{i}|<+\infty$ 内展成 Laurent 级数.

解 (1) 在 $0<|z-\mathrm{i}|<2$ 内

$$\begin{aligned} f(z) &= \frac{1}{(z+\mathrm{i})(z-\mathrm{i})}=\frac{1}{(z-\mathrm{i})2\mathrm{i}\cdot\left(1+\dfrac{z-\mathrm{i}}{2\mathrm{i}}\right)}=\frac{1}{(z-\mathrm{i})2\mathrm{i}}\sum_{k=0}^{\infty}\left(-\frac{z-\mathrm{i}}{2\mathrm{i}}\right)^k \\ &= \frac{1}{(z-\mathrm{i})2\mathrm{i}}\sum_{k=0}^{\infty}\left(\mathrm{i}\frac{z-\mathrm{i}}{2}\right)^k=\sum_{k=0}^{\infty}\frac{\mathrm{i}^{k-1}(z-\mathrm{i})^{k-1}}{2^{k+1}}. \end{aligned}$$

(2) 在 $2<|z-\mathrm{i}|<+\infty$ 内

$$\begin{aligned} f(z) &= \frac{1}{(z+\mathrm{i})(z-\mathrm{i})}=\frac{1}{(z-\mathrm{i})^2\cdot\left(1+\dfrac{2\mathrm{i}}{z-\mathrm{i}}\right)}=\frac{1}{(z-\mathrm{i})^2}\sum_{k=0}^{\infty}\left(-\frac{2\mathrm{i}}{z-\mathrm{i}}\right)^k \\ &= \sum_{k=0}^{\infty}\frac{(-2\mathrm{i})^k}{(z-\mathrm{i})^{k+2}}. \end{aligned}$$

□

例 4.14 将函数 $f(z)=\dfrac{z}{z^2+2z-10}$ 分别在圆环域 $0<|z-2|<7$ 和 $7<|z+5|<+\infty$ 内展成 Laurent 级数.

解 函数 $f(z)=\dfrac{z}{z^2+3z-10}=\dfrac{z}{(z+5)(z-2)}=\dfrac{1}{7}\left(\dfrac{2}{z-2}+\dfrac{5}{z+5}\right)$.

(1) 在 $0<|z-2|<7$ 内, 因为

$$\frac{1}{z+5}=\frac{1}{(z-2)+7}=\frac{1}{7}\cdot\frac{1}{1+\dfrac{z-2}{7}}=\frac{1}{7}\sum_{k=0}^{\infty}\left(-\frac{z-2}{7}\right)^k,$$

所以

$$\begin{aligned}f(z)&=\frac{2}{7}\frac{1}{z-2}+\frac{5}{7}\frac{1}{z+5}=\frac{2}{7}\frac{1}{z-2}+\frac{5}{7^2}\sum_{k=0}^{\infty}\left(-\frac{z-2}{7}\right)^k\\&=\frac{2}{7}\frac{1}{z-2}+5\sum_{k=0}^{\infty}\frac{(-1)^k}{7^{k+2}}(z-2)^k.\end{aligned}$$

(2) 在 $7<|z+5|<+\infty$ 内, 因为

$$\frac{1}{z-2}=\frac{1}{(z+5)-7}=\frac{1}{z+5}\cdot\frac{1}{1-\dfrac{7}{z+5}}=\frac{1}{z+5}\sum_{k=0}^{\infty}\left(\frac{7}{z+5}\right)^k,$$

所以

$$f(z)=\frac{2}{7}\cdot\frac{1}{z+5}\sum_{k=0}^{\infty}\left(\frac{7}{z+5}\right)^k+\frac{5}{7}\frac{1}{z+5}=\sum_{k=0}^{\infty}\frac{2\cdot 7^{k-1}}{(z+5)^{k+1}}+\frac{5}{7}\frac{1}{z+5}.\ \square$$

例 4.15 将函数 $f(z)=\dfrac{1}{z^2(z-2)}$ 分别在圆环域 $0<|z-1|<1$ 和 $3<|z+1|<+\infty$ 内展成 Laurent 级数.

解 函数 $f(z)=\dfrac{1}{z^2(z-2)}=\dfrac{1}{4(z-2)}-\dfrac{1}{4z}-\dfrac{1}{2z^2}$.

(1) 在 $0<|z-1|<1$ 内, 因为

$$\frac{1}{z-2}=\frac{1}{(z-1)-1}=-\frac{1}{1-(z-1)}=-\sum_{k=0}^{\infty}(z-1)^k,$$

$$\frac{1}{z}=\frac{1}{1+(z-1)}=\sum_{k=0}^{\infty}[-(z-1)]^k=\sum_{k=0}^{\infty}(-1)^k(z-1)^k,$$

$$\begin{aligned}\frac{1}{z^2}&=-\left(\frac{1}{z}\right)'=-\left(\sum_{k=0}^{\infty}(-1)^k(z-1)^k\right)'=\sum_{k=1}^{\infty}(-1)^{k-1}k(z-1)^{k-1}\\&=\sum_{n=0}^{\infty}(-1)^n(n+1)(z-1)^n,\end{aligned}$$

所以

$$\begin{aligned}f(z)&=\frac{1}{4}\cdot\frac{1}{z-2}-\frac{1}{4}\cdot\frac{1}{z}-\frac{1}{2}\cdot\frac{1}{z^2}\\&=-\frac{1}{4}\sum_{n=0}^{\infty}(z-1)^n-\frac{1}{4}\sum_{n=0}^{\infty}(-1)^n(z-1)^n-\frac{1}{2}\sum_{n=0}^{\infty}(-1)^n(n+1)(z-1)^n\\&=\sum_{n=0}^{\infty}\frac{(-1)^{n+1}(2n+3)-1}{4}(z-1)^n.\end{aligned}$$

(2) 在 $3<|z+1|<+\infty$ 内, 因为

$$\frac{1}{z-2}=\frac{1}{(z+1)-3}=\frac{1}{z+1}\cdot\frac{1}{1-\dfrac{3}{z+1}}=\frac{1}{z+1}\sum_{k=0}^{\infty}\left(\frac{3}{z+1}\right)^k,$$

$$\frac{1}{z}=\frac{1}{(z+1)-1}=\frac{1}{z+1}\cdot\frac{1}{1-\dfrac{1}{z+1}}=\frac{1}{z+1}\sum_{k=0}^{\infty}\left(\frac{1}{z+1}\right)^k,$$

$$\frac{1}{z^2}=-\left(\frac{1}{z}\right)'=-\left(\sum_{k=0}^{\infty}(z+1)^{-k-1}\right)'=\sum_{k=0}^{\infty}(k+1)(z+1)^{-k-2},$$

所以

$$\begin{aligned}f(z)&=\frac{1}{4}\cdot\frac{1}{z-2}-\frac{1}{4}\cdot\frac{1}{z}-\frac{1}{2}\cdot\frac{1}{z^2}\\&=\frac{1}{4}\sum_{n=0}^{\infty}\frac{3^n}{(z+1)^{n+1}}-\frac{1}{4}\sum_{n=0}^{\infty}\frac{1}{(z+1)^{n+1}}-\frac{1}{2}\sum_{n=0}^{\infty}\frac{n+1}{(z+1)^{n+2}}\\&=\sum_{n=0}^{\infty}\frac{3^n-1}{4}\frac{1}{(z+1)^{n+1}}-\frac{1}{2}\sum_{n=0}^{\infty}\frac{n+1}{(z+1)^{n+2}}.\end{aligned}$$

□

§4.4 级数的应用

4.4.1 孤立奇点分类

下面我们来看 Laurent 级数对孤立奇点的应用. 将一个复变函数在环绕它的孤立奇点的圆环域内展开成 Laurent 级数, 根据负幂次项的个数, 可以对孤立奇点进行分类.

定义 4.5 若函数 $f(z)$ 在 z_0 处不解析, 但在 z_0 的某一个去心邻域 $0<|z-z_0|<\delta$ 内处处解析, 则称 z_0 为 $f(z)$ 的**孤立奇点** (isolated singularity).

例如, 函数 $\dfrac{1}{z}$ 和 $\mathrm{e}^{\frac{1}{z}}$ 都以 $z_0=0$ 为孤立奇点.

注 4.7 一个函数的奇点未必都是孤立的. 例如, 函数 $f(z)=\dfrac{1}{\sin\dfrac{1}{z}}$ 的奇点为 $z_0=0$ 和 $z_n=\dfrac{1}{n\pi}$ $(n\in\mathbf{Z}$ 且 $n\neq 0)$. 但是 $z_0=\lim\limits_{n\to\infty}z_n$ 不是孤立奇点.

由定理 4.15 可知, $f(z)$ 在孤立奇点 z_0 的去心邻域内可以展开成 Laurent 级数, 从而, 根据展开式的不同情况可以将孤立奇点进行分类:

定义 4.6 若在 Laurent 级数中不含 $z-z_0$ 的负幂项, 即

$$f(z)=c_0+c_1(z-z_0)+\cdots+c_n(z-z_0)^n+\cdots,\quad 0<|z-z_0|<\delta,$$

则称 z_0 为 $f(z)$ 的**可去奇点** (removable singularity).

幂级数 $\sum\limits_{n=0}^{\infty}c_n(z-z_0)^n$ 的和函数 $F(z)=\begin{cases} f(z), & \text{当 } z\neq z_0 \text{ 时},\\ c_0, & \text{当 } z=z_0 \text{ 时}.\end{cases}$ 若

$$c_0=F(z_0)=\lim_{z\to z_0}F(z)=\lim_{z\to z_0}f(z),$$

则不论 $f(z)$ 在 z_0 是否有定义, 只要补充 (或改变) 定义, 使 $f(z_0)=c_0$, 在 $|z-z_0|<\delta$ 内就有 $f(z)=\sum\limits_{n=0}^{\infty}c_n(z-z_0)^n$. 从而, $f(z)$ 在 z_0 处解析. 此时, z_0 为可去奇点.

例如, $z=0$ 是 $\dfrac{\sin z}{z}$ 的可去奇点, 且 $\lim\limits_{z\to 0}\dfrac{\sin z}{z}=1$.

定义 4.7 若在 Laurent 级数中只有 m 个 $z-z_0$ 的负幂项 (整数 $m\geqslant 1$), 且其中关于 $\dfrac{1}{z-z_0}$ 的最高幂项为 $(z-z_0)^{-m}$, 即

$$\begin{aligned} f(z) &= c_{-m}(z-z_0)^{-m}+c_{-m+1}(z-z_0)^{-m+1}+\cdots+c_0\\ &\quad +c_1(z-z_0)+\cdots+c_n(z-z_0)^n+\cdots,\quad 0<|z-z_0|<\delta, \end{aligned}$$

其中 $c_{-m}\neq 0$, 则称 z_0 为 $f(z)$ 的 m **级极点** (pole of order m). 当 $m=1$ 时, 也称为**单极点** (simple pole).

显然, $\lim\limits_{z\to z_0}|f(z)|=+\infty$ 或 $\lim\limits_{z\to z_0}f(z)=\infty$.

于是, $f(z)=\dfrac{g(z)}{(z-z_0)^m}$, 其中

$$g(z)=c_{-m}+c_{-m+1}(z-z_0)+\cdots+c_n(z-z_0)^{n+m}+\cdots$$

在 $|z-z_0|<\delta$ 内解析且 $g(z_0)\neq 0$. 反之, 若有 $f(z)=\dfrac{g(z)}{(z-z_0)^m}$, $g(z)$ 在 $|z-z_0|<\delta$ 内解析且 $g(z_0)\neq 0$, 则 z_0 是 $f(z)$ 的 m 级极点.

例如, $z=0$ 为函数 $\dfrac{1}{z}$ 和 $\dfrac{1}{\sin z}$ 的单极点; $z=\pm\mathrm{i}$ 为函数 $\dfrac{z-2}{(z-1)^2(z^2+1)}$ 的单极点, 而 $z=1$ 为函数 $\dfrac{z-2}{(z-1)^2(z^2+1)}$ 的二级极点.

注 4.8 若 $f(z)$ 是定义在除去一个由极点构成的离散点集 S 的开集 U 上的解析函数, 则称 f 为 U 上的**亚纯函数** (meromorphic function). 因此, 亚纯函数可表成两个全纯函数的商. 例如 $\dfrac{1}{P(z)}$, 其中 $P(z)$ 为某一个多项式.

定义 4.8 若在 Laurent 级数中含有无穷多个 $z-z_0$ 的负幂项, 即

$$f(z)=\sum_{n=-\infty}^{+\infty}c_n(z-z_0)^n,\quad 0<|z-z_0|<\delta,$$

则称 z_0 为 $f(z)$ 的**本性奇点** (essential singularity).

例如, $z=0$ 为函数 $\mathrm{e}^{\frac{1}{z}}$ 的本性奇点.

***注 4.9**(**Casorati-Weierstrass 定理**) 若函数 $f(z)$ 在区域 $D=\{z\in\mathbf{C}:0<|z-z_0|<R\}$ 内解析, z_0 是 $f(z)$ 的本性奇点, 其中 $R>0$, 则对任给定的 $A\in\mathbf{C}$, 总可找到复数列 $\{z_n\}_{n=1}^{\infty}$, 使得 $\lim\limits_{n\to\infty}z_n=z_0$ 和 $\lim\limits_{n\to\infty}f(z_n)=A$.

***证明** 事实上, 我们可以证明 $\overline{f(D)}=\mathbf{C}$. 即对任意给定的 $A\in\mathbf{C}$ 和任意的 $\varepsilon>0$, 任意满足 $0<\delta<R$ 的正数 δ, 存在满足 $|z-z_0|<\delta$ 的 $z\in D$, 使得 $|f(z)-A|<\varepsilon$ 成立.

(反证法) 假设这个结论不成立, 则存在 $\alpha\in\mathbf{C}$ 和正数 $M>0$, 使得对任意的 $z\in D$, 都有 $|f(z)-\alpha|>M$ 成立. 因此, $\lim\limits_{z\to z_0}\dfrac{|f(z)-\alpha|}{|z-z_0|}=\infty$. 令函数

$g(z)=\dfrac{1}{f(z)-\alpha}$, 则 $g(z)$ 在 D 上解析, 且 $g(z)$ 在 D 上有界. 因此, z_0 是 $g(z)$ 的可去奇点, 补充定义可使得 $g(z)$ 在 D 上解析. 因此, $\dfrac{1}{g(z)}$ 至多有一个极点 z_0, 即 $f(z)-\alpha$ 至多有一个极点 z_0. 这与假设"z_0 为 $f(z)$ 的本性奇点"矛盾, 所以假设不成立. □

由上面的结果, 总结可得:

定理 4.16 若 z_0 为 $f(z)$ 的可去奇点, 则 $\lim\limits_{z\to z_0} f(z)$ 存在且有限. 若 z_0 为 $f(z)$ 的极点, 则 $\lim\limits_{z\to z_0} f(z)=\infty$. 若 z_0 为 $f(z)$ 的本性奇点, 则 $\lim\limits_{z\to z_0} f(z)$ 不存在且不为 ∞.

注 4.10 也可利用定理 4.16 把孤立奇点进行分类.

例 4.16 函数 $f(z)=\dfrac{\cot \pi z}{2z-3}$ 在 $|z-\mathrm{i}|=2$ 内有多少个奇点?

解 函数 $f(z)$ 在 $|z-\mathrm{i}|=2$ 内有 4 个奇点, 分别为 $\dfrac{3}{2}, \pm 1$ 和 0. □

定义 4.9 不恒为零的解析函数

$$f(z)=(z-z_0)^m\varphi(z),$$

其中 $\varphi(z)$ 在 $z=z_0$ 处解析且 $\varphi(z_0)\neq 0$, $m\in\mathbf{N}$, 则称 z_0 为 $f(z)$ 的 m **级零点** (zero of order m).

例如, 函数 $f(z)=z(z-1)^3$ 有一级零点 $z=0$ 和三级零点 $z=1$.

定理 4.17 若 $f(z)$ 在 z_0 解析, 则 z_0 为 $f(z)$ 的 m 级零点的充要条件是 $f^{(n)}(z_0)=0\ (n=0,1,\cdots,m-1)$, 但 $f^{(m)}(z_0)\neq 0$.

证明比较容易, 留给读者自己去验证.

定理 4.18 一个不恒为零的解析函数 $f(z)$ 的零点 z_0 是孤立的.

证明 设 $f(z)=(z-z_0)^m\varphi(z)$, 其中正整数 $m\in\mathbf{N}$, $\varphi(z)$ 在 $z=z_0$ 处解析且 $\varphi(z_0)\neq 0$, 于是 $\varphi(z)$ 在 $z=z_0$ 连续, 即对给定的 $\varepsilon=\dfrac{|\varphi(z_0)|}{2}>0$, 存在 $\delta>0$, 使得当 $|z-z_0|<\delta$ 时, 有 $|\varphi(z)-\varphi(z_0)|<\varepsilon=\dfrac{|\varphi(z_0)|}{2}$. 从而,

$|\varphi(z)| > \dfrac{|\varphi(z_0)|}{2}$, 即 $\varphi(z)$ 在 z_0 的某一去心邻域 $0<|z-z_0|<\delta$ 内不为零. 故 $f(z)$ 在 $z=z_0$ 的去心邻域 $0<|z-z_0|<\delta$ 内不为零, 只有 $f(z_0)=0$. □

下面我们给出零点与极点的关系, 它是判断极点较为简便的一种方法.

定理 4.19 (1) 若 z_0 为 $f(z)$ 的一个 m 级零点, 则 z_0 为 $\dfrac{1}{f(z)}$ 的一个 m 级极点.

(2) 若 z_0 为 $f(z)$ 的一个 m 级极点, 则 z_0 为 $\dfrac{1}{f(z)}$ 的一个可去奇点. 进一步, 若补充定义 $\dfrac{1}{f(z_0)}=0$, 则 z_0 为 $\dfrac{1}{f(z)}$ 的一个 m 级零点.

证明 (1) 若 z_0 为 $f(z)$ 的一个 m 级零点, 则 $f(z)=(z-z_0)^m\varphi(z)$, 其中 $\varphi(z)$ 在 z_0 处解析且 $\varphi(z_0)\neq 0$. 于是, $\dfrac{1}{f(z)}=\dfrac{g(z)}{(z-z_0)^m}$, 其中 $g(z)=\dfrac{1}{\varphi(z)}$ 在 z_0 处解析且 $g(z_0)\neq 0$. 因此, z_0 为 $\dfrac{1}{f(z)}$ 的一个 m 级极点.

(2) 若 z_0 为 $f(z)$ 的一个 m 级极点, 则 $f(z)=\dfrac{g(z)}{(z-z_0)^m}$, 其中 $g(z)$ 在 z_0 处解析且 $g(z_0)\neq 0$. 于是, $\dfrac{1}{f(z)}=\dfrac{1}{\dfrac{g(z)}{(z-z_0)^m}}$ 在 z_0 处无定义, 但是 $\lim\limits_{z\to z_0}\dfrac{1}{f(z)}=\lim\limits_{z\to z_0}\dfrac{(z-z_0)^m}{g(z)}=0$, 所以 z_0 为 $\dfrac{1}{f(z)}$ 的一个可去奇点. 进一步, 若补充定义 $\dfrac{1}{f(z_0)}=0$, 则 z_0 为 $\dfrac{1}{f(z)}=\begin{cases}(z-z_0)^m\varphi(z), & z\neq z_0\,,\\ 0, & z=z_0\end{cases}$ 的一个 m 级零点, 其中 $\varphi(z)=\dfrac{1}{g(z)}$ 在 z_0 处解析且 $\varphi(z_0)\neq 0$. □

例 4.17 讨论函数 $\dfrac{1}{\cos z}$ 的奇点.

解 因为对任意的整数 $k\in\mathbf{Z}$,

$$\cos\left(k\pi+\frac{\pi}{2}\right)=0,\quad (\cos z)'|_{z=k\pi+\frac{\pi}{2}}=-\sin\left(k\pi+\frac{\pi}{2}\right)=(-1)^{k+1}\neq 0,$$

所以, $z=k\pi+\dfrac{\pi}{2}$ 是函数 $\cos z$ 的一级零点. 因此, $z=k\pi+\dfrac{\pi}{2}$ 是函数 $\dfrac{1}{\cos z}$ 的单极点. □

任意一个复变函数在扩充复平面上无穷远点的情况呢?

定义 4.10 若函数 $f(z)$ 在 $z=\infty$ 的去心邻域 $R<|z|<+\infty$ 内解析, 则称 ∞ 为 $f(z)$ 的**孤立奇点**.

作变换 $t=\dfrac{1}{z}$, 它把 z 平面上的无穷远点 $z=\infty$ 变成了 t 平面上的原点 $t=0$, 将去心邻域$R<|z|<+\infty$ 内函数 $f(z)$ 性质的研究转化为对去心邻域 $0<|t|<\dfrac{1}{R}$ 内函数

$$\varphi(t)=f\left(\frac{1}{t}\right)=f(z)$$

性质的研究.

我们规定: 若 $t=0$ 分别是函数 $\varphi(t)$ 的可去奇点、 m 级极点或本性奇点, 则称 $z=\infty$ 分别是函数 $f(z)$ 的可去奇点、 m 级极点或本性奇点.

* 若函数 $\varphi(t)$ 在 $t=0$ 是亚纯的, 则称函数 $f(z)$ 在 $z=\infty$ 是亚纯的. 函数 $\varphi(t)$ 在 $t=0$ 处的阶数也被称为函数 $f(z)$ 在 $z=\infty$ 处的阶数.

例如, $z=\infty$ 是函数 $\dfrac{1}{z}$ 的可去奇点, 函数 z 的单极点, 函数 e^z 的本性奇点.

若 $f(z)$ 在 $R<|z|<+\infty$ 内解析, 则 $f(z)$ 在 $R<|z|<+\infty$内可以展开成 Laurent 级数$f(z)=\displaystyle\sum_{n=-\infty}^{+\infty}c_nz^n$, 其中 $R<|z|<+\infty$, (1) 当展开式中不含正幂项时, $z=\infty$ 是 $f(z)$ 的可去奇点; (2) 当展开式中只含有有限多的正幂项且 z^m 为最高正幂时, $z=\infty$ 是 $f(z)$ 的 m 级极点; (3) 当展开式中含有无穷多正幂项时, $z=\infty$ 是 $f(z)$ 的本性奇点.

*4.4.2 Schwarz 引理

下面来介绍一个著名的引理.

定理 4.20(Schwarz 引理) 设复变函数 $f(z)$ 是单位圆盘 $|z|<1$ 上的解析函数, 且 $|f(z)|<1$. 若 $f(0)=0$, 则 $|f(z)|\leqslant|z|$. 此外, 若存在一个单位圆盘 $|z|<1$ 内的点 $z_0\neq0$, 使得 $|f(z_0)|=|z_0|$, 则必存在一个模为 1 的复数 α, 使得

$$f(z)=\alpha z.$$

证明 因为 $f(0)=0$ 和 $f(z)$ 在 $|z|<1$ 内解析, 所以

$$f(z)=c_1z+c_2z^2+\cdots$$

从而 $\dfrac{f(z)}{z}$ 在 $|z|<1$ 内解析. 利用假设 $|f(z)|<1$, 对满足 $|z|=r\in(0,1)$ 的 z, 有

$$\left|\frac{f(z)}{z}\right|<\frac{1}{r}. \tag{4.4.1}$$

再由最大模原理知, 满足 $|z|\leqslant r$ 的 z, 也有 (4.4.1) 成立. 令 $r\to 1^-$, 则有 $|f(z)|\leqslant|z|$.

若存在一个单位圆盘 $|z|<1$ 内的点 $z_0\neq 0$ 使得 $|f(z_0)|=|z_0|$, 则 $\left|\dfrac{f(z_0)}{z_0}\right|=1$. 由最大模原理知, 除非 $\dfrac{f(z)}{z}$ 为常值函数, $\left|\dfrac{f(z)}{z}\right|$ 不可能在 $|z|<1$ 内部取得最大值. 因此, 存在一个模为 1 的复数 α, 使得 $f(z)=\alpha z$. □

事实上, Schwarz 引理的条件可以适当放宽, 结论也可以重新用 $f'(0)$ 来写.

定理 4.21 设复变函数 $f(z)$ 是单位圆盘 $|z|<1$ 到单位圆盘 $|z|<1$ 内的解析函数, 且 $f(0)=0$. 若

$$f(z)=c_1z+\text{高阶项},$$

则 $|f'(0)|=|c_1|\leqslant 1$. 此外, 若 $|c_1|=1$, 则必有 $f(z)=c_1z$.

定义 4.11 对一个从开集 U 到开集 V 的解析函数 f, 若存在另一个解析函数 $g:V\to U$ 使得

$$f\circ g=\mathrm{Id}_V,\quad g\circ f=\mathrm{Id}_U,$$

则称为 f 和 g **解析同构** (analytic isomorphism). 若 $U=V$, 则称为 f 和 g **解析自同构** (analytic automorphism).

定理 4.22 设复变函数 $f(z)$ 是单位圆盘 $|z|<1$ 上的一个解析自同构, 且 $f(\alpha)=0$, 其中复数 α 满足 $|\alpha|<1$, 则存在一个实数 φ 使得

$$f(z)=\mathrm{e}^{\mathrm{i}\varphi}\frac{z-\alpha}{1-\overline{\alpha}z}.$$

证明 令 $g(z)=\dfrac{\alpha-z}{1-\overline{\alpha}z}$, 则分式线性映射 g 在闭圆盘 $|z|\leqslant 1$ 上解析, 且 $g(\alpha)=0$. 若 $|z|=1$, 则

$$|g(z)|=\left|\frac{\alpha-z}{1-\overline{\alpha}z}\right|=\left|\frac{\alpha-z}{z\bar{z}-\overline{\alpha}z}\right|=\left|\frac{\alpha-z}{z(\bar{z}-\overline{\alpha})}\right|=\frac{1}{|z|}\frac{|z-\alpha|}{|\overline{z-\alpha}|}=1.$$

由最大模原理知: 若 $|z|<1$, 则 $|g(z)|<1$. 进一步, 易知 g 的逆映射是它自身, 且 $g(z)$ 是单位圆盘 $|z|<1$ 上的一个解析自同构.

于是, $h=f\circ g^{-1}$ 是 $|z|\leqslant 1$ 上的自同构, 且 $h(0)=0$. 由 Schwarz 引理知, $|h(z)|\leqslant|z|$ (对 $|z|<1$). 又因为 h 的逆映射 h^{-1} 把 0 映射成 0, 所以 $|z|\leqslant|h(z)|$ (对 $|z|<1$). 再利用 Schwarz 引理, 有 $h(z)=\mathrm{e}^{\mathrm{i}\varphi}z$ 成立. 从而, $f(z)=h\circ g=\mathrm{e}^{\mathrm{i}\varphi}\dfrac{z-\alpha}{1-\overline{\alpha}z}$. □

定理 4.23 复平面 $\mathbf{C}$ 上唯一的解析自同构具有如下形式

$$f(z)=az+b,$$

其中 a 和 b 均为复数, 且 $a\neq 0$.

习题四

1. (收敛级数通项的有界性) 设复数项级数 $\sum\limits_{n=1}^{\infty}\alpha_n=\alpha$ 收敛, 证明: 存在一个 $M>0$, 使得对任意的正整数 n, 都有 $|\alpha_n|\leqslant M$ 成立.

2. 设复数项级数 $\sum\limits_{n=1}^{\infty}\alpha_n=\alpha$, 证明: $\sum\limits_{n=1}^{\infty}\overline{\alpha_n}=\overline{\alpha}$.

3. 讨论下列级数的敛散性和绝对收敛性:

(1) $\sum\limits_{n=1}^{\infty}\left(\dfrac{\mathrm{i}}{2}\right)^n$; (2) $\sum\limits_{n=1}^{\infty}\left[\dfrac{1}{3^n}+\dfrac{(-1)^n}{\sqrt{n}}\mathrm{i}\right]$; (3) $\sum\limits_{n=1}^{\infty}\dfrac{1}{n(n+\mathrm{i})}$; (4) $\sum\limits_{n=1}^{\infty}\dfrac{\mathrm{i}^n n}{2n+3}$.

4. 定义

$$f(z)=\begin{cases}\dfrac{\sin z}{z}, & \text{当 } z\neq 0 \text{ 时},\\ 1, & \text{当 } z=0 \text{ 时},\end{cases}$$

证明: 对任意的 $z \in \mathbf{C}$, 都有

$$f(z) = 1 - \frac{z^2}{3!} + \frac{z^4}{5!} - \frac{z^6}{7!} + \cdots,$$

并说明函数 $f(z)$ 在 $z=0$ 处解析.

5. 求幂级数 $\sum\limits_{n=1}^{\infty} \frac{n!\mathrm{i}^n}{n^n} z^n$ 的收敛半径 R.

6. 已知幂级数 $\sum\limits_{n=0}^{\infty} \alpha_n (z-\mathrm{i})^n$ 在 $z=\sqrt{3}$ 处收敛, 在 $z=2+\mathrm{i}$ 处发散, 求幂级数 $\sum\limits_{n=1}^{\infty} \frac{\alpha_n}{2^n} z^n$ 的收敛半径 R.

7. 求函数 $f(z) = \frac{z}{z^2-3z+2}$ 在 $z=0$ 处的 Taylor 展开式.

8. 将 $f(z) = \frac{1}{z^2-z-6}$ 分别在圆环 $0<|z+2|<5$ 和 $5<|z-3|<+\infty$ 内展开成 Laurent 级数.

9. 将 $f(z) = \frac{1}{z^2(z-1)}$ 在圆环 $0<|z|<1$ 和 $1<|z-1|<\infty$ 内展开 Laurent 级数.

10. 指出函数 $f(z) = \frac{z^2}{\mathrm{e}^z-1}$, $g(z) = \frac{\sin z}{z^4}$, $h(z) = \frac{\cos z - 1}{z^m} (m \in \mathbf{Z})$ 的零点或奇点类型.

第五章　留数及其应用

本章我们将学习留数的相关基础知识. 首先, 借助上一章函数在孤立奇点某去心邻域内的 Laurent 展开式, 引入留数的概念; 之后学习如何计算留数, 并讨论留数定理; 最后学习留数的一些应用.

§5.1　留数和留数的计算

由 Cauchy-Goursat 定理知, 若函数 $f(z)$ 在 z_0 的邻域内解析, 则

$$\oint_{\gamma} f(z)\mathrm{d}z = 0,$$

其中 γ 为 z_0 的邻域内的任意一条简单闭曲线. 若 z_0 为 $f(z)$ 的一个孤立奇点, 则一般 $\oint_{\gamma} f(z)\mathrm{d}z \neq 0$, 其中 γ 为 z_0 的某一个去心邻域 $0 < |z - z_0| < \delta$ 内包含 z_0 的任意一条简单闭曲线. 为此, 对 Laurent 级数 $f(z) = \sum\limits_{n=-\infty}^{+\infty} c_n(z - z_0)^n$ 两边积分, 并由 $\oint_{\gamma} \dfrac{1}{z - z_0}\mathrm{d}z = 2\pi\mathrm{i}$ 知,

$$\oint_{\gamma} f(z)\mathrm{d}z = 2\pi\mathrm{i}\ c_{-1}.$$

定义 5.1　若 z_0 是 $f(z)$ 的孤立奇点且函数 $f(z)$ 在 z_0 的某一个去心邻域 $0 < |z - z_0| < \delta$ 内有 Laurent 展开式 $f(z) = \sum\limits_{n=-\infty}^{+\infty} c_n(z - z_0)^n$, 则称 c_{-1} 为 $f(z)$ 在 $z = z_0$ 处的**留数** (residue), 记为 $\mathrm{Res}\,[f(z), z_0]$.

于是,

$$\text{Res}\,[f(z),z_0]=c_{-1}=\frac{1}{2\pi\text{i}}\oint_{\gamma}f(z)\text{d}z,$$

其中 z_0 为 $f(z)$ 的一个孤立奇点, γ 为包含 z_0 的任意一条简单闭曲线, $f(z)$ 在 γ 内 (除 z_0 外) 和 γ 上解析.

对无穷远点 ∞ 而言, 有没有留数呢?

定义 5.2 若函数 $f(z)$ 在圆环域 $R<|z|<+\infty$ 内解析, γ 为该圆环域内绕 $z=0$ 的任意一条简单闭曲线, 则有该圆环域内的 Laurent 展开式

$$f(z)=\sum_{n=-\infty}^{+\infty}c_nz^n,\qquad c_n=\frac{1}{2\pi\text{i}}\oint_{\gamma}\frac{f(\xi)}{\xi^{n+1}}\text{d}\xi,\qquad n\in\mathbf{Z}.$$

显然, 当 $n=-1$ 时, 积分

$$-c_{-1}=\frac{1}{2\pi\text{i}}\oint_{\gamma^-}f(\xi)\text{d}\xi$$

(积分值与闭曲线 γ 的选择无关), 则称这个值为 $f(z)$ 在 ∞ 处的**留数**, 记为 $\text{Res}\,[f(z),\infty]$.

于是,

$$\text{Res}\,[f(z),\infty]=-c_{-1}=\frac{1}{2\pi\text{i}}\oint_{\gamma^-}f(z)\text{d}z.$$

下面我们来看孤立奇点的留数的计算方法.

定理 5.1(留数的计算规则)

(1) 若 z_0 是 $f(z)$ 的可去奇点, 则 $\text{Res}\,[f(z),z_0]=0$.

(2) 若 z_0 是 $f(z)$ 的一级极点, 则 $\text{Res}\,[f(z),z_0]=\lim\limits_{z\to z_0}(z-z_0)f(z)$.

(3) 若 z_0 是 $f(z)$ 的 m 级极点, 则

$$\text{Res}\,[f(z),z_0]=\frac{1}{(m-1)!}\lim_{z\to z_0}\frac{\text{d}^{m-1}}{\text{d}z^{m-1}}[(z-z_0)^mf(z)].$$

(4) 若 z_0 是 $f(z)$ 的本性奇点, 则 $\text{Res}\,[f(z),z_0]=c_{-1}=\dfrac{1}{2\pi\text{i}}\displaystyle\oint_{\gamma}f(z)\text{d}z$.

(5) 设 $f(z)=\dfrac{P(z)}{Q(z)}$, $P(z)$ 和 $Q(z)$ 在 z_0 都解析. 若 $P(z_0)\neq 0$, $Q(z_0)=0$, $Q'(z_0)\neq 0$, 则 z_0 是 $f(z)$ 的一级极点, 且 $\mathrm{Res}\,[f(z),z_0]=\dfrac{P(z_0)}{Q'(z_0)}$.

(6) $\mathrm{Res}\,[f(z),\infty]=-\mathrm{Res}\left[f\left(\dfrac{1}{z}\right)\cdot\dfrac{1}{z^2},0\right]$.

证明 (1) 和 (4) 由定义即知. (2) 是 (3) 中 $m=1$ 的特殊情形. 下面我们首先证明 (3).

(3) 因为 z_0 是 $f(z)$ 的 m 级极点, 所以

$$\begin{aligned} f(z) &= c_{-m}(z-z_0)^{-m}+c_{-m+1}(z-z_0)^{-m+1}+\cdots+\\ &\quad c_{-1}(z-z_0)^{-1}c_0+\cdots,\quad c_{-m}\neq 0. \end{aligned}$$

从而,

$$\begin{aligned} (z-z_0)^m f(z) &= c_{-m}+c_{-m+1}(z-z_0)+\cdots+c_{-1}(z-z_0)^{m-1}+\\ &\quad c_0(z-z_0)^m+\cdots. \end{aligned}$$

上式两边求 $m-1$ 阶导数, 得

$$\frac{\mathrm{d}^{m-1}}{\mathrm{d}z^{m-1}}[(z-z_0)^m f(z)]=(m-1)!c_{-1}+\text{含有 }(z-z_0)\text{的正幂项}.$$

两边取极限, 令 $z\to z_0$ 即得结论.

(5) 因为 $Q(z_0)=0$, $Q'(z_0)\neq 0$, 所以 z_0 是 $Q(z)$ 的一级零点, 进一步, z_0 是 $\dfrac{1}{Q(z)}$ 的一级极点. 因此, $\dfrac{1}{Q(z)}=\dfrac{\varphi(z)}{z-z_0}$, 其中 $\varphi(z)$ 在 z_0 解析且 $\varphi(z_0)\neq 0$. 于是, $f(z)=\dfrac{P(z)\varphi(z)}{z-z_0}=\dfrac{1}{z-z_0}g(z)$, 其中 $g(z)=P(z)\varphi(z)$ 在 z_0 解析且 $g(z_0)=P(z_0)\varphi(z_0)\neq 0$. 所以, z_0 是 $f(z)$ 的一级极点, 且由 (2) 知,

$$\begin{aligned} \mathrm{Res}\,[f(z),z_0] &= \lim_{z\to z_0}(z-z_0)f(z)=\lim_{z\to z_0}P(z)\varphi(z)\\ &= \lim_{z\to z_0}P(z)\frac{z-z_0}{Q(z)}=\lim_{z\to z_0}\frac{P(z)}{\dfrac{Q(z)-Q(z_0)}{z-z_0}}=\frac{P(z_0)}{Q'(z_0)}. \end{aligned}$$

*(6) 由 ∞ 处留数的定义, 取 γ 为半径足够大的正向圆周 $|z|=r$, 设 $z=r\mathrm{e}^{\mathrm{i}\theta}$ 和 $\xi=\rho\mathrm{e}^{\mathrm{i}\omega}$. 作变换 $\xi=\dfrac{1}{z}$, 则 $\rho=\dfrac{1}{r}$ 和 $\omega=-\theta$. 于是,

$$\begin{aligned}\operatorname{Res}\,[f(z),\infty] &= \frac{1}{2\pi\mathrm{i}}\oint_{\gamma^-} f(z)\mathrm{d}z = \frac{1}{2\pi\mathrm{i}}\int_0^{-2\pi} f(r\mathrm{e}^{\mathrm{i}\theta})\cdot r\mathrm{i}\mathrm{e}^{\mathrm{i}\theta}\mathrm{d}\theta \\ &= -\frac{1}{2\pi\mathrm{i}}\int_0^{2\pi} f\left(\frac{1}{\rho\mathrm{e}^{\mathrm{i}\omega}}\right)\cdot\frac{\mathrm{i}}{\rho\mathrm{e}^{\mathrm{i}\omega}}\mathrm{d}\omega \\ &= -\frac{1}{2\pi\mathrm{i}}\int_0^{2\pi} f\left(\frac{1}{\rho\mathrm{e}^{\mathrm{i}\omega}}\right)\frac{1}{(\rho\mathrm{e}^{\mathrm{i}\omega})^2}\mathrm{d}(\rho\mathrm{e}^{\mathrm{i}\omega}) \\ &= -\frac{1}{2\pi\mathrm{i}}\oint_{|\xi|=\frac{1}{\rho},\text{正向}} f\left(\frac{1}{\xi}\right)\frac{1}{\xi^2}\mathrm{d}\xi = -\operatorname{Res}\left[f\left(\frac{1}{z}\right)\cdot\frac{1}{z^2},0\right].\end{aligned}$$ □

注 5.1 在定理 5.1 的 (3) 中, 有时为了方便起见, 也可以利用公式

$$\operatorname{Res}\,[f(z),z_0] = \frac{1}{(n-1)!}\lim_{z\to z_0}\frac{\mathrm{d}^{n-1}}{\mathrm{d}z^{n-1}}\,[(z-z_0)^n f(z)], \qquad n\geqslant m$$

计算.

例 5.1 求留数 $\operatorname{Res}\left[\dfrac{1-\mathrm{e}^{2z}}{z^4},0\right]$ 的值.

解法一 因为

$$\frac{1-\mathrm{e}^{2z}}{z^4} = -\frac{2z+\dfrac{(2z)^2}{2!}+\cdots+\dfrac{(2z)^n}{n!}+\cdots}{z^4} = -\frac{2}{z^3}-\frac{2^2}{2!z^2}-\frac{2^3}{3!z}-\frac{2^4}{4!}-\cdots$$

所以, 由定义知 $\operatorname{Res}\left[\dfrac{1-\mathrm{e}^{2z}}{z^4},0\right] = c_{-1} = -\dfrac{4}{3}$.

解法二 因为 $z=0$ 是 $\dfrac{1-\mathrm{e}^{2z}}{z^4}$ 的三级极点, 所以由定理 5.1(3) 知,

$$\begin{aligned}\operatorname{Res}\left[\frac{1-\mathrm{e}^{2z}}{z^4},0\right] &= \frac{1}{2!}\lim_{z\to 0}\frac{\mathrm{d}^2}{\mathrm{d}z^2}\left(z^3\cdot\frac{1-\mathrm{e}^{2z}}{z^4}\right) \\ &= -\frac{1}{2!}\lim_{z\to 0}\frac{\mathrm{e}^{2z}(4z^2-4z+2)-2}{z^3} = -\frac{4}{3}.\end{aligned}$$

解法三 由上面的注 5.1 可知,

$$\begin{aligned}\operatorname{Res}\left[\frac{1-\mathrm{e}^{2z}}{z^4},0\right] &= \frac{1}{3!}\lim_{z\to 0}\frac{\mathrm{d}^3}{\mathrm{d}z^3}\left(z^4\cdot\frac{1-\mathrm{e}^{2z}}{z^4}\right) \\ &= \frac{1}{3!}\lim_{z\to 0}(-2^3\mathrm{e}^{2z}) = -\frac{4}{3}.\end{aligned}$$ □

* **例 5.2** 当 $n \geqslant 2$ 时, 计算留数 $\mathrm{Res}[z^n, \infty]$.

解 $\mathrm{Res}[z^n, \infty] = -\mathrm{Res}\left[\left(\dfrac{1}{z}\right)^n \cdot \dfrac{1}{z^2}, 0\right] = -\mathrm{Res}\ [z^{-(n+2)}, 0] = 0.$ □

例 5.3 设 z_0 为 $f(z)$ 的一级极点, 且 $\mathrm{Res}[f(z), z_0] = 2$, 证明:

$$\mathrm{Res}\left[\frac{f'(z)}{(z-z_0)f^2(z)}, z_0\right] = -\frac{1}{2}.$$

证明 设 $f(z) = \dfrac{\varphi(z)}{z - z_0}$, 其中 $\varphi(z)$ 在 z_0 处解析且 $\varphi(z_0) \neq 0$, 则

$$2 = \mathrm{Res}[f(z), z_0] = \lim_{z \to z_0}(z - z_0)f(z) = \varphi(z_0).$$

又因为 $f'(z) = \dfrac{-\varphi(z)}{(z-z_0)^2} + \dfrac{\varphi'(z)}{z - z_0}$, 所以

$$\frac{f'(z)}{(z-z_0)f^2(z)} = \frac{-\varphi(z) + (z-z_0)\varphi'(z)}{(z-z_0)\varphi^2(z)}.$$

因此, z_0 是函数 $\dfrac{f'(z)}{(z-z_0)f^2(z)}$ 的单极点, 且

$$\begin{aligned}\mathrm{Res}\left[\frac{f'(z)}{(z-z_0)f^2(z)}, z_0\right] &= \lim_{z\to z_0}\frac{f'(z)}{f^2(z)} = \lim_{z \to z_0}\frac{-\varphi(z)+(z-z_0)\varphi'(z)}{\varphi^2(z)} \\ &= -\frac{1}{2}.\end{aligned}$$

□

§5.2 留 数 定 理

回忆第三章学习的复合闭路定理, 本节我们来讨论留数定理.

定理 5.2(**留数定理**) 设函数 $f(z)$ 在区域 D 内除去有限个孤立奇点 z_1, z_2, $\cdots$, z_n 外处处解析, γ 为 D 内包围这些奇点的一条正向简单闭曲线, 则

$$\oint_\gamma f(z)\mathrm{d}z = 2\pi\mathrm{i}\sum_{k=1}^{n}\mathrm{Res}\ [f(z), z_k].$$

证明 把在 γ 内的孤立奇点 z_k($k = 1, 2, \cdots, n$) 用互不相交的正向简单闭曲线 γ_k 围绕起来, 则由复合闭路定理有

$$\oint_{\gamma} f(z)\mathrm{d}z = \sum_{k=1}^{n}\oint_{\gamma_k} f(z)\mathrm{d}z = \sum_{k=1}^{n} 2\pi\mathrm{i}\,\mathrm{Res}\,[f(z), z_k]$$
$$= 2\pi\mathrm{i}\sum_{k=1}^{n}\mathrm{Res}\,[f(z), z_k].$$ □

注 5.2 留数定理把沿闭曲线 γ 的积分, 转化为求被积函数 $f(z)$ 在 γ 中的各个孤立奇点处的留数.

下面我们利用留数定理来求一些积分的值.

例 5.4 求积分 $\oint_{|z|=1} \mathrm{e}^{\frac{1}{z^2}}\mathrm{d}z$ 的值.

解 因为

$$\mathrm{e}^{\frac{1}{z^2}} = \sum_{n=0}^{\infty}\frac{\left(\frac{1}{z^2}\right)^n}{n!} = \sum_{n=0}^{\infty}\frac{1}{n!z^{2n}}$$

所以, $\mathrm{Res}[\mathrm{e}^{\frac{1}{z^2}}, 0] = c_{-1} = 0$. 故由留数定理知,

$$\oint_{|z|=1} \mathrm{e}^{\frac{1}{z^2}}\mathrm{d}z = 2\pi\mathrm{i}\mathrm{Res}[\mathrm{e}^{\frac{1}{z^2}}, 0] = 0.$$ □

例 5.5 求积分 $\oint_{|z-\mathrm{i}|=\frac{3}{2}} \dfrac{\mathrm{e}^{\mathrm{i}z}}{z^2(z^2+1)}\mathrm{d}z$ 的值.

解 因为函数 $\dfrac{\mathrm{e}^{\mathrm{i}z}}{z^2(z^2+1)}$ 在圆周 $|z-\mathrm{i}| = \dfrac{3}{2}$ 内有二级极点 $z=0$ 和单极点 $z=\mathrm{i}$, 所以由留数定理知

$$\oint_{|z-\mathrm{i}|=\frac{3}{2}} \frac{\mathrm{e}^{\mathrm{i}z}}{z^2(z^2+1)}\mathrm{d}z$$
$$= 2\pi\mathrm{i}\left\{\mathrm{Res}\left[\frac{\mathrm{e}^{\mathrm{i}z}}{z^2(z^2+1)}, 0\right] + \mathrm{Res}\left[\frac{\mathrm{e}^{\mathrm{i}z}}{z^2(z^2+1)}, \mathrm{i}\right]\right\}$$
$$= 2\pi\mathrm{i}\left[\lim_{z\to 0}\left(\frac{\mathrm{e}^{\mathrm{i}z}}{z^2+1}\right)' + \left.\frac{\mathrm{e}^{\mathrm{i}z}}{z^2(z+\mathrm{i})}\right|_{z=\mathrm{i}}\right]$$
$$= 2\pi\mathrm{i}\left\{\lim_{z\to 0}\frac{\mathrm{e}^{\mathrm{i}z}\mathrm{i}(z^2+1) - \mathrm{e}^{\mathrm{i}z}\cdot 2z}{(z^2+1)^2} + \frac{\mathrm{e}^{-1}}{-2\mathrm{i}}\right\} = -2\pi - \frac{\pi}{\mathrm{e}}.$$ □

例 5.6 求积分 $\oint_{|z-\frac{1}{2}|=1} \frac{z}{\sin\ \pi z}\mathrm{d}z$ 的值.

解 因为函数 $\frac{z}{\sin\ \pi z}$ 在圆周 $\left|z-\frac{1}{2}\right|=1$ 内只有可去奇点 $z=0$ 和单极点 $z=1$, 所以由留数定理知,

$$\begin{aligned}\oint_{|z-\frac{1}{2}|=1} \frac{z}{\sin\ \pi z}\mathrm{d}z &= 2\pi\mathrm{i}\left\{\mathrm{Res}\left[\frac{z}{\sin\ \pi z},0\right]+\mathrm{Res}\left[\frac{z}{\sin\ \pi z},1\right]\right\}\\ &= 2\pi\mathrm{i}\left\{0+\left.\frac{z}{\pi\cos\ \pi z}\right|_{z=1}\right\}=-2\mathrm{i}.\end{aligned}$$ □

定理 5.3 若函数 $f(z)$ 在扩充复平面上除有限孤立奇点 $z_k(k=1,2,\cdots,n)$ 与 ∞ 外处处解析, 则

$$\mathrm{Res}[f(z),\infty]+\sum_{k=1}^{n}\mathrm{Res}[f(z),z_k]=0.$$

证明 设 γ 是任意一条绕原点的正向简单闭曲线, 使得所有限孤立奇点 $z_k(k=1,2,\cdots,n)$ 都在它的内部. 由留数定理和在 ∞ 处留数的定义, 有

$$\mathrm{Res}[f(z),\infty]+\sum_{k=1}^{n}\mathrm{Res}[f(z),z_k]=\frac{1}{2\pi\mathrm{i}}\oint_{\gamma^-}f(z)\mathrm{d}z+\frac{1}{2\pi\mathrm{i}}\oint_{\gamma}f(z)\mathrm{d}z=0.$$ □

△ **例 5.7** 求积分 $\oint_{|z|=2}\frac{z^{10}\mathrm{e}^{\frac{1}{z}}}{(z-1)^{10}(z-4)}\mathrm{d}z$ 的值.

解 被积函数 $\frac{z^{10}\mathrm{e}^{\frac{1}{z}}}{(z-1)^{10}(z-4)}$ 的奇点有 $0,1,4$ 和 ∞, 其中 (正向) 圆周 $|z|=2$ 内有本性奇点 $z=0$ 和十级极点 $z=1$, 圆周外有单极点 $z=4$ 和 ∞. 因为

$$\begin{aligned}\mathrm{Res}[f(z),4] &= \lim_{z\to4}(z-4)f(z)=\lim_{z\to4}\frac{z^{10}\mathrm{e}^{\frac{1}{z}}}{(z-1)^{10}}=\frac{4^{10}\mathrm{e}^{\frac{1}{4}}}{3^{10}},\\ \mathrm{Res}\ [f(z),\infty] &= -\mathrm{Res}\left[f\left(\frac{1}{z}\right)\frac{1}{z^2},0\right]=-\mathrm{Res}\left[\frac{\frac{1}{z^{10}}\mathrm{e}^z}{\left(\frac{1}{z}-1\right)^{10}\left(\frac{1}{z}-4\right)}\frac{1}{z^2},0\right]\\ &= -\mathrm{Res}\left[\frac{\mathrm{e}^z}{z(1-z)^{10}(1-4z)},0\right]=-1,\end{aligned}$$

所以,

$$\oint_{|z|=2}\frac{z^{10}\mathrm{e}^{\frac{1}{z}}}{(z-1)^{10}(z-4)}\mathrm{d}z$$

$$=2\pi\mathrm{i}\Big\{\mathrm{Res}\,[f(z),0]+\mathrm{Res}\,[f(z),1]\Big\}$$

$$=-2\pi\mathrm{i}\Big\{\mathrm{Res}\,[f(z),4]+\mathrm{Res}\,[f(z),\infty]\Big\}=2\pi\mathrm{i}\left(1-\frac{4^{10}}{3^{10}}\mathrm{e}^{\frac{1}{4}}\right).$$ □

最后我们给出一个结果, 为第七章讨论 Laplace 变换的逆变换作准备.

△ **例 5.8(特殊形式像函数的 Laplace 变换的逆变换)**　设 $t>0$, $s_1,s_2,\cdots,s_n$ 是复变函数 $F(s)$ 的所有奇点 (适当选取 β 使这些奇点全在 $\mathrm{Re}(s)<\beta$ 范围内) , 且 $\lim\limits_{s\to\infty}F(s)=0$, 证明:

$$\frac{1}{2\pi\mathrm{i}}\int_{\beta-\mathrm{i}\infty}^{\beta+\mathrm{i}\infty}F(s)\mathrm{e}^{st}\mathrm{d}s=\sum_{k=1}^{n}\mathrm{Res}[F(s)\mathrm{e}^{st},s_k].$$

证明　如图 5.1 所示, 闭曲线 $\gamma=L+\gamma_R$, R 充分大使 $F(s)$ 的所有奇点包含在 γ 围成的区域内, 于是, $F(s)\mathrm{e}^{st}$ 的奇点就是 $F(s)$ 的奇点. 由留数定理可得

$$\begin{aligned}\int_{\beta-\mathrm{i}R}^{\beta+\mathrm{i}R}F(s)\mathrm{e}^{st}\mathrm{d}s+\int_{\gamma_R}F(s)\mathrm{e}^{st}\mathrm{d}s&=\oint_{\gamma}F(s)\mathrm{e}^{st}\mathrm{d}s\\&=2\pi\mathrm{i}\sum_{k=1}^{n}\mathrm{Res}[F(s)\mathrm{e}^{st},s_k].\end{aligned}$$

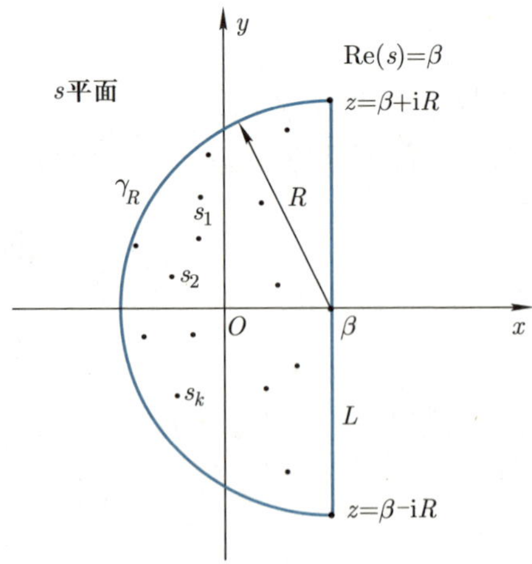

图 5.1　Laplace 逆变换的留数法计算

下证: $\lim\limits_{R\to+\infty}\int_{\gamma_R}F(s)\mathrm{e}^{st}\mathrm{d}s=0.$

事实上, 因为 $(s=R\mathrm{e}^{\mathrm{i}\theta})$

$$\begin{aligned}\left|\int_{\gamma_R}F(s)\mathrm{e}^{st}\mathrm{d}s\right| &= \left|\int_{\frac{\pi}{2}}^{\frac{3\pi}{2}}F(R\mathrm{e}^{\mathrm{i}\theta})\mathrm{e}^{(R\cos\ \theta+\mathrm{i}R\sin\ \theta)t}R\mathrm{i}\mathrm{e}^{\mathrm{i}\theta}\mathrm{d}\theta\right| \\ &\leqslant \int_{\frac{\pi}{2}}^{\frac{3\pi}{2}}|F(R\mathrm{e}^{\mathrm{i}\theta})|\mathrm{e}^{R\cos\ \theta t}R\mathrm{d}\theta\to 0.\end{aligned}$$

从而, 结论成立. □

§5.3 留数的应用

5.3.1 围道积分法

下面我们来看留数定理在定积分计算上的一些应用.

对于实变函数 $f(t)$ 的定积分 $\int_a^b f(t)\mathrm{d}t$, 必须将实变函数 $f(t)$ 关联到某个复变函数 $F(z)$, 使得当 z 在 $[a,b]\subset\mathbf{R}$ 上移动时, $F(z)=f(t)$, 或者 $F(z)$ 的实部与虚部中的一个就是 $f(t)$. 因为留数定理要求曲线 γ 是封闭的, 所以必须以区间 $[a,b]$ 作为封闭曲线 γ 的一部分, 构造一条连接 a,b 的分段光滑曲线 l, 记封闭曲线 γ 所围成的区域为 D (如图 5.2 所示), 使得 $F(z)$ 在 D 的边界 ∂D 上和在 D 内除去有限个孤立奇点外处处解析.

这种方法通常称为**围道积分法** (method of contour integral). 围道积分法的关键之处在于构造适当的被积函数 $F(z)$ 和适当的封闭的积分路线, 但这常常有一定的困难. 因此, 这也表明了围道积分法的局限性. 下面我们来看几个典型的实积分的计算.

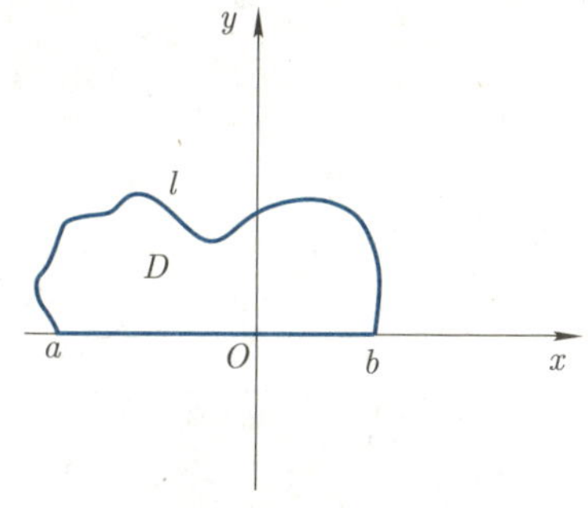

图 5.2 围道积分法

1. 形如 $\int_0^{2\pi}R(\cos\ \theta,\sin\ \theta)\mathrm{d}\theta$ 的积分, 其中 $R(x,y)$ 是 $x^2+y^2=1$ 上连续的有理函数.

令 $z=\mathrm{e}^{\mathrm{i}\theta}$, $\theta\in[0,2\pi]$, 则 $\mathrm{d}z=\mathrm{i}\mathrm{e}^{\mathrm{i}\theta}\mathrm{d}\theta$,

$$\sin\ \theta=\frac{\mathrm{e}^{\mathrm{i}\theta}-\mathrm{e}^{-\mathrm{i}\theta}}{2\mathrm{i}}=\frac{z^2-1}{2\mathrm{i}z},\qquad \cos\ \theta=\frac{\mathrm{e}^{\mathrm{i}\theta}+\mathrm{e}^{-\mathrm{i}\theta}}{2}=\frac{z^2+1}{2z}.$$

于是

$$\int_0^{2\pi}R(\cos\ \theta,\sin\ \theta)\mathrm{d}\theta=\oint_{|z|=1}R\left(\frac{z^2+1}{2z},\frac{z^2-1}{2\mathrm{i}z}\right)\frac{\mathrm{d}z}{\mathrm{i}z}$$

满足留数定理条件, 只要确定单位圆 $|z|=1$ 内被积函数的孤立奇点的留数即可.

例 5.9　求积分 $\displaystyle\int_0^{2\pi}\frac{1}{5+3\cos\ \theta}\mathrm{d}\theta$ 的值.

解
$$\begin{aligned}\int_0^{2\pi}\frac{1}{5+3\cos\ \theta}\mathrm{d}\theta&=\oint_{|z|=1}\frac{1}{5+3\dfrac{z^2+1}{2z}}\cdot\frac{1}{\mathrm{i}z}\mathrm{d}z\\&=-\mathrm{i}\oint_{|z|=1}\frac{2}{(3z+1)(z+3)}\mathrm{d}z\\&=2\pi\mathrm{Res}\left[\frac{2}{(3z+1)(z+3)},-\frac{1}{3}\right]=\frac{\pi}{2}.\end{aligned}$$
□

例 5.10　求积分 $\displaystyle\int_0^{2\pi}\frac{\cos(n\theta)}{1+r^2-2r\cos\ \theta}\mathrm{d}\theta$ 的值 ($0<r<1$ 和正整数 $n\in\mathbf{N}_+$).

解　因为 $0<r<1$, 被积函数的分母

$$1+r^2-2r\cos\ \theta=(1-r)^2+2r(1-\cos\ \theta)>0,\quad \theta\in[0,2\pi],$$

所以所求积分是有意义的. 令 $z=\mathrm{e}^{\mathrm{i}\theta}$, 则

$$\cos(n\theta)=\frac{\mathrm{e}^{\mathrm{i}n\theta}+\mathrm{e}^{-\mathrm{i}n\theta}}{2}=\frac{z^{2n}+1}{2z^n},\quad n\geqslant 1.$$

从而,

$$\begin{aligned}\int_0^{2\pi}\frac{\cos(n\theta)}{1+r^2-2r\cos\ \theta}\mathrm{d}\theta&=\oint_{|z|=1}\frac{\dfrac{z^{2n}+1}{2z^n}}{1+r^2-2r\dfrac{z^2+1}{2z}}\cdot\frac{\mathrm{d}z}{\mathrm{i}z}\\&=\oint_{|z|=1}\frac{z^{2n}+1}{2\mathrm{i}z^n(z-r)(1-rz)}\mathrm{d}z.\end{aligned}$$

上面积分中的被积函数 $f(z)=\dfrac{z^{2n}+1}{2\mathrm{i}z^n(z-r)(1-rz)}$ 有一个 n 级极点 $z=0$ (在 $|z|=1$ 内)、单极点 $z=r$ (在 $|z|=1$ 内) 和单极点 $z=\dfrac{1}{r}$ (在 $|z|=1$ 外), 其中单极点 $z=r$ 和 $z=\dfrac{1}{r}$ 关于单位圆 $|z|=1$ 对称. 于是

$$
\begin{aligned}
&\int_0^{2\pi}\frac{\cos(n\theta)}{1+r^2-2r\cos\ \theta}\mathrm{d}\theta\\
&=\frac{1}{2\mathrm{i}}\oint_{|z|=1}\frac{z^n}{(z-r)(1-rz)}\mathrm{d}z+\frac{1}{2\mathrm{i}(1-r^2)}\oint_{|z|=1}\frac{1}{z^n(z-r)}\mathrm{d}z+\\
&\quad\frac{r}{2\mathrm{i}(1-r^2)}\oint_{|z|=1}\frac{1}{z^n(1-rz)}\mathrm{d}z\\
&=\pi\mathrm{Res}\left[\frac{z^n}{(z-r)(1-rz)},r\right]+\frac{\pi}{1-r^2}\left\{\mathrm{Res}\left[\frac{1}{z^n(z-r)},0\right]+\right.\\
&\quad\left.\mathrm{Res}\left[\frac{1}{z^n(z-r)},r\right]\right\}+\frac{\pi r}{1-r^2}\mathrm{Res}\left[\frac{1}{z^n(1-rz)},0\right]\\
&=\frac{\pi r^n}{1-r^2}+\frac{\pi}{1-r^2}\left(-\frac{1}{r^n}+\frac{1}{r^n}\right)+\frac{\pi r}{1-r^2}\cdot r^{n-1}=\frac{2\pi r^n}{1-r^2}.
\end{aligned}
$$

□

* **注 5.3** 令 $R>0$, $D=\{z\in\mathbf{C}|\ |z|<R\}$, 给定圆 ∂D 上的连续函数 $\varphi(\theta)$, 则圆盘 D 上的 Dirichlet 边值问题 $\begin{cases}-\Delta u(r,\theta)=0, 在D内,\\ u(R,\theta)=\varphi(\theta), 在\partial D上\end{cases}$ 的经典解 $u\in C^2(D)\cap C(\overline{D})$ 可由 Poisson 公式

$$
u(r,\theta)=\frac{1}{2\pi}\int_0^{2\pi}\frac{R^2-r^2}{R^2+r^2-2Rr\cos(t-\theta)}\varphi(t)\mathrm{d}t
$$

给出. 它事实上构造了在圆 $|z|=R$ 上指定取值 φ 的调和函数. 有兴趣的读者可以参考华罗庚先生的专著《从单位圆谈起》.

2. 形如 $\displaystyle\int_{-\infty}^{+\infty}R(x)\mathrm{d}x$ 的积分, 其中 $R(\cdot)$ 为连续的有理函数, 分母的次数至少比分子的次数高二次, 且 $R(\cdot)$ 在实轴上没有孤立奇点.

不妨设

$$
R(z)=\frac{z^n+a_1z^{n-1}+\cdots+a_n}{z^m+b_1z^{m-1}+\cdots+b_m},\quad m-n\geqslant 2
$$

为一个既约分式, 并取积分路径 $[-R,R]\cup\gamma_R$, 如图 5.3 所示. 其中正数 R 充分大, γ_R 为以原点为中心、 R 为半径的在上半平面内的半圆周, 即 $\gamma_R: z(\theta)=R\mathrm{e}^{\mathrm{i}\theta}$, $\theta\in[0,\pi]$, 使 $R(z)$ 所有在上半平面内的极点 z_k 都包含在这个积分路线内. 由留数定理得

$$\int_{-R}^{R} R(x)\mathrm{d}x+\int_{\gamma_R} R(z)\mathrm{d}z=2\pi\mathrm{i}\sum_k \mathrm{Res}\big[R(z),z_k\big]. \tag{5.3.1}$$

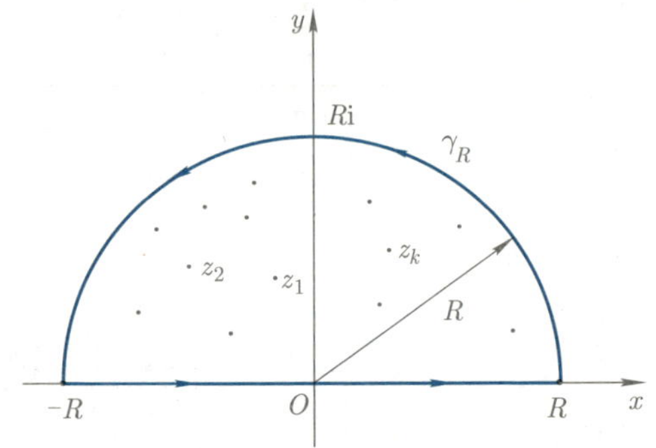

图 5.3 围道积分法计算

因为当 $|z|$ 充分大时, 总可使

$$|a_1z^{-1}+\cdots+a_nz^{-n}|<\frac{1}{2},\quad |b_1z^{-1}+\cdots+b_mz^{-m}|<\frac{1}{2},$$

然后得到

$$\begin{aligned}|R(z)| &=\frac{1}{|z|^{m-n}}\cdot\frac{|1+a_1z^{-1}+\cdots+a_nz^{-n}|}{|1+b_1z^{-1}+\cdots+b_mz^{-m}|}\\ &\leqslant\frac{1}{|z|^{m-n}}\cdot\frac{1+|a_1z^{-1}+\cdots+a_nz^{-n}|}{1-|b_1z^{-1}+\cdots+b_mz^{-m}|}\leqslant\frac{1}{|z|^{m-n}}\cdot\frac{1+\frac{1}{2}}{1-\frac{1}{2}}\leqslant\frac{3}{|z|^2},\end{aligned}$$

所以, 在 R 充分大的 γ_R 上,

$$\left|\int_{\gamma_R} R(z)\mathrm{d}z\right|\leqslant\int_0^{\pi}|R(R\mathrm{e}^{\mathrm{i}\theta})\cdot R\mathrm{e}^{\mathrm{i}\theta}\mathrm{i}|\mathrm{d}\theta\leqslant\frac{3}{R^2}\cdot\pi R=\frac{3\pi}{R}\to 0\ (\text{当}R\to+\infty\text{时}).$$

于是, $\lim\limits_{R\to+\infty}\displaystyle\int_{\gamma_R} R(z)\mathrm{d}z=0$. 因此, 在等式 (5.3.1) 两端令 $R\to+\infty$, 我们可得

$$\text{p.v.}\int_{-\infty}^{\infty} R(x)\mathrm{d}x=2\pi\mathrm{i}\sum_{\text{上半平面}z_k}\mathrm{Res}\Big[R(z),z_k\Big],$$

其中 p.v. $\int_{-\infty}^{\infty} R(x)\mathrm{d}x$ 表示 **Cauchy 主值** (Cauchy principal value) 积分, 其定义为

$$\text{p.v.} \int_{-\infty}^{\infty} R(x)\mathrm{d}x = \lim_{a\to+\infty}\int_{-a}^{a} R(x)\mathrm{d}x.$$

若 $R(x)$ 为偶函数, 则

$$\int_{0}^{\infty} R(x)\mathrm{d}x = \pi\mathrm{i}\sum_{\text{上半平面}z_k} \operatorname{Res}\left[R(z), z_k\right].$$

例 5.11 求积分 p.v. $\int_{-\infty}^{+\infty}\frac{1}{x^4+1}\mathrm{d}x$ 的值.

解 因为 $R(z)=\frac{1}{z^4+1}$ 的分母次数比分子次数高四次, 在实轴上没有孤立奇点, 且 $R(z)$ 在上半平面内有一级极点 $\frac{\sqrt{2}}{2}(1+\mathrm{i})$ 和 $\frac{\sqrt{2}}{2}(-1+\mathrm{i})$, 所以

$$\begin{aligned}\text{p.v.} \int_{-\infty}^{+\infty}\frac{1}{x^4+1}\mathrm{d}x &= 2\pi\mathrm{i}\left\{\operatorname{Res}\left[\frac{1}{z^4+1}, \frac{\sqrt{2}}{2}(1+\mathrm{i})\right]+\right.\\ &\qquad \left.\operatorname{Res}\left[\frac{1}{z^4+1}, \frac{\sqrt{2}}{2}(-1+\mathrm{i})\right]\right\}\\ &= \frac{\sqrt{2}\pi}{2}.\end{aligned}$$

□

例 5.12 求积分 p.v. $\int_{-\infty}^{+\infty}\frac{x^2}{(x^2+9)^2}\mathrm{d}x$ 的值.

解 因为 $R(z)=\frac{z^2}{(z^2+9)^2}$ 的分母次数比分子次数高二次, 在实轴上没有孤立奇点, 且 $R(z)$ 在上半平面内只有二级极点 3i, 所以

$$\begin{aligned}\text{p.v.} \int_{-\infty}^{+\infty}\frac{x^2}{(x^2+9)^2}\mathrm{d}x &= 2\pi\mathrm{i}\operatorname{Res}\left[\frac{z^2}{(z^2+9)^2}, 3\mathrm{i}\right]\\ &= 2\pi\mathrm{i}\lim_{z\to3\mathrm{i}}\left[(z-3\mathrm{i})^2\frac{z^2}{(z^2+9)^2}\right]'\\ &= 2\pi\mathrm{i}\lim_{z\to3\mathrm{i}}\left[\frac{z^2}{(z+3\mathrm{i})^2}\right]' = 2\pi\mathrm{i}\lim_{z\to3\mathrm{i}}\frac{6z\mathrm{i}}{(z+3\mathrm{i})^3}\\ &= \frac{\pi}{6}.\end{aligned}$$

□

例 5.13 求积分 $\int_0^{+\infty}\frac{x^2}{x^4+1}\mathrm{d}x$ 的值.

解 因为 $R(z)=\frac{z^2}{z^4+1}$ 的分母次数比分子次数高二次, 在实轴上没有孤立奇点, 且 $R(z)$ 在上半平面内有一级极点 $\frac{\sqrt{2}}{2}(1+\mathrm{i})$ 和 $\frac{\sqrt{2}}{2}(-1+\mathrm{i})$, 所以

$$\begin{aligned}\int_0^{+\infty}\frac{x^2}{x^4+1}\mathrm{d}x &= \frac{1}{2}\mathrm{p.v.}\int_{-\infty}^{+\infty}\frac{x^2}{x^4+1}\mathrm{d}x\\ &= \pi\mathrm{i}\left\{\mathrm{Res}\left[\frac{z^2}{z^4+1},\frac{\sqrt{2}}{2}(1+\mathrm{i})\right]+\right.\\ &\quad\left.\mathrm{Res}\left[\frac{z^2}{z^4+1},\frac{\sqrt{2}}{2}(-1+\mathrm{i})\right]\right\}=\frac{\pi}{2\sqrt{2}}.\end{aligned}$$

□

* **例 5.14** 求积分 $\mathrm{p.v.}\int_{-\infty}^{+\infty}\frac{\mathrm{e}^{ax}}{\mathrm{e}^x+1}\mathrm{d}x$ 的值, 其中常数 $0<a<1$.

解 因为函数 $R(z)=\frac{\mathrm{e}^{az}}{\mathrm{e}^z+1}$ 有孤立奇点

$$z_k=(2k+1)\pi\mathrm{i},\qquad k=0,\pm1,\pm2,\cdots,$$

无论在上半平面内, 还是在下半平面内都有无数个奇点. 函数 $R(z)=\frac{\mathrm{e}^{az}}{\mathrm{e}^z+1}$ 的分母次数不比分子次数高二次, 因此, 如果类似于上面作半径为充分大的半圆周, 仍要处理无穷级数, 这显然不是我们所期望的.

因此, 为了求出 $\mathrm{p.v.}\int_{-\infty}^{+\infty}\frac{\mathrm{e}^{ax}}{\mathrm{e}^x+1}\mathrm{d}x$ 的值, 我们构造闭曲线 $\gamma=\gamma_1\cup\gamma_2\cup\gamma_3\cup\gamma_4$, 如图 5.4 所示. 因为曲线 $\gamma_3: z(t)=-t+2\pi\mathrm{i},\ t\in[-R,R]$, 所以

$$\begin{aligned}\int_{\gamma_3}\frac{\mathrm{e}^{az}}{\mathrm{e}^z+1}\mathrm{d}z &= \int_{-R}^{R}\frac{\mathrm{e}^{a(-t+2\pi\mathrm{i})}}{\mathrm{e}^{-t+2\pi\mathrm{i}}+1}(-\mathrm{d}t)=-\mathrm{e}^{2\pi a\mathrm{i}}\int_{-R}^{R}\frac{\mathrm{e}^{-at}}{\mathrm{e}^{-t}+1}\mathrm{d}t\\ &= -\mathrm{e}^{2\pi a\mathrm{i}}\int_{-R}^{R}\frac{\mathrm{e}^{at}}{\mathrm{e}^{t}+1}\mathrm{d}t=-\mathrm{e}^{2\pi a\mathrm{i}}\int_{\gamma_1}\frac{\mathrm{e}^{az}}{\mathrm{e}^z+1}\mathrm{d}z.\end{aligned}$$

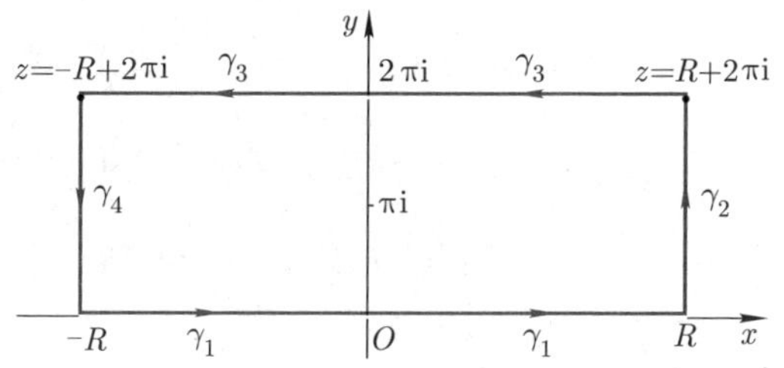

图 5.4 例 5.14 的矩形闭曲线 γ

因为曲线 $\gamma_2 : z(t) = R + t\mathrm{i},\ t \in [0, 2\pi]$, 所以

$$\left|\int_{\gamma_2} \frac{\mathrm{e}^{az}}{\mathrm{e}^z+1}\mathrm{d}z\right| = \left|\int_0^{2\pi} \frac{\mathrm{e}^{a(R+t\mathrm{i})}}{\mathrm{e}^{R+t\mathrm{i}}+1}\mathrm{i}\mathrm{d}t\right| \leqslant \frac{\mathrm{e}^{aR}}{\mathrm{e}^R-1}\cdot 2\pi \to 0 \qquad (\text{当}R\to +\infty\text{时}).$$

因为曲线 $\gamma_4 : z(t) = -R + (2\pi - t)\mathrm{i},\ t \in [0, 2\pi]$, 所以

$$\begin{aligned}\left|\int_{\gamma_4} \frac{\mathrm{e}^{az}}{\mathrm{e}^z+1}\mathrm{d}z\right| &= \left|\int_0^{2\pi} \frac{\mathrm{e}^{a(-R+(2\pi-t)\mathrm{i})}}{\mathrm{e}^{-R+(2\pi-t)\mathrm{i}}+1}(-\mathrm{i})\mathrm{d}t\right| \\ &\leqslant \frac{\mathrm{e}^{-aR}}{1-\mathrm{e}^{-R}}\cdot 2\pi \to 0\ (\text{当}R\to +\infty\text{时}).\end{aligned}$$

注意到函数 $R(z) = \dfrac{\mathrm{e}^{az}}{\mathrm{e}^z+1}$ 在矩形闭曲线 γ 内只有一个单极点 $z = \pi\mathrm{i}$, 所以, 利用留数定理, 我们有

$$\begin{aligned}\oint_\gamma \frac{\mathrm{e}^{az}}{\mathrm{e}^z+1}\mathrm{d}z &= 2\pi\mathrm{i}\mathrm{Res}\left[\frac{\mathrm{e}^{az}}{\mathrm{e}^z+1}, \pi\mathrm{i}\right] = 2\pi\mathrm{i}\lim_{z\to\pi\mathrm{i}}(z-\pi\mathrm{i})\frac{\mathrm{e}^{az}}{\mathrm{e}^z+1} \\ &= 2\pi\mathrm{i}\lim_{z\to\pi\mathrm{i}}\frac{\mathrm{e}^{az}}{\dfrac{\mathrm{d}}{\mathrm{d}z}(\mathrm{e}^z+1)} = 2\pi\mathrm{i}\cdot\frac{\mathrm{e}^{a\pi\mathrm{i}}}{\mathrm{e}^{\pi\mathrm{i}}} = -2\pi\mathrm{i}\mathrm{e}^{a\pi\mathrm{i}}.\end{aligned}$$

令 $R \to +\infty$, 则

$$\begin{aligned}-2\pi\mathrm{i}\mathrm{e}^{a\pi\mathrm{i}} &= \lim_{R\to+\infty}\oint_\gamma \frac{\mathrm{e}^{az}}{\mathrm{e}^z+1}\mathrm{d}z = \lim_{R\to+\infty}\int_{\gamma_1\cup\gamma_3}\frac{\mathrm{e}^{az}}{\mathrm{e}^z+1}\mathrm{d}z \\ &= \lim_{R\to+\infty}(1-\mathrm{e}^{2\pi a\mathrm{i}})\int_{-R}^R \frac{\mathrm{e}^{at}}{\mathrm{e}^t+1}\mathrm{d}t = (1-\mathrm{e}^{2\pi a\mathrm{i}})\mathrm{p.v.}\int_{-\infty}^{+\infty}\frac{\mathrm{e}^{ax}}{\mathrm{e}^x+1}\mathrm{d}x.\end{aligned}$$

因此,

$$\mathrm{p.v.}\int_{-\infty}^{+\infty}\frac{\mathrm{e}^{ax}}{\mathrm{e}^x+1}\mathrm{d}x = \frac{-2\pi\mathrm{i}\mathrm{e}^{a\pi\mathrm{i}}}{1-\mathrm{e}^{2\pi a\mathrm{i}}} = \frac{-2\pi\mathrm{i}}{\mathrm{e}^{-a\pi\mathrm{i}}-\mathrm{e}^{a\pi\mathrm{i}}} = \frac{\pi}{\sin\ a\pi}.$$ □

3. 形如 $\int_{-\infty}^{+\infty} R(x)\mathrm{e}^{aix}\mathrm{d}x$ 的积分, 其中 $a>0$, $R(\cdot)$ 为连续的有理函数, 分母的次数至少比分子的次数高一次, 且函数 $R(\cdot)$ 在实轴上没有孤立奇点.

如上述 2 中讨论, $m-n\geqslant 1$, 当 $|z|$ 充分大时, 有 $|R(z)|<\dfrac{3}{|z|}$. 于是在 R 充分大的 γ_R 上 (如图 5.3 所示), 有

$$\begin{aligned}\left|\int_{\gamma_R} R(z)\mathrm{e}^{aiz}\mathrm{d}z\right| &\leqslant \int_{\gamma_R} |R(z)|\cdot|\mathrm{e}^{aiz}|\mathrm{d}s \leqslant \frac{3}{R}\int_{\gamma_R} \mathrm{e}^{-ay}\mathrm{d}s\\ &= 3\int_0^{\pi} \mathrm{e}^{-aR\sin\ \theta}\mathrm{d}\theta = 6\int_0^{\frac{\pi}{2}} \mathrm{e}^{-aR\sin\ \theta}\mathrm{d}\theta \leqslant 6\int_0^{\frac{\pi}{2}} \mathrm{e}^{-\frac{2R\theta}{\pi}a}\mathrm{d}\theta\\ &= \frac{3\pi}{aR}(1-\mathrm{e}^{-aR}) \to 0\ (\text{当} R\to+\infty \text{时}).\end{aligned}$$

上式中利用了“当 $0\leqslant\theta\leqslant\dfrac{\pi}{2}$ 时, $\dfrac{2\theta}{\pi}\leqslant \sin\ \theta\leqslant\theta$”. 所以, $\lim\limits_{R\to+\infty}\int_{\gamma_R} R(z)\mathrm{e}^{aiz}\mathrm{d}z=0$. 因此,

$$\text{p.v.}\int_{-\infty}^{\infty} R(x)\mathrm{e}^{aix}\mathrm{d}x = 2\pi\mathrm{i}\sum_{\text{上半平面}z_k} \mathrm{Res}\left[R(z)\mathrm{e}^{aiz}, z_k\right]$$

或

$$\begin{aligned}&\text{p.v.}\int_{-\infty}^{\infty} R(x)\cos\ ax\mathrm{d}x + \mathrm{i}\ \text{p.v.}\int_{-\infty}^{\infty} R(x)\sin\ ax\mathrm{d}x\\ &= 2\pi\mathrm{i}\sum_{\text{上半平面}z_k} \mathrm{Res}\left[R(z)\mathrm{e}^{aiz}, z_k\right].\end{aligned}$$

例 5.15 求积分 p.v. $\int_{-\infty}^{+\infty} \dfrac{\cos\ x}{x^2+4x+5}\mathrm{d}x$ 的值.

解 因为 $R(z)=\dfrac{1}{z^2+4z+5}$ 的分母次数比分子次数高二次, 在实轴上没有孤立奇点, 且 $R(z)$ 在上半平面内只有一级极点 $-2+\mathrm{i}$, 所以

$$\begin{aligned}\text{p.v.}\int_{-\infty}^{+\infty} \frac{1}{x^2+4x+5}\mathrm{e}^{\mathrm{i}x}\mathrm{d}x &= 2\pi\mathrm{i}\ \mathrm{Res}\left[\frac{\mathrm{e}^{\mathrm{i}z}}{z^2+4z+5}, -2+\mathrm{i}\right]\\ &= 2\pi\mathrm{i}\cdot\left.\frac{\mathrm{e}^{\mathrm{i}z}}{2z+4}\right|_{z=-2+\mathrm{i}} = \pi\mathrm{e}^{-1-2\mathrm{i}}.\end{aligned}$$

因此, 在上面等式的两端取其实部, 有

$$\text{p.v.}\int_{-\infty}^{+\infty}\frac{\cos\ x}{x^2+4x+5}\mathrm{d}x=\mathrm{Re}(\pi\mathrm{e}^{-1-2\mathrm{i}})=\pi\mathrm{e}^{-1}\cos\ 2. \qquad \square$$

例 5.16 求积分 $\text{p.v.}\displaystyle\int_{-\infty}^{+\infty}\frac{x\sin\ 2x}{x^2+1}\mathrm{d}x$ 的值.

解 因为 $R(z)=\dfrac{z}{z^2+1}$ 的分母次数比分子次数高一次, 在实轴上没有孤立奇点, 且 $R(z)$ 在上半平面内只有单极点 i, 所以

$$\begin{aligned}\text{p.v.}\int_{-\infty}^{+\infty}\frac{x}{x^2+1}\mathrm{e}^{2\mathrm{i}x}\mathrm{d}x&=2\pi\mathrm{i}\ \mathrm{Res}\left[\frac{z\mathrm{e}^{2z\mathrm{i}}}{z^2+1},\mathrm{i}\right]\\&=2\pi\mathrm{i}\cdot\frac{z\mathrm{e}^{2z\mathrm{i}}}{2z}\bigg|_{z=\mathrm{i}}=\mathrm{e}^{-2}\pi\mathrm{i}.\end{aligned}$$

因此, 在上面等式的两端取其虚部, 有

$$\text{p.v.}\int_{-\infty}^{+\infty}\frac{x\sin\ 2x}{x^2+1}\mathrm{d}x=\mathrm{Im}(\pi\mathrm{e}^{-2}\mathrm{i})=\pi\mathrm{e}^{-2}. \qquad \square$$

* **例 5.17** 求积分 $\text{p.v.}\displaystyle\int_{-\infty}^{+\infty}\frac{\cos\ 2x}{x+\mathrm{i}}\mathrm{d}x$ 的值.

解法一 注意到

$$\begin{aligned}\text{p.v.}\int_{-\infty}^{+\infty}\frac{\cos\ 2x}{x+\mathrm{i}}\mathrm{d}x&=\text{p.v.}\int_{-\infty}^{+\infty}\frac{(x-\mathrm{i})\cos\ 2x}{x^2+1}\mathrm{d}x\\&=\text{p.v.}\int_{-\infty}^{+\infty}\frac{x\cos\ 2x}{x^2+1}\mathrm{d}x-\mathrm{i}\ \text{p.v.}\int_{-\infty}^{+\infty}\frac{\cos\ 2x}{x^2+1}\mathrm{d}x.\end{aligned}$$

因为

$$\text{p.v.}\int_{-\infty}^{+\infty}\frac{x\cos\ 2x}{x^2+1}\mathrm{d}x=\lim_{R\to+\infty}\int_{R}^{R}\frac{x\cos\ 2x}{x^2+1}\mathrm{d}x=0,$$

$$\begin{aligned}\text{p.v.}\int_{-\infty}^{+\infty}\frac{\cos\ 2x}{x^2+1}\mathrm{d}x&=\mathrm{Re}\left(\text{p.v.}\int_{-\infty}^{+\infty}\frac{\mathrm{e}^{2x\mathrm{i}}}{x^2+1}\mathrm{d}x\right)\\&=\mathrm{Re}\left(2\pi\mathrm{i}\ \mathrm{Res}\left[\frac{\mathrm{e}^{2z\mathrm{i}}}{z^2+1},\mathrm{i}\right]\right)\\&=\mathrm{Re}\left(2\pi\mathrm{i}\cdot\frac{\mathrm{e}^{2z\mathrm{i}}}{2z}\bigg|_{z=\mathrm{i}}\right)=\pi\mathrm{e}^{-2},\end{aligned}$$

所以,

$$\text{p.v.}\int_{-\infty}^{+\infty}\frac{\cos\ 2x}{x+\mathrm{i}}\mathrm{d}x\ = -\frac{\pi}{\mathrm{e}^2}\mathrm{i}. \qquad \square$$

解法二　首先, 注意到

$$\text{p.v.}\int_{-\infty}^{+\infty}\frac{\cos\ 2x}{x+\mathrm{i}}\mathrm{d}x = \text{p.v.}\frac{1}{2}\int_{-\infty}^{+\infty}\frac{\mathrm{e}^{2x\mathrm{i}}}{x+\mathrm{i}}\mathrm{d}x + \text{p.v.}\frac{1}{2}\int_{-\infty}^{+\infty}\frac{\mathrm{e}^{-2x\mathrm{i}}}{x+\mathrm{i}}\mathrm{d}x.$$

为了计算 $\text{p.v.}\frac{1}{2}\int_{-\infty}^{+\infty}\frac{\mathrm{e}^{2x\mathrm{i}}}{x+\mathrm{i}}\mathrm{d}x$, 如图 5.5 所示, 我们构造闭上半圆周 $[-R,R]\cup\gamma_1$, 记其所围成的区域为 D_1, 其中 R 充分大, 半圆周 $\gamma_1 : z(\theta) = R\mathrm{e}^{\mathrm{i}\theta}$, $\theta\in[0,\pi]$. 已知函数 $R(z) = \dfrac{1}{z+\mathrm{i}}$ 在实轴上和上半平面内没有孤立奇点, 所以, 由 Cauchy-Goursat 定理或留数定理知

$$\int_{-R}^{R}\frac{\mathrm{e}^{2x\mathrm{i}}}{x+\mathrm{i}}\mathrm{d}x + \int_{\gamma_1}\frac{\mathrm{e}^{2z\mathrm{i}}}{z+\mathrm{i}}\mathrm{d}z = 0. \tag{5.3.2}$$

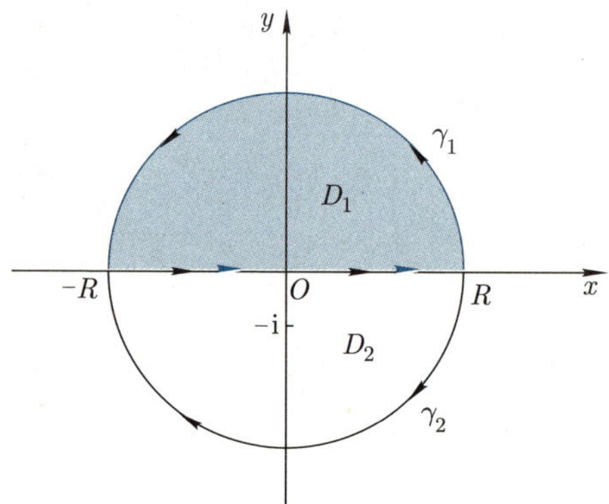

图 5.5　例 5.17 的积分路线

又因为

$$\begin{aligned}\left|\int_{\gamma_1}\frac{\mathrm{e}^{2z\mathrm{i}}}{z+\mathrm{i}}\mathrm{d}z\right| &= \left|\int_0^{\pi}\frac{\mathrm{e}^{2\mathrm{i}R\mathrm{e}^{\mathrm{i}\theta}}}{R\mathrm{e}^{\mathrm{i}\theta}+\mathrm{i}}R\mathrm{e}^{\mathrm{i}\theta}\mathrm{i}\mathrm{d}\theta\right| \leqslant \int_0^{\pi}\frac{\mathrm{e}^{-2R\sin\ \theta}R}{\sqrt{R^2\cos^2\theta+(R\sin\ \theta+1)^2}}\mathrm{d}\theta \\ &\leqslant \int_0^{\pi}\mathrm{e}^{-2R\sin\ \theta}\mathrm{d}\theta = 2\int_0^{\frac{\pi}{2}}\mathrm{e}^{-2R\sin\ \theta}\mathrm{d}\theta \leqslant 2\int_0^{\frac{\pi}{2}}\mathrm{e}^{-\frac{4R\theta}{\pi}}\mathrm{d}\theta \\ &= \frac{\pi}{2R}(1-\mathrm{e}^{-2R}) \to 0 \quad (\text{当}R\to+\infty\text{时}),\end{aligned}$$

所以, 在 (5.3.2) 中令 $R \to +\infty$, 我们可得

$$\text{p.v.}\int_{-\infty}^{+\infty}\frac{\mathrm{e}^{2x\mathrm{i}}}{x+\mathrm{i}}\mathrm{d}x=\lim_{R\to+\infty}\int_{-R}^{R}\frac{\mathrm{e}^{2x\mathrm{i}}}{x+\mathrm{i}}\mathrm{d}x=0.$$

为了计算p.v.$\frac{1}{2}\int_{-\infty}^{+\infty}\frac{\mathrm{e}^{-2x\mathrm{i}}}{x+\mathrm{i}}\mathrm{d}x$, 如图 5.5 所示, 我们构造闭下半圆周 $[-R,R]\cup\gamma_2$, 记其所围成的区域为 D_2, 其中 R 充分大, 半圆周 $\gamma_2: z(t)=R\mathrm{e}^{-\mathrm{i}t}$, $t\in[0,\pi]$. 已知函数 $R(z)=\dfrac{1}{z+\mathrm{i}}$ 在实轴上没有孤立奇点, 但在区域 D_2 内有唯一的单极点 $-\mathrm{i}$, 所以, 由留数定理知

$$\int_{-R}^{R}\frac{\mathrm{e}^{-2x\mathrm{i}}}{x+\mathrm{i}}\mathrm{d}x+\int_{\gamma_2}\frac{\mathrm{e}^{-2z\mathrm{i}}}{z+\mathrm{i}}\mathrm{d}z=-2\pi\mathrm{i}\mathrm{Res}\left[\frac{\mathrm{e}^{-2z\mathrm{i}}}{z+\mathrm{i}},-\mathrm{i}\right]=-2\mathrm{e}^{-2}\pi\mathrm{i}. \tag{5.3.3}$$

又因为当 $R>2$ 充分大时, 有

$$\begin{aligned}\left|\int_{\gamma_2}\frac{\mathrm{e}^{-2z\mathrm{i}}}{z+\mathrm{i}}\mathrm{d}z\right| &=\left|\int_0^{\pi}\frac{\mathrm{e}^{-2\mathrm{i}R\mathrm{e}^{-\mathrm{i}t}}}{R\mathrm{e}^{-\mathrm{i}t}+\mathrm{i}}R\mathrm{e}^{-\mathrm{i}t}(-\mathrm{i})\mathrm{d}t\right|\\ &\leqslant\int_0^{\pi}\frac{\mathrm{e}^{-2R\sin\ t}R}{\sqrt{R^2\cos^2 t+(R\sin\ t-1)^2}}\mathrm{d}t\leqslant\int_0^{\pi}\frac{\mathrm{e}^{-2R\sin\ t}R}{R-1}\mathrm{d}t\\ &\leqslant 2\int_0^{\pi}\mathrm{e}^{-2R\sin\ t}\mathrm{d}t=4\int_0^{\frac{\pi}{2}}\mathrm{e}^{-2R\sin\ t}\mathrm{d}t\leqslant 4\int_0^{\frac{\pi}{2}}\mathrm{e}^{-\frac{4Rt}{\pi}}\mathrm{d}t\\ &=\frac{\pi}{R}(1-\mathrm{e}^{-2R})\to 0\quad(\text{当}R\to+\infty\text{时}),\end{aligned}$$

所以, 在 (5.3.3) 中令 $R\to+\infty$, 我们可得

$$\text{p.v.}\int_{-\infty}^{+\infty}\frac{\mathrm{e}^{-2x\mathrm{i}}}{x+\mathrm{i}}\mathrm{d}x=\lim_{R\to+\infty}\int_{-R}^{R}\frac{\mathrm{e}^{2x\mathrm{i}}}{x+\mathrm{i}}\mathrm{d}x=-2\mathrm{e}^{-2}\pi\mathrm{i}.$$

综上所述, 我们有

$$\begin{aligned}\text{p.v.}\int_{-\infty}^{+\infty}\frac{\cos\ 2x}{x+\mathrm{i}}\mathrm{d}x &=\text{p.v.}\ \frac{1}{2}\int_{-\infty}^{+\infty}\frac{\mathrm{e}^{2x\mathrm{i}}}{x+\mathrm{i}}\mathrm{d}x+\text{p.v.}\ \frac{1}{2}\int_{-\infty}^{+\infty}\frac{\mathrm{e}^{-2x\mathrm{i}}}{x+\mathrm{i}}\mathrm{d}x\\ &=0+\frac{1}{2}\cdot(-2\mathrm{e}^{-2}\pi\mathrm{i})=-\mathrm{e}^{-2}\pi\mathrm{i}.\end{aligned}$$

□

* **例 5.18** 求积分 $\displaystyle\int_0^{+\infty}\frac{\sin\ x}{x}\mathrm{d}x$ 的值.

解 因为 $\dfrac{\sin\ x}{x}$ 是偶函数, 所以

$$\int_0^{+\infty}\frac{\sin\ x}{x}\mathrm{d}x=\frac{1}{2}\ \mathrm{p.v.}\int_{-\infty}^{+\infty}\frac{\sin\ x}{x}\mathrm{d}x.$$

注意到在实轴上函数 $\dfrac{\mathrm{e}^{\mathrm{i}z}}{z}$ 有单极点 $z=0$, 所以不能类似于例 5.15 取上半圆周 γ_R 作为积分路线, 还应使得积分路线绕过实轴上的奇点 $z=0$.

如图 5.6 所示, 取充分大的正数 R 和充分小的正数 ε, 构造积分路线 $\gamma=[-R,-\varepsilon]\cup\gamma_\varepsilon\cup[\varepsilon,R]\cup\gamma_R$, 其中 $\gamma_\varepsilon: z(t)=\varepsilon\mathrm{e}^{\mathrm{i}(\pi-t)}$, $t\in[0,\pi]$ 和 $\gamma_R: z(\theta)=R\mathrm{e}^{\mathrm{i}\theta}$, $\theta\in[0,\pi]$. 因为函数 $\dfrac{\mathrm{e}^{\mathrm{i}z}}{z}$ 在 γ 所围成的区域内解析, 所以, 由 Cauchy-Goursat 定理或留数定理知

$$\left(\int_{-R}^{-\varepsilon}+\int_{\gamma_\varepsilon}+\int_{\varepsilon}^{R}+\int_{\gamma_R}\right)\frac{\mathrm{e}^{\mathrm{i}z}}{z}\mathrm{d}z=0. \tag{5.3.4}$$

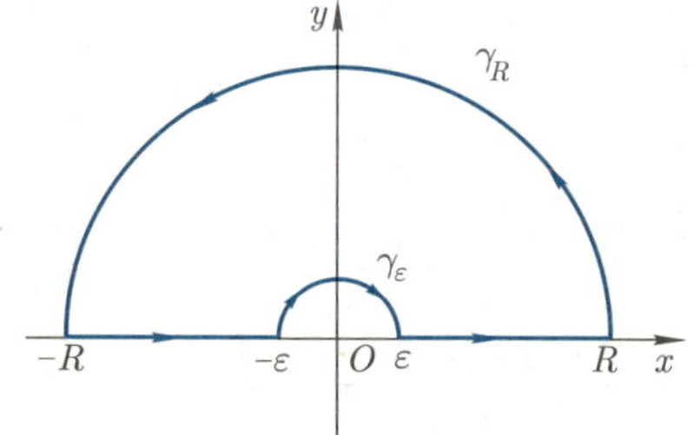

图 5.6 例 5.18 的积分路线

当 R 充分大时, 有

$$\left|\int_{\gamma_R}\frac{\mathrm{e}^{\mathrm{i}z}}{z}\mathrm{d}z\right|=\left|\int_0^{\pi}\frac{\mathrm{e}^{\mathrm{i}R\mathrm{e}^{\mathrm{i}\theta}}}{R\mathrm{e}^{\mathrm{i}\theta}}\cdot R\mathrm{e}^{\mathrm{i}\theta}\mathrm{i}\mathrm{d}\theta\right|\leqslant\int_0^{\pi}\mathrm{e}^{-R\sin\ \theta}\mathrm{d}\theta=2\int_0^{\frac{\pi}{2}}\mathrm{e}^{-R\sin\ \theta}\mathrm{d}\theta$$

$$\leqslant 2\int_0^{\frac{\pi}{2}}\mathrm{e}^{-\frac{2R}{\pi}\theta}\mathrm{d}\theta=\frac{\pi}{R}(1-\mathrm{e}^{-R})\to 0\quad(\text{当}R\to+\infty\text{时}).$$

所以,

$$\lim_{R\to+\infty}\int_{\gamma_R}\frac{\mathrm{e}^{\mathrm{i}z}}{z}\mathrm{d}z=0. \tag{5.3.5}$$

因为

$$\frac{\mathrm{e}^{\mathrm{i}z}}{z}=\frac{1}{z}+\mathrm{i}-\frac{z}{2!}+\cdots+\frac{\mathrm{i}^n z^{n-1}}{n!}+\cdots=\frac{1}{z}+g(z),$$

其中函数 $g(z)=\mathrm{i}-\dfrac{z}{2!}+\cdots+\dfrac{\mathrm{i}^n z^{n-1}}{n!}+\cdots$ 在 $z=0$ 处解析, 且 $g(0)=\mathrm{i}$, 所以, 当 $|z|$ 充分小时, 有 $|g(z)|\leqslant 2$. 进一步, 有

$$\left|\int_{\gamma_\varepsilon} g(z)\mathrm{d}z\right| \leqslant \int_{\gamma_\varepsilon}|g(z)|\mathrm{d}s\leqslant\int_0^{\pi}2\mathrm{d}s\leqslant 2\pi\varepsilon\to 0 \qquad (\text{当}\varepsilon\to 0^+\text{时}),$$

$$\int_{\gamma_\varepsilon}\frac{1}{z}\mathrm{d}z = \int_0^{\pi}\frac{1}{\varepsilon\mathrm{e}^{\mathrm{i}(\pi-t)}}\cdot\varepsilon\mathrm{e}^{\mathrm{i}(\pi-t)}(-\mathrm{i})\mathrm{d}t=-\pi\mathrm{i}.$$

因此,

$$\lim_{\varepsilon\to 0^+}\int_{\gamma_\varepsilon}\frac{\mathrm{e}^{\mathrm{i}z}}{z}\mathrm{d}z=\lim_{\varepsilon\to 0^+}\int_{\gamma_\varepsilon}\left(\frac{1}{z}+g(z)\right)\mathrm{d}z=-\pi\mathrm{i}. \tag{5.3.6}$$

最后, 利用 (5.3.4) — (5.3.6), 我们有

$$\begin{aligned}&\lim_{(\varepsilon,R)\to(0^+,+\infty)}\left(\int_{-R}^{-\varepsilon}\frac{\mathrm{e}^{\mathrm{i}x}}{x}\mathrm{d}x+\int_{\varepsilon}^{R}\frac{\mathrm{e}^{\mathrm{i}x}}{x}\mathrm{d}x\right)\\ =&-\lim_{(\varepsilon,R)\to(0^+,+\infty)}\left(\int_{\gamma_\varepsilon}\frac{\mathrm{e}^{\mathrm{i}z}}{z}\mathrm{d}z+\int_{\gamma_R}\frac{\mathrm{e}^{\mathrm{i}z}}{z}\mathrm{d}z\right)=\pi\mathrm{i}.\end{aligned}$$

在上式两端取虚部, 可得

$$\begin{aligned}\int_0^{+\infty}\frac{\sin x}{x}\mathrm{d}x &=\frac{1}{2}\lim_{(\varepsilon,R)\to(0^+,+\infty)}\left(\int_{-R}^{-\varepsilon}\frac{\sin x}{x}\mathrm{d}x+\int_{\varepsilon}^{R}\frac{\sin x}{x}\mathrm{d}x\right)\\ &=\frac{1}{2}\lim_{(\varepsilon,R)\to(0^+,+\infty)}\mathrm{Im}\left(\int_{-R}^{-\varepsilon}\frac{\mathrm{e}^{\mathrm{i}x}}{x}\mathrm{d}x+\int_{\varepsilon}^{R}\frac{\mathrm{e}^{\mathrm{i}x}}{x}\mathrm{d}x\right)=\frac{\pi}{2}.\end{aligned}$$ □

*4. 形如 $\displaystyle\int_0^{+\infty}f(x)x^{\alpha}\frac{\mathrm{d}x}{x}$ 的积分 (Mellin 变换), 其中 α 不是整数, $f(z)$ 在复平面内除有限多个极点外解析, 且没有一个极点在正实轴上.

可以证明,

$$\int_0^{+\infty}f(x)x^{\alpha}\frac{\mathrm{d}x}{x}=-\frac{\pi\mathrm{e}^{-\pi\mathrm{i}\alpha}}{\sin\pi\alpha}\sum_{z_k\neq 0}\mathrm{Res}\left[f(z)z^{\alpha-1},z_k\right].$$

例 5.19 当 $0<\alpha<2$ 时, 证明: 积分 $\displaystyle\int_0^{+\infty}\frac{1}{x^2+1}x^{\alpha}\frac{\mathrm{d}x}{x}=\frac{\pi\cos\frac{\alpha\pi}{2}}{\sin\alpha\pi}$. 留给有兴趣的读者自己练习.

*5.3.2 对数留数与辐角原理

下面利用留数理论讨论辐角原理, 进一步来考虑某些函数的零点分布问题.

定义 5.3 称下面形式的积分

$$\frac{1}{2\pi i}\oint_{\gamma}\frac{f'(z)}{f(z)}dz$$

为 $f(z)$ 关于曲线 γ 的**对数留数** (logarithmic residue).

实际上, 对数留数是函数 $\dfrac{f'(z)}{f(z)}$ 在它位于曲线 γ 内的孤立奇点处的留数的代数和.

定理 5.4 若 a,b 分别是函数 $f(z)$ 的一个 m 级零点和 n 级极点, 则 a,b 都是函数 $\dfrac{f'(z)}{f(z)}$ 的单极点, 且

$$\operatorname{Res}\left[\frac{f'(z)}{f(z)},a\right]=m,\quad \operatorname{Res}\left[\frac{f'(z)}{f(z)},b\right]=-n.$$

证明 由假设知, 在点 a 的某邻域内有

$$f(z)=(z-a)^m\varphi(z),\quad \varphi(a)\neq 0,$$

其中 $\varphi(z)$ 在点 a 的这个邻域内解析. 于是,

$$f'(z)=m(z-a)^{m-1}\varphi(z)+(z-a)^m\varphi'(z),\quad \frac{f'(z)}{f(z)}=\frac{m}{z-a}+\frac{\varphi'(z)}{\varphi(z)}.$$

因为 $\dfrac{\varphi'(z)}{\varphi(z)}$ 在点 a 的这个邻域内解析, 所以 a 是函数 $\dfrac{f'(z)}{f(z)}$ 的单极点, 且

$$\operatorname{Res}\left[\frac{f'(z)}{f(z)},a\right]=m.$$

再由假设知, 在点 b 的某去心邻域内有

$$f(z)=\frac{\psi(z)}{(z-b)^n},\quad \psi(b)\neq 0,$$

其中 $\psi(z)$ 在点 b 的这个邻域内解析. 于是,

$$f'(z)=-n(z-b)^{-n-1}\psi(z)+(z-b)^{-n}\psi'(z),\quad \frac{f'(z)}{f(z)}=\frac{-n}{z-b}+\frac{\psi'(z)}{\psi(z)}.$$

因为 $\dfrac{\varphi'(z)}{\varphi(z)}$ 在点 b 的这个邻域内解析, 所以 b 是函数 $\dfrac{f'(z)}{f(z)}$ 的单极点, 且

$$\operatorname{Res}\left[\frac{f'(z)}{f(z)}, b\right] = -n. \qquad \square$$

定理 5.5 若函数 $f(z)$ 在简单闭曲线 γ 上解析且不为零, 在 γ 的内部除去有限多个极点外也处处解析, 则对数留数

$$\frac{1}{2\pi \mathrm{i}}\oint_\gamma \frac{f'(z)}{f(z)}\mathrm{d}z = N - P, \tag{5.3.7}$$

其中 N 和 P 分别为函数 $f(z)$ 在 γ 内零点总个数和极点总个数 (约定在计算零点或极点个数时, 一个 k 级零点算 k 个零点, 一个 l 级极点算 l 个极点) .

证明 假设在 γ 内有 k 个不同的零点 $a_1, a_2, \cdots, a_k$ 和 l 个不同的极点 b_1, b_2, $\cdots$, b_l, 它们的级数分别为 $\alpha_1, \alpha_2, \cdots, \alpha_k$ 和 $\beta_1, \beta_2, \cdots, \beta_l$. 由定理 5.4 知, 这 $k+l$ 个点都是函数 $\dfrac{f'(z)}{f(z)}$ 的单极点, 且

$$\operatorname{Res}\left[\frac{f'(z)}{f(z)}, a_j\right] = \alpha_j \quad (j = 1, 2, \cdots, k),$$

$$\operatorname{Res}\left[\frac{f'(z)}{f(z)}, b_j\right] = \beta_j \quad (j = 1, 2, \cdots, l).$$

除了这些单极点外, 函数 $\dfrac{f'(z)}{f(z)}$ 在 γ 上及其内部解析. 所以, 由留数定理得

$$\begin{aligned}\frac{1}{2\pi \mathrm{i}}\oint_\gamma \frac{f'(z)}{f(z)}\mathrm{d}z &= \sum_{j=1}^{k}\operatorname{Res}\left[\frac{f'(z)}{f(z)}, a_j\right] + \sum_{j=1}^{l}\operatorname{Res}\left[\frac{f'(z)}{f(z)}, b_j\right]\\ &= \sum_{j=1}^{k}\alpha_j - \sum_{j=1}^{l}\beta_j = N - P.\end{aligned} \qquad \square$$

为了说明定理 5.5 的几何意义, 引进辐角变化的意义.

如图 5.7 所示, 设在复平面 z 上有一条起点为 A 、终点为 B 的连续曲线 γ. 若选定 A 点对应向量 $\overrightarrow{OA}$ 的辐角 $\arg\overrightarrow{OA}$, 当 z 从 A 点沿曲线 γ 向 B 点运动时, 辐角也将从 $\arg\overrightarrow{OA}$ 开始连续变化, 得到对应向量 $\overrightarrow{OB}$ 的辐角

$\arg\overrightarrow{OB}=\arg\overrightarrow{OA}+\theta$, 称这个 θ 为 z 沿曲线 γ 从 A 到 B 点的辐角变化, 记作 $\Delta_\gamma \arg z$.

现在来看定理 5.5 中的等式 (5.3.7) 左端的几何意义: 考虑映射 $w=f(z)$, 当 z 沿曲线 γ(正向) 绕行一周时, 对应的 w 在 w 平面上就画出一条不经过原点的有向连续闭曲线 Γ. 但是 Γ 未必是简单闭曲线, 它可能是按正向绕原点若干圈, 也可能是按负向绕原点若干圈. 设曲线 Γ 的方程为 $w=r(\theta)\mathrm{e}^{\mathrm{i}\theta}$, 因为

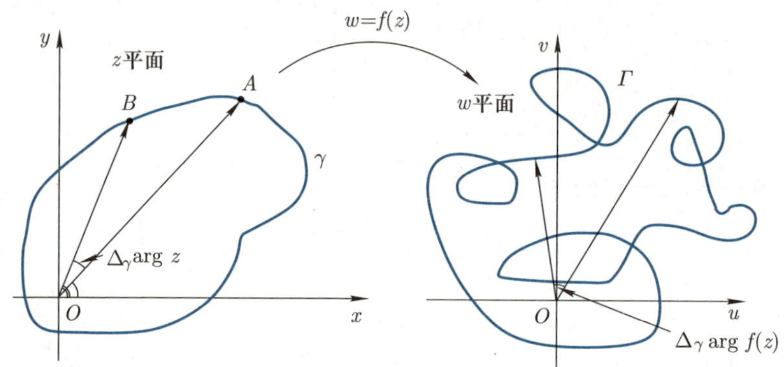

图 5.7　回转次数

$$\mathrm{d}\left(\mathrm{Ln}f(z)\right)=\frac{f'(z)}{f(z)}\mathrm{d}z=\frac{\mathrm{d}w}{w},$$

所以,

$$\begin{aligned}\frac{1}{2\pi\mathrm{i}}\oint_\gamma\frac{f'(z)}{f(z)}\mathrm{d}z &=\frac{1}{2\pi\mathrm{i}}\oint_\gamma\mathrm{d}(\mathrm{Ln}f(z))=\frac{1}{2\pi\mathrm{i}}\oint_\Gamma\frac{\mathrm{d}w}{w}=\frac{1}{2\pi\mathrm{i}}\left(\oint_\Gamma\frac{\mathrm{d}r}{r}+\mathrm{i}\oint_\Gamma\mathrm{d}\theta\right)\\ &=\frac{1}{2\pi}\oint_\Gamma\mathrm{d}\theta=\frac{1}{2\pi}\Delta_\Gamma\arg w=\frac{1}{2\pi}\Delta_\gamma\arg f(z).\end{aligned}$$

即对数留数的几何意义是 Γ 绕原点的**回转次数** (winding number), 它总是一个整数. 因此, (5.3.7) 可以写成

$$N-P=\frac{1}{2\pi}\Delta_\gamma\arg f(z). \tag{5.3.8}$$

特别地, 当 $f(z)$ 在 γ 内解析时, $P=0$. 此时, $N=\dfrac{1}{2\pi}\Delta_\gamma\arg f(z)$. 它可以用来计算 $f(z)$ 在 γ 内零点的个数.

定理 5.6 **(辐角原理)**(argument principle) 若函数 $f(z)$ 在简单闭曲线 γ 上和 γ 内解析, 且在 γ 上不为零, 则 $f(z)$ 在 γ 内零点的个数等于 $\dfrac{1}{2\pi}$ 乘以当 z 沿 γ 的正向绕行一周 $f(z)$ 的辐角改变量.

定理 5.7(**Rouché定理**) 若函数 $f(z)$、$g(z)$ 在简单闭曲线 γ 上和 γ 内解析, 且在 γ 上满足 $|f(z)|>|g(z)|$, 则在 γ 内 $f(z)+g(z)$ 与 $f(z)$ 的零点个数相等.

证明 因为在 γ 上 $|f(z)|>|g(z)|\geqslant 0$, 所以在 γ 上 $|f(z)+g(z)|\geqslant|f(z)|-|g(z)|>0$, 因此在 γ 上 $f(z)+g(z)$ 与 $f(z)$ 都没有零点. 因为在 γ 内 $f(z)+g(z)$ 与 $f(z)$ 解析, 所以由辐角原理得

$$\begin{aligned}\frac{1}{2\pi}\Delta_\gamma \arg[f(z)+g(z)] &= \frac{1}{2\pi}\Delta_\gamma \arg f(z)\left[1+\frac{g(z)}{f(z)}\right]\\ &= \frac{1}{2\pi}\Delta_\gamma \arg f(z)+\frac{1}{2\pi}\Delta_\gamma \arg\left[1+\frac{g(z)}{f(z)}\right],\end{aligned}$$

令 $w=1+\dfrac{g(z)}{f(z)}$, 则 $|w-1|=\left|\dfrac{g(z)}{f(z)}\right|<1$, 即 w 在以 1 为圆心、1 为半径的圆内. 从而, γ 的像曲线 Γ 不围绕原点. 因此, $\Delta_\gamma \arg\left[1+\dfrac{g(z)}{f(z)}\right]=0$. 进一步, 有

$$\frac{1}{2\pi}\Delta_\gamma \arg[f(z)+g(z)] = \frac{1}{2\pi}\Delta_\gamma \arg f(z),$$

即 $f(z)+g(z)$ 与 $f(z)$ 在 γ 内的零点个数相等. □

下面我们利用 Rouché 定理来证明代数学基本定理.

例 5.20 证明: $n(\geqslant 1)$ 次复系数多项式

$$P(z)=a_0z^n+a_1z^{n-1}+\cdots+a_{n-1}z+a_n, \qquad a_0\neq 0$$

在复平面内恰有 n 个零点.

证明 令 $f(z)=a_0z^n$, $g(z)=a_1z^{n-1}+\cdots+a_{n-1}z+a_n$, 则

$$\begin{aligned}\left|\frac{g(z)}{f(z)}\right| &= \left|\frac{a_1z^{n-1}+\cdots+a_{n-1}z+a_n}{a_0z^n}\right|\\ &\leqslant \left|\frac{a_1}{a_0}\right|\cdot\frac{1}{|z|}+\left|\frac{a_2}{a_0}\right|\cdot\frac{1}{|z|^2}+\cdots+\left|\frac{a_n}{a_0}\right|\cdot\frac{1}{|z|^n}.\end{aligned}$$

取 $|z| \geqslant R$, R 充分大, 可使得 $\left|\dfrac{g(z)}{f(z)}\right| < 1$, 即在圆 $|z| = R$ 上和圆外都有 $|g(z)| < |f(z)|$. 显然, $|f(z)|$ 和 $|g(z)|$ 在圆 $|z| = R$ 上和圆内都是解析的. 所以, 由 Rouché 定理知, $P(z) = f(z) + g(z)$ 和 $f(z)$ 在圆内零点的个数相等. 但是 $f(z)$ 在圆内的零点个数是 n, 所以 $P(z)$ 在圆内的零点个数也是 n. 又因为在圆上和圆外 $|g(z)| < |f(z)|$, 所以 $|f(z) + g(z)| \geqslant |f(z)| - |g(z)| > 0$, 即 $P(z)$ 在圆上和圆外没有零点. 因此, $P(z)$ 在复平面内恰有 n 个零点. □

例 5.21 求多项式

$$P(z) = z^7 - 6z^4 + 13z^2 + 2z - 1$$

在单位圆盘 $|z| < 1$ 内的零点数.

解 令 $f(z) = 13z^2$, 则在单位圆 $|z| = 1$ 上,

$$|f(z) - P(z)| = |-z^7 + 6z^4 - 2z + 1| < |f(z)| = 13.$$

由 Rouché定理知, $P(z)$ 和 $f(z)$ 在单位圆 $|z| = 1$ 内零点的个数相等. 因为 $f(z)$ 在单位圆 $|z| = 1$ 内有两个零点 $z = 0$(记重数), 所以多项式 $P(z)$ 在单位圆 $|z| = 1$ 内有两个零点. □

*5.3.3 二维静电场的留数定理

对区域内均匀分布的二维静电场 $\boldsymbol{E} = E_x\boldsymbol{i} + E_y\boldsymbol{j}$, 可表示为

$$\mathbf{rot}\boldsymbol{E} = \left(\frac{\partial E_y}{\partial x} - \frac{\partial E_x}{\partial y}\right)\boldsymbol{k} = \mathbf{0}, \qquad \operatorname{div} \boldsymbol{E} = \frac{\partial E_x}{\partial x} + \frac{\partial E_y}{\partial y} = \frac{\rho}{\varepsilon}$$

或者利用 $\boldsymbol{t}\mathrm{d}l = \mathrm{d}x\boldsymbol{i} + \mathrm{d}y\boldsymbol{j}$ 和 $\boldsymbol{E}\cdot\boldsymbol{n}\mathrm{d}l = \boldsymbol{E}\cdot(\boldsymbol{t}\times\boldsymbol{k})\mathrm{d}l = \boldsymbol{k}\cdot(\boldsymbol{E}\times\boldsymbol{t}\mathrm{d}l)$, 其中 $\boldsymbol{t}$ 和 $\boldsymbol{n}$ 分别是切向和法向的单位向量, 得到积分形式的表示

$$\iint_D \mathbf{rot}\boldsymbol{E}\cdot\mathrm{d}\boldsymbol{S} = \oint_\gamma \boldsymbol{E}\cdot\mathrm{d}\boldsymbol{l} = \oint_\gamma \boldsymbol{E}\cdot\boldsymbol{t}\mathrm{d}l = \oint_\gamma (E_x\mathrm{d}x + E_y\mathrm{d}y) = 0,$$

$$\iint_D \operatorname{div}\boldsymbol{E}\,\mathrm{d}S = \oint_\gamma \boldsymbol{E}\cdot\boldsymbol{n}\mathrm{d}l = \oint_\gamma (E_x\mathrm{d}y - E_y\mathrm{d}x) = \sum_{k=1}^{n}\frac{q_k}{\varepsilon},$$

其中第一个积分等式表示环路积分定理 (Stokes 定理), 第二个积分等式表示二维的 Gauss 定理, D 是由静电场中光滑闭曲线 γ 所围成的区域.

引入复电场函数 $E=E_x+\mathrm{i}E_y$, 用 $\overline{E}$ 表示复电场 E 的共轭函数. 注意静电场复积分的留数形式

$$\begin{aligned}\oint_\gamma -\mathrm{i}\overline{E}\,\mathrm{d}z &= -\mathrm{i}\oint_\gamma (E_x-\mathrm{i}E_y)(\mathrm{d}x+i\mathrm{d}y)\\ &=\oint_\gamma E_x\mathrm{d}y-E_y\mathrm{d}x-\mathrm{i}\oint_\gamma E_x\mathrm{d}x+E_y\mathrm{d}y\\ &=\sum_{k=1}^n \frac{q_k}{\varepsilon}=2\pi\mathrm{i}\sum_{k=1}^n\frac{-\mathrm{i}q_k}{2\pi\varepsilon},\end{aligned}$$

其实部表示 Gauss 定理, 且留数正好与线电荷 q_k 密切相关; 虚部表示静电场的环路积分为零. 对比可知

$$\mathrm{Res}\,[-\mathrm{i}\overline{E},z_k]=\frac{-\mathrm{i}q_k}{2\pi\varepsilon}.$$

例如, 线电荷 q 放置在坐标原点 O, 则电场 $E=\dfrac{qr}{2\pi r^2}$. 利用对应关系 $r\to z$ 和 $r^2=|z|^2=z\bar{z}$, 所以复电场函数 $E=\dfrac{q}{2\pi\varepsilon\bar{z}}$. 从而, 利用留数定理知二维静电场的复积分

$$\begin{aligned}\oint_\gamma -\mathrm{i}\overline{E}\mathrm{d}z &=\oint_\gamma\frac{-\mathrm{i}q}{2\pi\varepsilon z}\mathrm{d}z=2\pi\mathrm{i}\,\mathrm{Res}\left[\frac{-\mathrm{i}q}{2\pi\varepsilon z},0\right]\\ &=2\pi\mathrm{i}\cdot\frac{-\mathrm{i}q}{2\pi\varepsilon}=\frac{q}{\varepsilon}.\end{aligned}$$

习题五

1. 计算: (1) $\mathrm{Res}\left[\dfrac{z}{z^4-1},1\right]$; (2) $\mathrm{Res}\left[\dfrac{\mathrm{e}^z}{z^2},0\right]$; (3) $\mathrm{Res}\left[\dfrac{z-\sin\ z}{z^4},0\right]$.

2. 计算: (1) $\mathrm{Res}\left[\dfrac{1-\cos\ z}{z^5},0\right]$; (2) $\mathrm{Res}\left[z^3\cos\ \dfrac{1}{z},0\right]$; (3) $\mathrm{Res}\left[\mathrm{e}^{\frac{z}{z-1}},1\right]$.

3. 设 z_0 为 $f(z)$ 的 m 级零点, $\varphi(z), f(z)$ 均在 z_0 解析, 求 $\mathrm{Res}\left[\dfrac{\varphi(z)f'(z)}{f(z)},z_0\right]$.

4. 求下列积分的值:

(1) $\displaystyle\oint_{|z|=2}\frac{1}{z^3(z+\mathrm{i})}\mathrm{d}z$; (2) $\displaystyle\oint_{|z-\mathrm{i}|=3}\frac{\mathrm{e}^{\mathrm{i}z}}{z^2-2z+5}\mathrm{d}z$; (3) $\displaystyle\oint_{|z|=2}\frac{1}{z^2\cos\ z}\mathrm{d}z$.

5. 求下列积分的值:

(1) $\displaystyle\oint_{|z|=2}\frac{z\mathrm{e}^{\frac{1}{z}}}{(z-1)(z-3)}\mathrm{d}z$; (2) $\displaystyle\oint_{|z|=5}\frac{z^2\cos\frac{1}{z}}{(z-2)^3}\mathrm{d}z$;

(3) $\displaystyle\oint_{|z|=4}\frac{z^{13}}{(z^2+3)^3(z^2-1)^4}\mathrm{d}z$.

6. 求下列积分的值:

(1) $\displaystyle\int_0^{2\pi}\frac{1}{2+\cos\theta}\mathrm{d}\theta$; (2) $\displaystyle\int_0^{2\pi}\frac{1}{1+\cos^2\theta}\mathrm{d}\theta$; (3) $\displaystyle\int_{-\pi}^{\pi}\frac{1}{1+\sin^2\theta}\mathrm{d}\theta$;

(4) $\displaystyle\int_0^{\pi}\frac{1}{(5+2\cos\theta)^2}\mathrm{d}\theta$; (5) $\displaystyle\int_0^{2\pi}\frac{1}{a^2\sin^2\theta+b^2\cos^2\theta}\mathrm{d}\theta$, 其中 $a,b>0$.

7. 求下列积分的值:

(1) p.v. $\displaystyle\int_{-\infty}^{+\infty}\frac{x^2}{x^4+x^2+1}\mathrm{d}x$; (2) p.v. $\displaystyle\int_{-\infty}^{+\infty}\frac{x^2}{(x^2+25)^2}\mathrm{d}x$;

(3) p.v. $\displaystyle\int_{-\infty}^{+\infty}\frac{1}{x^2+4x+8}\mathrm{d}x$; (4) $\displaystyle\int_0^{+\infty}\frac{x^2}{(x^2+9)(x^2+4)}\mathrm{d}x$.

8. 求下列积分的值:

(1) p.v. $\displaystyle\int_{-\infty}^{+\infty}\frac{x\sin x}{x^2-4x+13}\mathrm{d}x$; (2) p.v. $\displaystyle\int_{-\infty}^{+\infty}\frac{\cos 3x}{(x^2+4)(x^2+25)}\mathrm{d}x$.

(3) $\displaystyle\int_0^{+\infty}\frac{\cos x}{x^2+1}\mathrm{d}x$; (4) $\displaystyle\int_0^{+\infty}\frac{\cos 2x}{(x^2+1)^2}\mathrm{d}x$.

*9. 已知 $\displaystyle\int_0^{+\infty}\mathrm{e}^{-x^2}\mathrm{d}x=\frac{\sqrt{\pi}}{2}$, 证明: Fresnel 积分

$$\int_0^{+\infty}\sin x^2\mathrm{d}x=\int_0^{+\infty}\cos x^2\mathrm{d}x=\frac{\sqrt{2\pi}}{4}.$$

第六章　Fourier 变换

积分变换的一般形式为

$$F(s) = \int_a^b f(x)K(s,x)\mathrm{d}x,$$

其中 $K(s,x)$ 称为**核函数** (kernel function), 称 $F(s)$ 为 $f(x)$ 的**积分变换** (integral transform), 而由 $F(s)$ 求 $f(x)$ 称为**逆变换** (inverse transform), 求逆变换的公式称为**反演公式** (reciprocal formula). 常用的有 Fourier 变换、 Laplace 变换、 Mellin 变换、 Hankel 变换、 Stieltjes 变换、 Hilbert 变换、 Radon 变换等.

部分变换的定义如下:

Fourier 变换

$$F(\lambda) = \mathscr{F}[f(x)] = \int_{-\infty}^{+\infty} f(x)\mathrm{e}^{-\mathrm{i}\lambda x}\mathrm{d}x,$$

$$f(x) = \mathscr{F}^{-1}[F(\lambda)] = \frac{1}{2\pi}\int_{-\infty}^{+\infty} F(\lambda)\mathrm{e}^{\mathrm{i}\lambda x}\mathrm{d}\lambda.$$

Fourier 正弦变换

$$F(\lambda) = \mathscr{F}_{\mathrm{s}}[f(x)] = \int_0^{+\infty} f(x)\sin(\lambda x)\mathrm{d}x,$$

$$f(x) = \mathscr{F}_{\mathrm{s}}^{-1}[F(\lambda)] = \frac{2}{\pi}\int_0^{+\infty} F(\lambda)\sin(\lambda x)\mathrm{d}\lambda.$$

Fourier 余弦变换

$$F(\lambda) = \mathscr{F}_{\mathrm{c}}[f(x)] = \int_0^{+\infty} f(x)\cos(\lambda x)\mathrm{d}x,$$

$$f(x) = \mathscr{F}_{\mathrm{c}}^{-1}[F(\lambda)] = \frac{2}{\pi}\int_0^{+\infty} F(\lambda)\cos(\lambda x)\mathrm{d}\lambda.$$

Laplace 变换

$$F(s)=\mathscr{L}[f(x)]=\int_0^{+\infty} f(x)\mathrm{e}^{-sx}\mathrm{d}x,$$

$$f(x)=\mathscr{L}^{-1}[F(s)]=\frac{1}{2\pi\mathrm{i}}\int_{\beta-\mathrm{i}\infty}^{\beta+\mathrm{i}\infty} F(s)\mathrm{e}^{sx}\mathrm{d}s,$$

其中 β 大于 $F(s)$ 所有奇点的实部.

Mellin 变换

$$M(s)=\mathscr{M}[f(x)]=\int_0^{\infty} f(x)x^{s-1}\mathrm{d}x,$$

$$f(x)=\mathscr{M}^{-1}[M(s)]=\frac{1}{2\pi\mathrm{i}}\int_{\beta-\mathrm{i}\infty}^{\beta+\mathrm{i}\infty} M(s)x^{-s}\mathrm{d}s.$$

Hankel 变换

$$H(t)=\mathscr{H}[f(x)]=\int_0^{+\infty} xJ_\nu(tx)f(x)\mathrm{d}x,$$

$$f(x)=\mathscr{H}^{-1}[H(t)]=\int_0^{+\infty} tJ_\nu(tx)H(t)\mathrm{d}t,$$

其中 $J_\nu(x)$ 为 ν 阶 Bessel 函数.

注 6.1 一般来说, 一个变换没有唯一的逆变换. 例如, 两个仅仅在一个点上不同的函数有相同的变换. 但是, 任意的变换至多有一个连续的逆变换, 同一个变换的逆变换一般也仅在它们的不连续点上不同.

积分变换的重要应用就是把常微分方程变成代数方程、把偏微分方程变成常微分方程, 简化求解过程, 求出像函数. 然后由像函数再求像函数的逆变换, 得到像原函数, 即原方程的解.

本章我们主要学习 Fourier 变换的基础知识, 它在数学、物理及工程技术中都有非常重要的应用. 首先, 给出《高等数学》中学过的 Fourier 级数定理、引入 Fourier 变换并给出 Fourier 积分定理. 其次, 学习 Fourier 变换的性质; 再次, 给出 Fourier 变换的一些应用. 最后, 可以根据学时要求, 选讲离散 Fourier 变换和快速 Fourier 变换的相关知识.

§6.1 Fourier 变换的引入

6.1.1 Fourier 变换的定义

Fourier 积分实际上是 Fourier 级数的一种极限形式. 它最早是由 Fourier 在其 1822 年出版的专著《热的解析理论》中引入.

定理 6.1(Fourier 级数定理) 若一个周期为 $2l$ 的函数 $f(x)$ 在 $[-l,l]$ 上满足 Dirichlet 条件, 即 $f(x)$ 在 $[-l,l]$ 上满足:

(1) 连续或只有有限个第一类间断点;

(2) 只有有限个极值点, 则 $f(x)$ 在 $[-l,l]$ 上可展开成 Fourier 级数. 在连续点处, (三角形式)

$$f(x)=\frac{a_0}{2}+\sum_{n=1}^{\infty}\left(a_n\cos\frac{n\pi}{l}x+b_n\sin\frac{n\pi}{l}x\right), \tag{6.1.1}$$

其中系数

$$a_0=\frac{1}{l}\int_{-l}^{l}f(t)\mathrm{d}t,\quad a_n=\frac{1}{l}\int_{-l}^{l}f(t)\cos\frac{n\pi}{l}t\mathrm{d}t,$$

$$b_n=\frac{1}{l}\int_{-l}^{l}f(t)\sin\frac{n\pi}{l}t\mathrm{d}t,\quad n=1,2,\cdots.$$

将系数 a_n,b_n 代入 (6.1.1), 并利用三角函数的和差化积公式可得

$$\begin{aligned}f(x)&=\frac{1}{2l}\int_{-l}^{l}f(t)\mathrm{d}t+\sum_{n=1}^{\infty}\frac{1}{l}\int_{-l}^{l}f(t)\cos\frac{n\pi}{l}(x-t)\mathrm{d}t\\&=\frac{1}{2l}\int_{-l}^{l}f(t)\mathrm{d}t+\frac{1}{\pi}\sum_{n=1}^{\infty}\Delta\lambda_n\int_{-l}^{l}f(t)\cos\lambda_n(x-t)\mathrm{d}t,\end{aligned}$$

其中

$$\lambda_n=\frac{n\pi}{l},\quad \Delta\lambda_n=\lambda_{n+1}-\lambda_n=\frac{\pi}{l}.$$

不妨设极限

$$\lim_{l\to+\infty}\int_{-l}^{l}|f(t)|\mathrm{d}t$$

存在, 则当 $l\to+\infty$ 时, $\dfrac{1}{2l}\displaystyle\int_{-l}^{l}f(t)\mathrm{d}t\to 0$, 且形式上 (Cauchy 主值意义下, 本章后面出现“主值意义下”均作此意)

$$\frac{1}{\pi}\sum_{n=1}^{\infty}\Delta\lambda_n\int_{-l}^{l}f(t)\cos\lambda_n(x-t)\mathrm{d}t\to\frac{1}{\pi}\int_{0}^{+\infty}\mathrm{d}\lambda\int_{-\infty}^{+\infty}f(t)\cos\lambda(x-t)\mathrm{d}t.$$

所以, 可以猜想 (主值意义下)

$$f(x)=\frac{1}{\pi}\int_{0}^{+\infty}\mathrm{d}\lambda\int_{-\infty}^{+\infty}f(t)\cos\lambda(x-t)\mathrm{d}t.$$

再利用 Euler 公式 $\mathrm{e}^{\mathrm{i}\theta}=\cos\theta+\mathrm{i}\sin\theta$, 则可把上面 Fourier 级数的三角形式转化为复指数形式

$$\begin{aligned}f(x)&=\frac{1}{2\pi}\int_{0}^{+\infty}\mathrm{d}\lambda\int_{-\infty}^{+\infty}f(t)\mathrm{e}^{\mathrm{i}\lambda(x-t)}\mathrm{d}t+\frac{1}{2\pi}\int_{0}^{+\infty}\mathrm{d}\lambda\int_{-\infty}^{+\infty}f(t)\mathrm{e}^{-\mathrm{i}\lambda(x-t)}\mathrm{d}t\\&=\frac{1}{2\pi}\int_{0}^{+\infty}\mathrm{d}\lambda\int_{-\infty}^{+\infty}f(t)\mathrm{e}^{\mathrm{i}\lambda(x-t)}\mathrm{d}t+\frac{1}{2\pi}\int_{-\infty}^{0}\mathrm{d}\xi\int_{-\infty}^{+\infty}f(t)\mathrm{e}^{\mathrm{i}\xi(x-t)}\mathrm{d}t\\&=\frac{1}{2\pi}\int_{-\infty}^{+\infty}\mathrm{d}\lambda\int_{-\infty}^{+\infty}f(t)\mathrm{e}^{\mathrm{i}\lambda(x-t)}\mathrm{d}t\\&=\frac{1}{2\pi}\int_{-\infty}^{+\infty}\left[\int_{-\infty}^{+\infty}f(t)\mathrm{e}^{-\mathrm{i}\lambda t}\mathrm{d}t\right]\mathrm{e}^{\mathrm{i}\lambda x}\mathrm{d}\lambda.\end{aligned}\tag{6.1.2}$$

上式也称为 **Fourier 积分公式**.

为了严格证明上式, 我们不加证明引入下面的引理.

引理 6.1(Riemann-Lebesgue 引理) 设 $f\in C[a,b]$, 则

$$\lim_{n\to+\infty}\int_{a}^{b}f(x)\sin(nx)\mathrm{d}x=0.$$

Riemann-Lebesgue 引理的证明可以参见数学分析或实变函数教材, 这里从略.

定理 6.2 若 $\mathbf{R}$ 上的函数 $f(x)$ 满足下列条件:

(1) $f(x)$ 在 $\mathbf{R}$ 上任一有限区间上满足 Dirichlet 条件;

(2) 积分 $\int_{-\infty}^{+\infty}|f(x)|\mathrm{d}x$ 收敛 (也称为 $f(x)$ 在 $\mathbf{R}$ 上是绝对可积的),

则函数 $F(\lambda)=\int_{-\infty}^{+\infty}f(x)\mathrm{e}^{-\mathrm{i}\lambda x}\mathrm{d}x$ 在 $\mathbf{R}$ 上存在, 且满足

(1) $\lim\limits_{|\lambda|\to\infty}F(\lambda)=0$;

(2) $|F(\lambda)|\leqslant\int_{-\infty}^{+\infty}|f(x)|\mathrm{d}x$;

(3) $F(\lambda)$ 在 $\mathbf{R}$ 上是一致连续的.

证明 (1) 就是 Riemann-Lebesgue 引理. (2) 是显然的. 对于 (3), 因为

$$
\begin{aligned}
|F(\lambda+h)-F(\lambda)| &\leqslant\int_{-\infty}^{+\infty}|\mathrm{e}^{-\mathrm{i}(\lambda+h)x}f(x)-\mathrm{e}^{-\mathrm{i}\lambda x}f(x)|\mathrm{d}x\\
&\leqslant\int_{-\infty}^{+\infty}|\mathrm{e}^{-\mathrm{i}hx}-1|\cdot|f(x)|\mathrm{d}x,
\end{aligned}
$$

右端与 λ 无关, 所以, 上式在 $h\to0$ 时收敛于 0. 从而, $F(\lambda)$ 在 $\mathbf{R}$ 上是一致连续的. □

定理 6.3(Fourier 积分定理) 若 $\mathbf{R}$ 上的函数 $f(x)$ 是绝对可积的, 且具有连续的导函数 $f'(x)$, 则对任意的 $x\in\mathbf{R}$, 有

$$
\frac{1}{2\pi}\,\mathrm{p.v.}\int_{-\infty}^{+\infty}F(\lambda)\mathrm{e}^{\mathrm{i}\lambda x}\mathrm{d}\lambda=f(x),
$$

其中 $F(\lambda)=\int_{-\infty}^{+\infty}f(x)\mathrm{e}^{-\mathrm{i}\lambda x}\mathrm{d}x$ (本章的反常积分收敛都是指 Cauchy 主值意义下的收敛, 后面不再强调).

* **证明** 由假设和定理 6.2 知, $F(\lambda)$ 在 $\mathbf{R}$ 上是一致连续的. 下面固定 $x\in\mathbf{R}$ 和充分大的正数 N, 我们有

$$
\begin{aligned}
\frac{1}{2\pi}\int_{-N}^{N} F(\lambda)\mathrm{e}^{\mathrm{i}\lambda x}\mathrm{d}\lambda &= \frac{1}{2\pi}\int_{-\infty}^{+\infty}\left[\int_{-N}^{N}\mathrm{e}^{\mathrm{i}\lambda(x-t)}\mathrm{d}\lambda\right]f(t)\mathrm{d}t \\
&= \frac{1}{\pi}\int_{-\infty}^{+\infty} f(t)\frac{\sin N(x-t)}{x-t}\mathrm{d}t \\
&= \frac{1}{\pi}\int_{-\infty}^{+\infty} f(x+\xi)\frac{\sin N\xi}{\xi}\mathrm{d}\xi.
\end{aligned}
$$

再令 $M>0$, 记

$$
I_1 = \frac{1}{\pi}\int_{-\infty}^{-M} f(x+\xi)\frac{\sin N\xi}{\xi}\mathrm{d}\xi,
$$

$$
I_2 = \frac{1}{\pi}\int_{-M}^{M} f(x+\xi)\frac{\sin N\xi}{\xi}\mathrm{d}\xi,
$$

$$
I_3 = \frac{1}{\pi}\int_{M}^{+\infty} f(x+\xi)\frac{\sin N\xi}{\xi}\mathrm{d}\xi.
$$

对任意的 $\varepsilon>0$, 取定充分大的 $M>0$, 则有

$$
|I_1|+|I_3| \leqslant \frac{1}{M\pi}\int_{-\infty}^{+\infty}|f(x+\xi)|\mathrm{d}\xi < \frac{\varepsilon}{2}.
$$

因为函数 $f(x)$ 在 $\mathbf{R}$ 上具有连续的导函数, 所以

$$
\begin{aligned}
I_2 &= \frac{1}{\pi}\int_{-M}^{M}\frac{f(x+\xi)-f(x)}{\xi}\sin N\xi\mathrm{d}\xi + \frac{f(x)}{\pi}\int_{-M}^{M}\frac{\sin N\xi}{\xi}\mathrm{d}\xi \\
&= \frac{1}{\pi}\int_{-M}^{M}\left[\int_0^1 f'(x+\tau\xi)\mathrm{d}\tau\right]\sin N\xi\mathrm{d}\xi + \frac{f(x)}{\pi}\int_{-NM}^{NM}\frac{\sin\eta}{\eta}\mathrm{d}\eta.
\end{aligned}
$$

进一步, 利用 Riemann-Lebesgue 引理有

$$
\left|\frac{1}{\pi}\int_{-M}^{M}\left[\int_0^1 f'(x+\tau\xi)\mathrm{d}\tau\right]\sin N\xi\mathrm{d}\xi\right| < \frac{\varepsilon}{4}.
$$

再利用等式 $\displaystyle\int_0^{+\infty}\frac{\sin t}{t}\mathrm{d}t = \frac{\pi}{2}$ (参见例 5.18), 取充分大的 $N_0>0$, 使得当 $N>N_0$ 时有

$$
\left|\frac{f(x)}{\pi}\int_{-NM}^{NM}\frac{\sin\eta}{\eta}\mathrm{d}\eta - f(x)\right| < \frac{\varepsilon}{4}.
$$

于是, 当 $N > N_0$ 时有 $|I_2 - f(x)| < \dfrac{\varepsilon}{2}$. 因此, 对任意的 $\varepsilon > 0$, 当 $N > N_0$ 时有

$$\left|\frac{1}{2\pi}\int_{-N}^{N} F(\lambda)\mathrm{e}^{\mathrm{i}\lambda x}\mathrm{d}\lambda - f(x)\right| \leqslant \varepsilon. \qquad \square$$

注 6.2 (1) Fourier 积分定理的条件仅仅是充分的. 定理的条件可以适当减弱, 例如, 若 f 在 x_0 处满足 Fourier 级数收敛的条件, 则 $f(x)$ 的 Fourier 积分 $F(\lambda)$ 也在 x_0 处收敛. 特别地, 若存在常数 $\varepsilon > 0$, 使得 $\displaystyle\int_0^{\varepsilon} \frac{\left|\dfrac{f(x_0+t)+f(x_0-t)}{2} - f(x_0)\right|}{t}\mathrm{d}t < \infty$, 则

$$\frac{1}{2\pi}\text{p.v.}\int_{-\infty}^{+\infty} F(\lambda)\mathrm{e}^{\mathrm{i}\lambda x_0}\mathrm{d}\lambda = f(x_0).$$

若 x_0 是 $f(x)$ 的第一类间断点, 则

$$\frac{1}{2\pi}\text{p.v.}\int_{-\infty}^{+\infty} F(\lambda)\mathrm{e}^{\mathrm{i}\lambda x_0}\mathrm{d}\lambda = \frac{f(x_0+0)+f(x_0-0)}{2}. \tag{6.1.3}$$

* 更一般地, 若 $f(x)$ 在 x_0 的某个邻域 $[x_0-\delta, x_0+\delta]$ 内是有界变差的, 即对 $[x_0-\delta, x_0+\delta]$ 的任意分割 $T : x_0 - \delta = x_1 < x_2 < \cdots < x_N < x_{N+1} = x_0 + \delta$, 有和式

$$\sup_{T}\sum_{k=1}^{N}|f(x_{k+1}) - f(x_k)| < +\infty,$$

则式 (6.1.3) 也成立.

事实上, 如定理证明过程

$$\begin{aligned}
&\frac{1}{2\pi}\int_{-N}^{N} F(\lambda)\mathrm{e}^{\mathrm{i}\lambda x_0}\mathrm{d}\lambda \\
&= \frac{1}{2\pi}\int_{-\infty}^{+\infty}\left[\int_{-N}^{N}\mathrm{e}^{\mathrm{i}\lambda(x_0-t)}\mathrm{d}\lambda\right]f(t)\mathrm{d}t \\
&= \frac{1}{\pi}\int_{-\infty}^{+\infty} f(t)\frac{\sin N(x_0-t)}{x_0-t}\mathrm{d}t = \frac{1}{\pi}\int_{-\infty}^{+\infty} f(x_0+\xi)\frac{\sin N\xi}{\xi}\mathrm{d}\xi \\
&= \frac{1}{\pi}\int_0^{+\infty}[f(x_0+\xi)+f(x_0-\xi)]\frac{\sin N\xi}{\xi}\mathrm{d}\xi \\
&= \frac{2}{\pi}\int_0^{\sigma}\frac{f(x_0+\xi)+f(x_0-\xi)}{2}\frac{\sin N\xi}{\xi}\mathrm{d}\xi +
\end{aligned}$$

$$\frac{2}{\pi}\int_{\sigma}^{+\infty}\frac{f(x_0+\xi)+f(x_0-\xi)}{2}\frac{\sin N\xi}{\xi}\mathrm{d}\xi$$

$$\to\frac{f(x_0+0)+f(x_0-0)}{2}+0=\frac{f(x_0+0)+f(x_0-0)}{2}\quad(\text{当}N\to+\infty\text{时}),$$

其中正数 σ 充分小.

(2) (唯一性) 设函数 $f(x)$ 在 $\mathbf{R}$ 上具有连续的导函数, 满足绝对可积条件, 且对任意的 $\lambda\in\mathbf{R}$, 有 $F(\lambda)=\displaystyle\int_{-\infty}^{+\infty}f(x)\mathrm{e}^{-\mathrm{i}\lambda x}\mathrm{d}x=0$, 则 $f(x)=0$.

(3) 可以得到 **Fourier 积分公式**的三角形式

$$f(x)=\frac{1}{\pi}\int_{0}^{+\infty}\left[\int_{-\infty}^{+\infty}f(\tau)\cos\omega(x-\tau)\mathrm{d}\tau\right]\mathrm{d}\omega.$$

事实上, 由 (6.1.2) 知,

$$\begin{aligned}f(x)&=\frac{1}{2\pi}\int_{-\infty}^{+\infty}\left[\int_{-\infty}^{+\infty}f(\tau)\mathrm{e}^{-\mathrm{i}\lambda\tau}\mathrm{d}\tau\right]\mathrm{e}^{\mathrm{i}\lambda x}\mathrm{d}\lambda\\&=\frac{1}{2\pi}\int_{-\infty}^{+\infty}\left[\int_{-\infty}^{+\infty}f(\tau)\mathrm{e}^{\mathrm{i}\lambda(x-\tau)}\mathrm{d}\tau\right]\mathrm{d}\lambda\\&=\frac{1}{2\pi}\int_{-\infty}^{+\infty}\left[\int_{-\infty}^{+\infty}f(\tau)\cos\lambda(x-\tau)\mathrm{d}\tau+\mathrm{i}\int_{-\infty}^{+\infty}f(\tau)\sin\lambda(x-\tau)\mathrm{d}\tau\right]\mathrm{d}\lambda\\&=\frac{1}{\pi}\int_{0}^{+\infty}\left[\int_{-\infty}^{+\infty}f(\tau)\cos\lambda(x-\tau)\mathrm{d}\tau\right]\mathrm{d}\lambda.\end{aligned}$$

进一步, 当 $f(x)$ 为奇函数时,

$$\begin{aligned}f(x)&=\frac{1}{\pi}\int_{0}^{+\infty}\left[\int_{-\infty}^{+\infty}f(\tau)(\cos\lambda x\cos\lambda\tau+\sin\lambda x\sin\lambda\tau)\mathrm{d}\tau\right]\mathrm{d}\lambda\\&=\frac{2}{\pi}\int_{0}^{+\infty}\left[\int_{0}^{+\infty}f(\tau)\sin\lambda\tau\mathrm{d}\tau\right]\sin\lambda x\ \mathrm{d}\lambda,\end{aligned}$$

称为 **Fourier 正弦积分公式**. 类似地, 当 $f(x)$ 为偶函数时,

$$f(x)=\frac{2}{\pi}\int_{0}^{+\infty}\left[\int_{0}^{+\infty}f(\tau)\cos\lambda\tau\mathrm{d}\tau\right]\cos\lambda x\ \mathrm{d}\lambda,$$

称为 **Fourier 余弦积分公式**.

于是, 引入如下定义.

定义 6.1 若 $f(x)$ 在 $\mathbf{R}$ 上满足 Fourier 积分定理的条件, 则称

$$F(\lambda)=\int_{-\infty}^{+\infty} f(x)\mathrm{e}^{-\mathrm{i}\lambda x}\mathrm{d}x$$

为 $f(x)$ 的 **Fourier 变换 (式)**, 记为 $F(\lambda)=\mathscr{F}[f(x)]$ 或 $\widehat{f}(\lambda)$. 称

$$f(x)=\frac{1}{2\pi}\int_{-\infty}^{+\infty} F(\lambda)\mathrm{e}^{\mathrm{i}\lambda x}\mathrm{d}\lambda$$

为 $F(\lambda)$ 的 **Fourier 逆变换 (式)**, 记 $f(x)=\mathscr{F}^{-1}[F(\lambda)]$ 或 $\check{F}(x)$. 也称 $F(\lambda)$ 为 $f(x)$ 的**像函数**, $f(x)$ 为 $F(\lambda)$ 的**像原函数**.

作为变换, $F(\lambda)$ 和 $f(x)$ 构成一个 **Fourier 变换对**.

注 6.3 (1) 其他教材或参考书中, 也取

$$F(\lambda)=\frac{1}{\sqrt{2\pi}}\int_{-\infty}^{+\infty} f(x)\mathrm{e}^{-\mathrm{i}\lambda x}\mathrm{d}x,\quad f(x)=\frac{1}{\sqrt{2\pi}}\int_{-\infty}^{+\infty} F(\lambda)\mathrm{e}^{\mathrm{i}\lambda x}\mathrm{d}\lambda$$

或 (参见 [12, 17, 27])

$$F(\lambda)=\int_{-\infty}^{+\infty} f(x)\mathrm{e}^{-2\mathrm{i}\pi\lambda x}\mathrm{d}x,\quad f(x)=\int_{-\infty}^{+\infty} F(\lambda)\mathrm{e}^{2\mathrm{i}\pi\lambda x}\mathrm{d}\lambda$$

作为定义.

(2) 可推广到高维情形:

$$F(\boldsymbol{\lambda})=\int_{\mathbf{R}^n} f(x)\mathrm{e}^{-\mathrm{i}\boldsymbol{\lambda}\cdot\boldsymbol{x}}\mathrm{d}\boldsymbol{x},\quad f(\boldsymbol{x})=\frac{1}{(2\pi)^n}\int_{\mathbf{R}^n} F(\boldsymbol{\lambda})\mathrm{e}^{\mathrm{i}\boldsymbol{\lambda}\cdot\boldsymbol{x}}\mathrm{d}\boldsymbol{\lambda}.$$

知识扩展

(3) Fourier 积分定理也可写成

$$\mathscr{F}^{-1}\Big[\mathscr{F}[f(x)]\Big]=f(x)\quad 或者\quad (\widehat{f})^{\vee}=f.$$

(4) 数学中常用 $\mathrm{i}=\sqrt{-1}$ 表示虚数单位, 电工学教材则用 “ j ” 表示.

类似于 Fourier 级数, 若 $f(x)$ 仅在 $(0,+\infty)$ 上有定义, 且满足 Fourier 积分定理的条件, 则可以采用类似于 Fourier 级数中的奇（或偶）延拓的方法, 得到 $f(x)$ 相应的 Fourier 正（或余）弦积分展开式.

定义 6.2 (1) 当 $f(x)$ 为奇函数时,

$$F_{\mathrm{s}}(\lambda)=\int_0^{+\infty} f(x)\sin\lambda x\mathrm{d}x,$$

称为 $f(x)$ 的 **Fourier 正弦变换 (式)** , 记为 $\mathscr{F}_{\mathrm{s}}[f(x)]$;

$$f(x)=\frac{2}{\pi}\int_0^{+\infty} F_{\mathrm{s}}(\lambda)\sin\lambda x\mathrm{d}\lambda,$$

称为 $F_{\mathrm{s}}(\lambda)$ 的 **Fourier 正弦逆变换 (式)**, 记为 $\mathscr{F}_{\mathrm{s}}^{-1}[F_{\mathrm{s}}(\lambda)]$.

(2) 当 $f(x)$ 为偶函数时,

$$F_{\mathrm{c}}(\lambda)=\int_0^{+\infty} f(x)\cos\lambda x\mathrm{d}x,$$

称为 $f(x)$ 的 **Fourier 余弦变换 (式)**, 记为 $\mathscr{F}_{\mathrm{c}}[f(x)]$;

$$f(x)=\frac{2}{\pi}\int_0^{+\infty} F_{\mathrm{c}}(\lambda)\cos\lambda x\mathrm{d}\lambda,$$

称为 $F_{\mathrm{c}}(\lambda)$ 的 **Fourier 余弦逆变换 (式)** , 记为 $\mathscr{F}_{\mathrm{c}}^{-1}[F_{\mathrm{c}}(\lambda)]$.

* **注 6.4** 对应于 $(0,l]$ 上 Fourier 级数, 可以类似定义 $f(x)$ 的**有限 Fourier 正弦变换**

$$F_{\mathrm{s}}(n)=\int_0^{l} f(x)\sin\frac{n\pi x}{l}\mathrm{d}x,\quad n\in\mathbf{N}_+,$$

记为 $\mathscr{F}_{\mathrm{s}}[f(x)](n)$. $F_{\mathrm{s}}(n)$ 的**有限 Fourier 正弦逆变换**

$$f(x)=\frac{2}{l}\sum_{n=1}^{\infty}F_{\mathrm{s}}(n)\sin\frac{n\pi x}{l},$$

记为 $\mathscr{F}_{\mathrm{s}}^{-1}[F_{\mathrm{s}}(n)]$.

同样可以定义 $f(x)$ 的**有限 Fourier 余弦变换**

$$F_{\mathrm{c}}(n)=\int_0^{l} f(x)\cos\frac{n\pi x}{l}\mathrm{d}x,\quad n\in\mathbf{N},$$

记为 $\mathscr{F}_{\mathrm{c}}[f(x)](n)$. $F_{\mathrm{c}}(n)$ 的**有限 Fourier 余弦逆变换**

$$f(x)=\frac{1}{l}F_{\mathrm{c}}(0)+\frac{2}{l}\sum_{n=1}^{\infty}F_{\mathrm{c}}(n)\cos\frac{n\pi x}{l}.$$

记为 $\mathscr{F}_{\mathrm{c}}^{-1}[F_{\mathrm{c}}(n)]$.

例 6.1 若矩形单位脉冲函数 $f_1(x)=\begin{cases}1, & |x|\leqslant A,\\ 0, & |x|>A,\end{cases}$ 其中 $A>0$, 求 $\mathscr{F}[f_1(x)]$.

解 $\mathscr{F}[f_1(x)]=\displaystyle\int_{-A}^{A}1\cdot\mathrm{e}^{-\mathrm{i}\lambda x}\mathrm{d}x=2\int_0^A\cos(\lambda x)\mathrm{d}x=\frac{2\sin(A\lambda)}{\lambda}$(如图 6.1 所示). □

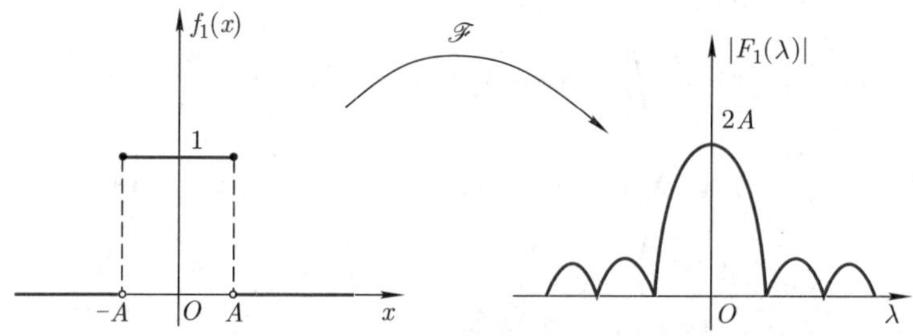

图 6.1 矩形单位脉冲函数

例 6.2 若指数衰减函数 $f_2(x)=\begin{cases}\mathrm{e}^{-\beta x}, & x\geqslant 0,\\ 0, & x<0,\end{cases}$ 其中 $\beta>0$, 求 $\mathscr{F}[f_2(x)]$.

解
$$\mathscr{F}[f_2(x)]=\int_0^{+\infty}\mathrm{e}^{-\beta x}\cdot\mathrm{e}^{-\mathrm{i}\lambda x}\mathrm{d}x=\int_0^{+\infty}\mathrm{e}^{-(\beta+\mathrm{i}\lambda)x}\mathrm{d}x$$
$$=\frac{1}{\beta+\mathrm{i}\lambda}\text{(如图 6.2 所示).}$$
□

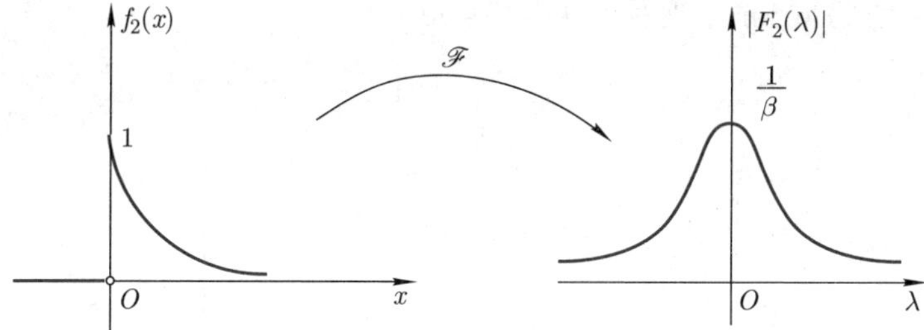

图 6.2 指数衰减函数

例 6.3 若矩形射频脉冲函数 $g(x)=\begin{cases}A\cos\lambda_0 x, & |x|\leqslant B,\\ 0, & |x|>B,\end{cases}$ 其中常数

$\lambda_0 \in \mathbf{R}$, $A, B > 0$, 求 $\mathscr{F}[g(x)]$, 并证明

$$\int_0^{+\infty} \frac{\lambda_0 \sin B\lambda_0 \cos B\lambda - \lambda \cos B\lambda_0 \sin B\lambda}{\lambda_0^2 - \lambda^2} \cos \lambda x \mathrm{d}\lambda = \begin{cases} \dfrac{\pi}{2} \cos \lambda_0 x, & |x| < B, \\ \dfrac{\pi}{4} \cos \lambda_0 B, & |x| = B, \\ 0, & |x| > B. \end{cases}$$

解 首先, $g(x)$ 的 Fourier 变换为

$$\begin{aligned} G(\lambda) = \mathscr{F}[g(x)] &= \int_{-B}^{B} A \cos \lambda_0 x \cdot \mathrm{e}^{-\mathrm{i}\lambda x} \mathrm{d}x \\ &= \int_{-B}^{B} A \cos \lambda_0 x \cdot \cos \lambda x \mathrm{d}x - \mathrm{i} \int_{-B}^{B} A \cos \lambda_0 x \cdot \sin \lambda x \mathrm{d}x \\ &= \int_{-B}^{B} A \cos \lambda_0 x \cdot \cos \lambda x \mathrm{d}x \\ &= A \int_{-B}^{B} \frac{\cos(\lambda_0 x + \lambda x) + \cos(\lambda_0 x - \lambda x)}{2} \mathrm{d}x \\ &= A \int_0^{B} [\cos(\lambda_0 + \lambda)x + \cos(\lambda_0 - \lambda)x] \mathrm{d}x \\ &= A \left[\frac{\sin(\lambda_0 + \lambda)B}{\lambda_0 + \lambda} + \frac{\sin(\lambda_0 - \lambda)B}{\lambda_0 - \lambda} \right] \text{(如图 6.3 所示)}. \end{aligned}$$

其次, $G(\lambda)$ 的 Fourier 逆变换为 (连续点处)

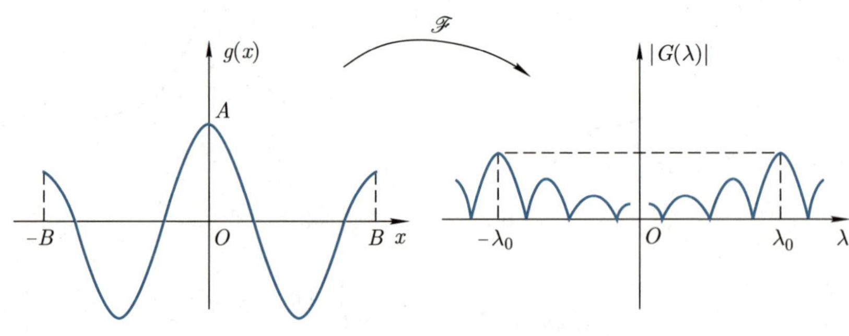

图 6.3 矩形射频脉冲函数

$$\begin{aligned}g(x) &= \mathscr{F}^{-1}[G(\lambda)] = \frac{1}{2\pi}\int_{-\infty}^{+\infty} A\left[\frac{\sin(\lambda_0+\lambda)B}{\lambda_0+\lambda} + \frac{\sin(\lambda_0-\lambda)B}{\lambda_0-\lambda}\right]\mathrm{e}^{\mathrm{i}\lambda x}\mathrm{d}\lambda \\ &= \frac{A}{2\pi}\int_{-\infty}^{+\infty} \frac{2\lambda_0 \sin B\lambda_0 \cos B\lambda - 2\lambda\cos B\lambda_0 \sin B\lambda}{\lambda_0^2-\lambda^2}\mathrm{e}^{\mathrm{i}\lambda x}\mathrm{d}\lambda \\ &= \frac{A}{\pi}\int_{-\infty}^{+\infty} \frac{\lambda_0 \sin B\lambda_0 \cos B\lambda - \lambda\cos B\lambda_0 \sin B\lambda}{\lambda_0^2-\lambda^2}\cos\lambda x\mathrm{d}\lambda \\ &= \frac{2A}{\pi}\int_{0}^{+\infty} \frac{\lambda_0 \sin B\lambda_0 \cos B\lambda - \lambda\cos B\lambda_0 \sin B\lambda}{\lambda_0^2-\lambda^2}\cos\lambda x\mathrm{d}\lambda.\end{aligned}$$

最后, 由上式和 Fourier 积分定理知结论成立. □

在例 6.3 中, 当 $\lambda_0 = 0$ 和 $x = 0$ 时, 可以得到著名的 Dirichlet 积分 (参考例 5.18)

$$\int_0^{+\infty} \frac{\sin\lambda}{\lambda}\mathrm{d}\lambda = \frac{\pi}{2}.$$

6.1.2 δ 函数

下面我们来看一个例子.

例 6.4 电学中线性电路中, 研究受到脉冲性质的电势作用后所产生电流 $i(t)$ 的规律.

解 假设在电流为零的线性电路中, 某一瞬时 (不妨设为 $t = 0$) 进入一个单位电量的脉冲, 以 $q(t)$ 表示线性电路中从时刻 0 到时刻 t 通过导体截面的电荷函数 (或称累积电量), 则 $q(t) = \begin{cases} 0, & t \leqslant 0, \\ 1, & t > 0. \end{cases}$ 因为电流强度是电荷函数对时间的变化率, 所以

$$i(t) = \frac{\mathrm{d}}{\mathrm{d}t}q(t) = \lim_{\Delta t\to 0}\frac{q(t+\Delta t)-q(t)}{\Delta t}.$$

由此可见, 当 $t \neq 0$ 时, $i(t) = 0$. 当 $t = 0$ 时, 函数 $q(t)$ 不连续, 在经典的导数意义下, $q'(0)$ 不存在. 并且,

$$q'_-(0) = \lim_{\Delta t\to 0-}\frac{q(0+\Delta t)-q(0)}{\Delta t} = \lim_{\Delta t\to 0-}\frac{0-0}{\Delta t} = 0,$$

$$q'_+(0) = \lim_{\Delta t \to 0+} \frac{q(0+\Delta t) - q(0)}{\Delta t} = \lim_{\Delta t \to 0+} \frac{1}{\Delta t} = +\infty.$$

于是, 在通常意义下的函数类中找不到一个函数来表示电流强度 $i(0)$. □

为此, 引入了单位脉冲函数 (unit impulse function) 就是 δ **函数**, 也称 **Dirac 函数**. 它在实际的工程技术和信号处理中表示集中于一点或一瞬时的量, 如点电荷、点热源、点质量、冲激函数等.

δ 函数是一个特殊的广义函数, 它不同于我们通常意义下常见的函数. 它的严格数学定义, 是某个基本函数空间上的线性连续泛函. 相关概念和结论已经超出了工程数学课程的教学大纲, 这里仅仅表述关于 Fourier 变换它的一些性质和结果, 详细点的结果可看延伸阅读.

知识扩展

形式上, δ 函数可定义为

$$\delta(x) = \begin{cases} 0, & x \neq 0, \\ +\infty, & x = 0. \end{cases} \tag{6.1.4}$$

或者把它看作极限 $\lim\limits_{\varepsilon \to 0} \delta_\varepsilon(x) = \delta(x)$, 即对任意一个无穷次可微的函数 φ, 都有

$$\int_{-\infty}^{+\infty} \delta(x)\varphi(x)\mathrm{d}x = \lim_{\varepsilon \to 0+} \int_{-\infty}^{+\infty} \delta_\varepsilon(x)\varphi(x)\mathrm{d}x,$$

其中函数列 $\delta_\varepsilon(x)$ 可以选取矩形脉冲函数列 $\delta_\varepsilon(x) = \begin{cases} 0, \ x < 0, \\ \dfrac{1}{\varepsilon}, \ 0 \leqslant x \leqslant \varepsilon, \\ 0, \ x > \varepsilon, \end{cases}$ 钟形脉冲函数列 $\dfrac{1}{\sqrt{\varepsilon\pi}}\mathrm{e}^{-\frac{x^2}{\varepsilon}}$, 或其他一些函数列. 由积分中值定理 ($\theta \in (0,1)$)

$$\begin{aligned} \int_{-\infty}^{+\infty} \delta(x)\varphi(x)\mathrm{d}x &= \lim_{\varepsilon \to 0+} \int_{-\infty}^{+\infty} \delta_\varepsilon(x)\varphi(x)\mathrm{d}x = \lim_{\varepsilon \to 0+} \int_0^\varepsilon \frac{1}{\varepsilon}\varphi(x)\mathrm{d}x \\ &= \lim_{\varepsilon \to 0+} 1 \cdot \varphi(\varepsilon\theta) = \varphi(0). \end{aligned}$$

即, 对任意一个无穷次可微的函数 φ,

$$\int_{-\infty}^{+\infty} \delta(x)\varphi(x)\mathrm{d}x = \varphi(0). \tag{6.1.5}$$

一般地, 对任意一个无穷次可微的函数 φ 和任意固定的点 $x_0 \in \mathbf{R}$, 利用平移变换, 有

$$\int_{-\infty}^{+\infty} \delta(x - x_0)\varphi(x)\mathrm{d}x = \varphi(x_0).$$

特别地, 取上述 $\varphi \equiv 1$, 则有

$$\int_{-\infty}^{+\infty} \delta(x - x_0)\mathrm{d}x = 1, \qquad \int_{-\infty}^{+\infty} \delta(x)\mathrm{d}x = 1. \tag{6.1.6}$$

将 δ 函数用一个长度等于 1 的有向线段来表示, 长度表示 δ 函数的积分值, 称为 **δ 函数的强度** (如图 6.4 所示). 利用 (6.1.5) 可得, δ 函数的 Fourier 变换为

$$\mathscr{F}[\delta(x)] = \int_{-\infty}^{+\infty} \delta(x)\mathrm{e}^{-\mathrm{i}\lambda x}\mathrm{d}x = \mathrm{e}^{-\mathrm{i}\lambda x}\Big|_{x=0} = 1.$$

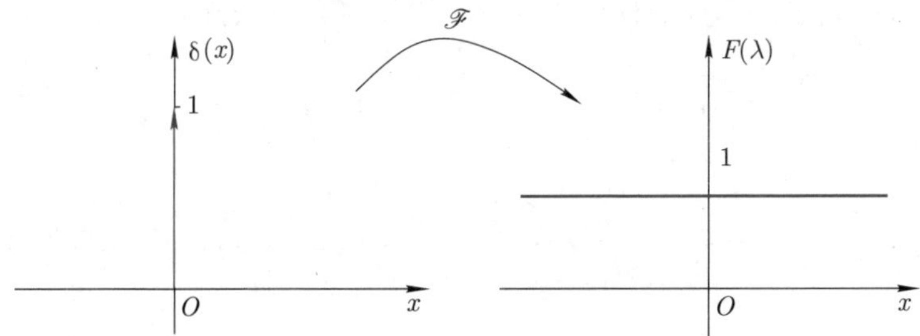

图 6.4 单位脉冲函数的 Fourier 变换

所以, $\delta(x)$ 与 1 构成一个 Fourier 变换对. 进一步, $\delta(x - x_0)$ 与 $\mathrm{e}^{-\mathrm{i}\lambda x_0}$ 构成一个 Fourier 变换对.

此外, δ 函数具有性质:

(i) δ 函数是偶函数, 即 $\delta(-x) = \delta(x)$.

(ii) 对非零实常数 a, 有 $\delta(ax) = \dfrac{\delta(x)}{|a|}$.

(iii) $x\delta(x) = 0$. 反之, 若广义函数 f, g 满足 $xf(x) = xg(x)$, 则存在某个常数 c, 使得 $f(x) = g(x) + c\delta(x)$.

(iv) $\int_{-\infty}^{x} \delta(\tau)\mathrm{d}\tau = \mathrm{H}(x)$, $\frac{\mathrm{d}}{\mathrm{d}x}\mathrm{H}(x) = \delta(x)$, 其中 $\mathrm{H}(x) = \begin{cases} 1, & x > 0, \\ 0, & x < 0 \end{cases}$ 称为单位阶跃函数.

(v) 对任意一个无穷次可微的函数 $\varphi \in C^{\infty}(\mathbf{R})$, 有

$$\int_{-\infty}^{+\infty} \delta^{(n)}(x)\varphi(x)\mathrm{d}x = (-1)^n \varphi^{(n)}(0).$$

在物理学和工程技术中, 有许多常见的重要函数不满足 Fourier 积分定理中的"绝对可积"条件, 如常数、符号函数、单位阶跃函数、正弦函数、余弦函数等, 但是它们的广义 Fourier 变换存在.

例 6.5 证明: 单位阶跃函数或 **Heaviside 函数** $\mathrm{H}(x) = \begin{cases} 1, & x > 0, \\ 0, & x < 0 \end{cases}$ 的 Fourier 变换为

$$\mathscr{F}[\mathrm{H}(x)] = \frac{1}{\mathrm{i}\lambda} + \pi\delta(\lambda).$$

证明 设 $F(\lambda) = \frac{1}{\mathrm{i}\lambda} + \pi\delta(\lambda)$, 则

$$\begin{aligned} f(x) &= \mathscr{F}^{-1}[F(\lambda)] = \frac{1}{2\pi}\int_{-\infty}^{+\infty} \left[\frac{1}{\mathrm{i}\lambda} + \pi\delta(\lambda)\right]\mathrm{e}^{\mathrm{i}\lambda x}\mathrm{d}\lambda \\ &= \frac{1}{2}\int_{-\infty}^{+\infty} \delta(\lambda)\mathrm{e}^{\mathrm{i}\lambda x}\mathrm{d}\lambda + \frac{1}{2\pi}\int_{-\infty}^{+\infty} \frac{\mathrm{e}^{\mathrm{i}\lambda x}}{\mathrm{i}\lambda}\mathrm{d}\lambda \\ &= \frac{1}{2} + \frac{1}{2\pi}\int_{-\infty}^{+\infty} \frac{\sin(\lambda x)}{\lambda}\mathrm{d}\lambda = \mathrm{H}(x)\,(\text{如图 6.5 所示}). \end{aligned}$$

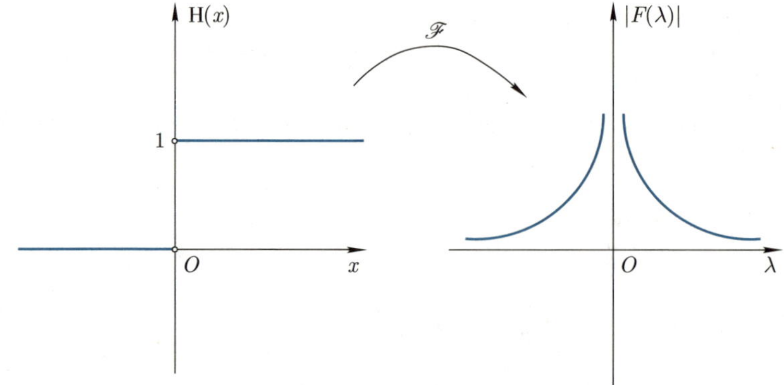

图 6.5 单位阶跃函数的 Fourier 变换

其中上式的最后一个等号利用了例 5.18 或例 6.3 的结论. □

例 6.6 证明: 常值函数 $f(x)\equiv 1$ 的 Fourier 变换为

$$\mathscr{F}[1]=2\pi\delta(\lambda).$$

证明 设 $F(\lambda)=2\pi\delta(\lambda)$, 则

$$\begin{aligned}\mathscr{F}^{-1}[F(\lambda)] &= \frac{1}{2\pi}\int_{-\infty}^{+\infty}2\pi\delta(\lambda)\cdot \mathrm{e}^{\mathrm{i}\lambda x}\mathrm{d}\lambda\\ &=\int_{-\infty}^{+\infty}\delta(\lambda)\mathrm{e}^{\mathrm{i}\lambda x}\mathrm{d}\lambda=1\text{(如图 6.6 所示)}.\end{aligned}$$ □

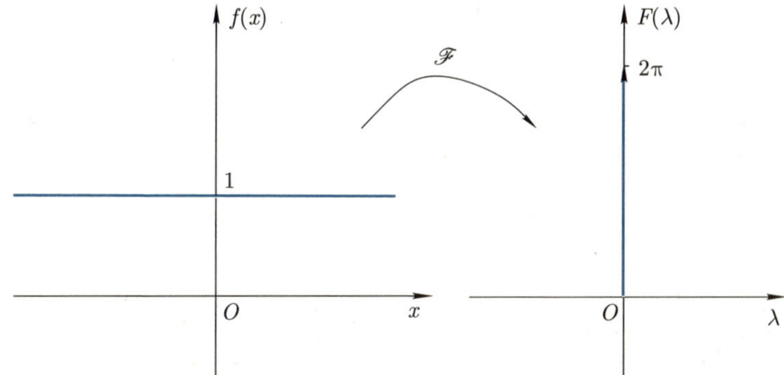

图 6.6 常值函数的 Fourier 变换

6.1.3 Fourier 变换的物理意义

在 Fourier 级数定理 (定理 6.1) 中, 以 $2l$ 为周期的非正弦函数 $f_l(x)$ 的第 n 次谐波 (三角形式)

$$a_n\cos\frac{n\pi}{l}x+b_n\sin\frac{n\pi}{l}x=A_n\sin\frac{n\pi}{l}(x+\theta_n)$$

的振幅 $A_n=\sqrt{a_n^2+b_n^2}$, 位相为 $\theta_n=\dfrac{l}{n\pi}\arctan\dfrac{a_n}{b_n}$. 化为复指数形式, 第 n 次谐波为

$$c_n\mathrm{e}^{\mathrm{i}\frac{n\pi}{l}x}+c_{-n}\mathrm{e}^{-\mathrm{i}\frac{n\pi}{l}x},$$

其中 $c_n=\dfrac{a_n-\mathrm{i}b_n}{2}$, $c_{-n}=\dfrac{a_n+\mathrm{i}b_n}{2}$, $|c_n|=|c_{-n}|=\dfrac{1}{2}\sqrt{a_n^2+b_n^2}$. 于是, $A_n=2|c_n|$ $(n=0,1,2,\cdots)$ 描述了各次谐波的振幅随频率变化的分布情况.

频谱图常指频率 (frequency) 和振幅 (amplitude) 的关系图. 在工程技术和信号处理中频谱图应用非常广泛, 它清晰地表明了一个非正弦周期函数包含了哪些频率分量, 以及各分量所占的比重, 例如振幅的大小, 其中 A_n 称为 $f(x)$ 的**振幅频谱**, 简称**频谱** (frequency spectrum). 若 $A_n(n=0,1,2,\cdots)$ 的图形不连续, 称为**离散频谱**.

例 6.7 周期为 $2l$ 的矩形单位脉冲函数在一个周期内的表达式为

$$f_{2l}(x)=\begin{cases}0, & -l\leqslant x<-\dfrac{l}{2},\\ 1, & -\dfrac{l}{2}\leqslant x\leqslant \dfrac{l}{2},\\ 0, & \dfrac{l}{2}<x\leqslant l,\end{cases}$$

画出其频谱图.

解 由 Fourier 级数定理 (定理 6.1) 知

$$b_n=\frac{1}{l}\int_{-l}^{l}f_{2l}(x)\sin\frac{n\pi}{l}x\mathrm{d}x=\frac{1}{l}\int_{-\frac{l}{2}}^{\frac{l}{2}}1\cdot\sin\frac{n\pi}{l}x\mathrm{d}x=0,\quad n\in\mathbf{N},$$

$$a_0=\frac{1}{l}\int_{-l}^{l}f_{2l}(x)\mathrm{d}x=\frac{1}{l}\int_{-\frac{l}{2}}^{\frac{l}{2}}1\mathrm{d}x=1,$$

$$\begin{aligned}a_n&=\frac{1}{l}\int_{-l}^{l}f_{2l}(x)\cos\frac{n\pi}{l}x\mathrm{d}x=\frac{1}{l}\int_{-\frac{l}{2}}^{\frac{l}{2}}1\cdot\cos\frac{n\pi}{l}x\mathrm{d}x=\frac{2}{n\pi}\sin\frac{n\pi}{2}\\&=\begin{cases}0, & n=2k,\quad k\in\mathbf{N}_+,\\ \dfrac{2}{(2k-1)\pi}(-1)^{k-1}, & n=2k-1,\quad k\in\mathbf{N}_+.\end{cases}\end{aligned}$$

所以, $f_{2l}(x)$ 的 Fourier 级数为

$$f_{2l}(x)=\frac{1}{2}+\sum_{k=1}^{+\infty}\frac{2}{(2k-1)\pi}(-1)^{k-1}\cos\frac{(2k-1)\pi}{l}x.$$

它的频谱为

$$A_0=|a_0|=\frac{1}{2},\quad A_{2k}=|a_{2k}|=0,\quad A_{2k-1}=|a_{2k-1}|=\frac{2}{(2k-1)\pi},\quad k\in\mathbf{N}_+.$$

$$\lambda=\frac{2\pi}{2l}=\frac{\pi}{l},\quad \lambda_n=\frac{n\pi}{l},\quad n\in\mathbf{N}_+(\text{如图 6.7 所示}).$$ □

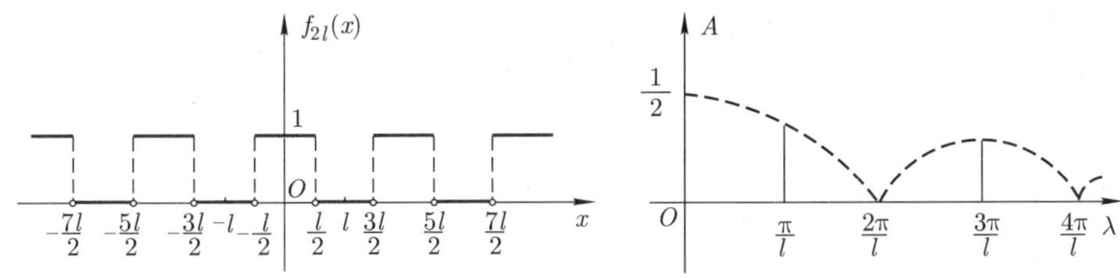

图 6.7 周期为 $2l$ 的矩形单位脉冲函数的频谱图

对满足 Fourier 积分定理条件的非周期函数 $f(x)$, 当自变量 x 是时间 t 时, 输入函数 $f(t)$ 表示一个物理信号, λ 就表示常见的频率. 对每个频率 λ, 输入函数 $f(t)$ 的 Fourier 变换就产生了一个频域函数 $F(\lambda)$ (frequency-domain function)

$$F(\lambda)=\int_{-\infty}^{+\infty} f(t)\mathrm{e}^{-\mathrm{i}\lambda t}\mathrm{d}t.$$

复数 $F(\lambda)$ 给出频率为 λ 时这个物理信号的振幅和位相. 然后, $f(t)$ 就能表示为所有可能频率的复分量的重新组合, 即为 $F(\lambda)$ 的 Fourier 逆变换

$$f(t)=\frac{1}{2\pi}\int_{-\infty}^{+\infty} F(\lambda)\mathrm{e}^{\mathrm{i}\lambda t}\mathrm{d}\lambda.$$

因此, 在频谱分析中, $F(\lambda)$ 称为 $f(x)$ 的**频谱函数** (frequency distribution), $|F(\lambda)|$ 称为 $f(x)$ 的**振幅频谱**, 简称**频谱**. 因为 λ 是连续变化的, 称之为**连续频谱**.

Fourier 积分定理说明, 任意一个波 $f(x)$ 可以分解为简谐波 $\mathrm{e}^{\mathrm{i}\lambda x}$ 的叠加, 其中 Fourier 变换式 $F(\lambda)$ 恰好表示 $f(x)$ 中包含的频率为 λ 的简谐波的复振幅.

例 6.8 画出符号函数 $\operatorname{sgn}(x)=\begin{cases}-1, & x<0,\\ 0, & x=0,\\ 1, & x>0\end{cases}$ 的频谱图.

解 因为 $\displaystyle\int_0^{+\infty}\frac{\sin x}{x}\mathrm{d}x=\frac{\pi}{2}$, 所以

$$\begin{aligned}\mathscr{F}^{-1}\left[\frac{2}{\mathrm{i}\lambda}\right]&=\frac{1}{2\pi}\int_{-\infty}^{+\infty}\frac{2}{\mathrm{i}\lambda}\cdot\mathrm{e}^{\mathrm{i}\lambda x}\mathrm{d}\lambda=\frac{1}{\pi\mathrm{i}}\int_{-\infty}^{+\infty}\frac{\cos\lambda x+\mathrm{i}\sin\lambda x}{\lambda}\mathrm{d}\lambda\\&=\frac{2}{\pi}\int_0^{+\infty}\frac{\sin\lambda x}{\lambda}\mathrm{d}\lambda=\operatorname{sgn}(x).\end{aligned}$$

从而, 符号函数 $\mathrm{sgn}(x)$ 的 Fourier 变换 $F(\lambda)$ 为

$$F(\lambda)=\mathscr{F}[\mathrm{sgn}(x)]=\frac{2}{\mathrm{i}\lambda}.$$

于是,

$$|F(\lambda)|=\frac{2}{|\lambda|}(\text{如图 6.8 所示}).$$ □

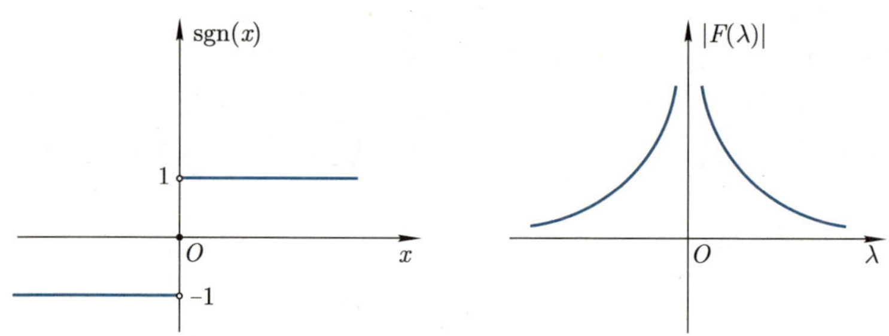

图 6.8 符号函数的频谱图

§6.2 Fourier 变换的性质

假设下面凡是需要求 Fourier 变换的函数都满足 Fourier 积分定理中的条件.

1. 线性性质

对任意的 $\alpha,\beta\in\mathbf{C}$, $\mathscr{F}[f(x)]=F(\lambda)$ 和 $\mathscr{F}[g(x)]=G(\lambda)$, 都有

$$\mathscr{F}[\alpha f(x)+\beta g(x)]=\alpha\mathscr{F}[f(x)]+\beta\mathscr{F}[g(x)],$$
$$\mathscr{F}^{-1}[\alpha F(\lambda)+\beta G(\lambda)]=\alpha\mathscr{F}^{-1}[F(\lambda)]+\beta\mathscr{F}^{-1}[G(\lambda)].$$

例 6.9 若函数 $f_3(x)=\mathrm{e}^{-\beta|x|}$, 其中 $\beta>0$, 求 $\mathscr{F}[f_3(x)]$.

解法一 由定义知

$$\begin{aligned}\mathscr{F}[f_3(x)]&=\int_{-\infty}^{+\infty}\mathrm{e}^{-\beta|x|}\cdot\mathrm{e}^{-\mathrm{i}\lambda x}\mathrm{d}x=\int_0^{+\infty}\mathrm{e}^{-(\beta+\mathrm{i}\lambda)x}\mathrm{d}x+\int_{-\infty}^{0}\mathrm{e}^{(\beta-\mathrm{i}\lambda)x}\mathrm{d}x\\&=\frac{1}{\beta+\mathrm{i}\lambda}+\frac{1}{\beta-\mathrm{i}\lambda}=\frac{2\beta}{\beta^2+\lambda^2}.\end{aligned}$$

解法二 利用函数 $f_2(x)=\begin{cases}\mathrm{e}^{-\beta x}, & x\geqslant 0,\\ 0, & x<0\end{cases}$ 的 Fourier 变换 $\mathscr{F}[f_2(x)]=$

$\dfrac{1}{\beta+\mathrm{i}\lambda}$ (例 6.2) 和线性性质, 有

$$\begin{aligned}\mathscr{F}[f_3(x)] &= \mathscr{F}[f_2(x)] + \mathscr{F}[f_2(-x)] = \widehat{f_2}(\lambda) + \widehat{f_2}(-\lambda)\\ &= \frac{1}{\beta+\mathrm{i}\lambda} + \frac{1}{\beta-\mathrm{i}\lambda} = \frac{2\beta}{\beta^2+\lambda^2}.\end{aligned}$$ □

2. 微分性质

若 $f(x)$ 在 $\mathbf{R}$ 上连续或只有有限个可去间断点, 且 $\lim\limits_{|x|\to+\infty} f(x)=0$, 则有

$$\mathscr{F}[f'(x)] = \mathrm{i}\lambda\mathscr{F}[f(x)].$$

事实上, 我们有

$$\begin{aligned}\mathscr{F}[f'(x)] &= \int_{-\infty}^{+\infty} f'(x)\mathrm{e}^{-\mathrm{i}\lambda x}\mathrm{d}x\\ &= f(x)\mathrm{e}^{-\mathrm{i}\lambda x}\Big|_{-\infty}^{+\infty} + \mathrm{i}\lambda\int_{-\infty}^{+\infty} f(x)\mathrm{e}^{-\mathrm{i}\lambda x}\mathrm{d}x\\ &= \mathrm{i}\lambda\mathscr{F}[f(x)].\end{aligned}$$

注 6.5 若 $f^{(k)}(x)$ 在 $\mathbf{R}$ 上连续或只有有限个可去间断点, 且 $\lim\limits_{|x|\to+\infty} f^{(k)}(x)=0$, 其中 $k=1,2,\cdots,m-1$ 和 $m\in\mathbf{N}_+$, 则 $\mathscr{F}[f^{(m)}(x)]=(\mathrm{i}\lambda)^m\mathscr{F}[f(x)]$.

类似地,

$$\frac{\mathrm{d}}{\mathrm{d}\lambda}F(\lambda) = \mathscr{F}[-\mathrm{i}xf(x)] = -\mathrm{i}\mathscr{F}[xf(x)],$$

或者

$$\mathscr{F}[xf(x)] = \mathrm{i}\frac{\mathrm{d}}{\mathrm{d}\lambda}F(\lambda),$$

其中 $F(\lambda)=\mathscr{F}[f(x)]$.

事实上, 我们有

$$\begin{aligned}\frac{\mathrm{d}}{\mathrm{d}\lambda}F(\lambda) &= \frac{\mathrm{d}}{\mathrm{d}\lambda}\Big[\int_{-\infty}^{+\infty} f(x)\mathrm{e}^{-\mathrm{i}\lambda x}\mathrm{d}x\Big] = \int_{-\infty}^{+\infty} f(x)\frac{\mathrm{d}}{\mathrm{d}\lambda}\Big[\mathrm{e}^{-\mathrm{i}\lambda x}\Big]\mathrm{d}x\\ &= \int_{-\infty}^{+\infty} f(x)(-\mathrm{i}x)\mathrm{e}^{-\mathrm{i}\lambda x}\mathrm{d}x = -\mathrm{i}\mathscr{F}[xf(x)].\end{aligned}$$

进一步, 对任意的 $m\in\mathbf{N}_+$, 类似可得

$$\mathscr{F}[x^m f(x)] = \mathrm{i}^m\frac{\mathrm{d}^m}{\mathrm{d}\lambda^m}F(\lambda) \quad 或 \quad \frac{\mathrm{d}^m}{\mathrm{d}\lambda^m}F(\lambda) = (-\mathrm{i})^m\mathscr{F}[x^m f(x)].$$

例 6.10　若钟形脉冲函数 $f_4(x)=\mathrm{e}^{-\beta x^2}$, 其中 $\beta>0$, 求 $\mathscr{F}[f_4(x)]$.

解　利用 Fourier 变换的定义和分部积分, 我们有

$$\begin{aligned}\widehat{f_4}(\lambda)&=\mathscr{F}[f_4(x)]=\int_{-\infty}^{+\infty}\mathrm{e}^{-\beta x^2}\cdot\mathrm{e}^{-\mathrm{i}\lambda x}\mathrm{d}x\\&=\frac{\mathrm{i}}{\lambda}\left[\mathrm{e}^{-\beta x^2}\cdot\mathrm{e}^{-\mathrm{i}\lambda x}\Big|_{-\infty}^{+\infty}+\int_{-\infty}^{+\infty}2\beta x\mathrm{e}^{-\beta x^2}\cdot\mathrm{e}^{-\mathrm{i}\lambda x}\mathrm{d}x\right]\\&=\frac{2\beta\mathrm{i}}{\lambda}\int_{-\infty}^{+\infty}x\mathrm{e}^{-\beta x^2}\cdot\mathrm{e}^{-\mathrm{i}\lambda x}\mathrm{d}x\\&=\frac{2\beta\mathrm{i}}{\lambda}\mathscr{F}[x\mathrm{e}^{-\beta x^2}]=\frac{2\beta\mathrm{i}}{\lambda}\mathscr{F}[xf_4(x)]=-\frac{2\beta}{\lambda}\frac{\mathrm{d}}{\mathrm{d}\lambda}\widehat{f_4}(\lambda).\end{aligned}$$

又因为

$$\widehat{f_4}(0)=\int_{-\infty}^{+\infty}\mathrm{e}^{-\beta x^2}\mathrm{d}x=\frac{1}{\sqrt{\beta}}\int_{-\infty}^{+\infty}\mathrm{e}^{-t^2}\mathrm{d}t=\sqrt{\frac{\pi}{\beta}},$$

其中利用了恒等式 $\displaystyle\int_{-\infty}^{+\infty}\mathrm{e}^{-t^2}\mathrm{d}t=\sqrt{\pi}$, 所以, 解常微分方程的初值问题

$$\begin{cases}\dfrac{\mathrm{d}}{\mathrm{d}\lambda}\widehat{f_4}(\lambda)=-\dfrac{\lambda}{2\beta}\widehat{f_4}(\lambda),\\\widehat{f_4}(0)=\sqrt{\dfrac{\pi}{\beta}},\end{cases}$$

可得

$$\widehat{f_4}(\lambda)=\sqrt{\frac{\pi}{\beta}}\mathrm{e}^{-\frac{\lambda^2}{4\beta}}.$$ □

3. 位移性质和频移性质

若 $F(\lambda)=\mathscr{F}[f(x)]$, 任意的 $x_0,\lambda_0\in\mathbf{R}$, 则

$$\mathscr{F}[f(x\pm x_0)]=\mathrm{e}^{\pm\mathrm{i}\lambda x_0}F(\lambda)\quad\text{或}\quad f(x\pm x_0)=\mathscr{F}^{-1}[\mathrm{e}^{\pm\mathrm{i}\lambda x_0}F(\lambda)],$$

$$\mathscr{F}[\mathrm{e}^{\pm\mathrm{i}\lambda_0 x}f(x)]=F(\lambda\mp\lambda_0)\quad\text{或}\quad\mathscr{F}^{-1}[F(\lambda\mp\lambda_0)]=\mathrm{e}^{\pm\mathrm{i}\lambda_0 x}f(x).$$

证明 由定义, 我们有

$$
\begin{aligned}
\mathscr{F}[f(x \pm x_0)] &= \int_{-\infty}^{+\infty} f(x \pm x_0)\mathrm{e}^{-\mathrm{i}\lambda x}\mathrm{d}x = \int_{-\infty}^{+\infty} f(u)\mathrm{e}^{-\mathrm{i}\lambda(u \mp x_0)}\mathrm{d}u \\
&= \mathrm{e}^{\pm\mathrm{i}\lambda x_0}\int_{-\infty}^{+\infty} f(u)\mathrm{e}^{-\mathrm{i}\lambda u}\mathrm{d}u = \mathrm{e}^{\pm\mathrm{i}\lambda x_0}F(\lambda). \\
\mathscr{F}[\mathrm{e}^{\pm\mathrm{i}\lambda_0 x}f(x)] &= \int_{-\infty}^{+\infty} \mathrm{e}^{\pm\mathrm{i}\lambda_0 x}f(x)\mathrm{e}^{-\mathrm{i}\lambda x}\mathrm{d}x \\
&= \int_{-\infty}^{+\infty} f(x)\mathrm{e}^{-\mathrm{i}(\lambda \mp \lambda_0)x}\mathrm{d}x = F(\lambda \mp \lambda_0). \\
\mathscr{F}^{-1}[F(\lambda \mp \lambda_0)] &= \frac{1}{2\pi}\int_{-\infty}^{+\infty} F(\lambda \mp \lambda_0)\mathrm{e}^{\mathrm{i}\lambda x}\mathrm{d}\lambda = \frac{1}{2\pi}\int_{-\infty}^{+\infty} F(u)\mathrm{e}^{\mathrm{i}(u \pm \lambda_0)x}\mathrm{d}u \\
&= \mathrm{e}^{\pm\mathrm{i}\lambda_0 x}\frac{1}{2\pi}\int_{-\infty}^{+\infty} F(u)\mathrm{e}^{\mathrm{i}ux}\mathrm{d}u = \mathrm{e}^{\pm\mathrm{i}\lambda_0 x}f(x). \qquad \square
\end{aligned}
$$

注 6.6 广义函数的 Fourier 变换性质与常义函数的 Fourier 变换性质相同, 只要利用广义函数的 Fourier 变换定义的关系式, 易于验证它们的合理性. 例如, 线性性质、位移性质、频移性质、微分性质等都成立.

例 6.11 利用 Fourier 变换的性质, 求函数 $\delta(x - x_0)$, $\mathrm{e}^{\mathrm{i}\lambda_0 x}$, $\cos(\lambda_0 x)$, $\sin(\lambda_0 x)$, $x\sin(\lambda_0 x)$ 和 $\cos\left(2x + \dfrac{\pi}{3}\right)$ 的 Fourier 变换, 其中常数 $x_0, \lambda_0 \in \mathbf{R}$.

解 利用 Fourier 变换的性质和 $\mathscr{F}[\delta(x)] = 1$, 我们有

$$
\begin{aligned}
&\mathscr{F}[\delta(x - x_0)] = \mathrm{e}^{-\mathrm{i}\lambda x_0}\mathscr{F}[\delta(x)] = \mathrm{e}^{-\mathrm{i}\lambda x_0}, \\
&\mathscr{F}[\mathrm{e}^{\mathrm{i}\lambda_0 x}] = \mathscr{F}[\mathrm{e}^{\mathrm{i}\lambda_0 x} \cdot 1] = 2\pi\delta(\lambda - \lambda_0), \\
&\mathscr{F}[\cos(\lambda_0 x)] = \mathscr{F}\left[\frac{\mathrm{e}^{\mathrm{i}\lambda_0 x} + \mathrm{e}^{-\mathrm{i}\lambda_0 x}}{2}\right] = \frac{1}{2}\mathscr{F}[\mathrm{e}^{\mathrm{i}\lambda_0 x}] + \frac{1}{2}\mathscr{F}[\mathrm{e}^{-\mathrm{i}\lambda_0 x}] \\
&\qquad = \pi\Big[\delta(\lambda - \lambda_0) + \delta(\lambda + \lambda_0)\Big], \\
&\mathscr{F}[\sin(\lambda_0 x)] = \mathscr{F}\left[\frac{\mathrm{e}^{\mathrm{i}\lambda_0 x} - \mathrm{e}^{-\mathrm{i}\lambda_0 x}}{2\mathrm{i}}\right] = \frac{\mathscr{F}[\mathrm{e}^{\mathrm{i}\lambda_0 x}] - \mathscr{F}[\mathrm{e}^{-\mathrm{i}\lambda_0 x}]}{2\mathrm{i}} \\
&\qquad = \pi\mathrm{i}\Big[\delta(\lambda + \lambda_0) - \delta(\lambda - \lambda_0)\Big], \\
&\mathscr{F}[x\sin(\lambda_0 x)] = \mathrm{i}\frac{\mathrm{d}}{\mathrm{d}\lambda}\mathscr{F}[\sin(\lambda_0 x)] = \pi\Big[\delta'(\lambda - \lambda_0) - \delta'(\lambda + \lambda_0)\Big]
\end{aligned}
$$

$$
\begin{aligned}
\mathscr{F}\left[\cos\left(2x+\frac{\pi}{3}\right)\right] &= \mathscr{F}\left[\cos 2x\cos\frac{\pi}{3}-\sin 2x\sin\frac{\pi}{3}\right] \\
&= \frac{1}{2}\mathscr{F}[\cos 2x]-\frac{\sqrt{3}}{2}\mathscr{F}[\sin 2x] \\
&= \frac{1}{2}\pi\Big[\delta(\lambda+2)+\delta(\lambda-2)\Big]-\frac{\sqrt{3}}{2}\pi\mathrm{i}\Big[\delta(\lambda+2)-\delta(\lambda-2)\Big] \\
&= \frac{(1-\sqrt{3}\mathrm{i})\pi}{2}\delta(\lambda+2)+\frac{(1+\sqrt{3}\mathrm{i})\pi}{2}\delta(\lambda-2).
\end{aligned}
$$

□

4. **卷积性质和乘积性质**

下面我们来学习 Fourier 变换的卷积性质和乘积性质, 首先来看卷积的定义.

定义 6.3 积分

$$\int_{-\infty}^{+\infty} f(\tau)g(x-\tau)\mathrm{d}\tau$$

称为函数 $f(x)$ 与 $g(x)$ 的 **卷积** (convolution), 记 $f(x)*g(x)$ 或 $(f*g)(x)$.

例 6.12 若指数衰减函数 $f_2(x)=\begin{cases}\mathrm{e}^{-\beta x}, & x\geqslant 0,\\ 0, & x<0\end{cases}$ 和 $g(x)=\begin{cases}1, & x\geqslant 0,\\ 0, & x<0,\end{cases}$ 其中 $\beta>0$, 计算 $f_2(x)*g(x)$.

解 由定义, 显然当 $x\leqslant 0$ 时, $f_2(x)*g(x)=0$. 当 $x>0$ 时, 我们有

$$
\begin{aligned}
f_2(x)*g(x) &= \int_{-\infty}^{+\infty} f_2(\tau)\cdot g(x-\tau)\mathrm{d}\tau=\int_0^{+\infty}\mathrm{e}^{-\beta\tau}\cdot g(x-\tau)\mathrm{d}\tau \\
&= \int_0^x \mathrm{e}^{-\beta\tau}\cdot 1\mathrm{d}\tau=\frac{1}{\beta}(1-\mathrm{e}^{-\beta x}).
\end{aligned}
$$

□

卷积运算是分析学中的一种重要运算, 广泛应用于概率论、统计学、信号处理、工程技术等领域. 对高维空间 $\mathbf{R}^n(n\in\mathbf{N})$ 情形, 卷积运算有类似的定义. 下面我们给出卷积运算的一些常用性质.

性质 6.1 对充分光滑的函数 f_1,f_2,f_3 和任意常数 $a\in\mathbf{R}$, 我们有

(1) (交换律) $f_1(x)*f_2(x)=f_2(x)*f_1(x)$.

(2) (结合律) $f_1(x)*[f_2(x)*f_3(x)]=[f_1(x)*f_2(x)]*f_3(x)$.

(3) (分配律) $f_1(x)*[f_2(x)+f_3(x)]=f_1(x)*f_2(x)+f_1(x)*f_3(x)$.

(4) $[af_1(x)]*f_2(x)=a[f_1(x)*f_2(x)]=f_1(x)*[af_2(x)]$.

(5) $|f_1(x) * f_2(x)| \leqslant |f_1(x)| * |f_2(x)|$.

(6) $[\mathrm{e}^{ax} f_1(x)] * [\mathrm{e}^{ax} f_2(x)] = \mathrm{e}^{ax}[f_1(x) * f_2(x)]$.

(7) $\dfrac{\mathrm{d}}{\mathrm{d}x}[f_1(x) * f_2(x)] = \dfrac{\mathrm{d}}{\mathrm{d}x} f_1(x) * f_2(x) = f_1(x) * \dfrac{\mathrm{d}}{\mathrm{d}x} f_2(x)$.

知识拓展:
卷积的性质

(8) 对任意充分光滑的函数 f, 有 $f(x) * \delta(x) = f(x)$. 此外, 对任意的 $x_0 \in \mathbf{R}$, 有 $f(x) * \delta(x - x_0) = f(x - x_0)$.

(9) 对任意充分光滑的函数 f, 有 $f(x) * \delta'(x) = f'(x)$.

(10) $f(x) * \mathrm{H}(x) = \displaystyle\int_{-\infty}^{x} f(\tau)\mathrm{d}\tau$.

证明 (1) 由定义, 我们有

$$\begin{aligned} f_1(x) * f_2(x) &= \int_{-\infty}^{+\infty} f_1(\tau) f_2(x-\tau)\mathrm{d}\tau = \int_{+\infty}^{-\infty} f_1(x-u) f_2(u)(-\mathrm{d}u) \\ &= \int_{-\infty}^{+\infty} f_2(u) f_1(x-u)\mathrm{d}u = f_2(x) * f_1(x). \end{aligned}$$

(2) 由 (1) 和卷积的定义, 我们有

$$\begin{aligned} f_1(x) * [f_2(x) * f_3(x)] &= f_1(x) * [f_3(x) * f_2(x)] \\ &= \int_{-\infty}^{+\infty} f_1(\tau)(f_3 * f_2)(x-\tau)\mathrm{d}\tau \\ &= \int_{-\infty}^{+\infty} f_1(\tau)\Big[\int_{-\infty}^{+\infty} f_3(t) f_2(x-\tau-t)\mathrm{d}t\Big]\mathrm{d}\tau \\ &= \int_{-\infty}^{+\infty} \Big[\int_{-\infty}^{+\infty} f_1(\tau) f_2(x-t-\tau)\mathrm{d}\tau\Big] f_3(t)\mathrm{d}t \\ &= \int_{-\infty}^{+\infty} (f_1 * f_2)(x-t) f_3(t)\mathrm{d}t \\ &= \int_{-\infty}^{+\infty} f_3(t)(f_1 * f_2)(x-t)\mathrm{d}t \\ &= f_3(x) * (f_1 * f_2)(x) = [f_1(x) * f_2(x)] * f_3(x). \end{aligned}$$

(3) — (7) 利用定义, 显然成立. 留给读者自己练习.

(8) 对任意充分光滑的函数 f, 由定义和 $\delta(x)$ 函数的性质, 我们有

$$f(x) * \delta(x) = \delta(x) * f(x) = \int_{-\infty}^{+\infty} \delta(\tau) f(x-\tau) \mathrm{d}\tau = f(x-\tau)\Big|_{\tau=0} = f(x),$$

$$\begin{aligned} f(x) * \delta(x-x_0) &= \int_{-\infty}^{+\infty} f(\tau)\delta(x-x_0-\tau)\mathrm{d}\tau \\ &= \int_{-\infty}^{+\infty} f(\tau)\delta(\tau-(x-x_0))\mathrm{d}\tau = f(\tau)\Big|_{\tau=x-x_0} = f(x-x_0). \end{aligned}$$

(9) 由定义和分部积分公式, 我们有

$$\begin{aligned} f(x) * \delta'(x) &= \delta'(x) * f(x) = \int_{-\infty}^{+\infty} \delta'(\tau) f(x-\tau)\mathrm{d}\tau \\ &= -\int_{-\infty}^{+\infty} \delta(\tau)(-f'(x-\tau))\mathrm{d}\tau = f'(x-\tau)\Big|_{\tau=0} = f'(x). \end{aligned}$$

(10) 由卷积的定义和 $\mathrm{H}(x)$ 的定义, 我们有

$$\begin{aligned} f(x) * \mathrm{H}(x) &= \int_{-\infty}^{+\infty} f(\tau)\mathrm{H}(x-\tau)\mathrm{d}\tau \\ &= \int_{x}^{+\infty} f(\tau)\mathrm{H}(x-\tau)\mathrm{d}\tau + \int_{-\infty}^{x} f(\tau)\mathrm{H}(x-\tau)\mathrm{d}\tau \\ &= \int_{-\infty}^{x} f(\tau)\mathrm{d}\tau. \end{aligned}$$

□

下面我们来看卷积在 Fourier 变换中的应用, 特别是如下的卷积定理.

定理 6.4 若 $\mathscr{F}[f_1(x)] = F_1(\lambda)$ 和 $\mathscr{F}[f_2(x)] = F_2(\lambda)$, 则

$\mathscr{F}[f_1(x) * f_2(x)] = F_1(\lambda) \cdot F_2(\lambda)$ 或 $\mathscr{F}^{-1}[F_1(\lambda) \cdot F_2(\lambda)] = f_1(x) * f_2(x)$,

$\mathscr{F}[f_1(x) \cdot f_2(x)] = \dfrac{1}{2\pi} F_1(\lambda) * F_2(\lambda)$ 或

$\mathscr{F}^{-1}[F_1(\lambda) * F_2(\lambda)] = 2\pi f_1(x) \cdot f_2(x)$.

一般地, 对任意的正整数 m, 有

$$\mathscr{F}[f_1(x) * f_2(x) * \cdots * f_m(x)] = F_1(\lambda) \cdot F_2(\lambda) \cdot \cdots \cdot F_m(\lambda),$$

$$\mathscr{F}[f_1(x) \cdot f_2(x) \cdot \cdots \cdot f_m(x)] = \frac{1}{(2\pi)^{m-1}} F_1(\lambda) * F_2(\lambda) * \cdots * F_m(\lambda).$$

证明 由卷积的定义, 我们有

$$\begin{aligned}
\mathscr{F}[f_1(x)*f_2(x)] &= \int_{-\infty}^{+\infty}[f_1(x)*f_2(x)]\mathrm{e}^{-\mathrm{i}\lambda x}\mathrm{d}x \\
&= \int_{-\infty}^{+\infty}\left[\int_{-\infty}^{+\infty}f_1(\tau)f_2(x-\tau)\mathrm{d}\tau\right]\mathrm{e}^{-\mathrm{i}\lambda x}\mathrm{d}x \\
&= \int_{-\infty}^{+\infty}\int_{-\infty}^{+\infty}f_1(\tau)\mathrm{e}^{-\mathrm{i}\lambda\tau}f_2(x-\tau)\mathrm{e}^{-\mathrm{i}\lambda(x-\tau)}\mathrm{d}\tau\mathrm{d}x \\
&= \int_{-\infty}^{+\infty}f_1(\tau)\mathrm{e}^{-\mathrm{i}\lambda\tau}\left[\int_{-\infty}^{+\infty}f_2(x-\tau)\mathrm{e}^{-\mathrm{i}\lambda(x-\tau)}\mathrm{d}x\right]\mathrm{d}\tau \\
&= \int_{-\infty}^{+\infty}f_1(\tau)\mathrm{e}^{-\mathrm{i}\lambda\tau}F_2(\lambda)\mathrm{d}\tau = F_1(\lambda)\cdot F_2(\lambda).
\end{aligned}$$

$$\begin{aligned}
\mathscr{F}[f_1(x)\cdot f_2(x)] &= \int_{-\infty}^{+\infty}[f_1(x)\cdot f_2(x)]\mathrm{e}^{-\mathrm{i}\lambda x}\mathrm{d}x \\
&= \int_{-\infty}^{+\infty}f_1(x)\left[\frac{1}{2\pi}\int_{-\infty}^{+\infty}F_2(\xi)\mathrm{e}^{\mathrm{i}\xi x}\mathrm{d}\xi\right]\mathrm{e}^{-\mathrm{i}\lambda x}\mathrm{d}x \\
&= \frac{1}{2\pi}\int_{-\infty}^{+\infty}F_2(\xi)\left[\int_{-\infty}^{+\infty}f_1(x)\mathrm{e}^{-\mathrm{i}(\lambda-\xi)x}\mathrm{d}x\right]\mathrm{d}\xi \\
&= \frac{1}{2\pi}\int_{-\infty}^{+\infty}F_2(\xi)F_1(\lambda-\xi)\mathrm{d}\xi = \frac{1}{2\pi}F_1(\lambda)*F_2(\lambda).
\end{aligned}$$

另一种证明方法,

$$\begin{aligned}
\frac{1}{2\pi}F_1(\lambda)*F_2(\lambda) &= \frac{1}{2\pi}\int_{-\infty}^{+\infty}F_2(\tau)F_1(\lambda-\tau)\mathrm{d}\tau \\
&= \frac{1}{2\pi}\int_{-\infty}^{+\infty}\left[\int_{-\infty}^{+\infty}f_1(t)\mathrm{e}^{-\mathrm{i}(\lambda-\tau)t}\mathrm{d}t\right]\cdot \\
&\quad \left[\int_{-\infty}^{+\infty}f_2(u)\mathrm{e}^{-\mathrm{i}\tau u}\mathrm{d}u\right]\mathrm{d}\tau \\
&= \frac{1}{2\pi}\int_{-\infty}^{+\infty}\int_{-\infty}^{+\infty}f_1(t)f_2(u)\mathrm{e}^{-\mathrm{i}\lambda t}\left[\int_{-\infty}^{+\infty}\mathrm{e}^{-\mathrm{i}\tau(u-t)}\mathrm{d}\tau\right]\mathrm{d}u\mathrm{d}t
\end{aligned}$$

$$= \frac{1}{2\pi}\int_{-\infty}^{+\infty}\int_{-\infty}^{+\infty} f_1(t)f_2(u)\mathrm{e}^{-\mathrm{i}\lambda t}[2\pi\delta(u-t)]\mathrm{d}u\mathrm{d}t$$

$$= \int_{-\infty}^{+\infty} f_1(t)\left[\int_{-\infty}^{+\infty} f_2(u)\delta(u-t)\mathrm{d}u\right]\mathrm{e}^{-\mathrm{i}\lambda t}\mathrm{d}t$$

$$= \int_{-\infty}^{+\infty} f_1(t)\cdot f_2(t)\mathrm{e}^{-\mathrm{i}\lambda t}\mathrm{d}t = \mathscr{F}[f_1(x)\cdot f_2(x)]. \qquad \square$$

例 6.13 已知常数 $\lambda_0 > 0$, $\beta > 0$, 求下列函数的 Fourier 变换:
(1) $\mathrm{H}(x)\cdot\sin\lambda_0 x$; **(2)** $\mathrm{e}^{-\beta x}\mathrm{H}(x)\cdot\cos\lambda_0 x$.

解 (1) **解法一** 因为 $\mathscr{F}[\mathrm{H}(x)] = \dfrac{1}{\mathrm{i}\lambda} + \pi\delta(\lambda)$(例 6.5) 和 $\mathscr{F}[\sin(\lambda_0 x)] = \pi\mathrm{i}[\delta(\lambda+\lambda_0) - \delta(\lambda-\lambda_0)]$(例 6.11), 所以, 由卷积性质和性质 6.1 的 (8) 可得

$$\begin{aligned}
\mathscr{F}[\mathrm{H}(x)\cdot\sin\lambda_0 x] &= \frac{1}{2\pi}\cdot\left[\frac{1}{\mathrm{i}\lambda} + \pi\delta(\lambda)\right] * \pi\mathrm{i}\Big[\delta(\lambda+\lambda_0) - \delta(\lambda-\lambda_0)\Big] \\
&= \frac{\mathrm{i}}{2}\Big[\frac{1}{\mathrm{i}\lambda} * \delta(\lambda+\lambda_0) - \frac{1}{\mathrm{i}\lambda} * \delta(\lambda-\lambda_0) + \\
&\quad \pi\delta(\lambda) * \delta(\lambda+\lambda_0) - \pi\delta(\lambda) * \delta(\lambda-\lambda_0)\Big] \\
&= \frac{\mathrm{i}}{2}\left[\frac{1}{\mathrm{i}(\lambda+\lambda_0)} - \frac{1}{\mathrm{i}(\lambda-\lambda_0)} + \pi\delta(\lambda+\lambda_0) - \pi\delta(\lambda-\lambda_0)\right] \\
&= \frac{\lambda_0}{\lambda_0^2 - \lambda^2} + \frac{\pi\mathrm{i}}{2}[\delta(\lambda+\lambda_0) - \delta(\lambda-\lambda_0)].
\end{aligned}$$

解法二 因为 $\mathscr{F}[\mathrm{H}(x)] = \dfrac{1}{\mathrm{i}\lambda} + \pi\delta(\lambda)$, 所以, 由线性性质和位移性质可得

$$\begin{aligned}
\mathscr{F}[\mathrm{H}(x)\cdot\sin\lambda_0 x] &= \mathscr{F}\left[\mathrm{H}(x)\cdot\frac{\mathrm{e}^{\mathrm{i}\lambda_0 x} - \mathrm{e}^{-\mathrm{i}\lambda_0 x}}{2\mathrm{i}}\right] \\
&= \frac{1}{2\mathrm{i}}\left\{\mathscr{F}[\mathrm{H}(x)\mathrm{e}^{\mathrm{i}\lambda_0 x}] - \mathscr{F}[\mathrm{H}(x)\mathrm{e}^{-\mathrm{i}\lambda_0 x}]\right\} \\
&= \frac{1}{2\mathrm{i}}\left[\frac{1}{\mathrm{i}(\lambda-\lambda_0)} + \pi\delta(\lambda-\lambda_0) - \frac{1}{\mathrm{i}(\lambda+\lambda_0)} - \pi\delta(\lambda+\lambda_0)\right] \\
&= \frac{\lambda_0}{\lambda_0^2 - \lambda^2} + \frac{\pi\mathrm{i}}{2}[\delta(\lambda+\lambda_0) - \delta(\lambda-\lambda_0)].
\end{aligned}$$

(2) **解法一** 因为 $\mathscr{F}[\mathrm{e}^{-\beta x}\mathrm{H}(x)] = \dfrac{1}{\beta + \lambda\mathrm{i}}$ (例 6.2) 和 $\mathscr{F}[\cos(\lambda_0 x)] = \pi[\delta(\lambda +$

$\lambda_0)+\delta(\lambda-\lambda_0)]$ (例 6.11), 所以, 由卷积性质和性质 6.1 的 (8) 可得

$$\begin{aligned}\mathscr{F}[\mathrm{e}^{-\beta x}\mathrm{H}(x)\cdot\cos\lambda_0 x] &= \frac{1}{2\pi}\frac{1}{\beta+\lambda\mathrm{i}} * \pi\Big[\delta(\lambda+\lambda_0)+\delta(\lambda-\lambda_0)\Big] \\ &= \frac{1}{2}\Big[\frac{1}{\beta+\lambda\mathrm{i}} * \delta(\lambda+\lambda_0)+\frac{1}{\beta+\lambda\mathrm{i}} * \delta(\lambda-\lambda_0)\Big] \\ &= \frac{1}{2}\Big[\frac{1}{\beta+(\lambda+\lambda_0)\mathrm{i}}+\frac{1}{\beta+(\lambda-\lambda_0)\mathrm{i}}\Big] = \frac{\beta+\lambda\mathrm{i}}{(\beta+\lambda\mathrm{i})^2+\lambda_0^2}.\end{aligned}$$

解法二 因为 $\mathscr{F}[\mathrm{e}^{-\beta x}\mathrm{H}(x)] = \dfrac{1}{\beta+\lambda\mathrm{i}}$, 所以, 由线性性质和位移性质可得

$$\begin{aligned}\mathscr{F}[\mathrm{e}^{-\beta x}\mathrm{H}(x)\cdot\cos\lambda_0 x] &= \mathscr{F}\Big[\mathrm{e}^{-\beta x}\mathrm{H}(x)\cdot\frac{\mathrm{e}^{\mathrm{i}\lambda_0 x}+\mathrm{e}^{-\mathrm{i}\lambda_0 x}}{2}\Big] \\ &= \frac{1}{2}\Big\{\mathscr{F}[\mathrm{e}^{-\beta x}\mathrm{H}(x)\cdot\mathrm{e}^{\mathrm{i}\lambda_0 x}]+\mathscr{F}[\mathrm{e}^{-\beta x}\mathrm{H}(x)\cdot\mathrm{e}^{-\mathrm{i}\lambda_0 x}]\Big\} \\ &= \frac{1}{2}\Big[\frac{1}{\beta+(\lambda-\lambda_0)\mathrm{i}}+\frac{1}{\beta+(\lambda+\lambda_0)\mathrm{i}}\Big] \\ &= \frac{\beta+\lambda\mathrm{i}}{(\beta+\lambda\mathrm{i})^2+\lambda_0^2}.\end{aligned}$$

□

5. 积分性质

若 $\lim\limits_{x\to+\infty}\displaystyle\int_{-\infty}^{x} f(t)\mathrm{d}t = 0$, 则 $\mathscr{F}\Big[\displaystyle\int_{-\infty}^{x} f(t)\mathrm{d}t\Big] = \dfrac{1}{\mathrm{i}\lambda}\mathscr{F}[f(x)]$.

事实上, 由微分性质知

$$\mathscr{F}[f(x)] = \mathscr{F}\left[\frac{\mathrm{d}}{\mathrm{d}x}\left(\int_{-\infty}^{x} f(t)\mathrm{d}t\right)\right] = \mathrm{i}\lambda\mathscr{F}\Big[\int_{-\infty}^{x} f(t)\mathrm{d}t\Big].$$

注 6.7 一般地, 若 $\mathscr{F}[f(x)] = F(\lambda)$, 则

$$\mathscr{F}\Big[\int_{-\infty}^{x} f(t)\mathrm{d}t\Big] = \frac{1}{\mathrm{i}\lambda}\mathscr{F}[f(x)]+\pi F(0)\delta(\lambda).$$

事实上, 由卷积性质和 $\mathscr{F}[H(x)] = \dfrac{1}{\mathrm{i}\lambda}+\pi\delta(\lambda)$ 知

$$\begin{aligned}\mathscr{F}\Big[\int_{-\infty}^{x} f(t)\mathrm{d}t\Big] &= \mathscr{F}[f(x) * \mathrm{H}(x)] = F(\lambda)\mathscr{F}[\mathrm{H}(x)] \\ &= \frac{1}{\mathrm{i}\lambda}\mathscr{F}[f(x)]+\pi F(\lambda)\delta(\lambda) = \frac{1}{\mathrm{i}\lambda}\mathscr{F}[f(x)]+\pi F(0)\delta(\lambda).\end{aligned}$$

6. 相似 (或伸缩) 性质

若 $F(\lambda)=\mathscr{F}[f(x)]$, 常数 $a\neq 0$, 则 $\mathscr{F}[f(ax)]=\dfrac{1}{|a|}F\left(\dfrac{\lambda}{a}\right)$.

事实上, 不妨设 $a<0$,

$$\begin{aligned}\mathscr{F}[f(ax)] &= \int_{-\infty}^{+\infty} f(ax)\mathrm{e}^{-\mathrm{i}\lambda x}\mathrm{d}x=\int_{+\infty}^{-\infty} f(u)\mathrm{e}^{-\mathrm{i}\lambda\frac{u}{a}}\mathrm{d}\left(\frac{u}{a}\right)\\ &= -\frac{1}{a}\int_{-\infty}^{+\infty} f(u)\mathrm{e}^{-\mathrm{i}\frac{\lambda}{a}u}\mathrm{d}u=\frac{1}{|a|}F\left(\frac{\lambda}{a}\right).\end{aligned}$$

例 6.14 已知 $F(\lambda)=\mathscr{F}[f(x)]$, 其中实常数 $a\neq 0$, $x_0\in\mathbf{R}$, 证明:

$$\mathscr{F}[f(ax-x_0)]=\frac{1}{|a|}\mathrm{e}^{-\frac{\mathrm{i}\lambda x_0}{a}}F\left(\frac{\lambda}{a}\right).$$

解 不妨设 $a>0$,

$$\begin{aligned}\mathscr{F}[f(ax-x_0)] &= \int_{-\infty}^{+\infty} f(ax-x_0)\mathrm{e}^{-\mathrm{i}\lambda x}\mathrm{d}x=\int_{-\infty}^{+\infty} f(u)\mathrm{e}^{-\mathrm{i}\lambda\frac{u+x_0}{a}}\mathrm{d}\left(\frac{u}{a}\right)\\ &= \frac{\mathrm{e}^{-\frac{\mathrm{i}\lambda x_0}{a}}}{a}\int_{-\infty}^{+\infty} f(u)\mathrm{e}^{-\mathrm{i}\frac{\lambda}{a}u}\mathrm{d}u=\frac{\mathrm{e}^{-\frac{\mathrm{i}\lambda x_0}{a}}}{|a|}F\left(\frac{\lambda}{a}\right).\end{aligned}$$ □

7. 对称性质

(1) 若 $F(\lambda)=\mathscr{F}[f(x)]$, 则 $\mathscr{F}[F(\mp\lambda)]=2\pi f(\pm x)$, 即 $\mathscr{F}[\mathscr{F}[f(x)]]=2\pi f(-x)$.

(2) 若 $F(\lambda)=\mathscr{F}[f(x)]$, 则 $F(-\lambda)=\mathscr{F}[f(-x)]$.

(3) $\mathscr{F}^{-1}[f(x)]=\dfrac{1}{2\pi}F(-\lambda)$.

事实上,

(1) 由积分定理知

$\mathscr{F}[F(\mp\lambda)]=\displaystyle\int_{-\infty}^{+\infty}F(\mp\lambda)\mathrm{e}^{-\mathrm{i}\lambda x}\mathrm{d}\lambda=\int_{-\infty}^{+\infty}F(\pm t)\mathrm{e}^{\mathrm{i}t(\pm x)}\mathrm{d}t=2\pi f(\pm x)$.

(2) $\mathscr{F}[f(-x)]=\displaystyle\int_{-\infty}^{+\infty}f(-x)\mathrm{e}^{-\mathrm{i}\lambda x}\mathrm{d}x=\int_{-\infty}^{+\infty}f(t)\mathrm{e}^{-\mathrm{i}(-\lambda)t}\mathrm{d}t=F(-\lambda)$.

(3) $\mathscr{F}^{-1}[f(x)]=\dfrac{1}{2\pi}\displaystyle\int_{-\infty}^{+\infty}f(x)\mathrm{e}^{\mathrm{i}\lambda x}\mathrm{d}x=\dfrac{1}{2\pi}F(-\lambda)$. □

例如, 利用 $\mathscr{F}[\delta(x)]=1$ 和对称性质 (1) 知,

$$\mathscr{F}[1]=\mathscr{F}[\mathscr{F}[\delta(x)]]=2\pi\delta(-x)=2\pi\delta(x).$$

利用 $\mathscr{F}[\mathrm{e}^{\mathrm{i}\lambda_0 x}]=2\pi\delta(\lambda-\lambda_0)$ 和对称性质 (2) 知

$$\mathscr{F}[\mathrm{e}^{-\mathrm{i}\lambda_0 x}]=\mathscr{F}[\mathrm{e}^{\mathrm{i}\lambda_0(-x)}]=2\pi\delta((-\lambda)-\lambda_0)=2\pi\delta(\lambda+\lambda_0).$$

8. **乘积定理**

若 $F_1(\lambda)=\mathscr{F}[f_1(x)]$ 和 $F_2(\lambda)=\mathscr{F}[f_2(x)]$, 则

$$\int_{-\infty}^{+\infty}\overline{f_1(x)}f_2(x)\mathrm{d}x=\frac{1}{2\pi}\int_{-\infty}^{+\infty}\overline{F_1(\lambda)}F_2(\lambda)\mathrm{d}\lambda,$$

$$\int_{-\infty}^{+\infty}f_1(x)\overline{f_2(x)}\mathrm{d}x=\frac{1}{2\pi}\int_{-\infty}^{+\infty}F_1(\lambda)\overline{F_2(\lambda)}\mathrm{d}\lambda.$$

事实上, 只需证明第一个等式, 类似可得第二个等式.

$$\begin{aligned}\int_{-\infty}^{+\infty}\overline{f_1(x)}f_2(x)\mathrm{d}x&=\int_{-\infty}^{+\infty}\overline{f_1(x)}\Big[\frac{1}{2\pi}\int_{-\infty}^{+\infty}F_2(\lambda)\mathrm{e}^{\mathrm{i}\lambda x}\mathrm{d}\lambda\Big]\mathrm{d}x\\&=\frac{1}{2\pi}\int_{-\infty}^{+\infty}\Big[\int_{-\infty}^{+\infty}\overline{f_1(x)}\mathrm{e}^{\mathrm{i}\lambda x}\mathrm{d}x\Big]F_2(\lambda)\mathrm{d}\lambda\\&=\frac{1}{2\pi}\int_{-\infty}^{+\infty}\overline{\Big[\int_{-\infty}^{+\infty}f_1(x)\mathrm{e}^{-\mathrm{i}\lambda x}\mathrm{d}x\Big]}F_2(\lambda)\mathrm{d}\lambda\\&=\frac{1}{2\pi}\int_{-\infty}^{+\infty}\overline{F_1(\lambda)}F_2(\lambda)\mathrm{d}\lambda.\end{aligned}$$

在乘积定理中令 $f_1(x)=f_2(x)=f(x)$, 易得下面的著名的 **Parseval 等式**.

9. **能量积分**

若 $F(\lambda)=\mathscr{F}[f(x)]$, 则

$$\int_{-\infty}^{+\infty}|f(x)|^2\mathrm{d}x=\frac{1}{2\pi}\int_{-\infty}^{+\infty}|F(\lambda)|^2\mathrm{d}\lambda,\quad\text{(Parseval 等式)}$$

该等式又称为 Parseval 等式, 其中 $S(\lambda)=|F(\lambda)|^2$ 称为**能量密度函数** (energy density function), 它可决定 $f(x)$ 的能量分布规律.

例 6.15 求积分 $\displaystyle\int_{-\infty}^{+\infty}\frac{\sin^2 x}{x^2}\mathrm{d}x$ 的值.

解 设 $f(x)=\dfrac{\sin x}{x}$ 和 $f_1(x)=\begin{cases}1, & |x|\leqslant 1,\\ 0, & |x|>1.\end{cases}$ 由例 6.1 知, $\mathscr{F}[f_1(x)]=\dfrac{2\sin\lambda}{\lambda}$. 再由对称性质知

$$F(\lambda)=\mathscr{F}[f(x)]=\mathscr{F}\left[\mathscr{F}\left[\frac{f_1(\lambda)}{2}\right]\right]=\pi f_1(-\lambda)=\begin{cases}\pi, & |\lambda|\leqslant 1,\\ 0, & |\lambda|>1.\end{cases}$$

所以, 再由 Parseval 等式知

$$\int_{-\infty}^{+\infty}\frac{\sin^2 x}{x^2}\mathrm{d}x=\int_{-\infty}^{+\infty}\left|\frac{\sin x}{x}\right|^2\mathrm{d}x=\frac{1}{2\pi}\int_{-\infty}^{+\infty}\left|F(\lambda)\right|^2\mathrm{d}\lambda=\frac{1}{2\pi}\int_{-1}^{1}\pi^2\mathrm{d}\lambda=\pi.$$

反之, 若设 $G(\lambda)=\dfrac{\sin\lambda}{\lambda}$, 则由例 6.1 知,

$$g(x)=\mathscr{F}^{-1}[G(\lambda)]=\frac{1}{2}\widetilde{f}_1(x)=\begin{cases}\dfrac{1}{2}, & |x|<1,\\ \dfrac{1}{4}, & |x|=1,\\ 0, & |x|>1,\end{cases}\qquad 其中\ \widetilde{f}_1(x)=\begin{cases}1, & |x|<1,\\ \dfrac{1}{2}, & |x|=1,\\ 0, & |x|>1.\end{cases}$$

于是, 再由 Parseval 等式知

$$\int_{-\infty}^{+\infty}\frac{\sin^2\lambda}{\lambda^2}\mathrm{d}\lambda=2\pi\int_{-\infty}^{+\infty}|g(x)|^2\mathrm{d}x=2\pi\int_{-1}^{1}\left|\frac{1}{2}\right|^2\mathrm{d}x=\pi.$$ □

§6.3 Fourier 变换的应用

6.3.1 求积分值

利用某些已知函数的 Fourier 变换式或 Fourier 变换的性质, 求出一些积分的值, 如例 6.3.

例 6.16 求积分 $I(x)=\dfrac{1}{\pi}\displaystyle\int_{-\infty}^{+\infty}\frac{\sin\lambda}{\lambda}\cos(x\lambda)\mathrm{d}\lambda$ 的值, 其中 $x\in\mathbf{R}$.

解 考虑函数 (参考例 6.1 和例 6.15)

$$\widetilde{f}_1(x)=\begin{cases}1,\ |x|<1,\\ \dfrac{1}{2},\ |x|=1,\\ 0,\ |x|>1,\end{cases}$$

显然, 它的 Fourier 变换

$$\mathscr{F}[\widetilde{f}_1(x)]=\int_{-1}^{1}1\cdot\mathrm{e}^{-\mathrm{i}\lambda x}\mathrm{d}x=2\int_0^1\cos(\lambda x)\mathrm{d}x=\frac{2\sin\lambda}{\lambda}.$$

再由 Fourier 积分定理知

$$\begin{aligned}\widetilde{f}_1(x)&=\lim_{N\to+\infty}\frac{1}{2\pi}\int_{-N}^{N}\mathscr{F}[\widetilde{f}_1(x)]\mathrm{e}^{\mathrm{i}\lambda x}\mathrm{d}\lambda=\lim_{N\to+\infty}\frac{1}{2\pi}\int_{-N}^{N}\frac{2\sin\lambda}{\lambda}\mathrm{e}^{\mathrm{i}\lambda x}\mathrm{d}\lambda\\&=\lim_{N\to+\infty}\frac{1}{\pi}\int_{-N}^{N}\frac{\sin\lambda}{\lambda}\cos(\lambda x)\mathrm{d}\lambda=I(x).\end{aligned}$$

因此,

$$I(x)=\begin{cases}1,\ |x|<1,\\ \dfrac{1}{2},\ |x|=1,\\ 0,\ |x|>1.\end{cases}$$ □

6.3.2 Fourier 变换对方程的应用

运用 Fourier 变换的线性性质、积分性质、微分性质等, 可以将微分方程、积分方程等转化为代数方程, 通过求解代数方程与 Fourier 逆变换, 就得到原方程的解.

例 6.17 求积分方程 $\displaystyle\int_0^{+\infty}g(\lambda)\cos\lambda x\mathrm{d}\lambda=f(x)$ 的解 $g(\lambda)$, 其中

$$f(x)=\begin{cases}\cos x,\ 0<x\leqslant\pi,\\ 0,\qquad\ \ x>\pi.\end{cases}$$

解 由假设知

$$\frac{2}{\pi}\int_0^{+\infty}g(\lambda)\cos\lambda x\mathrm{d}\lambda=\frac{2}{\pi}f(x).$$

因为上式左端是 $g(\lambda)$ 的 Fourier 余弦逆变换, 所以

$$\begin{aligned}
g(\lambda) &= \int_0^{+\infty} \frac{2}{\pi} f(x) \cos \lambda x \mathrm{d}x = \frac{2}{\pi} \int_0^{\pi} f(x) \cos \lambda x \mathrm{d}x \\
&= \frac{2}{\pi} \int_0^{\pi} \cos x \cos \lambda x \mathrm{d}x = \frac{1}{\pi} \int_0^{\pi} [\cos(\lambda+1)x + \cos(\lambda-1)x] \mathrm{d}x \\
&= \frac{1}{\pi} \left[\frac{\sin(\lambda+1)\pi}{\lambda+1} + \frac{\sin(\lambda-1)\pi}{\lambda-1} \right] = \frac{2\lambda \sin \lambda\pi}{1-\lambda^2},
\end{aligned}$$

即为所求积分方程的解. □

例 6.18 给定一个 **R** 上足够光滑的绝对可积函数函数 $h(x)$ 和实数 $a < \frac{1}{2}$, 求积分方程

$$f(x) - a \int_{-\infty}^{+\infty} \mathrm{e}^{-|t|} f(x-t) \mathrm{d}t = h(x)$$

的解 f.

解 事实上, 积分方程为 $f(x) - a\mathrm{e}^{-|x|} * f(x) = h(x)$. 在方程的两边取 Fourier 变换, 且注意到 $\mathscr{F}[\mathrm{e}^{-|x|}] = \frac{2}{1+\lambda^2}$, 有

$$\widehat{f}(\lambda) - a\frac{2}{1+\lambda^2} \cdot \widehat{f}(\lambda) = \widehat{h}(\lambda).$$

因此,

$$\widehat{f}(\lambda) = \frac{1+\lambda^2}{1+\lambda^2-2a} \widehat{h}(\lambda).$$

又因为

$$\mathscr{F}[\mathrm{e}^{-\sqrt{1-2a}|x|}] = \frac{2\sqrt{1-2a}}{1-2a+\lambda^2},$$

所以,

$$\begin{aligned}
\left(\frac{1+\lambda^2}{1+\lambda^2-2a}\right)^{\vee}(x) &= \left(1 + \frac{2a}{1-2a+\lambda^2}\right)^{\vee}(x) \\
&= \delta(x) + \frac{a}{\sqrt{1-2a}} \mathrm{e}^{-\sqrt{1-2a}|x|}.
\end{aligned}$$

于是, 所求积分方程的解为

$$\begin{aligned} f(x) &= \mathscr{F}^{-1}[\widehat{f}(\lambda)] = \frac{1}{2\pi}\int_{-\infty}^{+\infty}\frac{1+\lambda^2}{1+\lambda^2-2a}\widehat{h}(\lambda)\mathrm{e}^{\mathrm{i}\lambda x}\mathrm{d}\lambda \\ &= \left(\delta(x)+\frac{a}{\sqrt{1-2a}}\mathrm{e}^{-\sqrt{1-2a}|x|}\right) * h(x) \\ &= h(x)+\frac{a}{\sqrt{1-2a}}\mathrm{e}^{-\sqrt{1-2a}|x|} * h(x). \end{aligned}$$

□

例 6.19 给定 **R** 上任意足够光滑的绝对可积函数 $g(x)$, 求 **R** 上常系数常微分方程

$$\frac{\mathrm{d}^2}{\mathrm{d}x^2}y(x)-4y(x)=g(x)$$

的解 $y=y(x)$.

解 令 $Y(\lambda)=\mathscr{F}[y(x)]$ 和 $G(\lambda)=\mathscr{F}[g(x)]$. 对方程 $\frac{\mathrm{d}^2}{\mathrm{d}x^2}y(x)-4y(x)=g(x)$ 两端取 Fourier 变换, 并利用 Fourier 变换的线性性质和微分性质可得

$$(\mathrm{i}\lambda)^2Y(\lambda)-4Y(\lambda)=G(\lambda),$$

所以,

$$Y(\lambda)=-\frac{G(\lambda)}{4+\lambda^2}.$$

再取 $Y(\lambda)$ 的 Fourier 逆变换, 并利用 Fourier 变换的卷积性质及 $\mathscr{F}[\mathrm{e}^{-\beta|x|}]=\frac{2\beta}{\beta^2+\lambda^2}$ 可得

$$\begin{aligned} y(x) &= \mathscr{F}^{-1}[Y(\lambda)] = \mathscr{F}^{-1}\left[-\frac{G(\lambda)}{4+\lambda^2}\right] = -\mathscr{F}^{-1}[G(\lambda)] * \mathscr{F}^{-1}\left[\frac{1}{4+\lambda^2}\right] \\ &= -g(x) * \frac{1}{4}\mathrm{e}^{-2|x|} = -\frac{1}{4}\int_{-\infty}^{+\infty} g(\xi)\mathrm{e}^{-2|x-\xi|}\mathrm{d}\xi, \end{aligned}$$

即为所求常微分方程的解. □

上述过程也可推广至求解一些偏微分方程.

例 6.20 利用 Fourier 变换求解一维波动方程的初值问题

$$\begin{cases} \dfrac{\partial^2}{\partial t^2}u(x,t)-a^2\dfrac{\partial^2}{\partial x^2}u(x,t)=0, & -\infty<x<+\infty,\ t>0, \\ u(x,0)=\varphi(x), & -\infty<x<+\infty, \\ \dfrac{\partial u}{\partial t}(x,0)=\psi(x), & -\infty<x<+\infty, \end{cases}$$

其中 $\varphi(x),\psi(x)$ 是给定的足够光滑的绝对可积函数, $a>0$.

解　因为未知函数 $u(x,t)$ 中的自变量 x 的变化范围是 $\mathbf{R}$, 所以对方程和初值条件关于 x 取 Fourier 变换, 并记 $U(\lambda,t)=\mathscr{F}[u(x,t)]$, $\Phi(\lambda)=\mathscr{F}[\varphi(x)]$ 和 $\Psi(\lambda)=\mathscr{F}[\psi(x)]$. 注意到

$$\mathscr{F}\left[\frac{\partial^2 u}{\partial x^2}(x,t)\right]=(\mathrm{i}\lambda)^2U(\lambda,t)=-\lambda^2U(\lambda,t),$$

$$\mathscr{F}\left[\frac{\partial^2 u}{\partial t^2}(x,t)\right]=\frac{\partial^2}{\partial t^2}\mathscr{F}[u(x,t)]=\frac{\mathrm{d}^2U}{\mathrm{d}t^2}(\lambda,t),$$

原定解问题转化为含参数 λ 的常微分方程的初值问题

$$\begin{cases}\dfrac{\mathrm{d}^2U}{\mathrm{d}t^2}(\lambda,t)+(a\lambda)^2U(\lambda,t)=0, & t>0,\\ U(\lambda,0)=\Phi(\lambda), & \dfrac{\mathrm{d}U}{\mathrm{d}t}(\lambda,0)=\Psi(\lambda).\end{cases}$$

可得

$$U(\lambda,t)=\Phi(\lambda)\cos(a\lambda t)+\frac{\Psi(\lambda)}{a\lambda}\sin(a\lambda t).$$

再取 $U(\lambda,t)$ 的关于 λ 的 Fourier 逆变换, 并利用 Fourier 变换的线性性质、位移性质、卷积性质, 以及 $\mathscr{F}[f_1(x)]=\dfrac{2\sin(A\lambda)}{\lambda}$ 可得

$$\begin{aligned}u(x,t)=\mathscr{F}^{-1}[U(\lambda,t)]&=\mathscr{F}^{-1}\left[\Phi(\lambda)\cos(a\lambda t)+\frac{\Psi(\lambda)}{a\lambda}\sin(a\lambda t)\right]\\&=\mathscr{F}^{-1}\left[\Phi(\lambda)\cos(a\lambda t)\right]+\mathscr{F}^{-1}\left[\frac{1}{a}\Psi(\lambda)\frac{\sin(a\lambda t)}{\lambda}\right]\\&=\mathscr{F}^{-1}\left[\Phi(\lambda)\frac{\mathrm{e}^{\mathrm{i}a\lambda t}+\mathrm{e}^{-\mathrm{i}a\lambda t}}{2}\right]+\frac{1}{a}\mathscr{F}^{-1}\left[\Psi(\lambda)\frac{\sin(a\lambda t)}{\lambda}\right]\\&=\frac{\mathscr{F}^{-1}[\Phi(\lambda)\mathrm{e}^{\mathrm{i}a\lambda t}]+\mathscr{F}^{-1}[\Phi(\lambda)\mathrm{e}^{-\mathrm{i}a\lambda t}]}{2}+\\&\quad\ \frac{1}{a}\mathscr{F}^{-1}[\Psi(\lambda)]*\mathscr{F}^{-1}\left[\frac{\sin(a\lambda t)}{\lambda}\right]\\&=\frac{\varphi(x+at)+\varphi(x-at)}{2}+\frac{1}{a}\psi(x)*\frac{1}{2}\widetilde{f}_1(x)\\&=\frac{\varphi(x+at)+\varphi(x-at)}{2}+\frac{1}{2a}\int_{x-at}^{x+at}\psi(\xi)\mathrm{d}\xi,\end{aligned}$$

即为所求波动方程的解, 其中 $\widetilde{f}_1(x)=\begin{cases}1, & |x|<at,\\ \dfrac{1}{2}, & |x|=at,\\ 0, & |x|>at.\end{cases}$ 上述著名的 $u(x,t)$ 的表达式常常被称为 d'Alembert 公式. □

例 6.21 利用 Fourier 变换求解一维热传导方程的初值问题

$$\begin{cases}\dfrac{\partial}{\partial t}u(x,t)-a^2\dfrac{\partial^2}{\partial x^2}u(x,t)=f(x,t), & -\infty<x<+\infty,\ t>0,\\ u(x,0)=\varphi(x), & -\infty<x<+\infty,\end{cases}$$

其中 $\varphi(x), f(x,t)$ 是给定的足够光滑的绝对可积函数, $a>0$.

解 因为未知函数 $u(x,t)$ 中的自变量 x 的变化范围是 $\mathbf{R}$, 所以对方程和初值条件关于 x 取 Fourier 变换, 并记 $U(\lambda,t)=\mathscr{F}[u(x,t)]$, $\Phi(\lambda)=\mathscr{F}[\varphi(x)]$ 和 $F(\lambda,t)=\mathscr{F}[f(x,t)]$. 注意到

$$\mathscr{F}\left[\frac{\partial^2 u}{\partial x^2}(x,t)\right]=(\mathrm{i}\lambda)^2U(\lambda,t)=-\lambda^2U(\lambda,t),$$

$$\mathscr{F}\left[\frac{\partial u}{\partial t}(x,t)\right]=\frac{\partial}{\partial t}\mathscr{F}[u(x,t)]=\frac{\mathrm{d}U}{\mathrm{d}t}(\lambda,t),$$

原定解问题转化为含参数 λ 的常微分方程的初值问题

$$\begin{cases}\dfrac{\mathrm{d}U}{\mathrm{d}t}(\lambda,t)+(a\lambda)^2U(\lambda,t)=F(\lambda,t), & t>0,\\ U(\lambda,0)=\Phi(\lambda).\end{cases}$$

可得

$$U(\lambda,t)=\Phi(\lambda)\mathrm{e}^{-a^2\lambda^2t}+\int_0^t F(\lambda,\tau)\mathrm{e}^{-a^2\lambda^2(t-\tau)}\mathrm{d}\tau.$$

再取 $U(\lambda,t)$ 的关于 λ 的 Fourier 逆变换, 并利用 Fourier 变换的线性性质、卷积性质, 以 $\mathscr{F}[\mathrm{e}^{-\beta x^2}]=\sqrt{\dfrac{\pi}{\beta}}\mathrm{e}^{-\frac{\lambda^2}{4\beta}}$ 可得

$$\begin{aligned}u(x,t)&=\mathscr{F}^{-1}[U(\lambda,t)]=\mathscr{F}^{-1}\left[\Phi(\lambda)\mathrm{e}^{-a^2\lambda^2t}+\int_0^t F(\lambda,\tau)\mathrm{e}^{-a^2\lambda^2(t-\tau)}\mathrm{d}\tau\right]\\ &=\mathscr{F}^{-1}[\Phi(\lambda)\mathrm{e}^{-a^2\lambda^2t}]+\mathscr{F}^{-1}\left[\int_0^t F(\lambda,\tau)\mathrm{e}^{-a^2\lambda^2(t-\tau)}\mathrm{d}\tau\right]\end{aligned}$$

$$
\begin{aligned}
&= \mathscr{F}^{-1}[\varPhi(\lambda)] * \mathscr{F}^{-1}[\mathrm{e}^{-a^2\lambda^2 t}] + \int_0^t \mathscr{F}^{-1}[F(\lambda,\tau)] * \mathscr{F}^{-1}[\mathrm{e}^{-a^2\lambda^2(t-\tau)}]\mathrm{d}\tau \\
&= \varphi(x) * \frac{1}{2a\sqrt{\pi t}}\mathrm{e}^{-\frac{x^2}{4a^2 t}} + \int_0^t f(x,\tau) * \frac{1}{2a\sqrt{\pi(t-\tau)}}\mathrm{e}^{-\frac{x^2}{4a^2(t-\tau)}}\mathrm{d}\tau \\
&= \frac{1}{2a\sqrt{\pi t}}\int_{-\infty}^{+\infty}\varphi(\xi)\mathrm{e}^{-\frac{(x-\xi)^2}{4a^2 t}}\mathrm{d}\xi + \frac{1}{2a\sqrt{\pi}}\int_0^t\int_{-\infty}^{+\infty}\frac{f(\eta,\tau)}{\sqrt{t-\tau}}\mathrm{e}^{-\frac{(x-\eta)^2}{4a^2(t-\tau)}}\mathrm{d}\eta\mathrm{d}\tau,
\end{aligned}
$$

即为所求热传导方程的解. □

例 6.22 利用 Fourier 变换求解上半平面无源静电场内电势的边值问题

$$
\begin{cases}
\dfrac{\partial^2}{\partial x^2}u(x,y) + \dfrac{\partial^2}{\partial y^2}u(x,y) = 0, & -\infty < x < +\infty,\ y > 0, \\
u(x,0) = \varphi(x), & -\infty < x < +\infty, \\
\lim\limits_{x^2+y^2\to+\infty} u(x,y) = 0,
\end{cases}
$$

其中 $\varphi(x)$ 是给定的足够光滑的绝对可积函数.

解 因为未知函数 $u(x,y)$ 中的自变量 x 的变化范围是 $\mathbf{R}$, 所以对方程和初值条件关于 x 取 Fourier 变换, 并记 $U(\lambda,y) = \mathscr{F}[u(x,y)]$, $\varPhi(\lambda) = \mathscr{F}[\varphi(x)]$. 注意到

$$
\mathscr{F}\left[\frac{\partial^2 u}{\partial x^2}(x,y)\right] = (\mathrm{i}\lambda)^2 U(\lambda,y) = -\lambda^2 U(\lambda,y),
$$

$$
\mathscr{F}\left[\frac{\partial^2 u}{\partial y^2}(x,y)\right] = \frac{\partial^2}{\partial y^2}\mathscr{F}[u(x,y)] = \frac{\mathrm{d}^2 U}{\mathrm{d}y^2}(\lambda,y),
$$

原定解问题转化为含参数 λ 的常微分方程的初值问题

$$
\begin{cases}
\dfrac{\mathrm{d}^2 U}{\mathrm{d}y^2}(\lambda,y) - \lambda^2 U(\lambda,y) = 0, \quad y > 0, \\
U(\lambda,0) = \varPhi(\lambda), \\
\lim\limits_{\lambda^2+y^2\to+\infty} U(\lambda,y) = \lim\limits_{y\to+\infty} U(\lambda,y) = 0.
\end{cases}
$$

可得

$$
U(\lambda,y) = \varPhi(\lambda)\mathrm{e}^{-|\lambda|y}.
$$

再取 $U(\lambda,y)$ 的关于 λ 的 Fourier 逆变换, 并利用 Fourier 变换的卷积性质可得

$$
u(x,y) = \mathscr{F}^{-1}[U(\lambda,y)] = \mathscr{F}^{-1}[\varPhi(\lambda)\mathrm{e}^{-|\lambda|y}] = \mathscr{F}^{-1}[\varPhi(\lambda)] * \mathscr{F}^{-1}[\mathrm{e}^{-|\lambda|y}].
$$

又因为

$$\begin{aligned}\mathscr{F}^{-1}[\mathrm{e}^{-|\lambda|y}] &= \frac{1}{2\pi}\int_{-\infty}^{+\infty}\mathrm{e}^{-|\lambda|y}\mathrm{e}^{\mathrm{i}\lambda x}\mathrm{d}\lambda\\ &= \frac{1}{2\pi}\int_{-\infty}^{0}\mathrm{e}^{(y+\mathrm{i}x)\lambda}\mathrm{d}\lambda+\frac{1}{2\pi}\int_{0}^{+\infty}\mathrm{e}^{(-y+\mathrm{i}x)\lambda}\mathrm{d}\lambda\\ &= \frac{1}{2\pi}\left(\frac{1}{y+\mathrm{i}x}-\frac{1}{-y+\mathrm{i}x}\right)=\frac{1}{\pi}\frac{y}{x^2+y^2},\end{aligned}$$

所以

$$u(x,y)=\varphi(x)*\frac{1}{\pi}\frac{y}{x^2+y^2}=\frac{1}{\pi}\int_{-\infty}^{+\infty}\frac{y\varphi(\xi)}{(x-\xi)^2+y^2}\mathrm{d}\xi$$

即为所求上半平面内 Laplace 方程的解. □

下面我们给出一个利用 $n\in\mathbf{N}_+$ 个变元的 Fourier 变换求解偏微分方程的例子.

例 6.23(Bessel 位势) 利用 Fourier 变换求解 $\mathbf{R}^n$ 上椭圆型方程

$$-\Delta u(\boldsymbol{x})+u(\boldsymbol{x})=f(\boldsymbol{x}),$$

其中 $f(\boldsymbol{x})$ 是 $\mathbf{R}^n$ 上给定的足够光滑的绝对可积函数.

解 记 $U(\boldsymbol{\lambda})=\mathscr{F}[u(\boldsymbol{x})]$ 和 $F(\boldsymbol{\lambda})=\mathscr{F}[f(\boldsymbol{x})]$. 对方程两端取 Fourier 变换可得

$$(1+|\boldsymbol{\lambda}|^2)U(\boldsymbol{\lambda})=F(\boldsymbol{\lambda}),\quad \boldsymbol{\lambda}\in\mathbf{R}^n.$$

再取 $U(\boldsymbol{\lambda})$ 的 Fourier 逆变换, 并利用 Fourier 变换的卷积性质可得

$$u(\boldsymbol{x})=\mathscr{F}^{-1}[U(\boldsymbol{\lambda})]=\mathscr{F}^{-1}\left[\frac{F(\boldsymbol{\lambda})}{1+|\boldsymbol{\lambda}|^2}\right]=\mathscr{F}^{-1}[F(\boldsymbol{\lambda})]*\mathscr{F}^{-1}\left[\frac{1}{1+|\boldsymbol{\lambda}|^2}\right].$$

又因为

$$\begin{aligned}\mathscr{F}^{-1}\left[\frac{1}{1+|\boldsymbol{\lambda}|^2}\right] &= \frac{1}{(2\pi)^n}\int_{\mathbf{R}^n}\frac{1}{1+|\boldsymbol{\lambda}|^2}\mathrm{e}^{\mathrm{i}\boldsymbol{\lambda}\cdot\boldsymbol{x}}\mathrm{d}\boldsymbol{\lambda}\\ &= \frac{1}{(2\pi)^n}\int_{\mathbf{R}^n}\left[\int_0^{+\infty}\mathrm{e}^{-t(1+|\boldsymbol{\lambda}|^2)}\mathrm{d}t\right]\mathrm{e}^{\mathrm{i}\boldsymbol{\lambda}\cdot\boldsymbol{x}}\mathrm{d}\boldsymbol{\lambda}\end{aligned}$$

$$
\begin{aligned}
&=\frac{1}{(2\pi)^n}\int_0^{+\infty}\mathrm{e}^{-t}\Big[\int_{\mathbf{R}^n}\mathrm{e}^{\mathrm{i}\boldsymbol{\lambda}\boldsymbol{x}-t|\boldsymbol{\lambda}|^2}\mathrm{d}\boldsymbol{\lambda}\Big]\mathrm{d}t\\
&=\frac{1}{(2\pi)^n}\int_0^{+\infty}\mathrm{e}^{-t}\Big[\prod_{j=1}^{n}\int_{-\infty}^{+\infty}\mathrm{e}^{\mathrm{i}\lambda_j x_j-t\lambda_j^2}\mathrm{d}\lambda_j\Big]\mathrm{d}t\\
&=\frac{1}{(2\pi)^n}\int_0^{+\infty}\mathrm{e}^{-t}\left(\frac{\pi}{t}\right)^{n/2}\mathrm{e}^{-\frac{|\boldsymbol{x}|^2}{4t}}\mathrm{d}t=\frac{1}{(4\pi)^{n/2}}\int_0^{+\infty}\frac{\mathrm{e}^{-t-\frac{|\boldsymbol{x}|^2}{4t}}}{t^{n/2}}\mathrm{d}t,
\end{aligned}
$$

所以,

$$
\begin{aligned}
u(\boldsymbol{x})&=f(\boldsymbol{x})*\frac{1}{(4\pi)^{n/2}}\int_0^{+\infty}\frac{\mathrm{e}^{-t-\frac{|\boldsymbol{x}|^2}{4t}}}{t^{n/2}}\mathrm{d}t\\
&=\frac{1}{(4\pi)^{n/2}}\int_0^{+\infty}\int_{\mathbf{R}^n}\frac{\mathrm{e}^{-t-\frac{|\boldsymbol{x}-\boldsymbol{\xi}|^2}{4t}}}{t^{n/2}}f(\boldsymbol{\xi})\mathrm{d}\boldsymbol{\xi}\mathrm{d}t
\end{aligned}
$$

即为所求方程的解. □

例 6.24 利用 Fourier 正弦变换求解半有界杆热传导方程的混合问题

$$
\begin{cases}
\dfrac{\partial}{\partial t}u(x,t)-a^2\dfrac{\partial^2}{\partial x^2}u(x,t)=0, & 0<x<+\infty,\ t>0,\\
u(x,0)=0, & 0\leqslant x<+\infty,\\
u(0,t)=h(t), & t>0,
\end{cases}
$$

其中 $h(t)$ 是 $\mathbf{R}^+$ 上给定的足够光滑的绝对可积函数和 $a>0$.

解 由热传导方程的物理意义可以假设

$$
\lim_{x\to+\infty}u(x,t)=0,\quad \lim_{x\to+\infty}\frac{\partial}{\partial x}u(x,t)=0.
$$

因为函数 $u(x,t)$ 中的自变量 x 的变化范围是 $(0,+\infty)$ 并注意到 $u(x,0)=0$, 所以对方程和初值条件关于 x 取 Fourier 正弦变换, 并记 $U_{\mathrm{s}}(\lambda,t)=\mathscr{F}_{\mathrm{s}}[u(x,t)]$. 注意到

$$
\mathscr{F}_{\mathrm{s}}\Big[\frac{\partial u}{\partial t}(x,t)\Big]=\frac{\partial}{\partial t}\mathscr{F}_{\mathrm{s}}[u(x,t)]=\frac{\mathrm{d}U_{\mathrm{s}}}{\mathrm{d}t}(\lambda,t),
$$

$$
\begin{aligned}
\mathscr{F}_{\mathrm{s}}\Big[\frac{\partial^2 u}{\partial x^2}(x,t)\Big] &= \int_0^{+\infty}\frac{\partial^2 u}{\partial x^2}(x,t)\sin(\lambda x)\mathrm{d}x \\
&= \Big[\frac{\partial u(x,t)}{\partial x}\sin(\lambda x)\Big]\Big|_0^{+\infty} - \int_0^{+\infty}\frac{\partial u(x,t)}{\partial x}\cdot\lambda\cos(\lambda x)\mathrm{d}x \\
&= -\lambda\Big\{[u(x,t)\cos(\lambda x)]\Big|_0^{+\infty} - \int_0^{+\infty}u(x,t)\cdot(-\lambda)\sin(\lambda x)\mathrm{d}x\Big\} \\
&= \lambda u(0,t) - \lambda^2 U_{\mathrm{s}}(\lambda,t) = \lambda h(t) - \lambda^2 U_{\mathrm{s}}(\lambda,t), \\
& U_{\mathrm{s}}(\lambda,0) = \mathscr{F}_{\mathrm{s}}[u(x,0)] = 0,
\end{aligned}
$$

原定解问题转化为含参数 λ 的常微分方程的初值问题

$$
\begin{cases}
\dfrac{\mathrm{d}U_{\mathrm{s}}(\lambda,t)}{\mathrm{d}t} + (a\lambda)^2 U_{\mathrm{s}}(\lambda,t) = a^2\lambda h(t), \quad t>0, \\
U_{\mathrm{s}}(\lambda,0) = 0.
\end{cases}
$$

可得

$$
U_{\mathrm{s}}(\lambda,t) = \mathrm{e}^{-a^2\lambda^2 t}\int_0^t [a^2\lambda h(\tau)]\mathrm{e}^{a^2\lambda^2\tau}\mathrm{d}\tau = a^2\lambda\int_0^t h(\tau)\mathrm{e}^{-a^2\lambda^2(t-\tau)}\mathrm{d}\tau.
$$

再取 $U_{\mathrm{s}}(\lambda,t)$ 的关于 λ 的 Fourier 正弦逆变换, 可得

$$
\begin{aligned}
u(x,t) &= \mathscr{F}_{\mathrm{s}}^{-1}[U_{\mathrm{s}}(\lambda,t)] = \mathscr{F}_{\mathrm{s}}^{-1}\Big[a^2\lambda\int_0^t h(\tau)\mathrm{e}^{-a^2\lambda^2(t-\tau)}\mathrm{d}\tau\Big] \\
&= \frac{2}{\pi}\int_0^{+\infty}\Big[a^2\lambda\int_0^t h(\tau)\mathrm{e}^{-a^2\lambda^2(t-\tau)}\mathrm{d}\tau\Big]\sin(\lambda x)\mathrm{d}\lambda \\
&= \frac{2a^2}{\pi}\int_0^t\Big[\int_0^{+\infty}\lambda\mathrm{e}^{-a^2\lambda^2(t-\tau)}\sin(\lambda x)\mathrm{d}\lambda\Big]h(\tau)\mathrm{d}\tau \\
&= \frac{2a^2}{\pi}\int_0^t\Big[\frac{1}{-2a^2(t-\tau)}\mathrm{e}^{-a^2\lambda^2(t-\tau)}\sin(\lambda x)\Big|_0^{+\infty} + \\
&\qquad \frac{1}{2a^2(t-\tau)}\int_0^{+\infty}\mathrm{e}^{-a^2\lambda^2(t-\tau)}\cdot x\cos(\lambda x)\mathrm{d}\lambda\Big]h(\tau)\mathrm{d}\tau \\
&= \frac{x}{\pi}\int_0^t\Big[\int_0^{+\infty}\mathrm{e}^{-a^2(t-\tau)\lambda^2}\cos(\lambda x)\mathrm{d}\lambda\Big]\frac{h(\tau)}{t-\tau}\mathrm{d}\tau \\
&= \frac{x}{2a\sqrt{\pi}}\int_0^t\frac{h(\tau)}{(t-\tau)^{3/2}}\mathrm{e}^{\frac{-x^2}{4a^2(t-\tau)}}\mathrm{d}\tau
\end{aligned}
$$

即为所求热传导方程的解. □

*6.3.3　Heisenberg 的测不准原理

在量子力学中, 微观粒子运动不能按经典力学中质点在每一时间具有一定的位置 x 和动量 p 来理解. 著名物理学家 W. Heisenberg 提出了位置和动量的**测不准原理** (uncertainty principle): 微观粒子的位置测量的越准确, 则粒子的动量就测量的越不准确; 反之亦然. 这是量子力学的基本结果之一. 它的一种数学表示为

$$\begin{aligned}\|f\|_{L^2(\mathbf{R}^n)}^2 &= \int_{\mathbf{R}^n} |f(\boldsymbol{x})|^2 \mathrm{d}\boldsymbol{x} \qquad (6.3.1)\\ &\leqslant \frac{2}{n(2\pi)^{n/2}} \inf_{\boldsymbol{y}\in\mathbf{R}^n} \left(\int_{\mathbf{R}^n} |\boldsymbol{x}-\boldsymbol{y}|^2 |f(\boldsymbol{x})|^2 \mathrm{d}\boldsymbol{x}\right)^{\frac{1}{2}} \cdot \\ &\quad \inf_{\boldsymbol{\xi}\in\mathbf{R}^n} \left(\int_{\mathbf{R}^n} |\boldsymbol{\lambda}-\boldsymbol{\xi}|^2 |\widehat{f}(\boldsymbol{\lambda})|^2 \mathrm{d}\boldsymbol{\lambda}\right)^{\frac{1}{2}},\end{aligned}$$

其中 $f(\boldsymbol{x})$ 是 $\mathbf{R}^n$ 上足够光滑的 “好” 函数, 它可以用来刻画微观粒子在 $\mathbf{R}^n$ 中运动状态的分布函数, 称为波函数. 例如对任意的正整数 $N \in \mathbf{N}_+$ 和多重指标 $\boldsymbol{\beta} = (\beta_1, \beta_2, \cdots, \beta_n)$ 都存在一个 (仅依赖于 N 与 $\boldsymbol{\beta}$ 的) 正数 C, 使得 $N = \beta_1 + \beta_2 + \cdots + \beta_n$ 和函数 f 满足

$$\left|\frac{\partial^N}{\partial x_1^{\beta_1} \partial x_2^{\beta_2} \cdot \cdots \cdot \partial x_n^{\beta_n}} f(\boldsymbol{x})\right| \leqslant C(1+|\boldsymbol{x}|)^{-N}. \qquad (6.3.2)$$

下面不妨对一维情形来看.

用波函数 $f(x)$ 来刻画微观粒子沿 x 轴的运动状态, 用波的强度 (即 $f(x)$ 的振幅的平方) 来表示粒子位于 x 处的概率密度. 于是, 粒子位于区间 $[a, b]$ 的概率为 $\int_a^b |f(x)|^2 \mathrm{d}x$. 显然粒子必然位于 x 轴上, 即粒子位于 x 轴上的概率为 $1 = \int_{-\infty}^{+\infty} |f(x)|^2 \mathrm{d}x$, 这个条件称为规一化条件.

用波函数 $f(x)$ 的 Fourier 变换可以刻画粒子动量为 p 的概率密度, 令

$$f^*(p) = \frac{1}{\sqrt{2\pi\hbar}} \int_{-\infty}^{+\infty} f(x) \mathrm{e}^{-\mathrm{i}px/\hbar} \mathrm{d}x = \frac{1}{\sqrt{2\pi\hbar}} \widehat{f}\left(\frac{p}{\hbar}\right),$$

其中 $\hbar$ 是 Planck 常量. 于是, $|f^*(p)|^2$ 可解释为粒子具有动量 p 的概率密度,

这是因为

$$\begin{aligned}\int_{-\infty}^{+\infty}|f^*(p)|^2\mathrm{d}p &= \frac{1}{2\pi\hbar}\int_{-\infty}^{+\infty}\left|\widehat{f}\left(\frac{p}{\hbar}\right)\right|^2\mathrm{d}p=\frac{1}{2\pi}\int_{-\infty}^{+\infty}|\widehat{f}(\lambda)|^2\mathrm{d}\lambda\\ &=\int_{-\infty}^{+\infty}|f(x)|^2\mathrm{d}x=1.\end{aligned}$$

为了更精确地定量表示, 引进

$$\Delta_y f=\frac{\displaystyle\int_{-\infty}^{+\infty}|x-y|^2|f(x)|^2\mathrm{d}x}{\displaystyle\int_{-\infty}^{+\infty}|f(x)|^2\mathrm{d}x},$$

$\Delta_y f$ 主要是刻画 f 在多大程度上没有集中在 y 点附近. 若在 y 点的一个小邻域外 f 的值很小, 则 $\Delta_y f$ 也很小; 若在 y 点的一个小邻域外 f 的值很大, 则 $\Delta_y f$ 也很大. 对 f^* 和 $\Delta_\alpha f^*$ 也有类似的含义.

因此, 一维的测不准原理也表示为对任意的 $y\in\mathbf{R}$ 和 $\alpha\in\mathbf{R}$ 有

$$(\Delta_y f)(\Delta_\alpha f^*)\geqslant\frac{\hbar^2}{4}. \tag{6.3.3}$$

下面首先对 (6.3.1) 中特殊情形 $y=0$ 和 $\xi=0$, 证明不等式

$$\|f\|_{L^2(\mathbf{R})}^2\leqslant\sqrt{\frac{2}{\pi}}\Big(\int_{\mathbf{R}}|x|^2|f(x)|^2\mathrm{d}x\Big)^{\frac{1}{2}}\cdot\Big(\int_{\mathbf{R}}|\lambda|^2|\widehat{f}(\lambda)|^2\mathrm{d}\lambda\Big)^{\frac{1}{2}}.$$

事实上,

$$\begin{aligned}&\int_{-\infty}^{+\infty}|x|^2|f(x)|^2\mathrm{d}x\cdot\int_{-\infty}^{+\infty}|\lambda|^2|\widehat{f}(\lambda)|^2\mathrm{d}\lambda\\ &=\int_{-\infty}^{+\infty}|xf(x)|^2\mathrm{d}x\cdot\int_{-\infty}^{+\infty}|\mathrm{i}\lambda\widehat{f}(\lambda)|^2\mathrm{d}\lambda\\ &=\int_{-\infty}^{+\infty}|xf(x)|^2\mathrm{d}x\cdot 2\pi\int_{-\infty}^{+\infty}|f'(x)|^2\mathrm{d}x\geqslant 2\pi\Big(\int_{-\infty}^{+\infty}|xf(x)f'(x)|\mathrm{d}x\Big)^2\\ &\geqslant 2\pi\Big(\int_{-\infty}^{+\infty}x\cdot\frac{f(x)\overline{f'(x)}+\overline{f(x)}f'(x)}{2}\mathrm{d}x\Big)^2=\frac{\pi}{2}\Big(\int_{-\infty}^{+\infty}x(|f(x)|^2)'\mathrm{d}x\Big)^2\\ &=\frac{\pi}{2}\Big[(x|f(x)|^2)\Big|_{-\infty}^{+\infty}-\int_{-\infty}^{+\infty}|f(x)|^2\mathrm{d}x\Big]^2=\frac{\pi}{2}\Big(\int_{-\infty}^{+\infty}|f(x)|^2\mathrm{d}x\Big)^2.\end{aligned}$$

其次, 考虑 (6.3.1) 中一般情形 $y\in\mathbf{R}$ 和 $\xi\in\mathbf{R}$. 令

$$g(x)=\mathrm{e}^{-\mathrm{i}\xi x}f(x+y),$$

则 g 也满足 (6.3.2), 且 $\widehat{g}(\lambda)=\mathrm{e}^{\mathrm{i}(\lambda+\xi)y}\widehat{f}(\lambda+\xi)$,

$$\Delta_y f=\Delta_0 g,\quad \Delta_\xi\widehat{f}=\Delta_0\widehat{g}.$$

于是,

$$(\Delta_y f)(\Delta_\xi\widehat{f})=(\Delta_0 g)(\Delta_0\widehat{g})\geqslant\frac{1}{4}.$$

最后, 证明 (6.3.3). 因为对 $\alpha\in\mathbf{R}$ 有

$$\begin{aligned}\Delta_\alpha f^* &=\frac{\displaystyle\int_{-\infty}^{+\infty}|p-\alpha|^2|f^*(p)|^2\mathrm{d}p}{\displaystyle\int_{-\infty}^{+\infty}|f^*(p)|^2\mathrm{d}p}=\frac{\displaystyle\int_{-\infty}^{+\infty}|p-\alpha|^2\left|\frac{1}{\sqrt{2\pi\hbar}}\widehat{f}\left(\frac{p}{\hbar}\right)\right|^2\mathrm{d}p}{\displaystyle\int_{-\infty}^{+\infty}\left|\frac{1}{\sqrt{2\pi\hbar}}\widehat{f}\left(\frac{p}{\hbar}\right)\right|^2\mathrm{d}p}\\ &=\frac{\displaystyle\int_{-\infty}^{+\infty}|\lambda\hbar-\alpha|^2|\widehat{f}(\lambda)|^2\mathrm{d}\lambda}{\displaystyle\int_{-\infty}^{+\infty}|\widehat{f}(\lambda)|^2\mathrm{d}\lambda}=\hbar^2\frac{\displaystyle\int_{-\infty}^{+\infty}\left|\lambda-\frac{\alpha}{\hbar}\right|^2|\widehat{f}(\lambda)|^2\mathrm{d}\lambda}{\displaystyle\int_{-\infty}^{+\infty}|\widehat{f}(\lambda)|^2\mathrm{d}\lambda}=\hbar^2\Delta_{\frac{\alpha}{\hbar}}\widehat{f},\end{aligned}$$

所以, 对任意的 $y\in\mathbf{R}$ 和 $\alpha\in\mathbf{R}$ 有

$$(\Delta_y f)(\Delta_\alpha f^*)=(\Delta_y f)(\hbar^2\Delta_{\frac{\alpha}{\hbar}}\widehat{f})\geqslant\frac{\hbar^2}{4}.$$

对于一般情形的不等式 (6.3.1), 可以类似证明: 对任意的 $\boldsymbol{y}\in\mathbf{R}^n$ 和 $\boldsymbol{\xi}\in\mathbf{R}^n$, 有

$$\begin{aligned}\|f\|_{L^2(\mathbf{R}^n)}^2 &=\frac{1}{n}\int_{\mathbf{R}^n}|f(\boldsymbol{x})|^2\sum_{j=1}^n\frac{\partial}{\partial x_j}(x_j-y_j)\mathrm{d}\boldsymbol{x}\\ &=-\frac{1}{n}\sum_{j=1}^n\int_{\mathbf{R}^n}(x_j-y_j)\frac{\partial}{\partial x_j}|f(\boldsymbol{x})|^2\mathrm{d}\boldsymbol{x}\\ &=\frac{-1}{n}\sum_{j=1}^n\int_{\mathbf{R}^n}(x_j-y_j)\left[\frac{\partial f(\boldsymbol{x})}{\partial x_j}\overline{f(\boldsymbol{x})}+f(\boldsymbol{x})\frac{\partial\overline{f(\boldsymbol{x})}}{\partial x_j}\right]\mathrm{d}\boldsymbol{x}\\ &\leqslant\frac{2}{n}\sum_{j=1}^n\int_{\mathbf{R}^n}\left|(x_j-y_j)\frac{\partial f(\boldsymbol{x})}{\partial x_j}\overline{f(\boldsymbol{x})}\right|\mathrm{d}\boldsymbol{x}\end{aligned}$$

$$
\begin{aligned}
&\leqslant \frac{2}{n}\sum_{j=1}^{n}\Big(\int_{\mathbf{R}^n}\Big|(x_j-y_j)\overline{f(\boldsymbol{x})}\Big|^2\mathrm{d}\boldsymbol{x}\Big)^{1/2}\cdot\Big(\int_{\mathbf{R}^n}\Big|\frac{\partial f(\boldsymbol{x})}{\partial x_j}\Big|^2\mathrm{d}\boldsymbol{x}\Big)^{1/2}\\
&\leqslant \frac{2}{n}\Big(\int_{\mathbf{R}^n}\sum_{j=1}^{n}|(x_j-y_j)\overline{f(\boldsymbol{x})}|^2\mathrm{d}\boldsymbol{x}\Big)^{1/2}\cdot\Big(\int_{\mathbf{R}^n}\sum_{j=1}^{n}\Big|\frac{\partial f(\boldsymbol{x})}{\partial x_j}\Big|^2\mathrm{d}\boldsymbol{x}\Big)^{1/2}\\
&=\frac{2}{n}\Big(\int_{\mathbf{R}^n}|\boldsymbol{x}-\boldsymbol{y}|^2|f(\boldsymbol{x})|^2\mathrm{d}\boldsymbol{x}\Big)^{1/2}\cdot\Big(\frac{1}{(2\pi)^n}\int_{\mathbf{R}^n}\sum_{j=1}^{n}\Big|\widehat{\frac{\partial f}{\partial x_j}}(\boldsymbol{\lambda})\Big|^2\mathrm{d}\boldsymbol{\lambda}\Big)^{1/2}\\
&=\frac{2}{n(2\pi)^{n/2}}\Big(\int_{\mathbf{R}^n}|\boldsymbol{x}-\boldsymbol{y}|^2|f(\boldsymbol{x})|^2\mathrm{d}\boldsymbol{x}\Big)^{1/2}\cdot\Big(\int_{\mathbf{R}^n}\sum_{j=1}^{n}\big|\mathrm{i}\lambda_j\widehat{f}(\boldsymbol{\lambda}+\boldsymbol{\xi})\big|^2\mathrm{d}\boldsymbol{\lambda}\Big)^{1/2}\\
&=\frac{2}{n(2\pi)^{n/2}}\Big(\int_{\mathbf{R}^n}|\boldsymbol{x}-\boldsymbol{y}|^2|f(\boldsymbol{x})|^2\mathrm{d}\boldsymbol{x}\Big)^{1/2}\cdot\Big(\int_{\mathbf{R}^n}|\boldsymbol{\lambda}|^2\big|\widehat{f}(\boldsymbol{\lambda}+\boldsymbol{\xi})\big|^2\mathrm{d}\boldsymbol{\lambda}\Big)^{1/2}\\
&=\frac{2}{n(2\pi)^{n/2}}\Big(\int_{\mathbf{R}^n}|\boldsymbol{x}-\boldsymbol{y}|^2|f(\boldsymbol{x})|^2\mathrm{d}\boldsymbol{x}\Big)^{1/2}\cdot\Big(\int_{\mathbf{R}^n}|\boldsymbol{\lambda}-\boldsymbol{\xi}|^2\big|\widehat{f}(\boldsymbol{\lambda})\big|^2\mathrm{d}\boldsymbol{\lambda}\Big)^{1/2}. \quad\square
\end{aligned}
$$

*§6.4 离散 Fourier 变换

离散 Fourier 变换对处理给定离散信息的分析非常方便, 比如有限个点上定义的样本函数. 随着各种数字信号处理算法的发展, 离散变换也得到了极大的应用, 特别是快速 Fourier 变换的应用 (参见 [12]).

令 $N\in\mathbf{N}_+$, $Z_N=\{0,1,\cdots,N-1\}$ 表示所有整数模 N 的余数构成的同余类集合. 对任意的 $m,n\in Z_N$, 定义加法 (仍记为 $+$)

$$
m+n=\begin{cases} m+n, & \text{当 } m+n\leqslant N-1 \text{ 时},\\ m+n-N, & \text{当 } m+n>N-1 \text{ 时}\end{cases}
$$

为定义 Z_N 上的 (复值) 函数 f, 对每个 $n(n=0,1,\cdots,N-1)$ 赋予一个值 $f[n]$, 然后延拓 f 成为一个 $\mathbf{Z}$ 上的 N-周期函数. 因此, 对任意的 $m\in\{0,1,\cdots,N-1\}$ 和任意的 $n\in\mathbf{Z}$, 有 $f[m+nN]=f[m]$.

定义 6.4 定义函数 $f: Z_N \to \mathbf{C}$ 的 Fourier 变换为函数 $F: Z_N \to \mathbf{C}$.

$$F[n] = \sum_{m=0}^{N-1} f[m]\mathrm{e}^{-2\pi\mathrm{i}mn/N}, \quad \forall\, n \in \{0, 1, \cdots, N-1\},$$

称 F 为 f 的**离散 Fourier 变换** (discrete Fourier transform, 简称 DFT), 记为 $F = \widehat{f}$.

显然,

$$F[n] = \sum_{m=0}^{N-1} f[m]\mathrm{e}^{-2\pi\mathrm{i}mn/N} = \sum_{m=0}^{N-1} f[m]\mathrm{e}^{-2\pi\mathrm{i}m(n+N)/N} = F[n+N], \quad \forall\, n \in \mathbf{Z}.$$

定理 6.5 (离散 Fourier 变换的逆变换公式) 对任意的自然数 $N > 1$, 若函数 $f: Z_N \to \mathbf{C}$ 的离散 Fourier 变换为函数 $F: Z_N \to \mathbf{C}$, 则

$$f[m] = \frac{1}{N}\sum_{n=0}^{N-1} F[n]\mathrm{e}^{2\pi\mathrm{i}mn/N}, \quad \forall\, m \in \{0, 1, \cdots, N-1\}.$$

证明 记 $\omega_N = \mathrm{e}^{-2\pi\mathrm{i}/N}$, 则 $\omega_N \neq 1$, $\omega_N^N = 1$ 和

$$1 + \omega_N + \omega_N^2 + \cdots + \omega_N^{N-1} = \frac{1-\omega_N^N}{1-\omega_N} = 0.$$

于是,

$$\begin{aligned}
\frac{1}{N}\sum_{n=0}^{N-1} F[n]\mathrm{e}^{2\pi\mathrm{i}mn/N} &= \frac{1}{N}\sum_{n=0}^{N-1} F[n]\omega_N^{-mn} \\
&= \frac{1}{N}\sum_{n=0}^{N-1}\Big[\sum_{j=0}^{N-1} f[j]\omega_N^{jn}\Big]\omega_N^{-mn} \\
&= \frac{1}{N}\sum_{j=0}^{N-1} f[j]\Big[\sum_{n=0}^{N-1}\omega_N^{(j-m)n}\Big].
\end{aligned}$$

因为当 $j = m$ 时, $\sum\limits_{n=0}^{N-1}\omega_N^{(j-m)n} = N$; 当 $j \neq m$ 时,

$$\sum_{n=0}^{N-1}\omega_N^{(j-m)n} = \frac{1-\omega_N^{(j-m)N}}{1-\omega_N^{j-m}} = 0,$$

所以

$$\frac{1}{N}\sum_{n=0}^{N-1} F[n]\mathrm{e}^{2\pi \mathrm{i} mn/N} = f[m]. \qquad \square$$

定理 6.6 若 $L(Z_N)$ 表示 Z_N 上复数列构成的向量空间, 则离散 Fourier 变换

$$\mathscr{F}_N : L(Z_N) \to L(Z_N)$$
$$\boldsymbol{f} \mapsto \widehat{\boldsymbol{f}}$$

是一个保持线性结构的双射.

证明略.

定理 6.7 (1) 在内积

$$\langle \boldsymbol{f}, \boldsymbol{g}\rangle = \frac{1}{N}\sum_{n=0}^{N-1} \boldsymbol{f}[n]\overline{\boldsymbol{g}[n]} \qquad \forall\, \boldsymbol{f}, \boldsymbol{g} \in L(Z_N)$$

意义下, $\left\{\frac{1}{\sqrt{N}}\omega_N^n = \frac{\mathrm{e}^{-2\pi \mathrm{i} n/N}}{\sqrt{N}} : n = 0, 1, \cdots, N-1\right\}$ 构成 N 维线性空间 $L(Z_N)$ 的一组标准正交基.

(2) (**Parseval 等式**) 设 $\boldsymbol{f}, \boldsymbol{g} \in L(Z_N)$ 的离散 Fourier 变换函数分别为 F, G, 则

$$\sum_{n=0}^{N-1} \boldsymbol{f}[n]\overline{\boldsymbol{g}[n]} = \frac{1}{N}\sum_{m=0}^{N-1} \boldsymbol{F}[m]\overline{\boldsymbol{G}[m]}.$$

特别地, 有

$$\left(\sum_{n=0}^{N-1} |\boldsymbol{f}[n]|^2\right)^{1/2} = \left(\frac{1}{N}\sum_{m=0}^{N-1} |\boldsymbol{F}[m]|^2\right)^{1/2}.$$

证明略.

例 6.25 设离散 Fourier 变换矩阵 $\boldsymbol{D}_N = \left(\frac{1}{\sqrt{N}}\omega_N^{mn}\right)_{N\times N}$. 若 $\boldsymbol{f} \in L(Z_N)$

是 $\boldsymbol{D}_N$ 的一个列向量, 则 $\boldsymbol{f}$ 的离散 Fourier 变换函数 $F \in L(Z_N)$ 为一个列向量

$$F = \sqrt{N}\boldsymbol{D}_N\boldsymbol{f}.$$

此外,

$$\boldsymbol{D}_N^{-1} = \frac{1}{\sqrt{N}}\overline{\boldsymbol{D}_N}, \quad \mathrm{tr}(\boldsymbol{D}_N) = \frac{1}{\sqrt{N}}\sum_{n=0}^{N-1} \mathrm{e}^{-2\pi \mathrm{i} n^2/N} = \frac{1}{\sqrt{N}}\mathcal{G}_N^-,$$

其中 Gauss 和

$$\mathcal{G}_N^{\pm} = \sum_{n=0}^{N-1} \mathrm{e}^{\pm 2\pi \mathrm{i} n^2/N}.$$

证明略, 有兴趣的读者可以自己证明.

对 $m, n \in Z_N$, 定义

$$\boldsymbol{U}_N^n : Z_N \to \mathbf{C}$$

$$m \mapsto U_N^n[m] = \delta(m, n),$$

则在上述内积意义下, $\{\sqrt{N}\boldsymbol{U}_N^n : n = 0, 1, \cdots, N-1\}$ 也构成线性空间 $L(Z_N)$ 的一组标准正交基. 作为列向量的 $\boldsymbol{U}_N^n$ 和 $\boldsymbol{\omega}_N^n$, 有

$$\boldsymbol{D}_N\boldsymbol{U}_N^n = \frac{1}{\sqrt{N}}\boldsymbol{\omega}_N^n, \quad \boldsymbol{D}_N\boldsymbol{\omega}_N^{-n} = \sqrt{N}\boldsymbol{U}_N^n, \quad \boldsymbol{D}_N^4 = \boldsymbol{I}.$$

例 6.26 当 $N - 2 = 4k$ 时 $(k \geqslant 0)$, 则 $\mathcal{G}_N^{\pm} = 0$. 特别地, $\mathcal{G}_3^{\pm} = \pm \mathrm{i}\sqrt{3}$.

留给有兴趣的读者自己证明.

定理 6.8 (1) 当 $N \geqslant 1$ 为奇数时, 有 $\left|\sum_{n=0}^{N-1} \mathrm{e}^{\pm 2\pi \mathrm{i} n^2/N}\right| = \sqrt{N}$.

(2)

$$\mathcal{G}_N^{\pm} = \begin{cases} (1 \pm \mathrm{i})\sqrt{N}, & \text{当 } \dfrac{N}{4} \in \mathbf{N}\text{时}, \\ \sqrt{N}, & \text{当 } \dfrac{N-1}{4} \in \mathbf{N} \cup \{0\}\text{时}, \\ 0, & \text{当 } \dfrac{N-2}{4} \in \mathbf{N} \cup \{0\}\text{时}, \\ \pm \mathrm{i}\sqrt{N}, & \text{当 } \dfrac{N-3}{4} \in \mathbf{N} \cup \{0\}\text{时}. \end{cases}$$

证明参见 [12].

*§6.5 快速 Fourier 变换

快速 Fourier 变换 (fast Fourier transform, 简记 FFT) 是信号处理与数据分析领域里最重要的算法之一. 快速 Fourier 变换本身就是离散 Fourier 变换的快速算法, 使算法运算次数由原来的 $O(N^2)$ 变为 $O(N\log_2 N)$. FFT 算法已经广泛应用于光谱、声谱、地震谱分析、晶体结构分析、图像信息处理、卫星射影分析等实际问题.

定理 6.9(两步快速 Fourier 变换算法) 设 $N_1, N_2 > 1$, $N = N_1N_2$, 函数 $f: Z_N \to \mathbf{C}$ 的离散 Fourier 变换函数为 F.

(1) 每个 $n = 0, 1, \cdots, N-1$ 都有唯一的表示 $n = n_2N_1 + n_1$, 其中某个 $n_1 = 0, 1, \cdots, N_1-1$ 和某个 $n_2 = 0, 1, \cdots, N_2-1$; 且每个 $m = 0, 1, \cdots, N-1$ 都有唯一的表示 $m = m_1N_2 + m_2$, 其中某个 $m_1 = 0, 1, \cdots, N_1-1$ 和某个 $m_2 = 0, 1, \cdots, N_2-1$.

(2) 在 (1) 的表示式中, 对每个 $n = n_2N_1 + n_1$, F 可记成

$$F[n_2N_1 + n_1] = \sum_{m_2=0}^{N_2-1}\Big(\sum_{m_1=0}^{N_1-1} f[m_1N_2 + m_2]\omega_{N_1}^{m_1n_1}\omega_N^{m_2n_1}\Big)\omega_{N_2}^{m_2n_2}.$$

(3) 计算 $\{F[n] : n = n_2N_1 + n_1, n_1 \in Z_{N_1}, n_2 \in Z_{N_2}\}$ 的总运算数为

$$N(N_1 + N_2).$$

证明可参见 [12].

例 6.27 $N\log_2 N$ 阶算法

解 取 $N = 2N_1$.

(1) 每个 $n = 0, 1, \cdots, N-1$ 可表为 $n = n_2N_1 + n_1$, 其中某个 $n_1 = 0, 1, \cdots, N_1-1$ 和某个 $n_2 = 0, 1$. 定义函数 $f: Z_N \to \mathbf{C}$ 的离散 Fourier 变换函数为 $F[n] = \sum\limits_{m=0}^{N-1} f[m]\omega_N^{mn}$, 则

$$F[n] = F[n_2N_1 + n_1] = \sum_{m_1=0}^{N_1-1}\sum_{m_2=0}^{1} f[2m_1 + m_2]\omega_N^{(2m_1+m_2)n}$$

$$
\begin{aligned}
&= \sum_{m_2=0}^{1}\sum_{m_1=0}^{N_1-1} f[2m_1+m_2]\omega_{N_1}^{m_1n_1}\omega_N^{m_2n_1}\mathrm{e}^{-\pi \mathrm{i} m_2n_2}\\
&= \sum_{m_1=0}^{N_1-1} f[2m_1]\omega_{N_1}^{m_1n_1} + \mathrm{e}^{-\pi \mathrm{i} n_2}\omega_N^{n_1}\sum_{m_1=0}^{N_1-1} f[2m_1+1]\omega_{N_1}^{m_1n_1}\\
&= \sum_{m_1=0}^{N_1-1} f[2m_1]\omega_{N_1}^{m_1n_1} + \omega_N^{n}\sum_{m_1=0}^{N_1-1} f[2m_1+1]\omega_{N_1}^{m_1n_1}.
\end{aligned}
$$

(2) 用 $\sharp(M)$ 表示计算函数 $f: Z_N \to \mathbf{C}$ 的离散 Fourier 变换函数中乘法的个数, 显然有 $\sharp(M) \leqslant (M-1)^2$.

上式中计算 $F[n_2N_1+n_1]$ 的 $2\sharp(N_1)$ 次乘法实际上是计算

$$
\sum_{m_1=0}^{N_1-1} f[2m_1]\omega_{N_1}^{m_1n_1} \quad 和 \quad \sum_{m_1=0}^{N_1-1} f[2m_1+1]\omega_{N_1}^{m_1n_1} \stackrel{\mathrm{def}}{=\!=} B.
$$

注意到 $\omega_N^n = \pm\omega_N^{n_1}$ 依赖于 $n = n_2N_1+n_1$ 中 $n_2=0$ 或 $n_2=1$, 于是计算 $\{\omega_N^{n_1}B : n_1 \in Z_{N_1}\}$ 需要 N_1 次乘法. 因此, 计算 $F[n]$ 需要

$$
\sharp(2N_1) = 2\sharp(N_1) + N_1.
$$

(3) 因为

$$
\begin{aligned}
&\sharp(2) = 1, \quad \sharp(4) = 2+2 = 4 = \frac{4}{2}\log_2 4,\\
&\sharp(8) = 8+4 = 12 = \frac{8}{2}\log_2 8, \quad \sharp(16) = 2\cdot 12 + 8 = 32 = \frac{16}{2}\log_2 16,\\
&\cdots\cdots
\end{aligned}
$$

所以对 $N=2^p$, 利用数学归纳法可证: 计算 Z_N 上 DFT 函数中的乘法数为

$$
\frac{N}{2}\log_2 N. \qquad \square
$$

习题六

1. 设梯形脉冲函数

$$f(x)=\begin{cases}1, & |x|\leqslant \delta,\\ 0, & |x|\geqslant \delta+h,\\ \dfrac{\delta-x}{h}+1, & \delta\leqslant x\leqslant \delta+h,\\ \dfrac{\delta+x}{h}+1, & -\delta-h\leqslant x\leqslant -\delta,\end{cases}$$

求 $\mathscr{F}[f(x)]$.

2. 设 $f(x)=\dfrac{1}{2}[\delta(x+a)+\mathrm{H}(x-1)]$, 求 $\mathscr{F}[f(x)]$.

3. 求 $\mathscr{F}[\mathrm{H}(x)\cdot x]$.

4. 设 $f(x)=\sin\left(2x+\dfrac{\pi}{6}\right)$, 求 $\mathscr{F}[f(x)]$.

5. 求 $\mathscr{F}[\mathrm{e}^{-|x|}]$, 并证明 $\displaystyle\int_0^{+\infty}\frac{\cos 2\lambda}{1+\lambda^2}\mathrm{d}\lambda=\frac{\pi}{2\mathrm{e}^2}$.

6. 求函数 $f(x)=\begin{cases}\sin x, & |x|\leqslant\pi,\\ 0, & |x|>\pi,\end{cases}$ 求 $\mathscr{F}[f(x)]$ 并证明:

$$\int_0^{+\infty}\frac{\sin\lambda\pi\sin\lambda x}{1-\lambda^2}\mathrm{d}\lambda=\begin{cases}\dfrac{\pi}{2}\sin x, & |x|\leqslant\pi,\\ 0, & |x|>\pi.\end{cases}$$

7. 已知函数 $f(x)=\begin{cases}\cos x, & |x|\leqslant\pi,\\ 0, & |x|>\pi,\end{cases}$ 求 $\mathscr{F}[f(x)]$ 并证明:

$$\int_0^{+\infty}\frac{\lambda\sin\lambda\pi\cos\lambda x}{1-\lambda^2}\mathrm{d}\lambda=\begin{cases}\dfrac{\pi}{2}\cos x, & |x|<\pi,\\ -\dfrac{\pi}{4}, & |x|=\pi,\\ 0, & |x|>\pi.\end{cases}$$

8. 设 $F(\lambda)$ 是函数 $f(x)$ 的 Fourier 变换, 即 $F(\lambda)=\mathscr{F}[f(x)]$, 证明: $F(\lambda)$ 与 $f(x)$ 有相同的奇偶性.

9. 设 $\mathscr{F}[f(x)]=F(\lambda)$, 证明:

$$\mathscr{F}[f(x)\cos\lambda_0 x]=\frac{F(\lambda+\lambda_0)+F(\lambda-\lambda_0)}{2},$$

并计算 $\mathscr{F}[\mathrm{e}^{-\beta x}\cos\lambda_0 x\cdot\mathrm{H}(x)](\beta>0)$.

10. 已知常数 $A, B > 0$, 求函数 $f(x) = \begin{cases} A, & 0 \leqslant x \leqslant B, \\ 0, & x > B \end{cases}$ 的 Fourier 正弦变换 $F_s(\lambda)$.

11. 已知常数 $A > 0$, 求函数 $f(x) = \begin{cases} 1, & 0 \leqslant x \leqslant A, \\ 0, & x > A \end{cases}$ 的 Fourier 余弦变换 $F_c(\lambda)$, 并证明:

$$\int_0^{+\infty} \frac{\sin \lambda A \cos \lambda x}{\lambda} \mathrm{d}\lambda = \begin{cases} \dfrac{\pi}{2}, & 0 \leqslant x < A, \\ \dfrac{\pi}{4}, & x = A, \\ 0, & x > A. \end{cases}$$

12. 求积分方程 $\displaystyle\int_0^{+\infty} g(\lambda) \sin \lambda x \mathrm{d}\lambda = \begin{cases} \dfrac{\pi}{2} \sin x, & 0 < x \leqslant \pi, \\ 0, & x > \pi \end{cases}$ 的解 $g(\lambda)$.

13. 求 $\mathbf{R}$ 上常微分方程 $f'(x) + 2f(x) = \delta(x)$ 的解.

14. 利用 Fourier 变换求解一维波动方程的初值问题

$$\begin{cases} \dfrac{\partial^2}{\partial t^2} u(x,t) - \dfrac{\partial^2}{\partial x^2} u(x,t) = t \cos x, & -\infty < x < +\infty,\ t > 0, \\ u(x,0) = 0, & -\infty < x < +\infty, \\ \dfrac{\partial u}{\partial t}(x,0) = \sin x, & -\infty < x < +\infty. \end{cases}$$

第七章　Laplace 变换

由上一章的学习我们知道, 一个定义在 $\mathbf{R}^n$ 上的函数满足绝对可积条件, 且在任意有限区间上满足 Dirichlet 条件, 才存在经典意义下的 Fourier 变换. 但这些条件是比较强的, 许多简单的函数都不满足这个条件, 如正弦函数、余弦函数、单位阶跃函数、线性函数、指数函数等. 此外, 在一些实际应用中很多以时间 t 为变量的函数在 $t<0$ 时是无意义的或不在考虑范围内, 从而也不能应用 Fourier 变换.

本章我们将类比 Fourier 变换, 学习 Laplace 变换的基础知识. 首先针对 Fourier 变换的限制条件, 引入 Laplace 变换, 并给出 Laplace 变换存在定理. 其次研究 Laplace 变换的性质. 最后, 给出 Laplace 变换的一些应用, 特别是对常微分方程定解问题的求解.

§7.1　Laplace 变换的引入

为了克服应用 Fourier 变换的上述限制, 对任意一个 $[0,+\infty)$ 上定义的函数 $f(t)$, 可以利用 $\mathrm{H}(t)$ 把 $[0,+\infty)$ 的限制扩大到整个 $\mathbf{R}$ 上, 用 $\mathrm{e}^{-\beta t}(\beta>0)$ 把函数 $f(t)$ 变成绝对可积函数, 然后再应用 Fourier 变换

$$\begin{aligned}\mathscr{F}[f(t)\mathrm{H}(t)\mathrm{e}^{-\beta t}] &= \int_{-\infty}^{+\infty} f(t)\mathrm{H}(t)\mathrm{e}^{-\beta t}\mathrm{e}^{-\mathrm{i}\lambda t}\mathrm{d}t \\ &= \int_0^{+\infty} f(t)\mathrm{e}^{-(\beta+\mathrm{i}\lambda)t}\mathrm{d}t = \int_0^{+\infty} f(t)\mathrm{e}^{-st}\mathrm{d}t,\end{aligned}$$

其中 $s=\beta+\mathrm{i}\lambda$. 于是, 我们引入了如下的 **Laplace 变换**.

定义 7.1　设函数 $f(t)$ 当 $t \geqslant 0$ 时有定义, 且积分 $\int_0^{+\infty} f(t)\mathrm{e}^{-st}\mathrm{d}t$ 在 $s\in\mathbf{C}$ 的某一区域内收敛, 则称

$$F(s)=\int_0^{+\infty} f(t)\mathrm{e}^{-st}\mathrm{d}t$$

为函数 $f(t)$ 的 **Laplace 变换式**, 记为 $F(s)=\mathscr{L}[f(t)]$. 其中 $F(s)$ 称为 $f(t)$ 的**像函数**, $f(t)$ 称为 $F(s)$ 的**像原函数**, 也称为 **Laplace 逆变换**, 记为 $f(t)=\mathscr{L}^{-1}[F(s)]$.

因此, $f(t)(t\geqslant 0)$ 的 Laplace 变换就是 $f(t)\mathrm{H}(t)\mathrm{e}^{-\beta t}$ 的 Fourier 变换, 也即 $\mathscr{L}[f(t)]=\mathscr{F}[f(t)\mathrm{H}(t)\mathrm{e}^{-\beta t}]$.

因为 $\displaystyle\int_0^1\frac{\mathrm{d}t}{t^2}$ 发散, 所以简单计算可知 $\mathscr{L}\left[\dfrac{1}{t^2}\right]$ 不收敛. 那么, 什么情况下函数 $f(t)$ 的 Laplace 变换 $\mathscr{L}[f(t)]$ 存在呢? 像函数 $F(s)$ 的性质如何呢?

定理 7.1(Laplace 变换的存在定理) 若函数 $f(t)$ 满足条件: (1) 在 $t\geqslant 0$ 的任一有限区间上分段连续; (2) 存在常数 $M>0$ 和 $c\geqslant 0$, 使得对任意的 $0\leqslant t<+\infty$ 都有 $|f(t)|\leqslant M\mathrm{e}^{ct}$ 成立, 也称"指数有界", 则 $f(t)$ 的 Laplace 变换

$$F(s)=\int_0^{+\infty}f(t)\mathrm{e}^{-st}\mathrm{d}t$$

在右半平面 $\mathrm{Re}(s)>c$ 内一定存在, 右端的积分在 $\mathrm{Re}(s)\geqslant c_1>c$ 上绝对收敛且一致收敛, 并且在 $\mathrm{Re}(s)>c$ 的右半平面内像函数 $F(s)$ 为解析函数.

证明 由 (2) 知, 对任意的 $0\leqslant t<+\infty$, 有

$$|f(t)\mathrm{e}^{-st}|=|f(t)|\mathrm{e}^{-\beta t}\leqslant M\mathrm{e}^{-(\beta-c)t},\qquad \mathrm{Re}(s)=\beta.$$

令 $\beta-c\geqslant\varepsilon>0$, 即 $\beta\geqslant c+\varepsilon=c_1>c$, 则

$$\int_0^{+\infty}|f(t)\mathrm{e}^{-st}|\mathrm{d}t\leqslant\int_0^{+\infty}M\mathrm{e}^{-\varepsilon t}\mathrm{d}t=\frac{M}{\varepsilon}.$$

由含参变量反常积分性质知, 在 $\mathrm{Re}(s)\geqslant c_1>c$ 上 $\displaystyle\int_0^{+\infty}f(t)\mathrm{e}^{-st}\mathrm{d}t$ 不仅绝对收敛且一致收敛. 又因为

$$\int_0^{+\infty}\frac{\mathrm{d}}{\mathrm{d}s}[f(t)\mathrm{e}^{-st}]\mathrm{d}t=\int_0^{+\infty}-tf(t)\mathrm{e}^{-st}\mathrm{d}t,$$

$$\int_0^{+\infty}\left|\frac{\mathrm{d}}{\mathrm{d}s}[f(t)\mathrm{e}^{-st}]\right|\mathrm{d}t\leqslant\int_0^{+\infty}t\cdot M\mathrm{e}^{-(\beta-c)t}\mathrm{d}t\leqslant\int_0^{+\infty}t\cdot M\mathrm{e}^{-\varepsilon t}\mathrm{d}t=\frac{M}{\varepsilon^2},$$

所以, $\displaystyle\int_0^{+\infty}\frac{\mathrm{d}}{\mathrm{d}s}[f(t)\mathrm{e}^{-st}]\mathrm{d}t$ 在 $\mathrm{Re}(s)\geqslant c_1>c$内也是绝对收敛且一致收敛的.

从而, 微分运算和积分运算可以交换次序

$$\begin{aligned}\frac{\mathrm{d}}{\mathrm{d}s}F(s) &= \frac{\mathrm{d}}{\mathrm{d}s}\int_0^{+\infty} f(t)\mathrm{e}^{-st}\mathrm{d}t = \int_0^{+\infty}\frac{\mathrm{d}}{\mathrm{d}s}[f(t)\mathrm{e}^{-st}]\mathrm{d}t \\ &= \int_0^{+\infty} -tf(t)\mathrm{e}^{-st}\mathrm{d}t = \mathscr{L}[-tf(t)].\end{aligned}$$

因此, $F(s)$ 在 $\mathrm{Re}(s) > c$ 内是可导的. 同时, $F(s)$ 在 $\mathrm{Re}(s) > c$ 内也是解析的. □

例 7.1 求 Heaviside 函数 $\mathrm{H}(t)$ 的 Laplace 变换 $\mathscr{L}[H(t)]$.

解 对 $\mathrm{Re}(s) > 0$, 有

$$\mathscr{L}[\mathrm{H}(t)] = \int_0^{+\infty}\mathrm{H}(t)\mathrm{e}^{-st}\mathrm{d}t = \int_0^{+\infty} 1\cdot\mathrm{e}^{-st}\mathrm{d}t = -\frac{1}{s}\mathrm{e}^{-st}\Big|_0^{+\infty} = \frac{1}{s}.$$ □

例 7.2 求指数函数 $f(t) = \mathrm{e}^{at}$ ($a \in \mathbf{R}$) 的 Laplace 变换 $\mathscr{L}[f(t)]$.

解 对 $\mathrm{Re}(s) > a$, 有

$$\begin{aligned}\mathscr{L}[f(t)] &= \int_0^{+\infty}\mathrm{e}^{at}\mathrm{e}^{-st}\mathrm{d}t = \int_0^{+\infty}\mathrm{e}^{-(s-a)t}\mathrm{d}t \\ &= -\frac{1}{s-a}\mathrm{e}^{-(s-a)t}\Big|_0^{+\infty} = \frac{1}{s-a}.\end{aligned}$$ □

例 7.3 求正弦函数 $f(t) = \sin\ \beta t$ ($\beta \in \mathbf{R}$) 的 Laplace 变换 $\mathscr{L}[f(t)]$.

解 对 $\mathrm{Re}(s) > 0$, 有

$$\begin{aligned}\mathscr{L}[\sin\ \beta t] &= \int_0^{+\infty}\sin\ \beta t\cdot\mathrm{e}^{-st}\mathrm{d}t = \frac{\mathrm{e}^{-st}}{s^2+\beta^2}(-s\sin\ \beta t - \beta\cos\ \beta t)\Big|_0^{+\infty} \\ &= \frac{\beta}{s^2+\beta^2}.\end{aligned}$$ □

例 7.4 求余弦函数 $f(t) = \cos\ \beta t$ ($\beta \in \mathbf{R}$) 的 Laplace 变换 $\mathscr{L}[f(t)]$.

解 对 $\mathrm{Re}(s) > 0$, 有

$$\begin{aligned}\mathscr{L}[\cos\ \beta t] &= \int_0^{+\infty}\cos\ \beta t\cdot\mathrm{e}^{-st}\mathrm{d}t = \frac{\mathrm{e}^{-st}}{s^2+\beta^2}(\beta\sin\ \beta t - s\cos\ \beta t)\Big|_0^{+\infty} \\ &= \frac{s}{s^2+\beta^2}.\end{aligned}$$ □

例 7.5 设函数 $f(t)$ 以 T 为周期, 且在一个周期上分段连续, 求它的 Laplace 变换 $\mathscr{L}[f(t)]$.

解 由假设知对任意的 $t \in [0, +\infty)$ 和 $n \in \mathbf{N}$, 都有 $f(t+nT) = f(t)$, 则

$$\begin{aligned}
\mathscr{L}[f(t)] &= \int_0^{+\infty} f(t)\mathrm{e}^{-st}\mathrm{d}t \\
&= \int_0^{T} f(t)\mathrm{e}^{-st}\mathrm{d}t + \int_T^{2T} f(t)\mathrm{e}^{-st}\mathrm{d}t + \cdots + \int_{nT}^{(n+1)T} f(t)\mathrm{e}^{-st}\mathrm{d}t + \cdots \\
&= \int_0^{T} f(t)\mathrm{e}^{-st}\mathrm{d}t + \int_0^{T} f(T+\sigma)\mathrm{e}^{-s(T+\sigma)}\mathrm{d}\sigma + \cdots + \\
&\quad \int_0^{T} f(nT+\sigma)\mathrm{e}^{-s(nT+\sigma)}\mathrm{d}\sigma + \cdots \\
&= \int_0^{T} f(t)\mathrm{e}^{-st}\mathrm{d}t + \mathrm{e}^{-sT}\int_0^{T} f(\sigma)\mathrm{e}^{-s\sigma}\mathrm{d}\sigma + \cdots + \\
&\quad \mathrm{e}^{-snT}\int_0^{T} f(\sigma)\mathrm{e}^{-s\sigma}\mathrm{d}\sigma + \cdots \\
&= (1 + \mathrm{e}^{-sT} + \cdots + \mathrm{e}^{-snT} + \cdots)\int_0^{T} f(t)\mathrm{e}^{-st}\mathrm{d}t \\
&= \frac{1}{1-\mathrm{e}^{-sT}}\int_0^{T} f(t)\mathrm{e}^{-st}\mathrm{d}t, \qquad \mathrm{Re}(s) > 0.
\end{aligned}$$

□

注 7.1 满足 Laplace 变换的存在定理条件的 $f(t)$ 在 $t=0$ 处有界时,

$$\mathscr{L}[f(t)] = \int_0^{+\infty} f(t)\mathrm{e}^{-st}\mathrm{d}t$$

中下限取 0^+ 或 0^- 不影响结果. 但是, 当 $f(t)$ 在 $t=0$ 处包含 Dirac 函数 $\delta(t)$ 时,

$$\int_{0^-}^{0^+} f(t)\mathrm{e}^{-st}\mathrm{d}t \neq 0.$$

因此, 把 “ $f(t)$ 当 $t \geqslant 0$ 时有定义” 扩大为 “当 $t>0$ 及 $t=0$ 的任一邻域内有定义”, 理解成

$$\mathscr{L}[f(t)] = \mathscr{L}_-[f(t)] = \int_{0^-}^{+\infty} f(t)\mathrm{e}^{-st}\mathrm{d}t.$$

例 7.6 求 Dirac 函数 $f(t) = \delta(t)$ 的 Laplace 变换 $\mathscr{L}[\delta(t)]$.

解 对 $\mathrm{Re}(s) > 0$, 有

$$\mathscr{L}[\delta(t)] = \int_0^{+\infty} \delta(t)\cdot\mathrm{e}^{-st}\mathrm{d}t = \int_{0^-}^{+\infty} \delta(t)\cdot\mathrm{e}^{-st}\mathrm{d}t = \int_{-\infty}^{+\infty} \delta(t)\cdot\mathrm{e}^{-st}\mathrm{d}t = 1.$$

□

例 7.7 对任意的 $\beta > 0$, 求函数 $f(t) = \sin\ t \cdot \mathrm{H}(t) + \mathrm{e}^{-\beta t}\delta(t)$ 的 Laplace 变换 $\mathscr{L}[f(t)]$.

解 对 $\mathrm{Re}(s) > 0$, 利用 Laplace 变换的定义、例 7.3 和例 7.6 知,

$$\begin{aligned}\mathscr{L}[f(t)] &= \int_0^{+\infty} [\sin\ t \cdot \mathrm{H}(t) + \mathrm{e}^{-\beta t}\delta(t)]\mathrm{e}^{-st}\mathrm{d}t \\ &= \int_0^{+\infty} \sin\ t \cdot \mathrm{e}^{-st}\mathrm{d}t + \int_0^{+\infty} \delta(t)\mathrm{e}^{-\beta t} \cdot \mathrm{e}^{-st}\mathrm{d}t = \frac{1}{s^2+1} + 1.\end{aligned}$$ □

已知像函数 $F(s)$, 如何求它的像原函数 $f(t)$ 呢?

由 Laplace 变换定义知, 函数 $f(t)$ 的 Laplace 变换就是 $f(t)\mathrm{H}(t)\mathrm{e}^{-\beta t}$ 的 Fourier 变换. 于是, 当 $f(t)\mathrm{H}(t)\mathrm{e}^{-\beta t}$ 满足 Fourier 积分定理的条件时, 在 $f(t)$ 的连续点处有

$$\begin{aligned}f(t)\mathrm{H}(t)\mathrm{e}^{-\beta t} &= \frac{1}{2\pi}\int_{-\infty}^{+\infty}\left[\int_{-\infty}^{+\infty} f(\tau)\mathrm{H}(\tau)\mathrm{e}^{-\beta\tau}\mathrm{e}^{-\mathrm{i}\lambda\tau}\mathrm{d}\tau\right]\mathrm{e}^{\mathrm{i}\lambda t}\mathrm{d}\lambda \\ &= \frac{1}{2\pi}\int_{-\infty}^{+\infty}\left[\int_{0}^{+\infty} f(\tau)\mathrm{e}^{-(\beta+\mathrm{i}\lambda)\tau}\mathrm{d}\tau\right]\mathrm{e}^{\mathrm{i}\lambda t}\mathrm{d}\lambda \\ &= \frac{1}{2\pi}\int_{-\infty}^{+\infty} F(\beta+\mathrm{i}\lambda)\mathrm{e}^{\mathrm{i}\lambda t}\mathrm{d}\lambda.\end{aligned}$$

于是, 在 $t > 0$ 时 $(s = \beta + i\lambda)$,

$$\begin{aligned}f(t) &= \frac{1}{2\pi}\mathrm{e}^{\beta t}\int_{-\infty}^{+\infty} F(\beta+\mathrm{i}\lambda)\mathrm{e}^{\mathrm{i}\lambda t}\mathrm{d}\lambda = \frac{1}{2\pi}\int_{-\infty}^{+\infty} F(\beta+\mathrm{i}\lambda)\mathrm{e}^{(\beta+\mathrm{i}\lambda)t}\mathrm{d}\lambda \\ &= \frac{1}{2\pi\mathrm{i}}\int_{\beta-\mathrm{i}\infty}^{\beta+\mathrm{i}\infty} F(s)\mathrm{e}^{st}\mathrm{d}s, \quad t > 0.\end{aligned}$$

上式是从像函数 $F(s)$ 求它的像原函数 $f(t)$ 的一般公式, 上式右端积分称为 **Laplace 反演积分**, 也称为 **Bromwish 积分**.

也即是说,

$$F(s) = \int_0^{+\infty} f(t)\mathrm{e}^{-st}\mathrm{d}t \quad 与 \quad f(t) = \frac{1}{2\pi\mathrm{i}}\int_{\beta-\mathrm{i}\infty}^{\beta+\mathrm{i}\infty} F(s)\mathrm{e}^{st}\mathrm{d}s$$

构成一个 **Laplace 变换对**.

注 7.2 一般来说, 一个变换没有唯一的逆变换. 例如, 两个仅仅在一个点上不同的函数有相同的变换.

Laplace 反演积分

$$f(t)=\frac{1}{2\pi\mathrm{i}}\int_{\beta-\mathrm{i}\infty}^{\beta+\mathrm{i}\infty}F(s)\mathrm{e}^{st}\mathrm{d}s$$

的计算比较困难, 但 $F(s)$ 满足一定条件时 (参考第五章例 5.8), 可用留数方法计算. 事实上,

$$f(t)=\mathscr{L}^{-1}[F(s)]=\sum_{k=1}^{n}\mathrm{Res}[F(s)\mathrm{e}^{st},s_k],\quad t>0,\tag{7.1.1}$$

其中 $n\in\mathbf{N}_+$, $s_1,s_2,\cdots,s_n$ 是函数 $F(s)$ 的所有奇点 (适当选取 β 使这些奇点全在 $\mathrm{Re}(s)<\beta$ 范围内), 且 $\lim\limits_{s\to\infty}F(s)=0$.

若 $F(s)$ 为有理函数 $F(s)=\dfrac{p(s)}{q(s)}$, 其中 $p(s)$, $q(s)$ 是不可约多项式, 次数 $\deg(p(s))<\deg(q(s))=n$. 若 $q(s)$ 有 n 个一级零点 $s_1,s_2,\cdots,s_n$, 则 $\mathrm{Res}\left[\dfrac{p(s)}{q(s)}\mathrm{e}^{st},s_k\right]=\dfrac{p(s_k)\mathrm{e}^{s_kt}}{q'(s_k)}$. 从而

$$f(t)=\sum_{k=1}^{n}\frac{p(s_k)}{q'(s_k)}\mathrm{e}^{s_kt},\quad t>0.\tag{7.1.2}$$

若 $q(s)$ 有一个 m 级零点 s_1 和一级零点 $s_{m+1},\cdots,s_n$, 则对 $t>0$ 时有

$$f(t)=\frac{1}{(m-1)!}\lim_{s\to s_1}\frac{\mathrm{d}^{m-1}}{\mathrm{d}s^{m-1}}\left[(s-s_1)^m\frac{p(s)}{q(s)}\mathrm{e}^{st}\right]+\sum_{k=m+1}^{n}\frac{p(s_k)}{q'(s_k)}\mathrm{e}^{s_kt}.\tag{7.1.3}$$

上面两个公式 (7.1.2) 和 (7.1.3) 都称为 **Heaviside 展开式**.

由像函数 $F(s)$ 求出像原函数 $f(t)$, 还可以利用**部分分式分解**和**查表**的方法解决.

例 7.8　求函数 $F(s)=\dfrac{1}{s^2+1}$ 的 Laplace 逆变换 $\mathscr{L}^{-1}[F(s)]$.

解　因为 $\lim\limits_{s\to\infty}F(s)=0$, 且函数 $F(s)=\dfrac{1}{s^2+1}$ 有两个单极点 $s_1=\mathrm{i}$ 和 $s_2=-\mathrm{i}$, 所以

$$\begin{aligned}\mathscr{L}^{-1}\left[\frac{1}{s^2+1}\right]&=\mathrm{Res}\left[\frac{\mathrm{e}^{st}}{s^2+1},\mathrm{i}\right]+\mathrm{Res}\left[\frac{\mathrm{e}^{st}}{s^2+1},-\mathrm{i}\right]\\&=\left.\frac{\mathrm{e}^{st}}{2s}\right|_{s=\mathrm{i}}+\left.\frac{\mathrm{e}^{st}}{2s}\right|_{s=-\mathrm{i}}=\frac{1}{2\mathrm{i}}(\mathrm{e}^{\mathrm{i}t}-\mathrm{e}^{-\mathrm{i}t})=\sin\ t.\end{aligned}$$

□

例 7.9 求函数 $F(s)=\dfrac{1}{s(s+1)(s^2+1)}$ 的 Laplace 逆变换 $\mathscr{L}^{-1}[F(s)]$.

解法一 因为利用部分分式分解有

$$\frac{1}{s(s+1)(s^2+1)}=\frac{1}{s}-\frac{1}{2}\frac{1}{s+1}-\frac{1}{2}\frac{s}{s^2+1}-\frac{1}{2}\frac{1}{s^2+1},$$

所以, 利用 Laplace 逆变换的定义、例 7.2 、例 7.3 和例 7.4, 有

$$\begin{aligned}\mathscr{L}^{-1}\left[\frac{1}{s(s+1)(s^2+1)}\right]&=\mathscr{L}^{-1}\left[\frac{1}{s}\right]-\frac{1}{2}\mathscr{L}^{-1}\left[\frac{1}{s+1}\right]\\&\quad-\frac{1}{2}\mathscr{L}^{-1}\left[\frac{s}{s^2+1}\right]-\frac{1}{2}\mathscr{L}^{-1}\left[\frac{1}{s^2+1}\right]\\&=1-\frac{1}{2}\mathrm{e}^{-t}-\frac{1}{2}\cos\ t-\frac{1}{2}\sin\ t.\end{aligned}$$

□

解法二 利用 (7.1.1) 有

$$\begin{aligned}&\mathscr{L}^{-1}\left[\frac{1}{s(s+1)(s^2+1)}\right]\\&=\mathrm{Res}\left[\frac{\mathrm{e}^{st}}{s(s+1)(s^2+1)},0\right]+\mathrm{Res}\left[\frac{\mathrm{e}^{st}}{s(s+1)(s^2+1)},-1\right]+\\&\quad\mathrm{Res}\left[\frac{\mathrm{e}^{st}}{s(s+1)(s^2+1)},\mathrm{i}\right]+\mathrm{Res}\left[\frac{\mathrm{e}^{st}}{s(s+1)(s^2+1)},-\mathrm{i}\right]\\&=\left.\frac{\mathrm{e}^{st}}{(s+1)(s^2+1)}\right|_{s=0}+\left.\frac{\mathrm{e}^{st}}{s(s^2+1)}\right|_{s=-1}+\\&\quad\left.\frac{\mathrm{e}^{st}}{s(s+1)(s+\mathrm{i})}\right|_{s=\mathrm{i}}+\left.\frac{\mathrm{e}^{st}}{s(s+1)(s-\mathrm{i})}\right|_{s=-\mathrm{i}}\\&=1-\frac{1}{2}\mathrm{e}^{-t}-\frac{1}{2}\cos\ t-\frac{1}{2}\sin\ t.\end{aligned}$$

□

注 7.3 一般来说, 上述 Laplace 变换也称单边 Laplace 变换, 也有所谓的双边 Laplace 变换

$$F(s)=\int_{-\infty}^{+\infty}f(t)\mathrm{e}^{-st}\mathrm{d}t.$$

在一定条件下, 也有反演公式

$$f(t)=\frac{1}{2\pi\mathrm{i}}\int_{\beta-\mathrm{i}\infty}^{\beta+\mathrm{i}\infty}F(s)\mathrm{e}^{st}\mathrm{d}s,$$

其中 $\beta=\mathrm{Re}(s)$ 取在使 $\displaystyle\int_{-\infty}^{+\infty}f(t)\mathrm{e}^{-st}\mathrm{d}t$ 绝对收敛之处.

§7.2 Laplace 变换的性质

本节将介绍 Laplace 变换的性质, 默认凡是要求 Laplace 变换的函数都满足 Laplace 变换存在定理中的条件, 且函数的增长指数都统一地取为 c.

1. 线性性质

若 $\mathscr{L}[f_1(t)]=F_1(s), \mathscr{L}[f_2(t)]=F_2(s)$, 则

$$\mathscr{L}[\alpha f_1(t)+\beta f_2(t)]=\alpha\mathscr{L}[f_1(t)]+\beta\mathscr{L}[f_2(t)],\ \forall\ \alpha,\beta\in\mathbf{C};$$
$$\mathscr{L}^{-1}[\alpha F_1(s)+\beta F_2(s)]=\alpha\mathscr{L}^{-1}[F_1(s)]+\beta\mathscr{L}^{-1}[F_2(s)].$$

2. 微分性质

若 $\mathscr{L}[f(t)]=F(s)$, 则

$$\mathscr{L}[f'(t)]=sF(s)-f(0),\quad \text{其中 } \mathrm{Re}(s)>c;$$
$$F'(s)=\frac{\mathrm{d}}{\mathrm{d}s}F(s)=\mathscr{L}[-tf(t)].$$

证明 由 Laplace 变换的定义, 我们有

$$\begin{aligned}\mathscr{L}[f'(t)]&=\int_0^{+\infty}f'(t)\mathrm{e}^{-st}\mathrm{d}t\\&=f(t)\mathrm{e}^{-st}\Big|_0^{+\infty}+s\int_0^{+\infty}f(t)\mathrm{e}^{-st}\mathrm{d}t=sF(s)-f(0),\end{aligned}$$

$$\begin{aligned}F'(s)&=\frac{\mathrm{d}}{\mathrm{d}s}\int_0^{+\infty}f(t)\mathrm{e}^{-st}\mathrm{d}t=\int_0^{+\infty}\frac{\mathrm{d}}{\mathrm{d}s}[f(t)\mathrm{e}^{-st}]\mathrm{d}t\\&=\int_0^{+\infty}-tf(t)\mathrm{e}^{-st}\mathrm{d}t=\mathscr{L}[(-t)f(t)].\end{aligned}$$
□

注 7.4 一般地, 对任意的正整数 $n\in\mathbf{N}_+$, 若 $\mathscr{L}[f(t)]=F(s)$, 则

$$\mathscr{L}[f^{(n)}(t)]=s^nF(s)-s^{n-1}f(0)-s^{n-2}f'(0)-\cdots-f^{(n-1)}(0),\quad \mathrm{Re}(s)>c.$$

特别地, 当 $f(0)=f'(0)=\cdots=f^{(n-1)}(0)=0$ 时, $\mathscr{L}[f^{(n)}(t)]=s^nF(s)$.

类似地, 我们有像函数的微分性质

$$\frac{\mathrm{d}^n}{\mathrm{d}s^n}F(s)=\mathscr{L}[(-t)^nf(t)].$$

只要我们重复上面的证明, 或者利用数学归纳法即可证明结论. 详细的证明, 留给读者自己验证.

例 7.10 利用 $\mathscr{L}[\cos\ \omega t]=\dfrac{s}{s^2+\omega^2}$ 和微分性质, 其中常数 $\omega\in\mathbf{R}$, 求正弦函数 $f(t)=\sin\ \omega t$ 的 Laplace 变换 $\mathscr{L}[\sin\ \omega t]$.

解 对 $\mathrm{Re}(s)>0$, 因为 $\dfrac{\mathrm{d}}{\mathrm{d}t}(\cos\ \omega t)=-\omega\sin\ \omega t$, 所以, 利用线性性质和微分性质有

$$\begin{aligned}-\omega\mathscr{L}[\sin\ \omega t]&=\mathscr{L}[-\omega\sin\ \omega t]=\mathscr{L}\left[\frac{\mathrm{d}}{\mathrm{d}t}(\cos\ \omega t)\right]\\&=s\mathscr{L}[\cos\ \omega t]-(\cos\ \omega t)\Big|_{t=0}=s\frac{s}{s^2+\omega^2}-1=-\frac{\omega^2}{s^2+\omega^2}.\end{aligned}$$

于是, 有 $\mathscr{L}[\sin\ \omega t]=\dfrac{\omega}{s^2+\omega^2}$. □

例 7.11 利用微分方程 $\dfrac{\mathrm{d}^2}{\mathrm{d}t^2}\sin\ \omega t=-\omega^2\sin\ \omega t$ 和微分性质, 其中常数 $\omega\in\mathbf{R}$, 求正弦函数 $f(t)=\sin\ \omega t$ 的 Laplace 变换 $\mathscr{L}[f(t)]$.

解 对 $\mathrm{Re}(s)>0$, 利用线性性质和微分性质, 有

$$\begin{aligned}-\omega^2\mathscr{L}[f(t)]&=-\omega^2\mathscr{L}[\sin\ \omega t]=\mathscr{L}[-\omega^2\sin\ \omega t]=\mathscr{L}\left[\frac{\mathrm{d}^2}{\mathrm{d}t^2}\sin\ \omega t\right]\\&=s^2\mathscr{L}[\sin\ \omega t]-s(\sin\ \omega t)\Big|_{t=0}-\frac{\mathrm{d}}{\mathrm{d}t}(\sin\ \omega t)\Big|_{t=0}=s^2\mathscr{L}[f(t)]-\omega,\end{aligned}$$

所以,

$$\mathscr{L}[f(t)]=\frac{\omega}{s^2+\omega^2}.$$ □

例 7.12 若常数 $\omega\in\mathbf{R}$, 求函数 $f(t)=t\cos\ \omega t$ 的 Laplace 变换 $\mathscr{L}[f(t)]$.

解 由像函数的微分性质和 $\mathscr{L}[\cos\ \omega t]=\dfrac{s}{s^2+\omega^2}$ 知,

$$\mathscr{L}[f(t)]=-\frac{\mathrm{d}}{\mathrm{d}s}\left(\frac{s}{s^2+\omega^2}\right)=-\frac{(s^2+\omega^2)-s\cdot 2s}{(s^2+\omega^2)^2}=\frac{s^2-\omega^2}{(s^2+\omega^2)^2}.$$ □

例 7.13 求幂函数 $f(t)=t^n(n\in\mathbf{N}_+)$ 的 Laplace 变换 $\mathscr{L}[t^n]$.

解 对 $\mathrm{Re}(s)>0$, 有

$$\mathscr{L}[t^n]=(-1)^n\mathscr{L}[(-t)^n\mathrm{H}(t)]=(-1)^n\frac{\mathrm{d}^n}{\mathrm{d}s^n}\mathscr{L}[\mathrm{H}(t)]=(-1)^n\frac{\mathrm{d}^n}{\mathrm{d}s^n}\left(\frac{1}{s}\right)=\frac{n!}{s^{n+1}}.$$

□

注 7.5 事实上, 可以利用围道积分方法证明

$$\mathscr{L}[t^\alpha] = \frac{\Gamma(\alpha+1)}{s^{\alpha+1}}, \quad \alpha > -1, \quad \mathrm{Re}(s) > 0,$$

其中函数 $\Gamma(\alpha+1) = \int_0^{+\infty} x^\alpha \mathrm{e}^{-x}\mathrm{d}x$ 当 $\alpha > -1$ 时收敛, 且满足递推公式 $\Gamma(\alpha+1) = \alpha\Gamma(\alpha)$ 和余元公式 $\Gamma(t)\Gamma(1-t) = \dfrac{\pi}{\sin\ \pi t}$ $(0 < t < 1)$.

证明留给读者自己练习.

3. 位移性质

若 $\mathscr{L}[f(t)] = F(s)$, 则

$$\mathscr{L}[\mathrm{e}^{at}f(t)] = F(s-a), \quad 其中\ \mathrm{Re}(s-a) > c.$$

证明 由定义

$$\mathscr{L}[\mathrm{e}^{at}f(t)] = \int_0^{+\infty} \mathrm{e}^{at}f(t)\mathrm{e}^{-st}\mathrm{d}t = \int_0^{+\infty} f(t)\mathrm{e}^{-(s-a)t}\mathrm{d}t = F(s-a). \quad \square$$

例 7.14 求函数 $f(t) = \mathrm{e}^{at}\cos\ \omega t$ ($a, \omega \in \mathbf{R}$) 的 Laplace 变换 $\mathscr{L}[\mathrm{e}^{at}\cos\ \omega t]$.

解 对 $\mathrm{Re}(s) > a$, 因为 $\mathscr{L}[\cos\ \omega t] = \dfrac{s}{s^2+\omega^2}$, 所以, 有

$$\mathscr{L}[\mathrm{e}^{at}\cos\ \omega t] = \frac{s-a}{(s-a)^2+\omega^2}. \quad \square$$

例 7.15 求双曲正弦函数 $f(t) = \sin\mathrm{h}(\omega t)$ ($\omega \in \mathbf{R}$) 的 Laplace 变换 $\mathscr{L}[\sin\mathrm{h}(\omega t)]$.

解 对 $\mathrm{Re}(s) > |\omega|$, 有

$$\mathscr{L}[\sin\mathrm{h}(\omega t)] = \mathscr{L}\left[\frac{\mathrm{e}^{\omega t}-\mathrm{e}^{-\omega t}}{2}\right] = \frac{1}{2}\left(\frac{1}{s-\omega} - \frac{1}{s+\omega}\right) = \frac{\omega}{s^2-\omega^2}. \quad \square$$

例 7.16 求函数 $f(t) = t^n\mathrm{e}^{at}$ ($n \in \mathbf{N}$ 和 $a \in \mathbf{R}$) 的 Laplace 变换 $\mathscr{L}[f(t)]$.

解法一 对 $\mathrm{Re}(s) > a$, 有

$$\begin{aligned}\mathscr{L}[t^n\mathrm{e}^{at}] &= (-1)^n\mathscr{L}[(-t)^n\mathrm{e}^{at}] = (-1)^n\frac{\mathrm{d}^n}{\mathrm{d}s^n}\mathscr{L}[\mathrm{e}^{at}] \\ &= (-1)^n\frac{\mathrm{d}^n}{\mathrm{d}s^n}\left(\frac{1}{s-a}\right) = \frac{n!}{(s-a)^{n+1}}.\end{aligned}$$

解法二 因为 $\mathscr{L}[t^n]=\dfrac{n!}{s^{n+1}}$, 其中 $\mathrm{Re}(s)>0$, 所以利用位移性质有

$$\mathscr{L}[t^n\mathrm{e}^{at}]=\frac{n!}{(s-a)^{n+1}}.$$

□

我们注意到在 Laplace 变换中, 不加声明总假定函数在 $t<0$ 恒为零, 常称为**因果律** (causality). 于是, 我们有下面的延迟性质.

4. 延迟性质

若当 $t<0$ 时 $f(t)=0$, 且 $\mathscr{L}[f(t)]=F(s)$, 则对任意 $\tau\in\mathbf{R}^+$, 有

$$\mathscr{L}[f(t-\tau)]=\mathrm{e}^{-s\tau}F(s),\quad \text{其中 } \mathrm{Re}(s)>c;$$
$$\mathscr{L}^{-1}[\mathrm{e}^{-s\tau}F(s)]=f(t-\tau).$$

证明 由定义

$$\begin{aligned}\mathscr{L}[f(t-\tau)]&=\int_0^{+\infty}f(t-\tau)\mathrm{e}^{-st}\mathrm{d}t=\int_\tau^{+\infty}f(t-\tau)\mathrm{e}^{-st}\mathrm{d}t\\&=\int_0^{+\infty}f(u)\mathrm{e}^{-s(u+\tau)}\mathrm{d}u=\mathrm{e}^{-s\tau}F(s).\end{aligned}$$

□

注 7.6 若向左平移, 则

$$\begin{aligned}\mathscr{L}[f(t+\tau)]&=\int_0^{+\infty}f(t+\tau)\mathrm{e}^{-st}\mathrm{d}t=\int_\tau^{+\infty}f(u)\mathrm{e}^{-s(u-\tau)}\mathrm{d}u\\&=\mathrm{e}^{s\tau}F(s)-\mathrm{e}^{s\tau}\int_0^\tau f(u)\mathrm{e}^{-su}\mathrm{d}u.\end{aligned}$$

例 7.17 对 $\tau>0$, 求函数 $\mathrm{H}(t-\tau)=\begin{cases}1, & t>\tau,\\0, & t<\tau\end{cases}$ 的 Laplace 变换 $\mathscr{L}[\mathrm{H}(t-\tau)]$.

解 对 $\mathrm{Re}(s)>0$, $\mathscr{L}[\mathrm{H}(t)]=\dfrac{1}{s}$, 根据延迟性质有

$$\mathscr{L}[\mathrm{H}(t-\tau)]=\frac{1}{s}\mathrm{e}^{-s\tau}.$$

□

5. 积分性质

若 $\mathscr{L}[f(t)]=F(s)$, 则

$$\mathscr{L}\left[\int_0^t f(t)\mathrm{d}t\right]=\frac{1}{s}F(s),\quad \mathscr{L}\left[\underbrace{\int_0^t\mathrm{d}t_1\int_0^{t_1}\mathrm{d}t_2\cdots\int_0^{t_{n-1}}}_{n\text{重}}f(t_n)\mathrm{d}t_n\right]=\frac{1}{s^n}F(s).$$

证明 利用微分性质得

$$\mathscr{L}\left[\frac{\mathrm{d}}{\mathrm{d}t}\int_0^t f(t)\mathrm{d}t\right]=\mathscr{L}[f(t)]=s\mathscr{L}\left[\int_0^t f(t)\mathrm{d}t\right]-0=s\mathscr{L}\left[\int_0^t f(t)\mathrm{d}t\right],$$

对于后一个等式, 利用数学归纳法即可证明. □

注 7.7 一般地,

$$\mathscr{L}\left[\frac{f(t)}{t}\right]=\int_s^{\infty}F(s)\mathrm{d}s,\quad \mathscr{L}\left[\frac{f(t)}{t^n}\right]=\underbrace{\int_s^{\infty}\mathrm{d}s_1\int_{s_1}^{\infty}\mathrm{d}s_2\cdots\int_{s_{n-1}}^{\infty}}_{n\text{重}}F(s_n)\mathrm{d}s_n.$$

* 事实上, 对前一个等式, 我们有

$$\begin{aligned}\mathscr{L}\left[\frac{f(t)}{t}\right]&=\int_0^{+\infty}\frac{f(t)}{t}\mathrm{e}^{-st}\mathrm{d}t=\int_0^{+\infty}f(t)\left(\int_s^{\infty}\mathrm{e}^{-st}\mathrm{d}s\right)\mathrm{d}t\\&=\int_s^{\infty}\mathrm{d}s\left[\int_0^{+\infty}f(t)\mathrm{e}^{-st}\mathrm{d}t\right]=\int_s^{\infty}F(s)\mathrm{d}s.\end{aligned}$$

对于后一个等式, 利用数学归纳法即可证明.

例 7.18 求函数 $f(t)=\int_0^t\tau\mathrm{e}^{2\tau}\sin\ 3\tau\mathrm{d}\tau$ 的 Laplace 变换 $\mathscr{L}[f(t)]$.

解 依次利用 Laplace 变换的积分性质、微分性质和位移性质可得

$$\begin{aligned}\mathscr{L}\left[\int_0^t\tau\mathrm{e}^{2\tau}\sin\ 3\tau\mathrm{d}\tau\right]&=\frac{1}{s}\mathscr{L}[t\mathrm{e}^{2t}\sin\ 3t]=\frac{1}{s}(-1)\frac{\mathrm{d}}{\mathrm{d}s}\mathscr{L}[\mathrm{e}^{2t}\sin\ 3t]\\&=-\frac{1}{s}\frac{\mathrm{d}}{\mathrm{d}s}\left[\frac{3}{(s-2)^2+3^2}\right]=\frac{6(s-2)}{s[(s-2)^2+9]^2}.\end{aligned}$$

□

例 7.19 求函数 $f(t)=\dfrac{\sin\ t}{t}$ 的 Laplace 变换 $\mathscr{L}[f(t)]$.

解 对 $\mathrm{Re}(s)>0$, 利用像函数的积分性质有

$$\begin{aligned}\mathscr{L}\left[\frac{\sin t}{t}\right]&=\int_0^{+\infty}\frac{\sin t}{t}\mathrm{e}^{-st}\mathrm{d}t=\int_s^{\infty}\mathscr{L}[\sin t]\mathrm{d}s\\&=\int_s^{\infty}\frac{1}{s^2+1}\mathrm{d}s=\frac{\pi}{2}-\arctan s=\operatorname{arccot}s.\end{aligned}$$

□

特别地, 在上面例子中取 $s=0$, 我们有

$$\int_0^{+\infty}\frac{\sin\ t}{t}\mathrm{d}t=\frac{\pi}{2}.$$

6. 相似性质

若 $F(s)=\mathscr{L}[f(t)]$, a 为正实数, 则 $\mathscr{L}[f(at)]=\dfrac{1}{a}F\left(\dfrac{s}{a}\right)$.

证明
$$\begin{aligned}\mathscr{L}[f(at)] &= \int_0^{+\infty} f(at)\mathrm{e}^{-st}\mathrm{d}t=\int_0^{+\infty} f(u)\mathrm{e}^{-s\frac{u}{a}}\mathrm{d}\left(\frac{u}{a}\right)\\ &= \frac{1}{a}\int_0^{+\infty} f(u)\mathrm{e}^{-\frac{s}{a}u}\mathrm{d}u=\frac{1}{a}F\left(\frac{s}{a}\right). \end{aligned}$$
□

例 7.20 若 $F(s)=\mathscr{L}[f(t)]$, a 为正实数, 求函数 $\mathrm{e}^{at}f\left(\dfrac{t}{a}\right)$ 的 Laplace 变换.

解 由定义, 我们有

$$\begin{aligned}\mathscr{L}\left[\mathrm{e}^{at}f\left(\frac{t}{a}\right)\right] &= \int_0^{+\infty} \mathrm{e}^{at}f\left(\frac{t}{a}\right)\mathrm{e}^{-st}\mathrm{d}t=\int_0^{+\infty} f\left(\frac{t}{a}\right)\mathrm{e}^{-(s-a)t}\mathrm{d}t\\ &= \int_0^{+\infty} f(u)\mathrm{e}^{-(s-a)\cdot au}\cdot a\mathrm{d}u=aF(a(s-a)). \end{aligned}$$
□

7. 卷积性质

利用 Laplace 变换中的因果律, 即假定函数 $f(t)$ 在 $t<0$ 恒为零, 由卷积定义, 我们有

$$\begin{aligned}f_1(t)*f_2(t) &= f_2(t)*f_1(t)=\int_0^{+\infty} f_1(\tau)f_2(t-\tau)\mathrm{d}\tau\\ &= \int_{-\infty}^0 f_1(\tau)f_2(t-\tau)\mathrm{d}\tau+\int_0^t f_1(\tau)f_2(t-\tau)\mathrm{d}\tau+\\ &\quad \int_t^{+\infty} f_1(\tau)f_2(t-\tau)\mathrm{d}\tau\\ &= \int_0^t f_1(\tau)f_2(t-\tau)\mathrm{d}\tau. \end{aligned}$$

因此, 我们可得如下的 Laplace 变换的卷积性质:

若 $F_1(s)=\mathscr{L}[f_1(t)]$ 和 $F_2(s)=\mathscr{L}[f_2(t)]$, 则有

$$\mathscr{L}[f_1(t)*f_2(t)]=F_1(s)\cdot F_2(s) \quad \text{或} \quad \mathscr{L}^{-1}[F_1(s)\cdot F_2(s)]=f_1(t)*f_2(t).$$

证明 由上面卷积的定义, 我们有

$$\begin{aligned}\mathscr{L}[f_1(t)*f_2(t)]&=\int_0^{+\infty}[f_1(t)*f_2(t)]\mathrm{e}^{-st}\mathrm{d}t\\&=\int_0^{+\infty}\left[\int_0^t f_1(\tau)f_2(t-\tau)\mathrm{d}\tau\right]\mathrm{e}^{-st}\mathrm{d}t\\&=\int_0^{+\infty}f_1(\tau)\left[\int_\tau^{+\infty}f_2(t-\tau)\mathrm{e}^{-st}\mathrm{d}t\right]\mathrm{d}\tau\ \text{(积分区域如图 7.1 所示)}\\&=\int_0^{+\infty}f_1(\tau)\left[\int_0^{+\infty}f_2(u)\mathrm{e}^{-s(\tau+u)}\mathrm{d}u\right]\mathrm{d}\tau\\&=\int_0^{+\infty}f_1(\tau)\mathrm{e}^{-s\tau}F_2(s)\mathrm{d}\tau=F_1(s)\cdot F_2(s).\end{aligned}$$ □

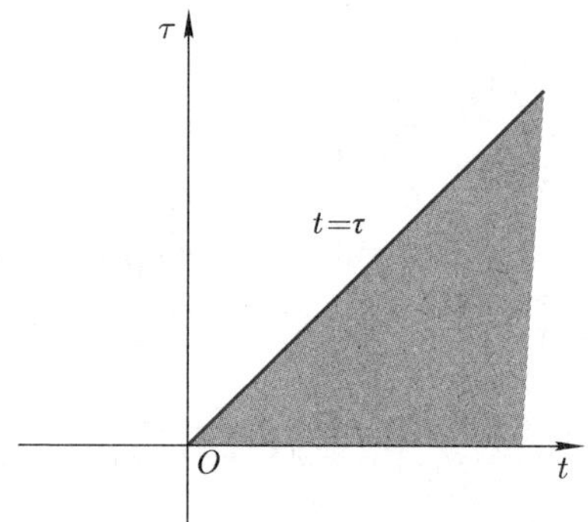

图 7.1 Laplace 变换卷积性质的证明

一般地, 对任意的正整数 $n\in\mathbf{N}_+$, 有

$$\mathscr{L}[f_1(t)*f_2(t)*\cdots*f_n(t)]=F_1(s)\cdot F_2(s)\cdot\cdots\cdot F_n(s).$$

重复上面的证明, 或利用数学归纳法即可证明上式. 留给读者自己验证.

例 7.21 求函数 $F(s)=\dfrac{1}{\sqrt{s}(s-1)}$ 的 Laplace 逆变换 $\mathscr{L}^{-1}[F(s)]$.

解 利用卷积性质和 $\mathscr{L}[t^{-\frac{1}{2}}]=\dfrac{\Gamma\left(\frac{1}{2}\right)}{\sqrt{s}}=\dfrac{\sqrt{\pi}}{\sqrt{s}}$(注 7.5), 我们有

$$\begin{aligned}\mathscr{L}^{-1}\left[\frac{1}{\sqrt{s}(s-1)}\right]&=\mathscr{L}^{-1}\left[\frac{1}{\sqrt{s}}\right]*\mathscr{L}^{-1}\left[\frac{1}{s-1}\right]=\frac{1}{\sqrt{\pi t}}*\mathrm{e}^t\mathrm{H}(t)=\int_0^t\frac{\mathrm{e}^{t-\tau}}{\sqrt{\pi\tau}}\mathrm{d}\tau\\&=\frac{2\mathrm{e}^t}{\sqrt{\pi}}\int_0^t\frac{\mathrm{e}^{-\tau}}{2\sqrt{\tau}}\mathrm{d}\tau=\mathrm{e}^t\frac{2}{\sqrt{\pi}}\int_0^{\sqrt{t}}\mathrm{e}^{-\rho^2}\mathrm{d}\rho=\mathrm{e}^t\ \mathrm{erf}(\sqrt{t}),\end{aligned}$$

其中误差函数 erf(t) 定义为 $\operatorname{erf}(t)=\dfrac{2}{\sqrt{\pi}}\displaystyle\int_0^t \mathrm{e}^{-\rho^2}\mathrm{d}\rho$. □

例 7.22 若 $\mathscr{L}[f(t)]=F(s)$, 利用卷积性质, 证明 Laplace 变换的积分性质

$$\mathscr{L}\left[\int_0^t f(\tau)\mathrm{d}\tau\right]=\frac{1}{s}F(s).$$

证明 由 Laplace 变换的因果律和卷积的定义, 有 $f(t)*\mathrm{H}(t)=\displaystyle\int_0^t f(\tau)\mathrm{d}\tau$. 因为对 $\mathrm{Re}(s)>0$ 时 $\mathscr{L}[\mathrm{H}(t)]=\dfrac{1}{s}$, 所以

$$\mathscr{L}\left[\int_0^t f(\tau)\mathrm{d}\tau\right]=\mathscr{L}[f(t)*\mathrm{H}(t)]=\frac{1}{s}F(s).$$ □

例 7.23 已知 $F(s)=\dfrac{s^2}{(s^2+1)^2}$, 求 $\mathscr{L}^{-1}[F(s)]$ 的值.

解 利用卷积性质, 我们有

$$\begin{aligned}\mathscr{L}^{-1}[F(s)]&=\mathscr{L}^{-1}\left[\frac{s}{s^2+1}\cdot\frac{s}{s^2+1}\right]=\cos\ t*\cos\ t\\&=\int_0^t\cos\ \tau\cos(t-\tau)\mathrm{d}\tau=\int_0^t\frac{\cos\ t+\cos(t-2\tau)}{2}\mathrm{d}\tau\\&=\frac{1}{2}(t\cos\ t+\sin\ t).\end{aligned}$$ □

8. 初值定理

若 $F(s)=\mathscr{L}[f(t)]$, 且 $\lim\limits_{s\to\infty}sF(s)$ 存在, 则

$$f(0)=\lim_{t\to 0}f(t)=\lim_{s\to\infty}sF(s).$$

证明 因为 $\lim\limits_{s\to\infty}sF(s)$ 存在, 所以 $\lim\limits_{\mathrm{Re}(s)\to+\infty}sF(s)=\lim\limits_{s\to\infty}sF(s)$. 因此,

$$\begin{aligned}\lim_{\mathrm{Re}(s)\to+\infty}\mathscr{L}[f'(t)]&=\lim_{s\to\infty}sF(s)-f(0)=\lim_{\mathrm{Re}(s)\to+\infty}\int_0^{+\infty}f'(t)\mathrm{e}^{-st}\mathrm{d}t\\&=\int_0^{+\infty}\lim_{\mathrm{Re}(s)\to+\infty}f'(t)\mathrm{e}^{-st}\mathrm{d}t=0.\end{aligned}$$ □

9. 终值定理

若 $F(s)=\mathscr{L}[f(t)]$, 且 $sF(s)$ 的所有奇点全在 s 平面的左半部 $\mathrm{Re}(s)<0$ 存在, 则

$$f(+\infty)=\lim_{t\to+\infty}f(t)=\lim_{s\to 0}sF(s).$$

证明

$$\begin{aligned}\lim_{s\to 0}sF(s)-f(0)&=\lim_{s\to 0}[sF(s)-f(0)]=\lim_{s\to 0}\mathscr{L}[f'(t)]\\&=\lim_{s\to 0}\int_0^{+\infty}f'(t)\mathrm{e}^{-st}\mathrm{d}t=\int_0^{+\infty}\lim_{s\to 0}f'(t)\mathrm{e}^{-st}\mathrm{d}t=\int_0^{+\infty}f'(t)\mathrm{d}t\\&=f(t)\Big|_0^{+\infty}=\lim_{t\to+\infty}f(t)-f(0)=f(+\infty)-f(0),\end{aligned}$$

比较两端即得结论. □

在 Laplace 变换的应用中, 往往先得到 $F(s)$ 再求函数 $f(t)$. 有时并不关注 $f(t)$ 的表达式, 而是关注 $f(t)$ 在 $t\to 0$ 或 $t\to+\infty$ 时的性态. 初值定理和终值定理就给我们提供了一种方法, 易于利用 $F(s)$ 求出 $f(t)$ 的两个特殊值 $f(0)$ 和 $f(+\infty)$.

例 7.24 若 $F(s)=\mathscr{L}[f(t)]=\dfrac{s}{(s+1)(s+2)}$, 求 $f(0)$ 和 $f(+\infty)$.

解 由初值定理和终值定理知

$$\begin{aligned}f(0)&=\lim_{s\to\infty}sF(s)=\lim_{s\to\infty}\frac{s^2}{(s+1)(s+2)}=1,\\f(+\infty)&=\lim_{s\to 0}sF(s)=\lim_{s\to 0}\frac{s^2}{(s+1)(s+2)}=0.\end{aligned}$$ □

显然, 上面的结果与利用

$$f(t)=\mathscr{L}^{-1}\left[\frac{s}{(s+1)(s+2)}\right]=\mathscr{L}^{-1}\left[\frac{2}{s+2}-\frac{1}{s+1}\right]=2\mathrm{e}^{-2t}-\mathrm{e}^{-t}$$

直接计算的结果是一致的.

但是, 当 $F(s)$ 不满足终值定理的条件时, 不能直接应用终值定理. 例如, $sF(s)=\dfrac{2s}{s^2+4}$, 其奇点 $s=\pm 2\mathrm{i}$ 位于虚轴上, 不满足终值定理的条件. 虽然 $\lim\limits_{s\to 0}sF(s)=\lim\limits_{s\to 0}\dfrac{2s}{s^2+4}=0$, 但是 $f(t)=\mathscr{L}^{-1}\left[\dfrac{2}{s^2+4}\right]=\sin\ 2t$, 且极限 $\lim\limits_{t\to+\infty}f(t)=\lim\limits_{t\to+\infty}\sin\ 2t$ 不存在.

§7.3 Laplace 变换的应用

Laplace变换在许多工程技术领域都有广泛的应用, 很多实际问题常常可以转化为线性微分方程模型, 这样我们就能采用 Laplace 变换的解法进行尝试求解. 线性微分方程 (或方程组) 的 Laplace 变换解法如同 Fourier 变换求解步骤.

通常利用 Laplace 变换的线性性质、微分性质、积分性质等, 可以将微分方程 (包括常系数线性微分方程、积分方程、差分方程、微积分方程, 甚至偏微分方程) 转化为代数方程 (或常微分方程), 通过求解代数方程与 Laplace 逆变换, 就得到原方程的解.

此外, 用 Laplace 变换求线性微分方程、积分方程及方程组的解时, 有以下优点:

(1) 用 Laplace 变换求解的步骤明确、规范, 便于工程技术中的应用. 并且有现成的 Laplace 变换表, 可以直接获得像原函数, 查表即得方程的特解.

(2) 对一个非齐次线性微分方程来说, 当非齐次项不连续, 而是含 δ 函数或有第一类间断点的函数时, 用 Laplace 变换求特解没有任何困难, 而用微分方程的一般解法就会困难得多, 特别是研究经典解的情形.

(3) 在求解过程中, 往往初值条件也同时使用, 求出的结果就是想要的特解. 因此, 避免了微分方程一般解法中, 先求通解再根据初值条件确定任意常数求出特解的复杂运算.

(4) 零初值条件在工程技术中十分常见, 用 Laplace 变换求解更加简单. 但是在微分方程的一般解法中不会因此而有任何简化.

(5) 用 Laplace 变换可以单独求出某一个未知函数, 而不需要知道其余的未知函数, 这在微分方程 (或方程组) 的一般解法中通常是不可能的.

例 7.25 利用 Laplace 变换求解常系数常微分方程的初值问题

$$\begin{cases} f''(t)+2f'(t)+f(t)=\mathrm{e}^{-t}, & t>0, \\ f(0)=1, \qquad f'(0)=0. \end{cases}$$

解 未知函数 $f(t)$ 中的自变量 t 的变化范围是 $[0,+\infty)$, 对方程的两端关于 t 分别取 Laplace 变换, 记 $F(s)=\mathscr{L}[f(t)]$. 注意到初值条件, 可得

$$\mathscr{L}[f'(t)]=s\mathscr{L}[f(t)]-f(0)=sF(s)-1,$$
$$\mathscr{L}[f''(t)]=s^2\mathscr{L}[f(t)]-sf(0)-f'(0)=s^2F(s)-s,$$

由原方程可得

$$[s^2F(s)-s]+2[sF(s)-1]+F(s)=\mathscr{L}[\mathrm{e}^{-t}]=\frac{1}{s+1},$$

即

$$(s^2+2s+1)F(s)-s-2=\frac{1}{s+1}.$$

于是,

$$F(s)=\frac{s+2}{(s+1)^2}+\frac{1}{(s+1)^3}=\frac{1}{s+1}+\frac{1}{(s+1)^2}+\frac{1}{(s+1)^3}.$$

再取 Laplace 逆变换可得

$$\begin{aligned} f(t) &= \mathscr{L}^{-1}[F(s)]=\mathscr{L}^{-1}\left[\frac{1}{s+1}\right]+\mathscr{L}^{-1}\left[\frac{1}{(s+1)^2}\right]+\mathscr{L}^{-1}\left[\frac{1}{(s+1)^3}\right] \\ &= \mathrm{e}^{-t}\mathrm{H}(t)+t\mathrm{e}^{-t}\mathrm{H}(t)+\frac{t^2}{2}\mathrm{e}^{-t}\mathrm{H}(t)=\left(1+t+\frac{t^2}{2}\right)\mathrm{e}^{-t}\mathrm{H}(t). \end{aligned}$$ □

例 7.26　利用 Laplace 变换求解常系数常微分方程组的初值问题

$$\begin{cases} y'(t)-2z'(t)=f(t), & y(0)=y'(0)=0, \\ y''(t)-z''(t)+z(t)=0, & z(0)=z'(0)=0, \end{cases}$$

其中 $f(t)$ 是给定的足够光滑的“好”函数, 例如光滑函数 f 满足 $\lim\limits_{t\to+\infty}f(t)=0$, 或者 $f\in C_0^\infty[0,+\infty)$.

解　令 $\mathscr{L}[y(t)]=Y(s)$, $\mathscr{L}[z(t)]=Z(s)$, $\mathscr{L}[f(t)]=F(s)$. 对两个方程的两端分别取 Laplace 变换, 利用 Laplace 变换的性质, 则得

$$\begin{cases} (sY(s)-y(0))-2(sZ(s)-z(0))=F(s), \\ (s^2Y(s)-sy(0)-y'(0))-(s^2Z(s)-sz(0)-z'(0))+Z(s)=0. \end{cases}$$

再利用初值条件, 化简得

$$\begin{cases} sY(s)-2sZ(s)=F(s), \\ s^2Y(s)-s^2Z(s)+Z(s)=0. \end{cases}$$

解这个二元一次代数方程组, 得

$$\begin{cases} Y(s)=\dfrac{1-s^2}{s(1+s^2)}F(s)=\left(\dfrac{1}{s}-\dfrac{2s}{1+s^2}\right)F(s), \\ Z(s)=-\dfrac{s}{1+s^2}F(s). \end{cases}$$

因为$\mathscr{L}[\cos\ t]=\dfrac{s}{1+s^2}$, $\mathscr{L}[1]=\dfrac{1}{s}$ 和 $\mathscr{L}[f_1(t)*f_2(t)]=\mathscr{L}[f_1(t)]\cdot\mathscr{L}[f_2(t)]$, 故再取 Laplace 逆变换得

$$\begin{cases} y(t)=(1-2\cos\ t)*f(t), \\ z(t)=-\cos\ t*f(t). \end{cases}$$

□

例 7.27 利用 Laplace 变换求解零阶 Bessel 方程

$$t^2y''(t)+ty'(t)+(t^2-\nu^2)y(t)=0,\quad \nu=0$$

的初值问题 (变系数常微分方程)

$$ty''(t)+y'(t)+ty(t)=0,\quad y(0)=1.$$

解 记 $Y(s)=\mathscr{L}[y(t)]$, 对方程的两端关于 t 分别取 Laplace 变换,

$$-\frac{\mathrm{d}}{\mathrm{d}s}\left[s^2Y(s)-sy(0)-y'(0)\right]+[sY(s)-y(0)]-\frac{\mathrm{d}}{\mathrm{d}s}Y(s)=0.$$

化简得

$$(s^2+1)Y'(s)+sY(s)=0,$$

解得

$$Y(s)=\frac{C}{\sqrt{s^2+1}},$$

其中 C 为待定常数. 再利用初值条件和初值定理知

$$1=y(0)=\lim_{s\to\infty}sY(s)=\lim_{s\to\infty}\frac{Cs}{\sqrt{s^2+1}}=\lim_{s\to+\infty}\frac{Cs}{\sqrt{s^2+1}}=C,$$

即 $C=1$. 再取 Laplace 逆变换可得

$$y(t)=\mathscr{L}^{-1}[Y(s)]=\mathscr{L}^{-1}\left[\frac{1}{\sqrt{s^2+1}}\right]=J_0(t)=\sum_{k=0}^{\infty}\frac{(-1)^k}{(k!)^2}\left(\frac{t}{2}\right)^{2k},$$

□

例 7.28 利用 Laplace 变换求解 Volterra 型积分方程

$$y(t) = f(t) + \lambda \int_0^t k(t-\tau)y(\tau)\mathrm{d}\tau,$$

其中 $f(t), k(t)$ 是给定的足够光滑的“好”函数和常数 $\lambda > 0$.

解 令 $Y(s) = \mathscr{L}[y(t)]$, $F(s) = \mathscr{L}[f(t)]$ 和 $K(s) = \mathscr{L}[k(t)]$. 对方程的两端关于 t 分别取 Laplace 变换, 并利用线性性质和卷积性质可得

$$Y(s) = F(s) + \lambda K(s)Y(s).$$

从而,

$$Y(s) = \frac{F(s)}{1-\lambda K(s)}.$$

再取 Laplace 逆变换可得

$$y(t) = \mathscr{L}^{-1}[Y(s)] = \mathscr{L}^{-1}\left[\frac{F(s)}{1-\lambda K(s)}\right] = f(t) * \mathscr{L}^{-1}\left[\frac{1}{1-\lambda K(s)}\right],$$

即为所求积分方程的解. □

例 7.29 利用 Laplace 变换求解微分积分方程的初值问题

$$\int_0^t y(\tau)\mathrm{d}\tau - y'(t) = 1, \quad y(0) = 1.$$

解 令 $Y(s) = \mathscr{L}[y(t)]$, 对方程的两端关于 t 分别取 Laplace 变换, 并利用线性性质、积分性质和微分性质可得

$$\frac{Y(s)}{s} - [sY(s) - y(0)] = \mathscr{L}[1] = \frac{1}{s}.$$

于是, 再由初值条件 $y(0) = 1$ 得

$$Y(s) = \frac{1}{1+s}.$$

再由 Laplace 逆变换可得

$$y(t) = \mathscr{L}^{-1}[Y(s)] = \mathscr{L}^{-1}\left[\frac{1}{1+s}\right] = \mathrm{e}^{-t}\mathrm{H}(t). \quad \square$$

例 7.30 利用 Laplace 变换求解半有界杆热传导方程的混合问题

$$\begin{cases} v_t(x,t)-a^2v_{xx}(x,t)=0, & x>0,\ t>0, \\ v(x,0)=0, & x\geqslant 0, \\ v(0,t)=f(t), & t\geqslant 0, \end{cases}$$

其中 $f(t)$ 是给定的足够光滑的“好”函数, 且 $f(0)=0$ 和常数 $a>0$.

解 未知函数 $v(x,t)$ 中的自变量 t 的变化范围是 $[0,+\infty)$, 对混合问题关于 t 取 Laplace 变换, 并记 $V(x,s)=\mathscr{L}[v(x,t)]$ 和 $F(s)=\mathscr{L}[f(t)]$. 注意到

$$\mathscr{L}[v_t(x,t)]=s\mathscr{L}[v(x,t)]-v(x,0)=sV(x,s),$$
$$\mathscr{L}[v_{xx}(x,t)]=\frac{\mathrm{d}^2}{\mathrm{d}x^2}V(x,s),\quad \mathscr{L}[v(0,t)]=V(0,s)=F(s),$$

半有界杆热传导方程的物理意义 $\lim\limits_{x\to+\infty}v(x,t)=0$ 蕴含 $\lim\limits_{x\to+\infty}V(x,s)=0$. 因此, 原定解问题转化为求解含参数 $s(>0)$ 的常微分方程的边值问题

$$\begin{cases} \dfrac{\mathrm{d}^2}{\mathrm{d}x^2}V(x,s)-\dfrac{s}{a^2}V(x,s)=0, & x>0, \\ V(0,s)=F(s), & s>0, \\ \lim\limits_{x\to+\infty}V(x,s)=0. \end{cases}$$

易得常微分方程的边值问题的解为

$$V(x,s)=F(s)\mathrm{e}^{-\frac{\sqrt{s}}{a}x}.$$

再取 Laplace 逆变换可得

$$v(x,t)=\mathscr{L}^{-1}[V(x,s)]=\mathscr{L}^{-1}[F(s)\mathrm{e}^{-\frac{x}{a}\sqrt{s}}]=\mathscr{L}^{-1}[F(s)]*\mathscr{L}^{-1}[\mathrm{e}^{-\frac{\sqrt{s}}{a}x}].$$

记 $\varPhi(s)=\dfrac{1}{s}\mathrm{e}^{-\frac{x}{a}\sqrt{s}}$ 和 $\varphi(t)=\mathscr{L}^{-1}[\varPhi(s)]$. 因为

$$\varphi(t)=\mathscr{L}^{-1}\left[\frac{1}{s}\mathrm{e}^{-\frac{x}{a}\sqrt{s}}\right]=\frac{2}{\sqrt{\pi}}\int_{\frac{x}{2a\sqrt{t}}}^{+\infty}\mathrm{e}^{-\tau^2}\mathrm{d}\tau,$$
$$\varphi(0)=\lim_{s\to+\infty}s\varPhi(s)=\lim_{s\to+\infty}\mathrm{e}^{-\frac{x}{a}\sqrt{s}}=0,\quad \varphi'(t)=\frac{x}{2at\sqrt{\pi t}}\mathrm{e}^{-\frac{x^2}{4a^2t}},$$

所以, 由微分性质知

$$\mathscr{L}[\varphi'(t)]=s\varPhi(s)-\varphi(0)=\mathrm{e}^{-\frac{x}{a}\sqrt{s}},$$

即 $\mathscr{L}^{-1}[\mathrm{e}^{-\frac{\sqrt{s}}{a}x}] = \varphi'(t) = \dfrac{x}{2at\sqrt{\pi t}}\mathrm{e}^{-\frac{x^2}{4a^2t}}$. 从而, 所求热传导方程混合问题的解为

$$v(x,t) = f(t) * \frac{x}{2at\sqrt{\pi t}}\mathrm{e}^{-\frac{x^2}{4a^2t}} = \frac{x}{2a\sqrt{\pi}}\int_0^t \frac{f(\tau)}{(t-\tau)^{3/2}}\mathrm{e}^{-\frac{x^2}{4a^2(t-\tau)}}\,\mathrm{d}\tau. \qquad \square$$

与例 6.24 相比, 尽管所用的变换不同, 但是例 7.30 与例 6.24 的结果是相同的.

注 7.8 例 7.30 中自变量 x 的变化范围也是 $[0,+\infty)$, 若关于 x 取 Laplace 变换, 记 $\widetilde{V}(s,t) = \mathscr{L}[v(x,t)]$, 则

$$\mathscr{L}[v_{xx}(x,t)] = s^2\widetilde{V}(s,t) - sv(0,t) - v_x(0,t),$$

其中 $v_x(0,t)$ 是未知的, 不能确定. 从而, 定解问题经 Laplace 变换后得到的关于像函数 $\widetilde{V}(s,t)$ 的方程也是不确定的. 因此, 我们不能关于 x 取 Laplace 变换.

例 7.31 利用 Laplace 变换求解半有界弦振动方程的混合问题

$$\begin{cases} v_{tt}(x,t) - a^2v_{xx}(x,t) = 0, & x>0,\ t>0, \\ v(x,0) = 0, \quad v_t(x,0) = 0, & x \geqslant 0, \\ v(0,t) = f(t), & t \geqslant 0, \\ \left|\lim\limits_{x\to+\infty} v(x,t)\right| < +\infty, \end{cases}$$

其中 $f(t)$ 是给定的足够光滑的"好"函数, 且 $f(0)=0$ 和常数 $a>0$.

解 未知函数 $v(x,t)$ 中的自变量 t 的变化范围是 $[0,+\infty)$, 对混合问题关于 t 取 Laplace 变换, 并记 $V(x,s) = \mathscr{L}[v(x,t)]$ 和 $F(s) = \mathscr{L}[f(t)]$. 注意到

$$\begin{aligned} &\mathscr{L}[v_{tt}(x,t)] = s^2\mathscr{L}[v(x,t)] - sv(x,0) - v_t(x,0) = s^2V(x,s), \\ &\mathscr{L}[v_{xx}(x,t)] = \frac{\mathrm{d}^2}{\mathrm{d}x^2}V(x,s), \\ &\mathscr{L}[v(0,t)] = V(0,s) = F(s), \\ &\left|\lim_{x\to+\infty} V(x,s)\right| < +\infty. \end{aligned}$$

因此, 原定解问题转化为求解含参数 $s(>0)$ 的常微分方程的边值问题

$$\begin{cases} \dfrac{\mathrm{d}^2}{\mathrm{d}x^2}V(x,s) - \dfrac{s^2}{a^2}V(x,s) = 0, & x>0, \\ V(0,s) = F(s), & s>0, \\ \left|\lim\limits_{x\to+\infty} V(x,s)\right| < +\infty. \end{cases}$$

易得常微分方程的边值问题的解为

$$V(x,s)=F(s)\mathrm{e}^{-\frac{s}{a}x}.$$

再取 Laplace 逆变换, 并利用延迟性质可得

$$v(x,t)=\mathscr{L}^{-1}[V(x,s)]=\mathscr{L}^{-1}[F(s)\mathrm{e}^{-\frac{x}{a}s}]=\begin{cases}0, & t<\dfrac{x}{a},\\ f\left(t-\dfrac{x}{a}\right), & t>\dfrac{x}{a}.\end{cases}$$

□

例 7.32 利用 Laplace 变换求解有界弦振动方程的混合问题

$$\begin{cases}v_{tt}(x,t)-a^2v_{xx}(x,t)=0, & 0<x<l,\ t>0,\\ v(x,0)=0,\quad v_t(x,0)=0, & x\geqslant 0,\\ v(0,t)=f(t),\quad v(l,t)=0, & t\geqslant 0,\end{cases}$$

其中 $f(t)$ 是给定的足够光滑的“好”函数, 且 $f(0)=0$ 和常数 $a,l>0$.

解 未知函数 $v(x,t)$ 中的自变量 t 的变化范围是 $[0,+\infty)$, 对混合问题关于 t 取 Laplace 变换, 并记 $V(x,s)=\mathscr{L}[v(x,t)]$ 和 $F(s)=\mathscr{L}[f(t)]$. 注意到

$$\mathscr{L}[v_{tt}(x,t)]=s^2\mathscr{L}[v(x,t)]-sv(x,0)-v_t(x,0)=s^2V(x,s),$$

$$\mathscr{L}[v_{xx}(x,t)]=\frac{\mathrm{d}^2}{\mathrm{d}x^2}V(x,s),$$

$$\mathscr{L}[v(0,t)]=V(0,s)=F(s),\quad \mathscr{L}[v(l,t)]=V(l,s)=0,$$

原定解问题转化为求解含参数 $s(>0)$ 的常微分方程的边值问题

$$\begin{cases}\dfrac{\mathrm{d}^2}{\mathrm{d}x^2}V(x,s)-\dfrac{s^2}{a^2}V(x,s)=0, & x>0,\\ V(0,s)=F(s),\quad V(l,s)=0, & s>0.\end{cases}$$

易得常微分方程的边值问题的解为

$$\begin{aligned}V(x,s)&=F(s)\frac{\mathrm{e}^{-\frac{x}{a}s}-\mathrm{e}^{-\frac{2l}{a}s}\mathrm{e}^{\frac{x}{a}s}}{1-\mathrm{e}^{-\frac{2l}{a}s}}=F(s)\frac{\mathrm{e}^{\frac{l-x}{a}s}-\mathrm{e}^{-\frac{l-x}{a}s}}{\mathrm{e}^{\frac{l}{a}s}-\mathrm{e}^{-\frac{l}{a}s}}=F(s)\frac{\sinh\left(\dfrac{l-x}{a}s\right)}{\sinh\left(\dfrac{l}{a}s\right)}\\&=F(s)(\mathrm{e}^{-\frac{x}{a}s}-\mathrm{e}^{\frac{x-2l}{a}s}+\mathrm{e}^{-\frac{x+2l}{a}s}-\mathrm{e}^{\frac{x-4l}{a}s}+\cdots).\end{aligned}$$

再取 Laplace 逆变换可得

$$\begin{aligned} v(x,t) &= \mathscr{L}^{-1}[V(x,s)] \\ &= \mathscr{L}^{-1}[F(s)(\mathrm{e}^{-\frac{x}{a}s}) - \mathrm{e}^{\frac{x-2l}{a}s} + \mathrm{e}^{-\frac{x+2l}{a}s} - \mathrm{e}^{\frac{x-4l}{a}s} + \cdots)] \\ &= f\left(t-\frac{x}{a}\right) - f\left(t+\frac{x}{a}-\frac{2l}{a}\right) + f\left(t-\frac{x}{a}-\frac{2l}{a}\right) - \\ &\quad f\left(t+\frac{x}{a}-\frac{4l}{a}\right) + \cdots. \end{aligned}$$

□

例 7.33　利用 Laplace 变换求解热传导方程的初值问题

$$\begin{cases} v_t(\boldsymbol{x},t) - a^2\Delta v(\boldsymbol{x},t) = 0, & \boldsymbol{x}\in\mathbf{R}^n,\ t>0, \\ v(\boldsymbol{x},0) = f(\boldsymbol{x}), & \boldsymbol{x}\in\mathbf{R}^n, \end{cases}$$

其中正整数 $n\in\mathbf{N}_+$, $f(x)$ 是给定的足够光滑的“好”函数和常数 $a>0$.

解　未知函数 $v(\boldsymbol{x},t)$ 中的自变量 t 的变化范围是 $[0,+\infty)$, 对原方程的两端关于 t 分别取 Laplace 变换, 并记 $V(\boldsymbol{x},s)=\mathscr{L}[v(\boldsymbol{x},t)]$. 注意到

$$\begin{aligned} a^2\Delta_{\boldsymbol{x}}V(\boldsymbol{x},s) &= a^2\int_0^{+\infty}\mathrm{e}^{-st}\Delta_{\boldsymbol{x}}v(\boldsymbol{x},t)\mathrm{d}t = \int_0^{+\infty}\mathrm{e}^{-st}v_t(\boldsymbol{x},t)\mathrm{d}t \\ &= [\mathrm{e}^{-st}v(\boldsymbol{x},t)]\Big|_0^{+\infty} + s\int_0^{+\infty}\mathrm{e}^{-st}v(\boldsymbol{x},t)\mathrm{d}t \quad (s>0) \\ &= sV(\boldsymbol{x},s) - f(\boldsymbol{x}). \end{aligned}$$

原定解问题转化为求解含参数 $s(>0)$ 的微分方程

$$a^2\Delta_{\boldsymbol{x}}V(\boldsymbol{x},s) = sV(\boldsymbol{x},s) - f(\boldsymbol{x}).$$

再对上面方程的两端关于 $\boldsymbol{x}$ 分别取 Fourier 变换, 并记 $u(\boldsymbol{\lambda},s)=\mathscr{F}[V(\boldsymbol{x},s)]$ 和 $F(\boldsymbol{\lambda})=\mathscr{F}[f(\boldsymbol{x})]$. 可得

$$a^2\cdot(-|\boldsymbol{\lambda}|^2)u(\boldsymbol{\lambda},s) = su(\boldsymbol{\lambda},s) - F(\boldsymbol{\lambda}), \quad \boldsymbol{\lambda}\in\mathbf{R}^n.$$

于是,

$$u(\boldsymbol{\lambda},s) = \frac{F(\boldsymbol{\lambda})}{s+|a\boldsymbol{\lambda}|^2}.$$

再取 $u(\boldsymbol{\lambda},s)$ 的 Fourier 逆变换, 并利用 Fourier 变换的卷积性质可得

$$V(\boldsymbol{x},s) = \mathscr{F}^{-1}[u(\boldsymbol{\lambda},s)] = \mathscr{F}^{-1}\left[\frac{F(\boldsymbol{\lambda})}{s+|a\boldsymbol{\lambda}|^2}\right] = \mathscr{F}^{-1}[F(\boldsymbol{\lambda})] * \mathscr{F}^{-1}\left[\frac{1}{s+|a\boldsymbol{\lambda}|^2}\right].$$

又因为

$$\begin{aligned}\mathscr{F}^{-1}\left[\frac{1}{s+|a\boldsymbol{\lambda}|^2}\right] &= \frac{1}{(2\pi)^n}\int_{\mathbf{R}^n}\frac{1}{s+|a\boldsymbol{\lambda}|^2}\mathrm{e}^{\mathrm{i}\boldsymbol{\lambda}\cdot\boldsymbol{x}}\mathrm{d}\boldsymbol{\lambda}\\ &= \frac{1}{(2\pi)^n}\int_{\mathbf{R}^n}\left[\int_0^{+\infty}\mathrm{e}^{-\tau(s+|a\boldsymbol{\lambda}|^2)}\mathrm{d}\tau\right]\mathrm{e}^{\mathrm{i}\boldsymbol{\lambda}\cdot\boldsymbol{x}}\mathrm{d}\boldsymbol{\lambda}\\ &= \frac{1}{(2\pi)^n}\int_0^{+\infty}\mathrm{e}^{-s\tau}\left[\int_{\mathbf{R}^n}\mathrm{e}^{\mathrm{i}\boldsymbol{\lambda}\cdot\boldsymbol{x}-a^2\tau|\boldsymbol{\lambda}|^2}\mathrm{d}\boldsymbol{\lambda}\right]\mathrm{d}\tau\\ &= \frac{1}{(2\pi)^n}\int_0^{+\infty}\mathrm{e}^{-s\tau}\left[\prod_{j=1}^n\int_{-\infty}^{+\infty}\mathrm{e}^{\mathrm{i}\lambda_j x_j-a^2\tau\lambda_j^2}\mathrm{d}\lambda_j\right]\mathrm{d}\tau\\ &= \int_0^{+\infty}\mathrm{e}^{-s\tau}\frac{1}{(4\pi a^2\tau)^{n/2}}\mathrm{e}^{-\frac{|\boldsymbol{x}|^2}{4a^2\tau}}\mathrm{d}\tau,\end{aligned}$$

所以

$$\begin{aligned}V(\boldsymbol{x},s) &= f(\boldsymbol{x})*\frac{1}{(4\pi a^2)^{n/2}}\int_0^{+\infty}\frac{\mathrm{e}^{-s\tau-\frac{|\boldsymbol{x}|^2}{4a^2\tau}}}{\tau^{n/2}}\mathrm{d}\tau\\ &= \frac{1}{(4\pi a^2)^{n/2}}\int_0^{+\infty}\int_{\mathbf{R}^n}\frac{\mathrm{e}^{-s\tau-\frac{|\boldsymbol{x}-\boldsymbol{\xi}|^2}{4a^2\tau}}}{\tau^{n/2}}f(\boldsymbol{\xi})\mathrm{d}\boldsymbol{\xi}\mathrm{d}\tau.\end{aligned}$$

又因为

$$\mathscr{L}[\delta(t-\tau)] = \mathrm{e}^{-s\tau},\quad \tau>0,$$

所以, 再取 Laplace 逆变换可得

$$\begin{aligned}v(\boldsymbol{x},t) = \mathscr{L}^{-1}[V(\boldsymbol{x},s)] &= \frac{1}{(4\pi a^2)^{n/2}}\int_0^{+\infty}\int_{\mathbf{R}^n}\mathscr{L}^{-1}[\mathrm{e}^{-s\tau}]\frac{\mathrm{e}^{-\frac{|\boldsymbol{x}-\boldsymbol{\xi}|^2}{4a^2\tau}}}{\tau^{n/2}}f(\boldsymbol{\xi})\mathrm{d}\boldsymbol{\xi}\mathrm{d}\tau\\ &= \frac{1}{(4\pi a^2)^{n/2}}\int_0^{+\infty}\int_{\mathbf{R}^n}\delta(t-\tau)\frac{\mathrm{e}^{-\frac{|\boldsymbol{x}-\boldsymbol{\xi}|^2}{4a^2\tau}}}{\tau^{n/2}}f(\boldsymbol{\xi})\mathrm{d}\boldsymbol{\xi}\mathrm{d}\tau\\ &= \frac{1}{(4\pi a^2 t)^{n/2}}\int_{\mathbf{R}^n}\mathrm{e}^{-\frac{|\boldsymbol{x}-\boldsymbol{\xi}|^2}{4a^2 t}}f(\boldsymbol{\xi})\mathrm{d}\boldsymbol{\xi}.\end{aligned}$$

□

▶ 习题七

1. 设 $f(t)=t^n\mathrm{e}^{at}+5\delta(t)$, 求 $\mathscr{L}[f(t)]$.
2. 设 $f(t)=\mathrm{e}^{-t}\mathrm{H}(t-1)$, 求 $\mathscr{L}[f(t)]$.
3. 求 $\mathscr{L}\left[t\int_0^t\mathrm{e}^{\tau}\sin\ \tau\mathrm{d}\tau\right]$.

4. 设 $F(s)=\dfrac{s^2}{s^2+4}$, 求 $\mathscr{L}^{-1}[F(s)]$.

5. 设 $F(s)=\dfrac{s}{(s+1)^2}$, 求 $\mathscr{L}^{-1}[F(s)]$.

6. 设 $f(t)=\begin{cases}0, & 0\leqslant t<\pi,\\ 1, & \pi\leqslant t<2\pi,\end{cases}$ 且当 $t\geqslant 0$ 时以 2π 为周期, 求 $\mathscr{L}[f(t)]$.

7. 利用 Laplace 变换求微分方程初值问题 $y''+4y'+3y=\mathrm{e}^{-t}$, $y(0)=y'(0)=1$ 的解.

8. 利用 Laplace 变换求积分方程

$$\int_0^t y(\tau)\mathrm{d}\tau+\int_0^t y(\tau)\sin(t-\tau)\mathrm{d}\tau=1-\cos\ t$$

的解.

9. 利用 Laplace 变换求微分积分方程

$$\int_0^t y(\tau)\cos(t-\tau)\mathrm{d}\tau=y'(t),\ y(0)=1$$

的解.

10. 利用 Laplace 变换求变系数常微分方程初值问题

$$ty''(t)+2y'(t)+ty(t)=0,\quad y(0)=1,\quad y'(0)=C$$

的解, 其中 C 为常数.

11. 利用 Laplace 变换求常微分方程组的初值问题

$$\begin{cases}y'+y-z=\mathrm{e}^t,\\ z'+3y-2z=2\mathrm{e}^t,\\ y(0)=z(0)=1\end{cases}$$

的解.

* 第八章　Mellin 变换和 Hankel 变换

在本章我们将简单介绍两种常见的变换: Mellin 变换和 Hankel 变换.

§8.1　Mellin 变换

Mellin 变换出现在许多数学分支和工程技术领域中, 特别是在电子工程和积分方程理论中, 具有重要的应用. 事实上, Mellin 变换可以从双边 Laplace 变换和 Fourier 变换得到, 这里我们只作简单的介绍.

8.1.1　Mellin 变换的引入

由 Laplace 变换

$$F(s)=\mathscr{L}[f(t)]=\int_0^{+\infty} f(t)\mathrm{e}^{-st}\mathrm{d}t,\quad s=\beta+\mathrm{i}\lambda,$$

$$f(t)=\mathscr{L}^{-1}[F(s)]=\frac{1}{2\pi\mathrm{i}}\int_{\beta-\mathrm{i}\infty}^{\beta+\mathrm{i}\infty} F(s)\mathrm{e}^{st}\mathrm{d}s,$$

如果记双边 Laplace 变换

$$F_{\pm}(s)=\mathscr{L}_{\pm}[f(t)]=\int_0^{+\infty} f(\pm t)\mathrm{e}^{-st}\mathrm{d}t,\qquad \mathrm{Re}(s)>c_{\pm},$$

$$f_{\pm}(t)=\mathscr{L}_{\pm}^{-1}[F_{\pm}(\pm s)]=\frac{1}{2\pi\mathrm{i}}\int_{\beta-\mathrm{i}\infty}^{\beta+\mathrm{i}\infty} F_{\pm}(\pm s)\mathrm{e}^{st}\mathrm{d}s,$$

我们注意到, 当 $\beta>c_+$ 时, 积分

$$\frac{1}{2\pi\mathrm{i}}\int_{\beta-\mathrm{i}\infty}^{\beta+\mathrm{i}\infty} F_+(s)\mathrm{e}^{st}\mathrm{d}s=\begin{cases}0, & t<0,\\ f_+(t), & t>0.\end{cases}$$

类似地, 用 $-s$ 取代 s, 当 $-\beta>-c_-$ 时, 积分

$$\frac{1}{2\pi i}\int_{\beta-i\infty}^{\beta+i\infty} F_-(-s)e^{-st}d(-s) = \begin{cases} f_-(t), & t<0, \\ 0, & t>0. \end{cases}$$

于是, 我们可得

$$F(\omega) = \int_{-\infty}^{+\infty} f(t)e^{i\omega t}dt = F_+(-i\omega) + F_-(i\omega)$$

和

$$\begin{aligned} f(t) &= \frac{1}{2\pi i}\int_{\beta-i\infty}^{\beta+i\infty} [F_+(s)+F_-(-s)]e^{st}ds = f_+(t)+f_-(t) \\ &= \frac{1}{2\pi}\int_{i\beta-\infty}^{i\beta+\infty} F(\omega)e^{-i\omega t}d\omega, \quad c_+<\beta<-c_- \end{aligned}$$

构成一个变换对, 也成为一个 “ Fourier 变换对” .

引进变换

$$s = i\omega, \quad x = e^t, \quad g(x) = f(\ln x),$$

则得

$$G(s) = \int_0^{+\infty} g(x)x^{s-1}dx, \quad \alpha < \text{Re}(s) < \beta,$$

$$g(x) = \frac{1}{2\pi i}\int_{\gamma-i\infty}^{\gamma+i\infty} G(s)x^{-s}ds, \quad \alpha<\gamma<\beta.$$

于是, 我们有如下定义.

定义 8.1 设函数 $f(x)$ 当 $x \geqslant 0$ 时有定义, 若积分 $\int_0^{+\infty} f(x)x^{s-1}dx$ 在复平面 **C** 内带形区域 $\alpha < \text{Re}(s) < \beta$ 中收敛, 则称

$$F(s) = \int_0^{+\infty} f(x)x^{s-1}dx$$

为函数 $f(t)$ 的 **Mellin 变换** , 记为 $F(s) = \mathscr{M}[f(x)]$, $F(s)$ 也称为 $f(x)$ 的**像函数**. 若积分 $\frac{1}{2\pi i}\int_{\gamma-i\infty}^{\gamma+i\infty} F(s)x^{-s}ds$在复平面 **C** 内带形区域 $\alpha<\gamma<\beta$ 中收

敛, 则称

$$f(x)=\frac{1}{2\pi\mathrm{i}}\int_{\gamma-\mathrm{i}\infty}^{\gamma+\mathrm{i}\infty}F(s)x^{-s}\mathrm{d}s.$$

为 $F(s)$ 的 **Mellin 逆变换**, 记为 $f(t)=\mathscr{M}^{-1}[F(s)]$, $f(x)$ 也称为 $F(s)$ 的**像原函数**.

定理 8.1 若在带形区域 $\alpha<\mathrm{Re}(s)<\beta$ 中函数 $F(s)$ 解析, 且满足 $|F(s)|\leqslant M|s|^{-2}$, 其中常数 $M>0$, 则当 $x>0$ 时,

$$\frac{1}{2\pi\mathrm{i}}\int_{\gamma-\mathrm{i}\infty}^{\gamma+\mathrm{i}\infty}F(s)x^{-s}\mathrm{d}s,\quad \alpha<\gamma<\beta$$

收敛于一个连续函数 $f(x)$, 且它的 Mellin 变换就是 $F(s)$.

证明留作习题.

例 8.1 求指数函数 $f(x)=\mathrm{e}^{-ax}(a>0)$ 的 Mellin 变换 $\mathscr{M}[\mathrm{e}^{-ax}]$.

解 对 $\mathrm{Re}(s)>0$, 有

$$\mathscr{M}[\mathrm{e}^{-ax}]=\int_0^{+\infty}\mathrm{e}^{-ax}x^{s-1}\mathrm{d}x=\frac{\Gamma(s)}{a^s}.$$

再由 Mellin 逆变换知, 对 $\gamma>0$ 有

$$f(x)=\frac{1}{2\pi\mathrm{i}}\int_{\gamma-\mathrm{i}\infty}^{\gamma+\mathrm{i}\infty}\Gamma(s)(ax)^{-s}\mathrm{d}s=\sum_{k=0}^{\infty}\frac{(-1)^k}{k!}(ax)^k.$$ □

例 8.2 对常数 $\mu>0$ 和 $\beta>0$, 求函数 $f(t)=(1+\beta x)^{-\mu}$ 的 Mellin 变换 $\mathscr{M}[f(x)]$.

解 对 $0<\mathrm{Re}(s)<\mu$, 有

$$\begin{aligned}\mathscr{M}[f(x)]&=\int_0^{+\infty}\frac{x^{s-1}}{(1+\beta x)^{\mu}}\mathrm{d}x=\beta^{-s}\int_0^{+\infty}\frac{y^{s-1}}{(1+y)^{\mu}}\mathrm{d}y\\&=\beta^{-s}\int_0^1 z^{s-1}(1-z)^{\mu-s-1}\mathrm{d}z=\beta^{-s}\frac{(s-1)!(\mu-s-1)!}{(\mu-1)!}.\end{aligned}$$ □

例 8.3 求正弦函数 $f(x)=\sin\ \beta x$ 的 Mellin 变换 $\mathscr{M}[f(x)]$.

解 对 $-1<\mathrm{Re}(s)<1$, 有

$$\mathscr{M}[\sin\ \beta x]=\int_0^{+\infty}\sin\ \beta x\cdot x^{s-1}\mathrm{d}x=\frac{\Gamma(s)\sin\ \dfrac{s\pi}{2}}{\beta^s}.$$ □

类似地, 对 $0<\mathrm{Re}(s)<1$, 有

$$\mathscr{M}[\cos\ \beta x]=\int_0^{+\infty}\cos\ \beta x\cdot x^{s-1}\mathrm{d}x=\frac{\Gamma(s)\cos\ \dfrac{s\pi}{2}}{\beta^s}.$$

因此, 利用 Euler 公式得

$$\mathscr{M}[\mathrm{e}^{\mathrm{i}\beta x}]=\frac{\Gamma(s)\mathrm{e}^{\frac{\mathrm{i}\pi s}{2}}}{\beta^s}.$$

8.1.2 Mellin 变换的性质

本小节凡是要求 Mellin 变换的函数都满足 Mellin 变换存在定理中的条件, 且函数 $F(s)$ 都统一地定义于 $\alpha<\mathrm{Re}(s)<\beta$.

1. 线性性质

$$\mathscr{M}[\lambda f_1(x)+\mu f_2(x)]=\lambda\mathscr{M}[f_1(x)]+\mu\mathscr{M}[f_2(x)],$$
$$\mathscr{M}^{-1}[\lambda F_1(s)+\mu F_2(s)]=\lambda\mathscr{M}^{-1}[F_1(s)]+\mu\mathscr{M}^{-1}[F_2(s)],\ \forall\ \lambda,\mu\in\mathbf{C}.$$

2. 微分性质

记 $\mathscr{M}[f(x)]=M(s)$. 若当 $\mathrm{Re}(s)>\alpha$ 时 $\lim\limits_{x\to0}x^sf(x)=0$; 当 $\mathrm{Re}(s)<\beta$ 时 $\lim\limits_{x\to+\infty}x^sf(x)=0$, 则

$$\mathscr{M}[f'(x)]=-(s-1)M(s-1),\quad \alpha<\mathrm{Re}(s-1)<\beta.$$

证明 由定义和假设知

$$\begin{aligned}\mathscr{M}[f'(x)]&=\int_0^{+\infty}f'(x)x^{s-1}\mathrm{d}x\\&=\left[f(x)x^{s-1}\right]\Big|_0^{+\infty}-(s-1)\int_0^{+\infty}f(x)x^{s-2}\mathrm{d}x\\&=-(s-1)M(s-1).\end{aligned}$$ □

3. 幂性质

若 $\mathscr{M}[f(x)]=M(s)$, 则

$$\mathscr{M}[x^\mu f(x)]=M(s+\mu),\quad \alpha-\mathrm{Re}(\mu)<\mathrm{Re}(s)<\beta-\mathrm{Re}(\mu).$$

证明 由定义

$$\mathscr{M}[x^\mu f(x)]=\int_0^{+\infty}x^\mu f(x)x^{s-1}\mathrm{d}x=M(s+\mu).$$ □

4. 卷积性质

若函数 $h(x)=\int_0^{+\infty} f(xy)g(y)y^{\mu}\mathrm{d}y$, $\mathscr{M}[f(x)]=F(s)$ 和 $\mathscr{M}[g(x)]=G(s)$, 则

$$\mathscr{M}[h(x)] = F(s)G(\mu - s + 1).$$

证明 由定义

$$\begin{aligned}\mathscr{M}[h(x)] &= \int_0^{+\infty} x^{s-1}\mathrm{d}x \int_0^{+\infty} f(xy)g(y)y^{\mu}\mathrm{d}y \\ &= \int_0^{+\infty} g(y)y^{\mu}\mathrm{d}y \int_0^{+\infty} f(xy)x^{s-1}\mathrm{d}x \\ &= \int_0^{+\infty} g(y)y^{\mu-s}\mathrm{d}y \int_0^{+\infty} f(z)z^{s-1}\mathrm{d}z = F(s)G(\mu - s + 1). \qquad \square\end{aligned}$$

类似地, 有

$$\mathscr{M}\left[\int_0^{+\infty} f\left(\frac{x}{y}\right) g(y)y^{\mu}\mathrm{d}y\right] = F(s)G(\mu + s + 1),$$

$$\begin{aligned}\mathscr{M}\left[f(x)g(x)\right] &= \int_0^{+\infty} f(x)g(x)x^{s-1}\mathrm{d}x \\ &= \int_0^{+\infty} g(x)x^{s-1}\mathrm{d}x \frac{1}{2\pi \mathrm{i}} \int_{\gamma-\mathrm{i}\infty}^{\gamma+\mathrm{i}\infty} F(\bar{s})x^{-\bar{s}}\mathrm{d}\bar{s} \\ &= \frac{1}{2\pi \mathrm{i}} \int_{\gamma-\mathrm{i}\infty}^{\gamma+\mathrm{i}\infty} F(\bar{s})G(s-\bar{s})\mathrm{d}\bar{s}.\end{aligned}$$

5. 其他性质

若 $\mathscr{M}[f(x)] = F(s)$, 正数 $a > 0$ 和 $n \in \mathbf{N}_+$, 则

$$\begin{aligned}&\mathscr{M}[f(ax)] = a^{-s}F(s), \quad \alpha < \mathrm{Re}(s) < \beta, \\ &\mathscr{M}[f(x^a)] = a^{-1}F\left(\frac{s}{a}\right), \\ &\mathscr{M}[x^{-1}f(x^{-1})] = F(1-s), \\ &\mathscr{M}[\ln x f(x)] = \frac{\mathrm{d}}{\mathrm{d}s}F(s), \quad \alpha < \mathrm{Re}(s) < \beta, \\ &\mathscr{M}\left[\left(x\frac{\mathrm{d}}{\mathrm{d}x}\right)^n f(x)\right] = (-s)^n F(s), \quad \alpha < \mathrm{Re}(s) < \beta, \\ &\mathscr{M}\left[\int_0^x f(t)\mathrm{d}t\right] = -\frac{1}{s}F(s+1), \\ &\mathscr{M}\left[\int_x^{\infty} f(t)\mathrm{d}t\right] = \frac{1}{s}F(s+1).\end{aligned}$$

留给读者自己验证.

8.1.3 Mellin 变换的应用

下面我们举两个例子简要说明 Mellin 变换的应用.

例 8.4 求解平面角形域 (极坐标系下)

$$A=\{(r,\theta)|\ 0\leqslant r<\infty,\quad -\alpha\leqslant\theta\leqslant\alpha\}\quad(\alpha>0)$$

上 Laplace 方程的边值问题

$$\begin{cases}\Delta u=0, & \text{在 } A \text{ 内},\\ u(r,\pm\alpha)=\begin{cases}1, & 0\leqslant r<a,\\ 0, & r>a,\end{cases} & \\ \lim\limits_{r\to 0}u(r,\theta)\quad\text{有界}, & \\ C_1r^{-\beta}\leqslant\lim\limits_{r\to+\infty}u(r,\theta)\leqslant C_2r^{-\beta}, & \text{某}\beta>0,\ C_2\geqslant C_1>0.\end{cases}$$

解 注意到极坐标系下的 Laplace 方程

$$\Delta u=u_{xx}+u_{yy}=u_{rr}+\frac{1}{r}u_r+\frac{1}{r^2}u_{\theta\theta},$$

即 Laplace 方程变为

$$r^2u_{rr}+ru_r+u_{\theta\theta}=0.$$

对上式的两端关于 r 分别取 Mellin 变换, 并记 $\mathscr{M}[u(r,\theta)]=U(s,\theta)$, 则原问题变为 (含参量 s 的) 常微分方程的边值问题

$$\begin{cases}\left(\dfrac{\mathrm{d}^2}{\mathrm{d}\theta^2}+s^2\right)U(s,\theta)=0,\\ U(s,\pm\alpha)=\dfrac{a^s}{s}.\end{cases}$$

它的解为

$$U(s,\theta)=\frac{a^s\cos(s\theta)}{s\cos(s\alpha)},\quad \frac{\pi}{4\alpha}<\mathrm{Re}(s)<\frac{\pi}{2\alpha}.$$

再取 $U(s,\theta)$ 的 Mellin 逆变换, 可得

$$u(r,\theta)=\begin{cases}1-\dfrac{1}{\pi}\arctan\left[\dfrac{2(ar)^\beta\cos\ \beta\theta}{a^{2\beta}-r^{2\beta}}\right], & 0\leqslant r<a,\\ \dfrac{1}{\pi}\left[\dfrac{2(ar)^\beta\cos\ \beta\theta}{r^{2\beta}-a^{2\beta}}\right], & r>a,\end{cases}$$

其中 $\beta=\dfrac{\pi}{2\alpha}$. □

例 8.5 求解 Hermite 方程

$$h_\nu''(x)-xh_\nu'(x)+\nu h_\nu(x)=0.$$

解 首先, 对 Hermite 方程的两端关于 x 分别取 Mellin 变换, 记 $\mathscr{M}[h_\nu(x)]=H_\nu(s)$, 则 Hermite 方程变为

$$(s-1)(s-2)H_\nu(s-2)+(s+\nu)H_\nu(s)=0. \tag{8.1.1}$$

其次, 令 $s=-2t$, 记 $H_\nu(s)=T(t)$, 则得差分方程

$$\frac{T(t+1)}{T(t)}=\frac{t-\dfrac{\nu}{2}}{2\left(t+\dfrac{1}{2}\right)(t+1)}.$$

它的一个特解是

$$T(t)=C2^{-t}\left(t-\frac{\nu}{2}-1\right)!\left(-t-\frac{1}{2}\right)!(-t-1)!, \tag{8.1.2}$$

其中 C 为任意常数. 但是, 这个解不是差分方程的唯一解, 这是因为用任意满足 $\dfrac{Y(t+1)}{Y(t)}=1$ 的函数 $Y(t)$ 乘 $T(t)$ 也满足差分方程.

再次, 因为 $H_\nu(s)$ 只是在某个带形区域 $\alpha<\mathrm{Re}(s)<\beta$ 内有定义, 所以只有在两个带形区域

$$\alpha<\mathrm{Re}(s)<\beta,\quad \alpha<\mathrm{Re}(s-2)<\beta$$

重叠部分 (8.1.1) 才成立. 当 $\beta>\alpha+2$ 时带形区域才有重叠. 因此, $Y(t)$ 不能有极点, 且在 Mellin 逆变换成立的带形区域内当 $\mathrm{Im}(t)\to\infty$ 时 $Y(t)$ 不能增长得比 $|t|$ 快, 否则 Mellin 逆变换的积分就会发散. 所以, 由 $\dfrac{Y(t+1)}{Y(t)}=1$ 可知, $Y(t)$ 是一个有界的解析函数. 又由 Liouville 定理知, $Y(t)$ 只能是常值函数. 因此, (8.1.2) 是唯一可以被接受的解. 最后, 再作 Mellin 逆变换, 可得

$$h_\nu(x)=\frac{C}{2\pi\mathrm{i}}\int_{\gamma-\mathrm{i}\infty}^{\gamma+\mathrm{i}\infty}\left(t-\frac{\nu}{2}-1\right)!\left(-t-\frac{1}{2}\right)!(-t-1)!\left(\frac{x^2}{2}\right)^t\mathrm{d}t.$$

习惯上, 取函数 $h_\nu(x)$ 中 x^ν 的系数为 1, 并利用 $\mathrm{Res}\left[\left(t-\frac{\nu}{2}-1\right)!,\frac{\nu}{2}\right]=1$, 所以,

$$C=\frac{2^{\nu/2}}{\left(-\frac{\nu}{2}-\frac{1}{2}\right)!\left(-\frac{1}{2}-1\right)!}.$$

又因为在极点 $t=\frac{\nu}{2}-k$ 处 ($k=0,1,\cdots$) 的留数 $\mathrm{Res}\left[\left(t-\frac{\nu}{2}-1\right)!,\frac{\nu}{2}-k\right]=\frac{(-1)^k}{k!}$, 因此,

$$\begin{aligned}h_\nu(x) &= \frac{2^{\nu/2}}{\left(-\frac{\nu}{2}-\frac{1}{2}\right)!\left(-\frac{1}{2}-1\right)!}\sum_{k=0}^{\infty}\frac{(-1)^k}{k!}\left(-\frac{\nu}{2}+k-\frac{1}{2}\right)!\\ &\quad \left(-\frac{\nu}{2}+k-1\right)!\left(\frac{x^2}{2}\right)^{\frac{\nu}{2}-k}\\ &= x^\nu-\frac{\nu(\nu-1)}{2}x^{\nu-2}+\frac{\nu(\nu-1)(\nu-2)(\nu-2)}{2!2^2}x^{\nu-4}-\cdots.\end{aligned}$$ □

§8.2 Hankel 变换

在研究 Fourier 变换和 Laplace 变换时, 常常出现 Bessel 函数, 与之更紧密相关的变换是 Hankel 变换. 为方便读者学习, 我们在这里仅对 Hankel 变换作简单的介绍.

定义 8.2 定义函数 $f(x)$ 的 **Hankel 变换**为

$$F_\nu(t)=\mathscr{H}_\nu[f(x)]=\int_0^{+\infty}x\mathrm{J}_\nu(tx)f(x)\mathrm{d}x,$$

和函数 $F_\nu(t)$ 的 **Hankel 逆变换**为

$$f(x)=\mathscr{H}_\nu^{-1}[F_\nu(t)]=\int_0^{+\infty}t\mathrm{J}_\nu(tx)F_\nu(t)\mathrm{d}t,$$

其中 $\mathrm{J}_\nu(x)$ 为 ν 阶 Bessel 函数.

比如,

$$\mathscr{M}[\mathrm{J}_\nu(x)]=\frac{2^{s-1}\left(\frac{\nu}{2}+\frac{s}{2}-1\right)!}{\left(\frac{\nu}{2}-\frac{s}{2}\right)!},\quad -\nu<\mathrm{Re}(s)<\nu+2,$$

$$\mathscr{L}[xf(x)\mathrm{J}_\nu(tx)] = \mathscr{H}_\nu[\mathrm{e}^{-sx}f(x)].$$

性质 8.1(Hankel 变换的性质) 若 $\mathscr{H}_\nu[f(x)] = F_\nu(t)$, 则

$$\mathscr{H}_\nu[f'(x)] = -t\left[\frac{\nu+1}{2\nu}F_{\nu-1}(t) - \frac{\nu-1}{2\nu}F_{\nu+1}(t)\right],$$

$$\mathscr{H}_\nu[f(ax)] = \frac{1}{a^2}F_\nu\left(\frac{t}{a}\right),$$

$$\mathscr{H}_\nu\left[\frac{1}{x}f(x)\right] = \frac{t}{2\nu}[F_{\nu-1}(t) + F_{\nu+1}(t)],$$

$$\mathscr{H}_\nu\left[x^{\nu-1}\frac{\mathrm{d}}{\mathrm{d}x}\left(x^{1-\nu}f(x)\right)\right] = -tF_{\nu-1}(t),$$

$$\mathscr{H}_\nu\left[x^{-\nu-1}\frac{\mathrm{d}}{\mathrm{d}x}\left(x^{1+\nu}f(x)\right)\right] = tF_{\nu+1}(t).$$

证明留作习题, 请读者自己验证.

下面通过一些例子表明 Hankel 变换的应用.

例 8.6 与

$$\frac{\mathrm{d}^2}{\mathrm{d}x^2}f(x) + \frac{1}{x}\frac{\mathrm{d}}{\mathrm{d}x}f(x) - \frac{\nu^2}{x^2}f(x)$$

有关的函数问题可以简化为 $f(x)$ 的 ν 阶 Hankel 变换像函数的问题.

解 因为

$$\begin{aligned}
&\int_0^{+\infty}\left(\frac{\mathrm{d}^2}{\mathrm{d}x^2}f(x) + \frac{1}{x}\frac{\mathrm{d}}{\mathrm{d}x}f(x) - \frac{\nu^2}{x^2}f(x)\right)\mathrm{J}_\nu(tx)x\mathrm{d}x \\
= &\int_0^{+\infty}\left(\frac{\mathrm{d}}{\mathrm{d}x}x\frac{\mathrm{d}}{\mathrm{d}x}f(x) - \frac{\nu^2}{x}f(x)\right)\mathrm{J}_\nu(tx)\mathrm{d}x \\
= &-\int_0^{+\infty}\left(x\frac{\mathrm{d}f(x)}{\mathrm{d}x}t\mathrm{J}_\nu'(tx) + \frac{\nu^2}{x}f(x)\mathrm{J}_\nu(tx)\right)\mathrm{d}x \\
= &\int_0^{+\infty}\left(t^2\mathrm{J}_\nu''(tx) + \frac{t}{x}\mathrm{J}_\nu'(tx) - \frac{\nu^2}{x^2}\mathrm{J}_\nu(tx)\right)f(x)x\mathrm{d}x \\
= &-t^2\int_0^{+\infty}\mathrm{J}_\nu(tx)f(x)x\mathrm{d}x = -t^2\mathscr{H}_\nu[f(x)],
\end{aligned}$$

所以, 可见 Hankel 变换极大地简化了与 ν 阶 Bessel 方程

$$x^2f''(x) + xf'(x) + (x^2-\nu^2)f(x) = 0$$

有关的函数问题. □

例 8.7 证明: Parseval 型关系式

$$\int_0^\infty F_\nu(t)G_\nu(t)t\mathrm{d}t = \int_0^\infty f(x)g(x)x\mathrm{d}x,$$

其中 $\mathscr{H}_\nu[f(x)] = F_\nu(t)$ 和 $\mathscr{H}_\nu[g(x)] = G_\nu(t)$.

证明 由定义和交换积分顺序知,

$$\begin{aligned}\int_0^\infty F_\nu(t)G_\nu(t)t\mathrm{d}t &= \int_0^\infty F_\nu(t)t\mathrm{d}t\left[\int_0^{+\infty} g(x)\mathrm{J}_\nu(tx)x\mathrm{d}x\right]\\ &= \int_0^\infty \left[\int_0^{+\infty} F_\nu(t)\mathrm{J}_\nu(tx)t\mathrm{d}t\right] g(x)x\mathrm{d}x\\ &= \int_0^\infty f(x)g(x)x\mathrm{d}x.\end{aligned}$$ □

例 8.8 求函数

$$f(x) = x^\nu(a^2-x^2)^\mu\mathrm{H}(a-x), \quad \mu > -1$$

的 Hankel 变换式 $\mathscr{H}_\nu[f(x)]$.

解

$$\begin{aligned}F_\nu(t) &= \mathscr{H}_\nu[f(x)] = \int_0^\infty xf(x)\mathrm{J}_\nu(tx)\mathrm{d}x\\ &= \int_0^a x^{\nu+1}(a^2-x^2)^\mu\mathrm{H}(a-x)\mathrm{J}_\nu(tx)\mathrm{d}x\\ &= \sum_{m=0}^\infty \frac{(-1)^m\left(\dfrac{t}{2}\right)^{\nu+2m}}{(\nu+m)!m!}\int_0^a x^{2\nu+2m+1}(a^2-x^2)^\mu\mathrm{d}x\\ &= \sum_{m=0}^\infty \frac{(-1)^m\mu!\left(\dfrac{t}{2}\right)^{\nu+2m} a^{2\mu+2\nu+2m+2}}{2(\mu+\nu+m+1)!m!}\\ &= 2^\mu a^{\mu+\nu+1}t^{-\mu-1}\mu!\mathrm{J}_{\mu+\nu+1}(at).\end{aligned}$$ □

再利用 Hankel 逆变换, 用 μ 取代 $\mu+\nu+1$, 则得

$$\int_0^\infty t^{1-\mu+\nu}\mathrm{J}_\mu(at)\mathrm{J}_\nu(bt)\mathrm{d}t = \frac{b^\nu(a^2-b^2)^{\mu-\nu-1}}{2^{\mu-\nu-1}a^\mu(\mu-\nu-1)!}\mathrm{H}(a-b), \quad \mu > \nu.$$

习题八

1. 证明定理 8.1.
2. 求余弦函数 $f(x)=\cos\ \beta x$ 的 Mellin 变换 $\mathscr{M}[f(x)]$.
3. 若 $\mathscr{M}[f(x)]=F(s)$, 证明:

$$\mathscr{M}[f(ax)]=a^{-s}F(s),\quad \alpha<\mathrm{Re}(s)<\beta,$$
$$\mathscr{M}[f(x^a)]=a^{-1}F\left(\frac{s}{a}\right).$$

4. 若 $\mathscr{H}_\nu[f(x)]=F_\nu(t)$, 证明:

$$\mathscr{H}_\nu[f'(x)]=-t\left[\frac{\nu+1}{2\nu}F_{\nu-1}(t)-\frac{\nu-1}{2\nu}F_{\nu+1}(t)\right],$$
$$\mathscr{H}_\nu[f(ax)]=\frac{1}{a^2}F_\nu\left(\frac{t}{a}\right).$$

5. 研究 Fourier 变换与 Hankel 变换的关系.

*第九章　Z　变　换

Z 变换出现在许多数学分支和工程技术中, 特别是在电子工程和积分差分方程理论中, 具有广泛的应用. Z 变换可将时域信号 (即离散时间序列) 变换为复频域上的表达式. 它在离散时间信号处理中的地位, 如同 Laplace 变换在连续时间信号处理中的地位. 离散时间信号的 Z 变换在数字信号处理、计算机控制系统等领域有着重要的应用. 数学上, Z 变换也可以看作是一个 Laurent 级数.

Z 变换方法最早可以追溯到 1730 年 De Moivre 引进概率论中的生成函数 (generating function), 之后被 Laplace 和其他数学家广泛应用. 随着计算机应用的发展, Z 变换也得到了更大的发展和应用. 1947 年, W. Hurewicz 引入 Z 变换来解决线性常系数差分方程. 1952 年, Ragazzini 和 Zadeh 在采样过程中应用了 Z 变换. 后来 E.I. Jury 发展并应用了修正的 Z 变换.

本章我们首先引入 Z 变换, 然后介绍了 Z 变换的性质. 其次, 考虑双边 Z 变换和修正 Z 变换. 最后, 给出 Z 变换的一些应用. 详细的 Z 变换知识可以参见 [19].

§9.1　Z　变　换

本节我们来学习 Z 变换的基础知识.

9.1.1　Z 变换的引入

定义 9.1　对任意固定的 $T>0$(可以取 $T=1$), 函数 $f:[0,+\infty)\to\mathbf{C}$, 函数 $f(t)$ 的**单边 Z 变换**定义为

$$F(z)=\mathscr{Z}[f(t)]=\sum_{n=0}^{\infty}f(nT)z^{-n},\quad |z|>R=\frac{1}{\rho},$$

记 $F(z)=\mathscr{Z}[f(t)]$. 或者, 定义一个序列 $\{f_n\}_{n=0}^{\infty}$ 的 **Z 变换**为

$$F(z)=\mathscr{Z}[\{f_n\}]=\sum_{n=0}^{\infty} f_n z^{-n}, \quad |z|>R.$$

$|z|>R$ 上的解析函数 $F(z)$ 的**单边 Z 逆变换**定义为

$$f(nT)=\mathscr{Z}^{-1}[F(z)]=\frac{1}{2\pi \mathrm{i}}\oint_{\gamma} F(z) z^{n-1} \mathrm{d} z, \quad n=0,1,\cdots,$$

其中 $F(z)$ 的所有奇点都在闭积分曲线 γ 内, 记 $f(nT)=\mathscr{Z}^{-1}[F(z)]$.

可以借助幂级数方法、部分分式展开法、留数计算法等计算 Z 逆变换, 例如,

$$\begin{aligned}
f_1(nT) &= \mathscr{Z}^{-1}[\mathrm{e}^{-x/z}]=\frac{(-x)^n}{n!}; \\
f_2(nT) &= \mathscr{Z}^{-1}\left[\left(\frac{z+b}{z}\right)^{\alpha}\right]=\frac{b^n}{2\pi \mathrm{i}}\oint_{\gamma}\left(\frac{y+1}{y}\right)^{\alpha} y^{n-1} \mathrm{d} y \\
&= \frac{\Gamma(\alpha+1) b^n}{\Gamma(n+1)\Gamma(\alpha-n+1)}.
\end{aligned}$$

9.1.2 Z 变换的性质

Z 变换有线性、位移、卷积、微分和积分等性质. 这些性质对于解决实际问题非常有用. Z 变换的性质均可由 Z 变换的定义直接推导得到.

1. 线性性质

$$\mathscr{Z}[\lambda f_1(t)+\mu f_2(t)]=\lambda \mathscr{Z}[f_1(t)]+\mu \mathscr{Z}[f_2(t)], \ \forall\ \lambda, \mu \in \mathbf{C}.$$

2. 位移性质

若 $\mathscr{Z}[f(t)]=F(z)$, 则

$$\mathscr{Z}[f(t+T)]=z\left[F(z)-f(0^{+})\right],$$

$$\mathscr{Z}[f(t+kT)]=z^k\left[F(z)-\sum_{m=0}^{k-1} f(mT) z^{-m}\right], \quad k \in \mathbf{N}_{+}.$$

证明 由定义

$$\begin{aligned}
\mathscr{Z}[f(t+T)] &= \sum_{n=0}^{\infty} f((n+1)T)z^{-n} = z\sum_{n=0}^{\infty} f((n+1)T)z^{-(n+1)} \\
&= z\sum_{k=1}^{\infty} f(kT)z^{-k} = z\left[\sum_{k=0}^{\infty} f(kT)z^{-k} - f(0^+)\right] \\
&= z\left[F(z) - f(0^+)\right], \\
\mathscr{Z}[f(t+kT)] &= \sum_{n=0}^{\infty} f((n+k)T)z^{-n} = z^k\sum_{n=0}^{\infty} f((n+k)T)z^{-(n+k)} \\
&= z^k\left[F(z) - \sum_{m=0}^{k-1} f(mT)z^{-m}\right]. \qquad \square
\end{aligned}$$

推论 9.1 若 $\mathscr{Z}[f(t)] = F(z)$, 则

$$\mathscr{Z}[f(t-nT)\mathrm{H}(t-nT)] = z^{-n}F(z), \qquad n = 0, 1, \cdots.$$

证明留作习题, 给读者自己练习.

为求解差分方程, 考虑下面结果.

推论 9.2 若 $\mathscr{Z}[f(t)] = F(z)$, 则

$$\mathscr{Z}[(\Delta^k f)(nT)] = (z-1)^k F(z) - z\sum_{m=0}^{k-1}(z-1)^{k-m-1}(\Delta^m f)(0T),$$

$$\mathscr{Z}[(\nabla^k f)(nT)] = (1-z^{-1})^k F(z),$$

其中这里的符号 $\Delta f(nT) = f((n+1)T) - f(nT)$ 和 $\nabla f(nT) = f(nT) - f((n-1)T)$.

证明 (数学归纳法) (1) 对 $k = 1$, 由假设知

$$\begin{aligned}
\sum_{n=0}^{\infty}\Delta f(nT)z^{-n} &= \sum_{n=0}^{\infty} f((n+1)T)z^{-n} - \sum_{n=0}^{\infty} f(nT)z^{-n} \\
&= z\sum_{n=0}^{\infty} f((n+1)T)z^{-(n+1)} - \sum_{n=0}^{\infty} f(nT)z^{-n} \\
&= z\left[\sum_{k=0}^{\infty} f(kT)z^{-k} - f(0T)\right] - \sum_{n=0}^{\infty} f(nT)z^{-n},
\end{aligned}$$

于是,

$$\mathscr{Z}[\Delta f(nT)] = z[F(z) - f(0T)] - F(z) = (z-1)F(z) - zf(0T).$$

同理, 有

$$\begin{aligned}\sum_{n=0}^{\infty}\nabla f(nT)z^{-n} &= \sum_{n=0}^{\infty} f(nT)z^{-n}-\sum_{n=0}^{\infty} f((n-1)T)\mathrm{H}((n-1)T)z^{-n}\\ &= \sum_{n=0}^{\infty} f(nT)z^{-n}-z^{-1}\sum_{n=0}^{\infty} f((n-1)T)\mathrm{H}((n-1)T)z^{-(n-1)}\\ &= \sum_{n=0}^{\infty} f(nT)z^{-n}-z^{-1}\sum_{k=0}^{\infty} f(kT)\mathrm{H}(kT)z^{-k},\end{aligned}$$

$$\mathscr{Z}[\nabla f(nT)]=F(z)-z^{-1}F(z)=(1-z^{-1})F(z).$$

(2) 假设结论对 k 时成立, 往证结论对 $k+1$ 时也成立.

$$\begin{aligned}\mathscr{Z}[(\Delta^{k+1}f)(nT)] &= \mathscr{Z}[(\Delta^k f)((n+1)T)]-\mathscr{Z}[(\Delta^k f)(nT)]\\ &= z\{\mathscr{Z}[(\Delta^k f)(nT)]-(\Delta^k f)(0T)\}-\mathscr{Z}[(\Delta^k f)(nT)]\\ &= (z-1)\mathscr{Z}[(\Delta^k f)(nT)]-z(\Delta^k f)(0T)\\ &= (z-1)\left\{(z-1)^k F(z)-z\sum_{m=0}^{k-1}(z-1)^{k-m-1}(\Delta^m f)(0T)\right\}-\\ &\quad z(\Delta^k f)(0T)\\ &= (z-1)^{k+1}F(z)-z\sum_{m=0}^{k}(z-1)^{k-m}(\Delta^m f)(0T),\\ \mathscr{Z}[(\nabla^{k+1}f)(nT)] &= \mathscr{Z}[(\nabla^k f)(nT)]-\mathscr{Z}[(\nabla^k f)((n-1)T)]\\ &= \mathscr{Z}[(\nabla^k f)(nT)]-z^{-1}\mathscr{Z}[(\nabla^k f)(nT)]\\ &= (1-z^{-1})\mathscr{Z}[(\nabla^k f)(nT)]=(1-z^{-1})\cdot(1-z^{-1})^k F(z)\\ &= (1-z^{-1})^{k+1}F(z).\end{aligned}$$ □

3. 尺度改变性质

若 $\mathscr{Z}[f(t)]=F(z)$, 则

$$\mathscr{Z}[\mathrm{e}^{-at}f(t)]=F(\mathrm{e}^{aT}z).$$

证明 由定义

$$\mathscr{Z}[\mathrm{e}^{-at}f(t)]=\sum_{n=0}^{\infty}\mathrm{e}^{-anT}f(nT)z^{-n}=\sum_{n=0}^{\infty}f(nT)\left(\mathrm{e}^{aT}z\right)^{-n}=F(\mathrm{e}^{aT}z).$$ □

4. 有限和性质

若 $\mathscr{Z}[f(t)] = F(z)$, 则

$$\mathscr{Z}\left[\sum_{k=0}^{n} f(kT)\right] = \frac{z}{z-1}F(z).$$

证明 令 $g(nT) = \sum\limits_{k=0}^{n} f(kT)$ 和 $\mathscr{Z}[g(t)] = G(z)$, 则

$$g(nT) = g((n-1)T)\mathrm{H}((n-1)T) + f(nT).$$

于是,

$$\begin{aligned}\sum_{n=0}^{\infty} g(nT)z^{-n} &= \sum_{n=0}^{\infty} g((n-1)T)\mathrm{H}((n-1)T)z^{-n} + \sum_{n=0}^{\infty} f(nT)z^{-n} \\ &= z^{-1}\sum_{k=0}^{\infty} g(kT)\mathrm{H}(kT)z^{-k} + \sum_{n=0}^{\infty} f(nT)z^{-n}.\end{aligned}$$

因此,

$$G(z) = z^{-1}G(z) + F(z).$$ □

5. 特殊和性质

若 $\mathscr{Z}[f(t)] = F(z)$, $g(nT) = \sum\limits_{m=0}^{[n/k]} f(mT)$ 和 $(\nabla g)(nT) = g(nT) - g((n-1)T)$, 其中 $[n/k]$ 表示小于 n/k 的最大整数, 则

$$\mathscr{Z}\left[(\nabla g)(nT)\right] = F(z^k).$$

证明留作习题, 请读者自己验证.

6. 卷积性质

若 $F(z) = \mathscr{Z}[f(t)]$ 和 $G(z) = \mathscr{Z}[g(t)]$, 则

$$\mathscr{Z}[f(t) * g(t)] = \mathscr{Z}\left[\sum_{k=0}^{n} f(kT)g((n-k)T)\right] = F(z)G(z).$$

证明　由定义

$$\begin{aligned}F(z)G(z) &= \sum_{k=0}^{\infty} f(kT)z^{-k}G(z) = \sum_{k=0}^{\infty} f(kT)\mathscr{Z}[g(t-kT)\mathrm{H}(t-kT)]\\ &= \sum_{k=0}^{\infty} f(kT)\sum_{n=0}^{\infty} g((n-k)T)\mathrm{H}((n-k)T)z^{-n}\\ &= \sum_{n=0}^{\infty}\left[\sum_{k=0}^{n} f(kT)g((n-k)T)\right]z^{-n}\\ &= \mathscr{Z}\left[\sum_{k=0}^{n} f(kT)g((n-k)T)\right] = \mathscr{Z}[f(t)*g(t)].\end{aligned}$$ □

借助 Laplace 变换, 可知

注 9.1 $\mathscr{Z}[f(t)g(t)] = \dfrac{1}{2\pi\mathrm{i}}\oint_{\gamma} p^{-1}F(p)G\left(\dfrac{z}{p}\right)\mathrm{d}p = \sum\limits_{n=0}^{\infty} f_n g_n z^{-n}.$

7. 微分性质

若 $\mathscr{Z}[f(t)] = F(z)$, 则

$$\mathscr{Z}[tf(t)] = -Tz\frac{\mathrm{d}}{\mathrm{d}z}F(z).$$

证明　由定义

$$\begin{aligned}\mathscr{Z}[tf(t)] &= \sum_{k=0}^{\infty}(kT)f(kT)z^{-k} = -Tz\sum_{k=0}^{\infty} f(kT)(-kz^{-k-1})\\ &= -Tz\sum_{k=0}^{\infty} f(kT)\frac{\mathrm{d}}{\mathrm{d}z}z^{-k} = -Tz\frac{\mathrm{d}}{\mathrm{d}z}\left[\sum_{k=0}^{\infty} f(kT)z^{-k}\right]\\ &= -Tz\frac{\mathrm{d}}{\mathrm{d}z}F(z).\end{aligned}$$ □

推论 9.3　若 $\mathscr{Z}[f(t)] = F(z)$, 记号 $n^{(k)} = n(n-1)\cdots(n-k+1)$, 则有

$$\mathscr{Z}[n^{(k)}f(n)] = z^{-k}\frac{\mathrm{d}^k}{\mathrm{d}(z^{-1})^k}F(z),$$

$$\mathscr{Z}[(-1)^k n^{(k)} f(n-k+1)] = z\frac{\mathrm{d}^k}{\mathrm{d}z^k}F(z),$$

$$\mathscr{Z}[n(n+1)\cdots(n+k-1)f(n)] = (-1)^k z^k\frac{\mathrm{d}^k}{\mathrm{d}z^k}F(z).$$

8. 积分性质

若 $\mathscr{Z}[f(t)]=F(z)$, 则

$$\mathscr{Z}\left[\frac{f(t)}{t}\right]=\frac{1}{T}\int_z^{\infty}\frac{F(\omega)}{\omega}\mathrm{d}\omega,\qquad t>0.$$

证明　由定义

$$\begin{aligned}\mathscr{Z}\left[\frac{f(t)}{t}\right]&=\sum_{n=1}^{\infty}\frac{f(nT)}{nT}z^{-n}=\frac{1}{T}\sum_{n=1}^{\infty}f(nT)\frac{z^{-n}}{n}\\&=\frac{1}{T}\sum_{n=1}^{\infty}f(nT)\int_z^{\infty}\omega^{-(n+1)}\mathrm{d}\omega\\&=\frac{1}{T}\int_z^{\infty}\frac{\sum\limits_{n=1}^{\infty}f(nT)\omega^{-n}}{\omega}\mathrm{d}\omega=\frac{1}{T}\int_z^{\infty}\frac{F(\omega)}{\omega}\mathrm{d}\omega.\end{aligned}$$ □

9. 初值和终值性质

若 $\mathscr{Z}[f(t)]=F(z)$, 则

$$\begin{aligned}f(0)&=\lim_{z\to\infty}F(z),\\\lim_{n\to\infty}f(nT)&=\lim_{z\to1}(z-1)F(z).\end{aligned}$$

证明　由定义知

$$F(z)=\mathscr{Z}[f(t)]=\sum_{n=0}^{\infty}f(nT)z^{-n}=f(0)+\frac{f(T)}{z}+\frac{f(2T)}{z^2}+\cdots,$$

显然, 有 $f(0)=\lim\limits_{z\to\infty}F(z)$. 注意到

$$zF(z)-zf(0)-F(z)=\lim_{n\to\infty}\sum_{k=0}^{n}[f((k+1)T)-f(kT)]z^{-k},$$

令 $z\to1$, 则

$$\begin{aligned}\lim_{z\to1}(z-1)F(z)-f(0)&=\lim_{n\to\infty}\sum_{k=0}^{n}[f((k+1)T)-f(kT)]\\&=\lim_{n\to\infty}[f((n+1)T)-f(0T)]\\&=\lim_{n\to\infty}f(nT)-f(0).\end{aligned}$$

所以, 有 $\lim\limits_{n\to\infty}f(nT)=\lim\limits_{z\to1}(z-1)F(z)$. □

§9.2 双边 Z 变换

下面我们来看更一般的双边 Z 变换.

定义 9.2 对任意固定的 $T>0$(可以取 $T=1$), 函数 $f:\mathbf{R}\to\mathbf{C}$, 函数 $f(t)$ 的**双边 Z 变换**定义为

$$F_t(z)=\mathscr{Z}_t[f(t)]=\sum_{n=-\infty}^{+\infty}f(nT)z^{-n},\quad |z|>R=\frac{1}{\rho},$$

记 $F_t(z)=\mathscr{Z}_t[f(t)]$.

$|z|>R$ 上的解析函数 $F_t(z)$ 的**双边 Z 逆变换**定义为

$$f(nT)=\mathscr{Z}_t^{-1}[F_t(z)]=\frac{1}{2\pi\mathrm{i}}\oint_\gamma F_t(z)z^{n-1}\mathrm{d}z,\quad n\in\mathbf{R},$$

其中 $F(z)$ 的所有奇点都在闭积分曲线 γ 内, 记 $f(nT)=\mathscr{Z}_t^{-1}[F_t(z)]$.

例 9.1 求函数 $f(n)=\begin{cases}a^n, & n\geqslant 0,\\ 0, & n<0\end{cases}$ 的双边 Z 变换 $F_t(z)=\mathscr{Z}_t[f(n)]$, 其中 $a\in\mathbf{C}$, 这里取 $T=1$.

解
$$F_t(z)=\mathscr{Z}_t[f(n)]=\sum_{n=0}^{\infty}a^nz^{-n}=\frac{z}{z-a},\quad |z|>|a|.$$ □

特殊情形下，单位步长函数 $\mathrm{H}(n)=\begin{cases}1, & n\geqslant 0,\\ 0, & n<0\end{cases}$ 的双边 Z 变换

$$\mathscr{Z}_t[\mathrm{H}(n)]=\frac{z}{z-1}$$

例 9.2 求函数 $F_t(z)=\dfrac{-z(1-q^2)}{q(z-q^{-1})(z-q)}$ 的双边 Z 逆变换 $f(n)=\mathscr{Z}_t^{-1}[F_t(z)]$, 其中 $q<1$, 这里取 $T=1$.

解 当 $n\geqslant 0$ 时,

$$f(n)=\sum_{|z_k|<1}\mathrm{Res}[F_t(z)z^{n-1},z_k]=\mathrm{Res}[F_t(z)z^{n-1},q]=q^n.$$

当 $n \leqslant 0$ 时,

$$f(n) = -\sum_{|z_k|>1} \mathrm{Res}[F_t(z)z^{n-1}, z_k] = -\mathrm{Res}[F_t(z)z^{n-1}, q^{-1}] = q^{-n}. \qquad \square$$

类似单边 Z 变换, 双边 Z 变换也有如下性质:

1. 线性性质

$$\mathscr{Z}_t[\lambda f_1(t) + \mu f_2(t)] = \lambda \mathscr{Z}_t[f_1(t)] + \mu \mathscr{Z}_t[f_2(t)], \quad \forall\ \lambda, \mu \in \mathbf{C}.$$

2. 位移性质

若 $\mathscr{Z}_t[f(t)] = F_t(z)$, 则

$$\mathscr{Z}_t[f(t+T)] = zF_t(z),$$
$$\mathscr{Z}_t[f(t+kT)] = z^k F_t(z), \quad k \in \mathbf{Z}.$$

证明 由定义

$$\begin{aligned}\mathscr{Z}_t[f(t+T)] &= \sum_{n=-\infty}^{+\infty} f((n+1)T)z^{-n} = z\sum_{n=-\infty}^{+\infty} f((n+1)T)z^{-(n+1)} \\ &= z\sum_{k=-\infty}^{+\infty} f(kT)z^{-k} = zF_t(z), \\ \mathscr{Z}[f(t+kT)] &= \sum_{n=-\infty}^{+\infty} f((n+k)T)z^{-n} \\ &= z^k \sum_{n=-\infty}^{+\infty} f((n+k)T)z^{-(n+k)} = z^k F_t(z).\end{aligned} \qquad \square$$

3. 相似性质

若 $\mathscr{Z}_t[f(t)] = F_t(z)$, 则

$$\mathscr{Z}_t[a^t f(t)] = F_t(a^{-T} z).$$

证明 由定义

$$\mathscr{Z}_t[a^t f(t)] = \sum_{n=-\infty}^{+\infty} a^{nT} f(nT) z^{-n} = \sum_{n=-\infty}^{+\infty} f(nT)(a^{-T}z)^{-n} = F_t(a^{-T}z). \ \square$$

4. 尺度改变性质

若 $\mathscr{Z}_t[f(t)] = F_t(z)$, 则

$$\mathscr{Z}_t[\mathrm{e}^{-at}f(t)] = F_t(\mathrm{e}^{aT}z).$$

证明 由定义

$$\mathscr{Z}_t[\mathrm{e}^{-at}f(t)] = \sum_{n=-\infty}^{+\infty} \mathrm{e}^{-anT}f(nT)z^{-n} = \sum_{n=-\infty}^{+\infty} f(nT)(\mathrm{e}^{aT}z)^{-n} = F_t(\mathrm{e}^{aT}z). \quad \square$$

5. 卷积性质

若 $F_t(z) = \mathscr{Z}_t[f(t)]$ 和 $G_t(z) = \mathscr{Z}_t[g(t)]$, 则

$$\mathscr{Z}_t[f(t) * g(t)] = F_t(z) \cdot G_t(z).$$

证明留作习题, 请读者自己验证.

6. 微分性质

若 $\mathscr{Z}_t[f(t)] = F_t(z)$, 则

$$\mathscr{Z}_t[tf(t)] = -Tz\frac{\mathrm{d}}{\mathrm{d}z}F_t(z).$$

证明 由定义

$$\begin{aligned}
\mathscr{Z}_t[tf(t)] &= \sum_{k=-\infty}^{+\infty}(kT)f(kT)z^{-k} = -Tz\sum_{k=-\infty}^{+\infty}f(kT)(-kz^{-k-1}) \\
&= -Tz\sum_{k=-\infty}^{+\infty}f(kT)\frac{\mathrm{d}}{\mathrm{d}z}z^{-k} = -Tz\frac{\mathrm{d}}{\mathrm{d}z}\left[\sum_{k=-\infty}^{+\infty}f(kT)z^{-k}\right] \\
&= -Tz\frac{\mathrm{d}}{\mathrm{d}z}F_t(z).
\end{aligned} \quad \square$$

§9.3 修正 Z 变换

为了处理一些应用问题, 下面我们来看的修正 Z 变换的一些基础知识.

定义 9.3 对任意固定的 $T > 0$ 和 $0 \leqslant m \leqslant 1$, $[0, +\infty)$ 上函数 $f(t)$ 的修正 Z 变换 (modified Z-transform) 定义为

$$F_m(z)=\mathscr{Z}_m[f(t)]=\sum_{n=0}^{\infty}f[(n-1+m)T]z^{-n}=z^{-1}\sum_{n=0}^{\infty}f[(n+m)T]z^{-n},$$

记 $F_m(z)=\mathscr{Z}_m[f(t)]$.

可见, $zF_m(z)\Big|_{m=0}=F(z)$ 意味着 Z 变换是修正 Z 变换的特殊情形.

性质 9.1(修正 Z 变换的性质)　若 $\mathscr{Z}_m[f(t)]=F_m(z)$, 则

(1) 线性性质

$$\mathscr{Z}_m\left[\sum_{j=0}^{k}c_jf_j(t)\right]=\sum_{j=0}^{k}c_j\mathscr{Z}_m[f_j(t)],\quad \forall c_j\in\mathbf{C},\quad k\in\mathbf{N}_+.$$

(2) 位移性质

$$\begin{aligned}&\mathscr{Z}_m[f(t-kT)]=z^{-k}F_m(z),\quad k=0,1,\cdots,\\&\mathscr{Z}_m[f(t-kT)]=z^{-1}F_{m+1-k}(z),\quad 0\leqslant m\leqslant k\in(0,1),\ f(0)=0,\\&\mathscr{Z}_m[f(t-kT)]=F_{m-k}(z),\quad 0<k\leqslant m\leqslant 1,\quad f(0)=0.\end{aligned}$$

(3) 尺度改变性质

$$\mathscr{Z}_m[\mathrm{e}^{bT}f(t)]=\mathrm{e}^{bT(m-1)}F_m(z\mathrm{e}^{bT}).$$

(4) 微分性质

$$Z_m\left[\frac{\partial}{\partial m}f(n,m)\right]=\frac{\partial}{\partial m}\mathscr{Z}_m[f(t,m)].$$

(5) 幂性质

$$\begin{aligned}&\mathscr{Z}_m[t^kf(t)]=T\left[(m-1)\mathscr{Z}_m[t^{k-1}f(t)]-z\frac{\partial}{\partial z}\mathscr{Z}_m[t^{k-1}f(t)]\right],\quad k\in\mathbf{N}_+,\\&\mathscr{Z}_m[t^{-1}f(t)]=\frac{1}{T}z^{m-1}\int_z^{\infty}z^{-m}F_m(z)\mathrm{d}z+\lim_{t\to0}\frac{f(t)}{t}.\end{aligned}$$

(6) 积分性质

$$\mathscr{Z}_m\left[\int_0^tf(\tau)\mathrm{d}\tau\right]=\frac{T}{z-1}\int_0^1F_m(z)\mathrm{d}m+T\int_0^mF_m(z)\mathrm{d}m.$$

(7) 初值和终值性质

$$\lim_{n\to 0,m\to 0} f((n+m)T) = \lim_{z\to\infty,m\to 0} zF_m(z),$$
$$\lim_{n\to 0,0\leqslant m\leqslant 1} f((n+m)T) = \lim_{z\to\infty,0\leqslant m\leqslant 1} zF_m(z),$$
$$\lim_{n\to\infty} f((n+m)T) = \lim_{z\to 1}(z-1)F_m(z).$$

(8) 级数和性质

$$\sum_{n=0}^{\infty} f((n+m)T) = \lim_{z\to 1} zF_m(z), \quad 0 \leqslant m \leqslant 1.$$

证明略, 留给读者自己验证.

定义 9.4 定义 $|z| > R$ 上的解析函数 $F_m(z)$ 的**修正 Z 逆变换**为

$$f(t)\Big|_{t=n-1+m} = \mathscr{Z}_m^{-1}[F_m(z)] = \frac{1}{2\pi\mathrm{i}}\oint_\gamma F_m(z)z^{n-1}\mathrm{d}z,\ 0 \leqslant m \leqslant 1,\ n = 0, 1, \cdots,$$

其中 $F_m(z)$ 的所有奇点都在闭积分曲线 γ 内.

类似计算 Z 单边逆变换, 同样有幂级数方法、部分分式展开法、留数计算法等计算修正 Z 逆变换.

定理 9.1 若正整数 $k, l \in \mathbf{N}_+$, 当 $0 \leqslant n \leqslant k-1$ 时 $\lim\limits_{t\to 0} f^{(n)}(t) = 0$, 则有

$$\mathscr{Z}_m[f^{(k)}(t)] = \frac{1}{T^k}\frac{\partial^k}{\partial m^k}F_m(z),$$
$$\mathscr{Z}_m[f^{(k)}(t+lT)] = \frac{1}{T^k}\frac{\partial^k}{\partial m^k}\left\{z^{l-1}\left[zF_m(z) - \sum_{j=0}^{l-1} f((j+m)T)z^{-j}\right]\right\}.$$

证明留给读者练习.

注 9.2 借助 Laplace 变换, 可知

$$\mathscr{Z}_m[f(t)g(t)] = \frac{1}{2\pi\mathrm{i}}\oint_\gamma p^{-1}F_m(p)G_m\left(\frac{z}{p}\right)\mathrm{d}p, \quad 0 \leqslant m \leqslant 1.$$

§9.4 Z 变换的应用

下面我们通过举例来说明 Z 变换的应用.

例 9.3 求解常系数线性差分方程

$$\sum_{j=0}^{p} a_j x_{n+j} = \sum_{j=0}^{q} b_j y_{n+j},$$

其中 $n \in \mathbf{N}$, a_j 和 b_j 都是常数, y_n 是参数 $t = nT$ 的受力函数 (不妨取 $T = 1$).

解 记 $X(z) = \mathscr{Z}[x_n]$ 和 $Y(z) = \mathscr{Z}[y_n]$, 对差分方程两边取 Z 变换, 可得

$$\sum_{j=0}^{p} a_j z^j \left[X(z) - \sum_{k=0}^{j-1} x_k z^{-k}\right] = \sum_{j=0}^{q} b_j z^j \left[Y(z) - \sum_{k=0}^{j-1} y_k z^{-k}\right],$$

其中 x_k, y_k 是初值条件. 解得

$$X(z) = \frac{Y(z)\displaystyle\sum_{j=0}^{q} b_j z^j + \sum_{j=0}^{p} a_j z^j \left(\sum_{k=0}^{j-1} x_k z^{-k}\right) - \sum_{j=0}^{q} b_j z^j \left(\sum_{k=0}^{j-1} y_k z^{-k}\right)}{\displaystyle\sum_{j=0}^{p} a_j z^j}.$$

再取 Z 逆变换, 并利用 Cauchy 积分公式可得

$$x_n = \mathscr{Z}^{-1}[X(z)].$$

□

同理, 可求解梯形网络第 n 个环形中的电流 i_n.

已知第 $n+1$ 个环形中的电流 i_{n+1}(除了起始和终端环形) 满足

$$-Ri_n + 3Ri_{n+1} - Ri_{n+2} = 0,$$

其中 R 是电阻. 对方程两边取 Z 变换, 记 $I(z) = \mathscr{Z}[i_n]$, 可得

$$I(z) - 3[zI(z) - zi_0] + [z^2 I(z) - z^2 i_0 - zi_1] = 0.$$

化简得

$$I(z) = \frac{z(zi_0 - 3i_0 + i_1)}{z^2 - 3z + 1}.$$

又因为在第一个环形中 $2Ri_0 - Ri_1 = V$, 所以

$$I(z) = \frac{z\left[z - \left(1 + \dfrac{V}{Ri_0}\right)\right] i_0}{z^2 - 3z + 1}.$$

再取 Z 逆变换可得

$$i_n = \mathscr{Z}^{-1}[I(z)] = i_0 \left[\cos\mathrm{h}(\omega_0 n) + \frac{\dfrac{1}{2} - \dfrac{V}{Ri_0}}{\dfrac{\sqrt{5}}{2}} \sin\mathrm{h}(\omega_0 n)\right],$$

其中 $\cos\mathrm{h}(\omega_0) = \dfrac{3}{2}$ 和 $\sin\mathrm{h}(\omega_0) = \dfrac{\sqrt{5}}{2}$. □

例 9.4 对 $n, p, q \in \mathbf{N}_+$, 求解系数为周期函数的差分方程

$$x(t) = \sum_{j=0}^{p} f_j(t) x_{n+j} + \sum_{j=0}^{q} g_j(t) y_{n+j}, \quad n + p \leqslant t \leqslant n + p + 1,$$

其中 $f_j(t)$ 和 $g_j(t)$ 都是周期为 1 的函数.

解 由假设知, 原方程化为

$$x(n + p + m) = \sum_{j=0}^{p} f_j(m) x_{n+j} + \sum_{j=0}^{q} g_j(m) y_{n+j}, \quad 0 \leqslant m \leqslant 1.$$

记 $X_m(z) = \mathscr{Z}_m[x(n - 1 + m)]$, 对差分方程的两端分别取修正 Z 变换, 可得

$$\begin{aligned} & z^{p+1}\left[X_m(z) - \sum_{j=0}^{p} x(j + m - 1) z^{-j}\right] \\ = & \sum_{j=0}^{p} f_j(m) z^j \left[X(z) - \sum_{k=0}^{j-1} x_k z^{-k}\right] + \sum_{j=0}^{q} g_j(m) z^j \left[Y(z) - \sum_{k=0}^{j-1} y_k z^{-k}\right]. \end{aligned}$$

注意到 $X(z) = X_m(z)\Big|_{m=1}$, 所以

$$X_m(z) = \frac{Y(z)}{z^{p+1}} \left[\frac{\sum\limits_{j=0}^{q} g_j(1) z^j \sum\limits_{k=0}^{p} f_k(m) z^k}{z^{p+1} - \sum\limits_{k=0}^{p} f_k(1) z^k} + \sum_{j=0}^{q} g_j(m) z^j\right] + \frac{\sum\limits_{k=0}^{p} f_k(m) z^k}{z^{p+1}}.$$

$$\frac{z^{p+1}\sum_{k=0}^{p}x_k z^{-k}-\left(\sum_{k=0}^{p}f_k(1)z^k\right)\left(\sum_{j=0}^{k-1}x_j z^{-j}\right)-\sum_{k=0}^{q}g_k(1)z^k\sum_{j=0}^{k-1}y_j z^{-j}}{z^{p+1}-\sum_{k=0}^{p}f_k(1)z^k}+$$

$$\sum_{j=0}^{p}x(j+m-1)z^{-j}-$$

$$\frac{1}{z^{p+1}}\left[\sum_{j=0}^{p}f_j(m)z^j\sum_{k=0}^{j-1}x_k z^{-k}+\sum_{j=0}^{q}g_j(m)z^j\sum_{k=0}^{j-1}y_k z^{-k}\right].$$

再取修正 Z 逆变换可得

$$x(n-1+m)=\mathscr{Z}_m^{-1}[X_m(z)],\quad t=n-1+m,\quad 0\leqslant m\leqslant 1.$$ □

例 9.5　求解差分微分方程

$$x'(t)+kx(t-1)=0$$

且边值条件 $x(t)=\beta$(其中 $t\in[0,1]$), 其中 β,k 都是常数.

解　对方程的两端分别取修正 Z 变换, 记 $X_m(z)=\mathscr{Z}_m[x(t)]$, 可得

$$\frac{\partial}{\partial m}X_m(z)+kz^{-1}X_m(z)=0.$$

解得

$$X_m(z)=A(z)\mathrm{e}^{-\frac{k}{z}m},$$

其中 $A(z)$ 待定. 利用边值条件和修正 Z 变换的定义可得

$$X_1(z)+x_0(0)=zX_0(z),\ 即\quad A(z)\mathrm{e}^{-\frac{k}{z}}+\beta=zA(z).$$

于是,

$$\begin{aligned}
zA(z) &= \frac{\beta}{1-z^{-1}\mathrm{e}^{-\frac{k}{z}}},\\
zX_m(z) &= \frac{\beta}{1-z^{-1}\mathrm{e}^{-\frac{k}{z}}}\mathrm{e}^{-\frac{k}{z}m}=\beta\mathrm{e}^{-\frac{k}{z}m}\sum_{n=0}^{\infty}z^{-n}\mathrm{e}^{-\frac{k}{z}n}\\
&= \beta\sum_{n=0}^{\infty}z^{-n}\mathrm{e}^{-\frac{k}{z}(n+m)}=\beta\sum_{n=0}^{\infty}z^{-n}\sum_{q=0}^{\infty}\frac{\left[-\frac{k}{z}(n+m)\right]^q}{q!}\\
&= \beta\sum_{l=0}^{\infty}z^{-l}\sum_{p=0}^{l}\frac{[-k(l+m-p)]^p}{p!}.
\end{aligned}$$

从而, z^{-l} 的系数为

$$\beta\sum_{p=0}^{l}\frac{(-k)^p(l+m-p)^p}{p!}. \qquad \square$$

例 9.6 对 $N\in\mathbf{N}_+$, 系数 $a_j=a_{N+j}$, $j=0,1,\cdots,N-1$, 求解带 N 周期系数的差分方程

$$x_{n+1}=a_nx_n+y_n.$$

解 令 $n=kN$ 使得 $a_n=a_0$, 重记方程为

$$\begin{aligned}
x_{kN+1} &= a_0x_{kN}+y_{kN},\\
x_{kN+2} &= a_1x_{kN+1}+y_{kN+1}=a_1a_0x_{kN}+a_1y_{kN}+y_{kN+1},\\
x_{kN+3} &= a_2x_{kN+2}+y_{kN+2}=a_2a_1a_0x_{kN}+a_2a_1y_{kN}+a_2y_{kN+1}+y_{kN+2},\\
&\cdots\cdots\cdots\cdots\\
x_{(k+1)N} &= a_{N-1}x_{(k+1)N-1}+y_{(k+1)N-1}\\
&= a_{N-1}a_{N-2}\cdots a_1a_0x_{kN}+a_{N-1}a_{N-2}\cdots a_1y_{kN}+a_{N-1}a_{N-2}\cdots\\
&\quad a_2y_{kN+1}+a_{N-1}a_{N-2}\cdots a_3y_{kN+2}+\cdots+\\
&\quad a_{N-1}y_{(k+1)N-2}+y_{(k+1)N-1}.
\end{aligned}$$

最后一个方程事实上是一个关于 x_{kN} 的常系数差分方程, 利用 Z 变换, 记 $X_{kN}(z)=\mathscr{Z}(x_{kN})$, 则

$$\begin{aligned}
X_{kN}(z) &= \frac{1}{z^N-(a_{N-1}a_{N-2}\cdots a_0)}[z^nx_0+(a_{N-1}a_{N-2}\cdots a_1)Y_{kN}(z)+\cdots+\\
&\quad a_{N-1}Y_{(k+1)N-2}(z)+Y_{(k+1)N-1}(z)].
\end{aligned}$$

再取 Z 逆变换可得 x_{kN}. 代入系列方程中的第一个方程可得 x_{kN+1}, 然后再代入系列方程中的第二个方程可得 x_{kN+2}, 依次下去, 最后得到 $x_{(k+1)N}$. $\square$

例 9.7 求解变时间系数的差分方程

$$(n+1)x(n+1)+a(n-1)x(n)=kny(n)$$

其中系数 a,k 为常数.

解 对方程的两端分别取 Z 变换, 记 $X(z)=\mathscr{Z}[x(t)]$ 和 $Y(z)=\mathscr{Z}[y(t)]$, 可得

$$z(z+a)\frac{\mathrm{d}X(z)}{\mathrm{d}z}+aX(z)=kz\frac{\mathrm{d}Y(z)}{\mathrm{d}z}.$$

于是,

$$\frac{z}{z+a}X(z)=k\int\frac{zY'(z)}{(z+a)^2}\mathrm{d}z.$$

再取 Z 逆变换可得 $x(t)=\mathscr{Z}^{-1}[X(z)]$. □

例 9.8 求解概率论中出现的偏差分方程

$$u(n+1,m+1)-qu(n,m+1)-pu(n,m)=0,$$

$$u(n,0)=q^n,\quad u(0,m)=\begin{cases}0,\ m>0,\\1,\ m=0,\end{cases}$$

其中 p,q 为不同的概率.

解 对方程的两端分别取双重 Z 变换, 并记

$$U(z,w)=\mathscr{Z}_d[u(n,m)]=\sum_{n=0}^{\infty}\sum_{m=0}^{\infty}u(n,m)z^{-n}w^{-m},$$

注意到

$$\mathscr{Z}_d[u(n,m+1)]=\sum_{n=0}^{\infty}\sum_{m=0}^{\infty}u(n,m+1)z^{-n}w^{-m}=w\left[U(z,w)-\sum_{n=0}^{\infty}u(n,0)z^{-n}\right],$$

$$\begin{aligned}\mathscr{Z}_d[u(n+1,m+1)]&=\sum_{n=0}^{\infty}\sum_{m=0}^{\infty}u(n+1,m+1)z^{-n}w^{-m}\\&=zw\left[U(z,w)-\sum_{n=0}^{\infty}u(n,0)z^{-n}-\sum_{m=0}^{\infty}u(0,m)w^{-m}+u(0,0)\right],\end{aligned}$$

可得

$$zw\left[U(z,w)-\sum_{n=0}^{\infty}u(n,0)z^{-n}-\sum_{m=0}^{\infty}u(0,m)w^{-m}+u(0,0)\right]-$$
$$qw\left[U(z,w)-\sum_{n=0}^{\infty}u(n,0)z^{-n}\right]-pU(z,w)=0.$$

利用边值条件可得

$$U(z,w)=\frac{\sum\limits_{n=0}^{\infty}\left(\dfrac{z}{q}\right)^{-n}}{1-\dfrac{1}{w}\cdot\dfrac{p}{z-q}}.$$

先取关于 w 的 Z 逆变换可得

$$\begin{aligned}U(z,m) &= \sum_{n=0}^{\infty}\left(\frac{z}{q}\right)^{-n}\left(\frac{p}{z-q}\right)^{m} = \left(\frac{p/z}{1-q/z}\right)^{m}\sum_{n=0}^{\infty}\left(\frac{q}{z}\right)^{n} \\ &= \left(\frac{p}{z}\right)^{m}\left(1-\frac{q}{z}\right)^{-m}\left(1-\frac{q}{z}\right)^{-1} = \left(\frac{p}{z}\right)^{m}\left(1-\frac{q}{z}\right)^{-m-1}.\end{aligned}$$

所以, z^{-n} 的系数为

$$p^m q^{n-m}\begin{pmatrix} -1-m \\ n-m \end{pmatrix}(-1)^{n-m}, \qquad n \geqslant m.$$

再取关于 z 的 Z 逆变换可得

$$\begin{aligned}u(n,m) &= p^m q^{n-m}\frac{(-1-m)(-2-m)\cdots(-n+m-m)}{(n-m)!}(-1)^{n-m} \\ &= p^m q^{n-m}\frac{n(n-1)\cdots(m+1)}{(n-m)!} = p^m q^{n-m}\begin{pmatrix} n \\ m \end{pmatrix}.\end{aligned}$$

□

▶ 习题九

1. 证明推论 9.1.
2. 证明 Z 变换的特殊和性质.
3. 证明双边 Z 变换的卷积性质.
4. 证明修正 Z 变换的性质.
5. 研究 Laplace 变换与 Z 变换的关系. (提示: 可以重新定义 $F(z) = \mathscr{Z}[F(s)]$ 和 $F_m(z) = \mathscr{Z}_m[F(s)]$.)

第十章　场　　论

为了研究自然界中某种物理量 (如温度、密度、电位、力、速度等) 在空间的分布和变化规律, 就引进了场的概念. 场的概念非常广泛, 如位移场、速度场、电磁场、引力场等. 本章我们主要学习数量场和向量场的相关知识, 特别是一些特殊场.

§10.1　场的概念

定义 10.1　若在全部空间或部分空间里的每一点, 都对应着某种物理量的一个确定的值, 则称在这个空间里确定了该物理量的一个**场** (field). 若该物理量是数量, 则称这个场为**数量场**或**标量场** (scalar field), 如温度场、密度场、电位场等. 若该物理量是向量, 则称这个场为**向量场**或**矢量场** (vector field), 如速度场、引力场等. 若该物理量是张量, 则称这个场为**张量场** (tensor field), 如广义相对论的应力能 (stress-energy) 张量场等.

进一步, 在每一 (数量、向量、标量) 范畴中, 若该场的值是数字, 则称这个场为**经典场** (classical field)；若该场的值是量子算符, 则称这个场为**量子场** (quantum field).

例 10.1　利用力场的概念来描述粒子与粒子间的相互作用.

解　经典场论适用于非量子尺度的空间, 在当前科学研究中仍处于主流. 在经典力学中, 场仅是描述粒子相互作用这一物理现象的一种方法. 根据 Newton 的万有引力理论解释, 不说一个粒子作用于另一个粒子, 而说一个粒子在它自己周围建立起 (引力) 场, 在这个场内的任何其他粒子都受一定的 (引) 力作用, 于是, 另一个粒子就受到第一个粒子所产生的场的作用 $\boldsymbol{F}(\boldsymbol{r})=-G\dfrac{Mm}{\boldsymbol{r}^2}\boldsymbol{r}$. 例如, 带电粒子之间的相互作用, 从早期认为是一种超距作用, 到 19 世纪初科学家发现了带电体周围空间的特殊性, 就形成了电场概念, 明确了一个带电粒子对另一个带电粒子的作用是通过电场进行的. 即一个点电荷在它周围形成了一个静电场, 另一个带电荷 q 的检验粒子在这个静电场中受

到一个大小只与 q 有关的力 $\boldsymbol{F}$ 的作用. 描述静电场 $\boldsymbol{E}$ 为 $\boldsymbol{F}=q\boldsymbol{E}$. 由库仑定律知, 点电荷周围的电场 $\boldsymbol{E}=\dfrac{q}{2\pi\varepsilon \boldsymbol{r}^2}\boldsymbol{r}$.

在 Einstein 相对论中, 相互作用是以有限速度传播的, 情况就发生了根本性改变. 在某一瞬间, 作用在一粒子上的力并不由该粒子在该瞬间的位置所决定. 当粒子中的一个改变了位置, 则经过某一段时间后方能影响到其他的粒子. 例如, 当一个带电粒子移动时, 另一个带电粒子并不会立刻感应到. 第一个带电粒子会感应到一个反作用力, 并获得动量, 但第二个带电粒子没有感应, 直到第一个带电粒子移动的影响以光速传递到第二个带电粒子那里, 并给予其动量. 在第二个带电粒子移动前, 动量在哪里? 依据动量守恒定律, 动量必在某处. 物理学家认为动量应该存在于场中. 因此, 场本身具有物理的真实性. □

定义 10.2 若场中的物理量在各点处的取值不随时间而变化, 则称该场为**稳定场** (stationary field), 否则称为**不稳定场** (nonstationary field). 若场中的物理量在各点处的对应值不随空间而变化, 则称该场为**齐次场**, 否则称为**非齐次场**.

§10.2 数 量 场

由数量场的定义, 分布在数量场中各点处的数量 u 是场中点 M 的函数 $u=u(M)$, 当三维欧氏空间中取定直角坐标系 $Oxyz$ 后, $u=u(x,y,z)$, 即一个数量场可用一个数值函数来表示. (若无特殊申明, 总假定 u 是单值、连续且有一阶连续的偏导数.)

为了研究数量场 u 的分布情况, 需要引入等值面和梯度的概念.

定义 10.3 由场中使函数 u 取相同数值 C (C 为常数) 的点所组成的曲面, 称为**等值面** (level surface), 记为 $u(x,y,z)=C$. 例如, 等温面、等位面等.

特别地, 在函数 $u(x,y)$ 所表示的平面数量场中, 具有相同数值 C 的点就组成这个数量场的**等值线** (isoline), 记为 $u(x,y)=C$. 例如, 地形图上的等高线, 地面气象图上的等温线、等压线等.

注 10.1 (1) 由隐函数存在定理知, 当函数 u 是单值且各连续偏导数 $\dfrac{\partial u}{\partial x},\dfrac{\partial u}{\partial y},\dfrac{\partial u}{\partial z}$ 不全为零时, 等值面一定存在.

(2) 不同的 C 给出不同的等值面 (线), 这族等值面 (线) 充满了数量场所在空间且互不相交.

借助于等值面 (线) 大致了解了数量场 u 在场中总的分布情况, 这是一种整体性的了解. 为了更好地了解场的分布状况, 还要对它作局部性了解, 为此我们考察场中各个点处的邻域内沿每一方向的变化情况, 特别是变化率最大的方向.

定义 10.4 若在数量场 $u(M)$ 中的一点 M 处, 存在一向量 $\boldsymbol{G}$, 其方向为 $u(M)$ 在 M 点处变化率最大方向, 其模也正好是这个最大变化率的数值, 则称向量 $\boldsymbol{G}$ 为函数 $u(M)$ 在点 M 处的**梯度** (gradient), 记为 $\mathbf{grad}\ u$.

注 10.2 (1) 梯度的定义与坐标系的选择无关, 它是由数量场 $u(M)$ 的分布所决定的. 梯度也可定义为

$$\mathbf{grad}\ u\Big|_M = \lim_{V\to M}\frac{1}{V}\oiint_S u\boldsymbol{n}\,\mathrm{d}S,$$

其中 V 是含某点 M 的闭曲面 S 围成的立体的体积, $\boldsymbol{n}$ 是曲面 S 的单位外法向量.

(2) 在直角坐标系中, $\mathbf{grad}\ u = \dfrac{\partial u}{\partial x}\boldsymbol{i} + \dfrac{\partial u}{\partial y}\boldsymbol{j} + \dfrac{\partial u}{\partial z}\boldsymbol{k}$. 梯度也可以记为

$$\mathbf{grad}\ u = \nabla u,$$

其中 ∇ 是 Hamilton 引进的一个向量值微分算子

$$\nabla = \boldsymbol{i}\frac{\partial}{\partial x} + \boldsymbol{j}\frac{\partial}{\partial y} + \boldsymbol{k}\frac{\partial}{\partial z}.$$

它本身并无意义, 只是一种微分运算符号, 方便进行书写和运算.

(3) 梯度运算的公式:

(i) $\mathbf{grad}\ C = \mathbf{0}$, 其中 C 为常数.

(ii) $\mathbf{grad}\ (Cu) = C\mathbf{grad}\ u$, 其中 C 为常数.

(iii) $\mathbf{grad}(u \pm v) = \mathbf{grad}\ u \pm \mathbf{grad}\ v$.

(iv) $\mathbf{grad}(uv) = v\mathbf{grad}\ u + u\mathbf{grad}\ v$.

(v) $\mathbf{grad}\dfrac{u}{v} = \dfrac{v\mathbf{grad}\ u - u\ \mathbf{grad}\ v}{v^2}$.

(vi) $\mathbf{grad}f(u) = f'(u)\mathbf{grad}\ u$.

(vii) $\mathbf{grad}f(u,v) = \dfrac{\partial f}{\partial u}\mathbf{grad}\ u + \dfrac{\partial f}{\partial v}\mathbf{grad}\ v$.

(4) 若把数量场中每一点的梯度与场中的点一一对应起来, 得到一个向量场, 称为**梯度场** (gradient vector field).

定义 10.5 任给定数量场 $u=u(M)$ 中的两点 M, M', 方向 $\boldsymbol{l}=\dfrac{\overrightarrow{MM'}}{|\overrightarrow{MM'}|}$, u 在 $\boldsymbol{l}$ 方向的平均变化率为 $\dfrac{u(M')-u(M)}{|\overrightarrow{MM'}|}$. 若当 $M'\to M$ 时, $\dfrac{u(M')-u(M)}{|\overrightarrow{MM'}|}$ 的极限存在, 则称它为 u 在点 M 处沿 $\boldsymbol{l}$ 方向的**方向导数** (directional derivative), 记为

$$\left.\frac{\partial u}{\partial \boldsymbol{l}}\right|_M=\lim_{M'\to M}\frac{u(M')-u(M)}{|\overrightarrow{MM'}|}.$$

可见, 当 $\dfrac{\partial u}{\partial \boldsymbol{l}}>0$ 时, 函数 u 沿 $\boldsymbol{l}$ 方向增加; 当 $\dfrac{\partial u}{\partial \boldsymbol{l}}<0$ 时, 函数 u 沿 $\boldsymbol{l}$ 方向减少.

若函数 $u=u(x,y,z)$ 在点 $M(x,y,z)$ 处可微, 则函数 u 在点 M 处沿 $\boldsymbol{l}$ 方向的方向导数必存在, 且

$$\left.\frac{\partial u}{\partial \boldsymbol{l}}\right|_M=\left.\frac{\partial u}{\partial x}\right|_M\cos\alpha+\left.\frac{\partial u}{\partial y}\right|_M\cos\beta+\left.\frac{\partial u}{\partial z}\right|_M\cos\gamma=\boldsymbol{l}^0\cdot\left.\mathbf{grad}\,u\right|_M,$$

其中 $\cos\alpha,\cos\beta,\cos\gamma$ 为 $\boldsymbol{l}$ 的方向余弦, 即 $\boldsymbol{l}^0=(\cos\alpha,\cos\beta,\cos\gamma)$.

事实上, 令 $|\overrightarrow{MM'}|=\rho$, 则

$$\begin{aligned}u(M')&=u(x+\rho\cos\alpha,y+\rho\cos\beta,z+\rho\cos\gamma)\\&=u(M)+\left(\frac{\partial u}{\partial x}\cos\alpha+\frac{\partial u}{\partial y}\cos\beta+\frac{\partial u}{\partial z}\cos\gamma\right)\rho+O(\rho^2).\end{aligned}$$

函数 u 在 $\boldsymbol{l}$ 方向上的方向导数等于梯度在 $\boldsymbol{l}$ 方向上的投影, 即

$$\frac{\partial u}{\partial \boldsymbol{l}}=\mathrm{Prj}_l\,\mathbf{grad}\,u.$$

数量场 $u(M)$ 在每一点处的梯度, 垂直与过该点的等值面且指向 $u(M)$ 增大的一方. 显然, 在 M 处 $\mathbf{grad}\,u$ 的坐标 $\left(\dfrac{\partial u}{\partial x},\dfrac{\partial u}{\partial y},\dfrac{\partial u}{\partial z}\right)$ 正是过 M 的等值面 $u(x,y,z)=C$ 的法线的方向数, 所以梯度是其法向量, 因而它垂直于等值面. 又 $u(M)$ 沿梯度方向的方向导数 $\left.\dfrac{\partial u}{\partial \boldsymbol{l}}\right|_{\max}=|\mathbf{grad}\,u|>0$, 所以 $u(M)$ 沿

梯度方向是增大的. 特别地, 若 $\boldsymbol{n}$ 是等值面 $u(x,y,z)=C$ 的单位法向量, 则 $\dfrac{\partial u}{\partial \boldsymbol{n}}=|\mathbf{grad}\ u|$ 和 $\mathbf{grad}\ u=\boldsymbol{n}\dfrac{\partial u}{\partial \boldsymbol{n}}$.

例 10.2 求出数量场 $u=3x^2z-xy+z^2$ 在点 $A(1,-1,1)$ 处沿哪个方向的方向导数最小, 并给出这个最小值?

解 因为 $\mathbf{grad}\ u=(6xz-y)\boldsymbol{i}-x\boldsymbol{j}+(3x^2+2z)\boldsymbol{k}$, 所以 $\mathbf{grad}\ u\Big|_A=7\boldsymbol{i}-\boldsymbol{j}+5\boldsymbol{k}$ 和 $\Big|\mathbf{grad}\ u\Big|_A\Big|=5\sqrt{3}$. 因此, 数量场 u 在点 A 处沿 $-\mathbf{grad}\ u\Big|_A=-7\boldsymbol{i}+\boldsymbol{j}-5\boldsymbol{k}$ 方向的方向导数最小, 且这个最小值为 $\dfrac{\partial u}{\partial l}\Big|_A=-\Big|\mathbf{grad}\ u\Big|_A\Big|=-5\sqrt{3}$. □

特别地, 若某个数量场 $u=u(M)$ 具有如下几何特点: 在垂直于场中某一直线的所有平行平面上, 数量 u 的分布情况都相同, 或在场中与 l 平行的任一直线的所有点上数量 u 都相同, 则称此数量场为**平行平面数量场** (scalar field on the parallel planes).

§10.3 向 量 场

由向量场的定义, 分布在向量场中各点处的向量 $\boldsymbol{A}$ 是场中点 M 的函数 $\boldsymbol{A}=\boldsymbol{A}(M)$. 当取定三维欧氏空间中的直角坐标系 $Oxyz$ 后,

$$\boldsymbol{A}=\boldsymbol{A}(x,y,z)=P(x,y,z)\ \boldsymbol{i}+Q(x,y,z)\ \boldsymbol{j}+R(x,y,z)\ \boldsymbol{k}.$$

(若无特殊申明, 总假定 P,Q,R 是单值、连续且有一阶连续的偏导数)

10.3.1 向量线与向量面

为了研究向量场 $\boldsymbol{A}$ 的分布情况, 引入了向量线的概念.

定义 10.6 若在一曲线的每一点处, 曲线都和对应于该点的向量 $\boldsymbol{A}$ 相切 (或曲线在该点的切向量和向量场 $\boldsymbol{A}$ 在该点有同样的方向), 则称该曲线为**向量线** (vector line) 或矢量线, 也称为向量场 $\boldsymbol{A}$ 的**轨迹** (trajectory).

例如, 静电场中的电力线、磁场中的磁力线、流速场中的流线等.

如何求出向量场 $\boldsymbol{A}=\boldsymbol{A}(x,y,z)$ 的向量线方程呢?

设 $M(x,y,z)$ 为向量线上任一点, 其向径为 $\boldsymbol{r}=x\boldsymbol{i}+y\boldsymbol{j}+z\boldsymbol{k}$, 则在点 M 处与向量线相切的向量为 $\mathrm{d}\boldsymbol{r}=\mathrm{d}x\boldsymbol{i}+\mathrm{d}y\boldsymbol{j}+\mathrm{d}z\boldsymbol{k}$. 由向量线的定义知, $\mathrm{d}\boldsymbol{r}$ 与 $\boldsymbol{A}$

在点 M 处共线, 即 $\mathrm{d}\boldsymbol{r}\times\boldsymbol{A}=\mathbf{0}$. 于是, 向量线满足微分方程

$$\frac{\mathrm{d}x}{P(x,y,z)}=\frac{\mathrm{d}y}{Q(x,y,z)}=\frac{\mathrm{d}z}{R(x,y,z)},$$

解之即得向量线族. 若 $\boldsymbol{A}|_M\neq\mathbf{0}$, 由微分方程的存在唯一性定理知, 当 P,Q,R 是单值、连续且有一阶连续的偏导数时, 这族向量线存在且充满向量场所在的空间, 且互不相交. 若 $\boldsymbol{A}|_M=\mathbf{0}$, 则 M 为方程组的奇点, 向量线的方向不定, 向量线的行为更为复杂, 需要进一步进行分析.

例 10.3 求向量场 $\boldsymbol{A}=x\boldsymbol{i}+y\boldsymbol{j}+z\boldsymbol{k}$ 过点 $(2,1,2)$ 的向量线方程.

解 由定义知向量线满足 $\dfrac{\mathrm{d}x}{x}=\dfrac{\mathrm{d}y}{y}=\dfrac{\mathrm{d}z}{z}$, 解得 $\begin{cases}y=c_1x,\\ z=c_2x,\end{cases}$ 其中 c_1,c_2 为任意常数. 又因为所求的向量线过点 $(2,1,2)$, 所以 $c_1=\dfrac{1}{2}$ 和 $c_2=1$. 因此, 所求的向量线方程为 $\begin{cases}y=\dfrac{1}{2}x,\\ z=x.\end{cases}$ □

定义 10.7 对场中任一条曲线 γ (非向量线) , 在其上每一点处有且仅有一条向量线通过, 这些向量线全体构成一张通过曲线 γ 的曲面, 称为 **向量面** (vector surface). 特别地, 当 γ 为一闭曲线时, 过 γ 的向量面构成一管形曲面, 称为**向量管** (vector tube).

在向量面上任一点 M 处, 场的对应向量 $\boldsymbol{A}(M)$ 都位于此向量面在该点的切平面内.

10.3.2 通量与散度

利用高等数学中学过的曲面积分, 我们可以引入通量的概念.

定义 10.8 设向量场 $\boldsymbol{A}=\boldsymbol{A}(M)$, 沿其中定向曲面 S 某一侧的曲面积分

$$\varPhi=\iint_S A_n\mathrm{d}S=\iint_S \boldsymbol{A}\cdot\mathrm{d}\boldsymbol{S},$$

称为 $\boldsymbol{A}(M)$ 沿曲面一侧穿过曲面 S 的**通量** (flux).

注 10.3 (1) 通量可叠加, 即对任意的 $m \in \mathbf{N}_+$, 若 $\boldsymbol{A} = \boldsymbol{A}_1 + \boldsymbol{A}_2 + \cdots + \boldsymbol{A}_m$, 则

$$\varPhi = \iint_S \boldsymbol{A} \cdot \mathrm{d}\boldsymbol{S} = \sum_{k=1}^{m} \iint_S \boldsymbol{A}_k \cdot \mathrm{d}\boldsymbol{S} = \sum_{k=1}^{m} \varPhi_k.$$

(2) 由通量的物理意义可知, 通量的积分式与坐标的选择无关.

为方便起见, 在三维欧氏空间的直角坐标系 $Oxyz$ 下, 设

$$\boldsymbol{A} = P(x,y,z)\ \boldsymbol{i} + Q(x,y,z)\ \boldsymbol{j} + R(x,y,z)\ \boldsymbol{k}.$$

因为

$$\begin{aligned} \mathrm{d}\boldsymbol{S} &= \boldsymbol{n}^0 \mathrm{d}S = \mathrm{d}S \cos(\widehat{\boldsymbol{n},x})\ \boldsymbol{i} + \mathrm{d}S \cos(\widehat{\boldsymbol{n},y})\ \boldsymbol{j} + \mathrm{d}S \cos(\widehat{\boldsymbol{n},z})\ \boldsymbol{k} \\ &= \mathrm{d}y\mathrm{d}z\boldsymbol{i} + \mathrm{d}z\mathrm{d}x\boldsymbol{j} + \mathrm{d}x\mathrm{d}y\boldsymbol{k}, \end{aligned}$$

所以, 通量

$$\varPhi = \iint_S \boldsymbol{A} \cdot \mathrm{d}\boldsymbol{S} = \iint_S P\mathrm{d}y\mathrm{d}z + Q\mathrm{d}z\mathrm{d}x + R\mathrm{d}x\mathrm{d}y.$$

例 10.4 考虑空间一定区域内不可压缩流体的稳定流, 由连续的流速场 $\boldsymbol{v}(M)$ 刻画. 设 S 为场中一双侧光滑曲面 (可非闭), 求单位时间内流体向正侧穿过 S 的流量 $\varPhi$.

解 令 $\mathrm{d}S$ 为 S 的面元, 又表示其面积. 任取 M 为 $\mathrm{d}S$ 上一点, 因 $\mathrm{d}S$ 甚小, 局部近似可将其上每一点的 $\boldsymbol{v}$ 和 $\boldsymbol{n}$ 看作不变, 于是流体穿过 $\mathrm{d}S$ 的流量

$$\mathrm{d}\varPhi \approx v_n \mathrm{d}S = \boldsymbol{v} \cdot \boldsymbol{n}^0 \mathrm{d}S = \boldsymbol{v} \cdot \mathrm{d}\boldsymbol{S}.$$

因此, 单位时间内向正侧穿过 S 的流量

$$\varPhi = \iint_S \mathrm{d}\varPhi = \iint_S v_n \mathrm{d}S = \iint_S \boldsymbol{v} \cdot \mathrm{d}\boldsymbol{S}.$$

流量 $\mathrm{d}\varPhi = \boldsymbol{v} \cdot \mathrm{d}\boldsymbol{S}$ 是一个代数值. 当 $\boldsymbol{v}$ 从 $\mathrm{d}S$ 的负侧穿到 $\mathrm{d}S$ 的正侧时, $\boldsymbol{v}$ 与 $\boldsymbol{n}$ 成锐角, 此时 $\mathrm{d}\varPhi > 0$; 当 $\boldsymbol{v}$ 从 $\mathrm{d}S$ 的正侧穿到 $\mathrm{d}S$ 的负侧时, $\boldsymbol{v}$ 与 $\boldsymbol{n}$ 成钝角, 此时 $\mathrm{d}\varPhi < 0$ 为负流量. 因此, 对总流量 $\varPhi = \iint\limits_S \boldsymbol{v} \cdot \mathrm{d}\boldsymbol{S}$ 应理解为: 在单位时间内流体向正侧穿过曲面 S 的正流量与负流量的代数和 (净流量).

特别地, 若 S 为一个封闭曲面, $\boldsymbol{n}$ 总为其单位外法向量, 则 $\varPhi = \oiint\limits_S \boldsymbol{v} \cdot \mathrm{d}\boldsymbol{S}$ 表示在单位时间内流体从内穿出 S 的正流量与从外穿入 S 的负流量的代数和.

当 $\Phi > 0$ 时, 称 S 内**有正源**或**源** (source). 当 $\Phi < 0$ 时, 称 S 内**有负源**或**汇** (sink). □

在向量场中, 对于穿过闭曲面 S 内的通量, 只能粗略估计出 S 内有无正源或负源, 当然可能闭曲面 S 所围成的区域 Ω 内含有同样强度的正源或负源, 或正源或负源的分布的整体强度为零.

为了进一步了解 S 内正源或负源的分布情况、强弱程度等, 自然引入了散度的概念.

定义 10.9 设 M 是向量场 $\boldsymbol{A} = \boldsymbol{A}(M)$ 中任一点, S 是含有 M 的任意闭曲面, S 所围空间区域 Ω 的体积为 V, 得到 Ω 内正源与负源的平均强度为 $\dfrac{1}{V}\displaystyle\oiint_S \boldsymbol{A}\cdot\boldsymbol{n}\mathrm{d}S$. 若当 Ω 和 S 以任意方式收缩向 M 点时, $\dfrac{1}{V}\displaystyle\oiint_S \boldsymbol{A}\cdot\boldsymbol{n}\mathrm{d}S$ 的极限存在, 则称此极限为向量场 $\boldsymbol{A}(M)$ 在点 M 处的 **散度** (divergence), 记为

$$\mathrm{div}\boldsymbol{A} = \lim_{\Omega\to M}\frac{1}{V}\oiint_S \boldsymbol{A}\cdot\mathrm{d}\boldsymbol{S}.$$

注 10.4 (1) 散度 $\mathrm{div}\boldsymbol{A}$ 为一数量, 表示在场中一点处通量对体积的变化率, 也即是在该点处对一个单位体积来说所穿出的通量, 称为该点处**源的强度**.

满足 $\mathrm{div}\boldsymbol{A} \equiv 0$ 的向量场 $\boldsymbol{A}$ 称为**无源场** (passive field).

(2) 可以证明, 散度 $\mathrm{div}\boldsymbol{A}$ 的定义与坐标系的选择无关.

(3) 若把向量场 $\boldsymbol{A}$ 中每一点的散度与场中的点一一对应起来, 得到一个数量场 $\mathrm{div}\boldsymbol{A}$, 称为由向量场 $\boldsymbol{A}$ 产生的**散度场**.

对任意的向量场 $\boldsymbol{A}$, 散度场 $\mathrm{div}\boldsymbol{A}$ 未必存在. 但在 P, Q, R 及 $\dfrac{\partial P}{\partial x}, \dfrac{\partial Q}{\partial y}, \dfrac{\partial R}{\partial z}$ 连续的任何点处, $\mathrm{div}\boldsymbol{A}$ 存在. 事实上, 在直角坐标系中, 向量场 $\boldsymbol{A} = P(x,y,z)\,\boldsymbol{i} + Q(x,y,z)\,\boldsymbol{j} + R(x,y,z)\,\boldsymbol{k}$, 由 Gauss 公式和中值定理可得

$$\begin{aligned}\frac{1}{V}\oiint_S \boldsymbol{A}\cdot\boldsymbol{n}\mathrm{d}S &= \frac{1}{V}\iiint_\Omega\left(\frac{\partial P}{\partial x}+\frac{\partial Q}{\partial y}+\frac{\partial R}{\partial z}\right)\mathrm{d}v\\ &\to \frac{\partial P}{\partial x}+\frac{\partial Q}{\partial y}+\frac{\partial R}{\partial z}\qquad (\text{当 } \Omega\to M \text{ 时}).\end{aligned}$$

因此,

$$\mathrm{div}\ \boldsymbol{A} = \frac{\partial P}{\partial x}+\frac{\partial Q}{\partial y}+\frac{\partial R}{\partial z}.$$

上式也可以直接利用无穷小平行六面体来推导.

(4) Gauss 公式可写成

$$\oiint\limits_{S} \boldsymbol{A}\cdot \mathrm{d}\boldsymbol{S} = \iiint\limits_{\Omega} \mathrm{div}\boldsymbol{A}\,\mathrm{d}v,$$

常称为**散度定理**, 具有广泛的物理应用.

(5) 容易证明, 若在向量场 $\boldsymbol{A}$ 内某些点 (或某区域) 上有 $\mathrm{div}\boldsymbol{A}\neq 0$ 或 $\mathrm{div}\boldsymbol{A}$ 不存在, 而其他点上都有 $\mathrm{div}\boldsymbol{A}=0$, 则穿出包围这些点 (或区域) 的任一封闭曲面的通量都相等, 即为一常数.

(6) $\mathrm{div}\boldsymbol{A} = \dfrac{\partial P(x,y,z)}{\partial x} + \dfrac{\partial Q(x,y,z)}{\partial y} + \dfrac{\partial R(x,y,z)}{\partial z} = \nabla\cdot\boldsymbol{A}.$

(7) 散度运算的基本公式

$$\begin{aligned}
&\mathrm{div}(c\boldsymbol{A}) = c\,\mathrm{div}\boldsymbol{A}\quad (c\text{为常数}),\\
&\mathrm{div}(\boldsymbol{A}\pm\boldsymbol{B}) = \mathrm{div}\boldsymbol{A}\pm\mathrm{div}\boldsymbol{B},\\
&\mathrm{div}(u\boldsymbol{A}) = u\,\mathrm{div}\boldsymbol{A} + \mathbf{grad}\,u\cdot\boldsymbol{A}\ (u\text{为数量值函数}).
\end{aligned}$$

例 10.5 在电位移向量 $\boldsymbol{D}$ 分布的电场中, 穿过曲面 S 的**电通量**

$$\varPhi_e = \iint\limits_{S} D_n\mathrm{d}S = \iint\limits_{S} \boldsymbol{D}\cdot\mathrm{d}\boldsymbol{S}.$$

在磁感应强度向量 $\boldsymbol{B}$ 分布的磁场中, 穿过曲面 S 的**磁通量**

$$\varPhi_m = \iint\limits_{S} B_n\mathrm{d}S = \iint\limits_{S} \boldsymbol{B}\cdot\mathrm{d}\boldsymbol{S}.$$

特殊地, 对二维平面情形, 若某个向量场 $\boldsymbol{A}=\boldsymbol{A}(M)$ 具有如下几何特点: (i) 场中所有向量 $\boldsymbol{A}$ 都平行于某一平面 π, (ii) 在垂直于 π 的任一直线的所有点上, 向量 $\boldsymbol{A}$ 的大小和方向都相同, 则称此向量场为 **平行平面向量场** (vector field on the parallel planes). 于是, $\boldsymbol{A}=P(x,y)\,\boldsymbol{i}+Q(x,y)\,\boldsymbol{j}$.

在平面内有向曲线 γ 上任一点处的法向量 $\boldsymbol{n}$ 的方向规定为: 若将 $\boldsymbol{n}$ 按逆时针方向旋转 90°, 它便与该点处的切向量 $\boldsymbol{t}$ 共线且同方向.

定义 10.10 设有平面向量场 $\boldsymbol{A}(M)$, 沿其中某一有向曲线 γ 的曲线积分 $\varPhi = \displaystyle\int_{\gamma} A_n\mathrm{d}s$ 称为 $\boldsymbol{A}(M)$ 沿法向量 $\boldsymbol{n}$ 的方向穿过曲线 γ 的 **通量**.

在平面直角坐标系中, 若 $\boldsymbol{A}=P(x,y)\,\boldsymbol{i}+Q(x,y)\,\boldsymbol{j}$, 曲线 γ 的单位法向量 $\boldsymbol{n}^0=\cos(\widehat{\boldsymbol{n},x})\,\boldsymbol{i}+\cos(\widehat{\boldsymbol{n},y})\,\boldsymbol{j}=\cos(\widehat{\boldsymbol{t},y})\,\boldsymbol{i}+\cos(\widehat{\boldsymbol{t},-x})\,\boldsymbol{j}=\dfrac{\mathrm{d}y}{\mathrm{d}s}\,\boldsymbol{i}-\dfrac{\mathrm{d}x}{\mathrm{d}s}\,\boldsymbol{j}$, 则

$$\varPhi=\int_\gamma A_n\mathrm{d}s=\int_\gamma \boldsymbol{A}\cdot\boldsymbol{n}\mathrm{d}s=\int_\gamma P\mathrm{d}y-Q\mathrm{d}x.$$

类似地, 定义平面向量场 $\boldsymbol{A}$ 在点 M 处的**散度**为

$$\mathrm{div}\boldsymbol{A}=\lim_{\Delta\sigma\to M}\frac{\Delta\varPhi}{\Delta S}=\lim_{\Delta\sigma\to M}\frac{\displaystyle\oint_{\Delta\gamma}\boldsymbol{A}\cdot\boldsymbol{n}\mathrm{d}s}{\Delta S},$$

其中 $\Delta\gamma$ 为包含 M 的任一闭曲线, 其所围的平面区域为 $\Delta\sigma$, 以 ΔS 表示其面积, $\Delta\varPhi$ 表示从其内穿出 $\Delta\gamma$ 的通量. 利用 Green 公式可证, 在平面直角坐标系中

$$\mathrm{div}\boldsymbol{A}=\frac{\partial P}{\partial x}+\frac{\partial Q}{\partial y}.$$

10.3.3 环量与旋度

例 10.6 设 γ 为力场 $\boldsymbol{F}(M)$ 中的一条封闭的有向曲线, 求一个质点 M 在力 $\boldsymbol{F}$ 的作用下沿 γ 正向运转一周时所做的功.

解 在 γ 上取一弧元素 $\mathrm{d}s$, 同时又表示其长度. 当质点运动经过 $\mathrm{d}s$ 时, 力 $\boldsymbol{F}$ 所做的功近似等于

$$\mathrm{d}W\approx F_t\mathrm{d}s=\boldsymbol{F}\cdot\boldsymbol{t}\mathrm{d}s=\boldsymbol{F}\cdot\mathrm{d}\boldsymbol{s},$$

其中 $\mathrm{d}\boldsymbol{s}=\boldsymbol{t}\mathrm{d}s$, $\boldsymbol{t}$ 为 γ 的单位切向量. 因此,

$$W=\oint_\gamma\mathrm{d}W=\oint_\gamma F_t\mathrm{d}s=\oint_\gamma\boldsymbol{F}\cdot\mathrm{d}\boldsymbol{s}.$$ □

于是, 我们引入了如下定义.

定义 10.11 设有一个向量场 $\boldsymbol{A}(M)$, 沿场中某一条封闭的有向曲线 γ 的曲线积分为

$$\varGamma=\oint_\gamma\boldsymbol{A}\cdot\mathrm{d}\boldsymbol{s},$$

则称 $\varGamma$ 为向量场 $\boldsymbol{A}(M)$ 沿曲线 γ 的**环量** (circulation).

注 10.5 由环量的物理意义知, 环量的积分式与坐标的选择无关.

在三维欧氏空间的直角坐标系 $Oxyz$ 中, 若 $\boldsymbol{A}=P(x,y,z)\,\boldsymbol{i}+Q(x,y,z)\,\boldsymbol{j}+R(x,y,z)\,\boldsymbol{k}$, 又因为

$$\mathrm{d}\boldsymbol{s}=\boldsymbol{t}\mathrm{d}s=\mathrm{d}s\cos(\widehat{\boldsymbol{t},x})\,\boldsymbol{i}+\mathrm{d}s\cos(\widehat{\boldsymbol{t},y})\,\boldsymbol{j}+\mathrm{d}s\cos(\widehat{\boldsymbol{t},z})\,\boldsymbol{k}=\mathrm{d}x\boldsymbol{i}+\mathrm{d}y\boldsymbol{j}+\mathrm{d}z\boldsymbol{k},$$

则环量为

$$\varGamma=\oint_\gamma \boldsymbol{A}\cdot\mathbf{d}\boldsymbol{s}=\oint_\gamma P\mathrm{d}x+Q\mathrm{d}y+R\mathrm{d}z.$$

例 10.7 在流速场 $\boldsymbol{v}(M)$ 中, 单位时间内沿一条足够光滑的有向封闭曲线 γ 正向流动的环流 $\varGamma$ 为

$$\varGamma=\oint_\gamma \boldsymbol{v}\cdot\mathrm{d}\boldsymbol{s}.$$

在磁场 $\boldsymbol{H}(M)$ 中, 对一条足够光滑的有向封闭曲线 γ, 由 Ampère 环路定律, $\oint_\gamma \boldsymbol{H}\cdot\mathrm{d}\boldsymbol{s}$ 表示单位时间内沿与积分路线成右手螺旋法则的方向通过 γ 上所张成的曲面 S 的各电流强度 $I_1,I_2,\cdots,I_n$ 的代数和, 即

$$\oint_\gamma \boldsymbol{H}\cdot\mathrm{d}\boldsymbol{s}=\sum_{k=1}^{n}I_k=I. \qquad \square$$

由环量的定义, $\oint_\gamma \boldsymbol{H}\cdot\mathrm{d}\boldsymbol{s}=I$, 即磁场 $\boldsymbol{H}$ 的环量为通过磁场中以 γ 为边界的一块曲面 S 的总的电流强度. 显然, 这还不能了解磁场中任一点 M 处通向任一方向的电流密度 (即在点 M 处沿 $\boldsymbol{n}$ 方向, 通过与 $\boldsymbol{n}$ 垂直的单位面积的电流强度). 为此, 引入环量面密度的概念.

定义 10.12 设 M 为向量场 $\boldsymbol{A}$ 中任一点, 在 M 点处取定一个方向 $\boldsymbol{n}$, 过 M 点任作一微小曲面 ΔS, 以 $\boldsymbol{n}$ 为其在 M 点处的法向量, 同时又以 ΔS 表示其曲面面积, 其边界 $\Delta\gamma$ 的正向取作与 $\boldsymbol{n}$ 满足右手螺旋法则. 当 $\Delta S,\Delta\gamma\to M$ 时, 若向量场 $\boldsymbol{A}$ 沿 $\Delta\gamma$ 的正向的环量 $\Delta\varGamma$ 与面积 ΔS 之比 $\dfrac{\Delta\varGamma}{\Delta S}$ 的极限存在, 则称其为向量场 $\boldsymbol{A}$ 在点 M 处沿方向 $\boldsymbol{n}$ 的**环量面密度**

(area density of the circulation), 即环量对面积的变化率, 记为

$$\mu_n = \lim_{\Delta S \to M} \frac{\Delta \Gamma}{\Delta S} = \lim_{\Delta S, \Delta\gamma \to M} \frac{\oint_{\Delta\gamma} \boldsymbol{A} \cdot \mathrm{d}\boldsymbol{s}}{\Delta S}.$$

在三维欧氏空间的直角坐标系 $Oxyz$ 中, 设 $\boldsymbol{A} = P(x,y,z)\,\boldsymbol{i} + Q(x,y,z)\,\boldsymbol{j} + R(x,y,z)\,\boldsymbol{k}$, 则环量面密度为

$$\mu_n = (R_y - Q_z)\cos\alpha + (P_z - R_x)\cos\beta + (Q_x - P_y)\cos\gamma,$$

其中 $\cos\alpha, \cos\beta, \cos\gamma$ 为 M 点处 $\boldsymbol{n}$ 的方向余弦.

例如, 在流速场 $\boldsymbol{v}$ 中的一点 M 处, 沿 $\boldsymbol{n}$ 的环量面密度

$$\mu_n = \lim_{\Delta S, \Delta\gamma \to M} \frac{\oint_{\Delta\gamma} \boldsymbol{v} \cdot \mathrm{d}\boldsymbol{s}}{\Delta S} = \lim_{\Delta S \to M} \frac{\Delta \Gamma}{\Delta S} = \frac{\mathrm{d}\Gamma}{\mathrm{d}S},$$

即在 M 处与 $\boldsymbol{n}$ 成右手螺旋方向的环流对面积的变化率, 称为环流密度 (或环流强度).

又如, 在磁场强度 $\boldsymbol{H}$ 所构成的磁场中的一点 M 处, 沿 $\boldsymbol{n}$ 的环量面密度

$$\mu_n = \lim_{\Delta S, \Delta\gamma \to M} \frac{\oint_{\Delta\gamma} \boldsymbol{H} \cdot \mathrm{d}\boldsymbol{s}}{\Delta S} = \lim_{\Delta S \to M} \frac{\Delta I}{\Delta S} = \frac{\mathrm{d}I}{\mathrm{d}S},$$

即在 M 处沿 $\boldsymbol{n}$ 的电流密度.

环量面密度是一个与方向有关的概念, 我们希望有一个向量同样刻画最大的变化率. 令

$$\begin{aligned} \boldsymbol{R} &= (R_y - Q_z)\boldsymbol{i} + (P_z - R_x)\boldsymbol{j} + (Q_x - P_y)\boldsymbol{k}, \\ \boldsymbol{n}^0 &= \cos\alpha\ \boldsymbol{i} + \cos\beta\ \boldsymbol{j} + \cos\gamma\ \boldsymbol{k}, \end{aligned}$$

则环量面密度为

$$\begin{aligned} \mu_n &= (R_y - Q_z)\cos\alpha + (P_z - R_x)\cos\beta + (Q_x - P_y)\cos\gamma \\ &= \boldsymbol{R} \cdot \boldsymbol{n}^0 = |\boldsymbol{R}|\cos(\widehat{\boldsymbol{R}, \boldsymbol{n}^0}). \end{aligned}$$

在给定点处, $\boldsymbol{R}$ 在任一方向 $\boldsymbol{n}$ 的投影, 给出 $\boldsymbol{n}$ 方向上的环量面密度. 显然, $\boldsymbol{R}$ 的方向为环量面密度最大的方向, 其模为最大环量面密度的数值. 于是, 我们引入如下定义.

定义 10.13 若在向量场 $\boldsymbol{A}$ 中的一点 M 处存在一向量 $\boldsymbol{R}$, 使得向量场 $\boldsymbol{A}$ 在点 M 处沿 $\boldsymbol{R}$ 方向的环量面密度最大, 这个最大的数值正是 $|\boldsymbol{R}|$, 则称这个向量 $\boldsymbol{R}$ 为向量场 $\boldsymbol{A}$ 在点 M 处的**旋度** (rotation or curl), 记为 $\mathbf{rot}\ \boldsymbol{A}$ 或 $\mathbf{curl}\ \boldsymbol{A}$.

使得 $\mathbf{rot}\ \boldsymbol{A} = \mathbf{0}$ 的向量场 $\boldsymbol{A}$ 称为 **无旋场** (irrotational field).

注 10.6 (1) 由物理意义可知, 旋度的定义与坐标系的选取无关. 也可采用

$$\mathbf{rot}\ \boldsymbol{A} \equiv \lim_{V\to M} \frac{1}{V} \oiint_S \boldsymbol{n} \times \boldsymbol{A}\, \mathrm{d}S$$

来定义, 其中 V 为足够光滑的闭曲面 S 所围成立体的体积.

(2) 在三维欧氏空间的直角坐标系 $Oxyz$ 中, 可采用记号

$$\begin{aligned}\mathbf{rot}\ \boldsymbol{A} = \nabla \times \boldsymbol{A} &= \begin{vmatrix} \boldsymbol{i} & \boldsymbol{j} & \boldsymbol{k} \\ \dfrac{\partial}{\partial x} & \dfrac{\partial}{\partial y} & \dfrac{\partial}{\partial z} \\ P & Q & R \end{vmatrix} \\ &= (R_y - Q_z)\boldsymbol{i} + (P_z - R_x)\boldsymbol{j} + (Q_x - P_y)\boldsymbol{k}.\end{aligned}$$

(3) 旋度向量在任一方向上的投影等于该方向上的环量面密度, 即 $\mathbf{rot}_n\boldsymbol{A} = \mu_n$.

(4) Stokes 公式可写成向量形式

$$\oint_\gamma \boldsymbol{A} \cdot \mathrm{d}\boldsymbol{s} = \iint_S \mathbf{rot}\boldsymbol{A} \cdot \mathrm{d}\boldsymbol{S}.$$

(5) 旋度运算的基本公式:

$$\mathbf{rot}(\alpha\boldsymbol{A} \pm \beta\boldsymbol{B}) = \alpha\ \mathbf{rot}\ \boldsymbol{A} \pm \beta\ \mathbf{rot}\ \boldsymbol{B} \quad (\alpha, \beta\text{为常数}),$$

$$\mathbf{rot}(u\boldsymbol{A}) = u\ \mathbf{rot}\ \boldsymbol{A} + \mathbf{grad}\ u \times \boldsymbol{A}\ (u\text{为数性函数}),$$

$$\mathrm{div}(\boldsymbol{A} \times \boldsymbol{B}) = \boldsymbol{B} \cdot \mathbf{rot}\ \boldsymbol{A} - \boldsymbol{A} \cdot \mathbf{rot}\ \boldsymbol{B},$$

$$\mathbf{rot}(\mathbf{grad}\ u) = \mathbf{0},$$

$$\mathrm{div}(\mathbf{rot}\boldsymbol{A}) = 0.$$

例 10.8 设有一刚体绕过原点 O 的定轴 l 转动 (不妨取为 z 轴), 其角速度 $\boldsymbol{\omega} = \omega_1\boldsymbol{i} + \omega_2\boldsymbol{j} + \omega_3\boldsymbol{k}$, 求刚体内任意一点 M 处的线速度 $\boldsymbol{v}$ 和它的旋度 $\mathbf{rot}\ \boldsymbol{v}$.

解 令 $\boldsymbol{r} = x\boldsymbol{i} + y\boldsymbol{j} + z\boldsymbol{k} = \overrightarrow{OM}$, 则

$$\boldsymbol{v}(M)=\boldsymbol{\omega}\times\boldsymbol{r}=\begin{vmatrix}\boldsymbol{i}&\boldsymbol{j}&\boldsymbol{k}\\ \omega_1&\omega_2&\omega_3\\ x&y&z\end{vmatrix}=(\omega_2z-\omega_3y)\boldsymbol{i}+(\omega_3x-\omega_1z)\boldsymbol{j}+(\omega_1y-\omega_2x)\boldsymbol{k}.$$

从而,

$$\mathbf{rot}\ \boldsymbol{v}=\begin{vmatrix}\boldsymbol{i}&\boldsymbol{j}&\boldsymbol{k}\\ \dfrac{\partial}{\partial x}&\dfrac{\partial}{\partial y}&\dfrac{\partial}{\partial z}\\ \omega_2z-\omega_3y&\omega_3x-\omega_1z&\omega_1y-\omega_2x\end{vmatrix}=2\omega_1\boldsymbol{i}+2\omega_2\boldsymbol{j}+2\omega_3\boldsymbol{k}=2\boldsymbol{\omega}.\ \square$$

例 10.8 说明: 刚体旋转的任一点 M 处线速度场的旋度, 除去一个常数因子外, 恰好等于刚体旋转的角速度. 这也是旋度得名的原因.

10.3.4 特殊向量场

下面我们来学习三种重要的特殊向量场. 在此之前, 我们先来看三维欧氏空间里单连通域与复连通域的概念.

定义 10.14 若在一个空间区域 Ω 内的任何一条简单闭曲线 γ, 都可以作出一个以 γ 为边界且全部位于区域 Ω 内的曲面 S, 则称此区域 Ω 为**线单连通域**, 否则称为**线复连通域**, 如空心球体是线单连通域, 环面体是线复连通域.

若在一个空间区域 Ω 内的任一简单闭曲面 S 所包围的全部点, 都在区域 Ω 内 (即曲面 S 内没有洞), 则称此区域 Ω 为 **面单连通域**, 否则称为**面复连通域**, 如环面体是面单连通域, 空心球体为面复连通域.

显然, 许多空间区域既是线单连通域, 同时又是面单连通域, 如实心球体、椭球体、圆柱体、平行六面体等.

I. **有势场**

定义 10.15 在线单连通域内, 设有向量场 $\boldsymbol{A}(M)$, 若存在单值函数 $u(M)$ 满足 $\boldsymbol{A}=\mathbf{grad}\ u$, 则称向量场 $\boldsymbol{A}(M)$ 为**梯度场** (gradient vector field), 也称为**有势场** (potential field). 令 $v=-u$, 称 v 为向量场 $\boldsymbol{A}(M)$ 的**势函数** (potential function), 显然, $\boldsymbol{A}=-\mathbf{grad}\ v$.

注 10.7 有势场的势函数有无穷多个, 它们之间只相差一个常数.

若已知有势场 $\boldsymbol{A}(M)$ 的一个势函数为 $v(M)$, 则 $\boldsymbol{A}(M)$ 的所有势函数全体可表为 $v(M)+C$, 其中 C 为任意常数.

定理 10.1 在线单连域内向量场 $\boldsymbol{A}(M)$ 为有势场的充要条件是向量场 $\boldsymbol{A}(M)$ 为无旋场.

证明 (必要性) 设 $\boldsymbol{A}=P(x,y,z)\boldsymbol{i}+Q(x,y,z)\boldsymbol{j}+R(x,y,z)\boldsymbol{k}$ 为有势场, 则存在单值函数 $u(x,y,z)$, 使得 $\boldsymbol{A}=\mathbf{grad}\ u$, 即 $P=u_x$, $Q=u_y$, $R=u_z$. 又因为 P,Q,R 具有一阶连续的偏导数, 所以 u 具有二阶连续偏导数. 于是, $R_y-Q_z=0$, $P_z-R_x=0$, $Q_x-P_y=0$. 故在场内 $\mathbf{rot}\ \boldsymbol{A}=\mathbf{0}$.

(充分性) 设在场内处处有 $\mathbf{rot}\ \boldsymbol{A}=\mathbf{0}$. 由线单连域内的 Stokes 公式知, 对任何闭曲线 γ 都有

$$\oint_\gamma \boldsymbol{A}\cdot \mathrm{d}\boldsymbol{s}=\iint_S \mathbf{rot}\boldsymbol{A}\cdot \mathrm{d}\boldsymbol{S}=0,$$

等价于曲线积分 $\displaystyle\int_{\overset{\frown}{M_0M}}\boldsymbol{A}\cdot\mathrm{d}\boldsymbol{s}$ 与路径无关, 只取决于积分路径的端点, 即起点 M_0 和终点 M. 当 $M_0(x_0,y_0,z_0)$ 固定时, 它是 $M(x,y,z)$ 的函数, 记为

$$u(x,y,z)=\int_{(x_0,y_0,z_0)}^{(x,y,z)}P\mathrm{d}x+Q\mathrm{d}y+R\mathrm{d}z,$$

于是, $u_x=P$, $u_y=Q$, $u_z=R$.

事实上, 保持 $M(x,y,z)$ 的 y,z 不动而给 x 以增量 Δx, 得 $N(x+\Delta x,y,z)$, 于是

$$\begin{aligned}\Delta u=u(N)-u(M)&=\int_{M_0}^{N}\boldsymbol{A}\cdot\mathrm{d}\boldsymbol{s}-\int_{M_0}^{M}\boldsymbol{A}\cdot\mathrm{d}\boldsymbol{s}=\int_{M}^{N}\boldsymbol{A}\cdot\mathrm{d}\boldsymbol{s}\\&=\int_{(x,y,z)}^{(x+\Delta x,y,z)}P\mathrm{d}x+Q\mathrm{d}y+R\mathrm{d}z=\int_{(x,y,z)}^{(x+\Delta x,y,z)}P\mathrm{d}x\\&=P(x+\theta\Delta x,y,z)\Delta x,\end{aligned}$$

其中利用了“积分与路径无关”和积分中值定理, $\theta\in[0,1]$. 从而,

$$\frac{\Delta u}{\Delta x}=P(x+\theta\Delta x,y,z)\to P(x,y,z)(\text{当}\Delta x\to 0\text{时}),$$

即 $u_x=P$. 同理 $u_y=Q$, $u_z=R$. 所以,

$$\boldsymbol{A}\cdot\mathrm{d}\boldsymbol{s}=P\mathrm{d}x+Q\mathrm{d}y+R\mathrm{d}z=u_x\mathrm{d}x+u_y\mathrm{d}y+u_z\mathrm{d}z=\mathrm{d}u,$$

即 $\boldsymbol{A}\cdot\mathrm{d}\boldsymbol{s}=P\mathrm{d}x+Q\mathrm{d}y+R\mathrm{d}z$ 为函数 u 的全微分, 也称 u 是 $\boldsymbol{A}\cdot\mathrm{d}\boldsymbol{s}=P\mathrm{d}x+Q\mathrm{d}y+R\mathrm{d}z$ 的一个**原函数**, 且函数 u 满足 $\boldsymbol{A}=\mathbf{grad}\ u$. 故 $\boldsymbol{A}$ 为有势场. □

定义 10.16 一般, 称具有曲线积分

$$\int_{\widehat{M_0M}} \boldsymbol{A}\cdot \mathrm{d}\boldsymbol{l}$$

与路径无关性质的向量场 $\boldsymbol{A}$ 为 **保守场** (conservative field).

注 10.8 在线单连域内, 以下等价: (1) 向量场 $\boldsymbol{A}$ 为有势场; (2) 向量场 $\boldsymbol{A}$ 为梯度场; (3) 向量场 $\boldsymbol{A}$ 为无旋场; (4) 向量场 $\boldsymbol{A}$ 为保守场; (5) 表达式 $\boldsymbol{A}\cdot \mathrm{d}\boldsymbol{s} = P\mathrm{d}x + Q\mathrm{d}y + R\mathrm{d}z$ 为某个函数的全微分.

在线复连域内, 至少存在一闭曲线不是区域 G 内任一曲面 S 的边界, 此时不能用 Stokes 公式导出 $\oint_{\gamma} \boldsymbol{A}\cdot \mathrm{d}\boldsymbol{s} = 0$, 从而 $\int_{M_0}^{M} \boldsymbol{A}\cdot \mathrm{d}\boldsymbol{s}$ 不再是路径无关的, 不能构造单值势函数 $u(M)$ 满足 $\boldsymbol{A} = -\mathbf{grad}\ u$.

下面我们采用线积分方法计算梯度场 $\boldsymbol{A}$ 的势函数.

在场中选定一点 $M_0(x_0, y_0, z_0)$, 用

$$u(x,y,z) = \int_{(x_0,y_0,z_0)}^{(x,y,z)} P\mathrm{d}x + Q\mathrm{d}y + R\mathrm{d}z$$

以任一路径积分求出 u 后, 再令 $v = -u$ 即得势函数. 一般为了简便, 可以取逐段平行于坐标轴的折线来作为积分路线, 例如,

$$u(x,y,z) = \int_{x_0}^{x} P(x, y_0, z_0)\mathrm{d}x + \int_{y_0}^{y} Q(x, y, z_0)\mathrm{d}y + \int_{z_0}^{z} R(x,y,z)\mathrm{d}z.$$

例 10.9 设向量场 $\boldsymbol{A} = (x^2 - 2yz)\boldsymbol{i} + (y^2 - 2zx)\boldsymbol{j} + (z^2 - 2xy)\boldsymbol{k}$, 证明 $\boldsymbol{A}$ 是有势场, 并求势函数 v.

证明 因为 $\mathbf{rot}\ \boldsymbol{A} = (-2x + 2x)\boldsymbol{i} + (-2y + 2y)\boldsymbol{j} + (-2z + 2z)\boldsymbol{k} = \mathbf{0}$, 所以 $\boldsymbol{A}$ 是有势场.

为简便见, 取初始点 $M_0(x_0, y_0, z_0)$ 为坐标原点 $O(0,0,0)$, 于是

$$\begin{aligned} u(x,y,z) &= \int_0^x (x^2 - 2\cdot 0\cdot 0)\mathrm{d}x + \int_0^y (y^2 - 2\cdot 0\cdot x)\mathrm{d}y + \int_0^z (z^2 - 2xy)\mathrm{d}z \\ &= \frac{x^3 + y^3 + z^3}{3} - 2xyz. \end{aligned}$$

故势函数 $v = -u = 2xyz - \dfrac{x^3 + y^3 + z^3}{3}$, 而场的势函数的全体为 $v = 2xyz - \dfrac{x^3 + y^3 + z^3}{3} + C$, 其中 C 为任意常数.

(偏积分法) 因为 $\boldsymbol{A}$ 是有势场, 所以存在函数 u 满足 $\boldsymbol{A}=\mathbf{grad}\ u$, 即有

$$u_x=x^2-2yz,\quad u_y=y^2-2zx,\quad u_z=z^2-2xy.$$

对第一个方程关于 x 积分, 得

$$u=\frac{x^3}{3}-2xyz+\varphi(y,z),$$

其中 φ 为待定函数. 于是 $u_y=-2xz+\varphi_y(y,z)$. 与第二个方程比较得 $\varphi_y(y,z)=y^2$, 于是 $\varphi(y,z)=\dfrac{y^3}{3}+\psi(z)$, 因此

$$u=\frac{x^3+y^3}{3}-2xyz+\psi(z).$$

其中 ψ 为待定函数. 再对上式关于 z 求导, 得 $u_z=-2xy+\psi'(z)$, 再与第三个方程比较得 $\psi'(z)=z^2$, 所以 $\psi(z)=\dfrac{z^3}{3}+\tilde{c}$, $u=\dfrac{x^3+y^3+z^3}{3}-2xyz+\tilde{c}$. 从而势函数

$$v=-u=2xyz-\frac{x^3+y^3+z^3}{3}+C,$$

其中 C 为任意常数. □

II. **管形场**

定义 10.17 若向量场 $\boldsymbol{A}$ 满足 $\mathrm{div}\ \boldsymbol{A}=0$, 则称向量场 $\boldsymbol{A}$ 为**管形场** (tubular field).

显然, 管形场是无源场.

定理 10.2 设管形场 $\boldsymbol{A}$ 所在的空间区域为一面单连域, 在场中任取一个向量管. 假定 S_1 与 S_2 是它的任意两个横截面, 其法向量 $\boldsymbol{n}_1$ 与 $\boldsymbol{n}_2$ 都朝向 $\boldsymbol{A}$ 所指的一侧, 则

$$\iint\limits_{S_1}\boldsymbol{A}\cdot\mathrm{d}\boldsymbol{S}=\iint\limits_{S_2}\boldsymbol{A}\cdot\mathrm{d}\boldsymbol{S}.$$

证明 设 S 为由 S_1 与 S_2 及此二断面之间的一段向量管面 S_3 所组成的一个封闭曲面. 由管形场的定义其内散度为零且场所在的区域是面单连域, 则由 Gauss 公式有

$$\oint\!\!\!\oint\limits_{S}\boldsymbol{A}\cdot\mathrm{d}\boldsymbol{S}=\iiint\limits_{V}\mathrm{div}\boldsymbol{A}\ \mathrm{d}V=0,$$

即

$$\iint\limits_{S_1} A_n \mathrm{d}S + \iint\limits_{S_2} A_n \mathrm{d}S + \iint\limits_{S_3} A_n \mathrm{d}S = 0.$$

又因为 $\boldsymbol{A}$ 与向量线相切, 从而与向量管的管面相切, 所以在 S_3 上 $\boldsymbol{A}\cdot\boldsymbol{n} = 0$, 其中 $\boldsymbol{n}$ 是单位外法向量. 故

$$-\iint\limits_{S_1} A_{n_1} \mathrm{d}S + \iint\limits_{S_2} A_{n_2} \mathrm{d}S = 0,$$

即 $\iint\limits_{S_1} A_{n_1} \mathrm{d}S = \iint\limits_{S_2} A_{n_2} \mathrm{d}S$. 因此, $\iint\limits_{S_1} \boldsymbol{A}\cdot \mathrm{d}\boldsymbol{S} = \iint\limits_{S_2} \boldsymbol{A}\cdot \mathrm{d}\boldsymbol{S}$. □

管形场中穿过同一个向量管的所有横断面的通量都相等, 即为一常数, 称其为**向量管的强度**. 如在无源的流速场中, 流入某个向量管的流量和从管内流出的流量是相等的, 因此, 流体在向量管内流动宛如在真正的管子内流动一样, 管形场因而得名.

定理 10.3 在面单连域内, 向量场 $\boldsymbol{A}$ 为管形场的充要条件是向量场 $\boldsymbol{A}$ 为另一个向量场 $\boldsymbol{B}$ 的旋度场.

证明 (充分性) 设 $\boldsymbol{A} = \mathbf{rot}\ \boldsymbol{B}$, 显然, $\operatorname{div}\ \boldsymbol{A} = \operatorname{div}(\mathbf{rot}\ \boldsymbol{B}) = 0$.

(必要性) 设 $\boldsymbol{A} = P\boldsymbol{i} + Q\boldsymbol{j} + R\boldsymbol{k}$ 为管形场, $\operatorname{div}\ \boldsymbol{A} = 0$, 下证: 存在

$$\boldsymbol{B} = U\boldsymbol{i} + V\boldsymbol{j} + W\boldsymbol{k},$$

使得 $\mathbf{rot}\ \boldsymbol{B} = \boldsymbol{A}$, 满足此式的向量 $\boldsymbol{B}$ 称为向量场 $\boldsymbol{A}$ 的**向量势** (vector potential), 即 $W_y - V_z = P$, $U_z - W_x = Q$, $V_x - U_y = R$. 令 $U = f(x)$, 得

$$V = \int R\ \mathrm{d}x + \varphi(y,z), \quad W = -\int Q\ \mathrm{d}x + \psi(y,z).$$

其中 φ, ψ 为待定函数. 于是,

$$P = -\int Q_y\ \mathrm{d}x + \psi_y(y,z) - \int R_z\ \mathrm{d}x - \varphi_z(y,z).$$

又因为 $\operatorname{div}\ \boldsymbol{A} = 0$, 所以, $\psi_y(y,z) - \varphi_z(y,z) = 0$. 故只需加上上述条件, $\boldsymbol{B}$ 即为构造的向量. □

例 10.10 证明: 向量场 $\boldsymbol{A} = x^2\boldsymbol{i} - y^2\boldsymbol{j} - 2(x-y)z\boldsymbol{k}$ 是管形场, 并求其一个向量势 $\boldsymbol{B}$.

证明 因为 $\operatorname{div} \boldsymbol{A} = \dfrac{\partial}{\partial x}x^2 + \dfrac{\partial}{\partial y}(-y^2) + \dfrac{\partial}{\partial z}[-2(x-y)z] = 2x-2y-2(x-y) = 0$, 所以 $\boldsymbol{A}$ 是管形场.

下面求向量势. 因为 $\boldsymbol{A}$ 是管形场, 所以存在一个向量场

$$\boldsymbol{B} = U\boldsymbol{i} + V\boldsymbol{j} + W\boldsymbol{k},$$

满足 $\mathbf{rot}\ \boldsymbol{B} = \boldsymbol{A}$, 即有

$$W_y - V_z = x^2, \quad U_z - W_x = -y^2, \quad V_x - U_y = -2(x-y)z.$$

不妨假设 $W(x,y,z) = f(z)$, 并取 $(x_0, y_0, z_0) = (0,0,0)$, 则 $-V_z = x^2$ 和 $U_z = -y^2$. 从而,

$$V = -x^2 z + \varphi(x,y), \quad U = -y^2 z + \psi(x,y),$$

其中 φ, ψ 是两个待定函数. 于是, V 关于 x 求导, U 关于 y 求导则得

$$V_x = -2xz + \varphi_x(x,y), \quad U_y = -2yz + \psi_y(x,y).$$

结合这两个等式并与 $V_x - U_y = -2(x-y)z$ 比较知,

$$\varphi_x(x,y) = \psi_y(x,y).$$

现在也不妨令 $\varphi_x(x,y) = \psi_y(x,y) = 0$, 于是 $\varphi(x,y) = g(y)$ 和 $\psi(x,y) = h(x)$, 其中 g, h 为任意光滑函数. 所以, $U = -y^2 z + h(x)$ 和 $V = -x^2 z + g(y)$. 因此,

$$\boldsymbol{B} = (-y^2 z + h(x))\ \boldsymbol{i} + (-x^2 z + g(y))\ \boldsymbol{j} + f(z)\ \boldsymbol{k},$$

即为所求的一个向量势, 其中 f, g, h 为任意光滑函数. □

III. **调和场**

定义 10.18 若在向量场 $\boldsymbol{A}$ 中, 恒有 $\operatorname{div} \boldsymbol{A} = 0$ 和 $\mathbf{rot}\ \boldsymbol{A} = \mathbf{0}$, 则称向量场 $\boldsymbol{A}$ 为 **调和场** (harmonic vector field).

由定义可见, 调和场既是无源的又是无旋的向量场. 例如, 位于原点的点电荷 q 所产生的静电场中, 电位移向量 $\boldsymbol{D} = \varepsilon \boldsymbol{E} = \dfrac{q}{4\pi|\boldsymbol{r}|^3}\boldsymbol{r}$ 和电场强度 $\boldsymbol{E}$ 在除去原点外的区域内都形成一个调和场.

因为向量场 $\boldsymbol{A}$ 为调和场, 所以有 $\textbf{rot A} = \boldsymbol{0}$, 于是存在函数 u 满足 $\boldsymbol{A} = \textbf{grad}\ u$. 进一步, 由 $\text{div}\ \boldsymbol{A} = 0$ 有 $\text{div}\ \boldsymbol{A} = \text{div}(\textbf{grad}\ u) = 0$. 在三维欧氏空间的直角坐标系 $Oxyz$ 中,

$$\text{div}(\textbf{grad}\ u) = \frac{\partial^2 u}{\partial x^2} + \frac{\partial^2 u}{\partial y^2} + \frac{\partial^2 u}{\partial z^2} = \Delta u = 0,$$

则函数 u 为**调和函数** (参见第二章第三节).

例 10.11 证明向量场 $\boldsymbol{A} = (2x+y)\boldsymbol{i} + (4y+x+2z)\boldsymbol{j} + (2y-6z)\boldsymbol{k}$ 是调和场, 并求其调和函数 u.

证明 因为 $\text{div}\boldsymbol{A} = 2+4-6=0$, 所以 $\boldsymbol{A}$ 是无源场. 又因为

$$\begin{aligned}\textbf{rot}\ \boldsymbol{A} &= \begin{vmatrix} \boldsymbol{i} & \boldsymbol{j} & \boldsymbol{k} \\ \dfrac{\partial}{\partial x} & \dfrac{\partial}{\partial y} & \dfrac{\partial}{\partial z} \\ 2x+y & 4y+x+2z & 2y-6z \end{vmatrix} \\ &= (2-2)\boldsymbol{i} + (0-0)\boldsymbol{j} + (1-1)\boldsymbol{k} = \boldsymbol{0}.\end{aligned}$$

所以 $\boldsymbol{A}$ 是无旋场. 从而 $\boldsymbol{A}$ 是调和场.

其调和函数 u 满足 $\boldsymbol{A} = \textbf{grad}\ u$, 于是, (为简便见, 取初始点 $M_0(x_0, y_0, z_0)$ 为坐标原点 $O(0,0,0)$, 积分路径取 $(0,0,0) \to (x,0,0) \to (x,y,0) \to (x,y,z)$)

$$\begin{aligned}u(x,y,z) &= \int_{(x_0,y_0,z_0)}^{(x,y,z)} u_x \mathrm{d}x + u_y \mathrm{d}y + u_z \mathrm{d}z + C \\ &= \int_0^x 2x\mathrm{d}x + \int_0^y (4y+x)\mathrm{d}y + \int_0^z (2y-6z)\mathrm{d}z + C \\ &= x^2 + 2y^2 + xy + 2yz - 3z^2 + C.\end{aligned}$$

故调和函数的全体为 $u = x^2 + 2y^2 + xy + 2yz - 3z^2 + C$, 其中 C 为任意常数.

另解

$$\begin{aligned}\mathrm{d}u &= u_x \mathrm{d}x + u_y \mathrm{d}y + u_z \mathrm{d}z \\ &= (2x+y)\mathrm{d}x + (4y+x+2z)\mathrm{d}y + (2y-6z)\mathrm{d}z \\ &= (y\mathrm{d}x + x\mathrm{d}y) + 2(z\mathrm{d}y + y\mathrm{d}z) + 2x\mathrm{d}x + 4y\mathrm{d}y - 6z\mathrm{d}z \\ &= \mathrm{d}(xy + 2yz + x^2 + 2y^2 - 3z^2 + C),\end{aligned}$$

所以, 调和函数的全体为 $u = x^2 + 2y^2 + xy + 2yz - 3z^2 + C$, 其中 C 为任意常数. □

为简单起见, 下面讨论平面调和场 $\boldsymbol{A}=P(x,y)\ \boldsymbol{i}+Q(x,y)\ \boldsymbol{j}$.

首先, 由 $\mathbf{rot}\ \boldsymbol{A}=\left(\dfrac{\partial Q}{\partial x}-\dfrac{\partial P}{\partial y}\right)\boldsymbol{k}=\mathbf{0}$ 得到 $\dfrac{\partial Q}{\partial x}-\dfrac{\partial P}{\partial y}=0$, 于是存在一个势函数 v, 使得 $\boldsymbol{A}=-\mathbf{grad}\ v$, 有

$$P=-\frac{\partial v}{\partial x},\quad Q=-\frac{\partial v}{\partial y},$$

其中

$$v(x,y)=-\int_{x_0}^{x}P(x,y_0)\mathrm{d}x-\int_{y_0}^{y}Q(x,y)\mathrm{d}y.$$

其次, 由 $\operatorname{div}\ \boldsymbol{A}=\dfrac{\partial P}{\partial x}+\dfrac{\partial Q}{\partial y}=0$ 与 $\dfrac{\partial Q}{\partial x}-\dfrac{\partial P}{\partial y}=0$ 比较知, 以 $-Q$ 和 P 为坐标的向量场 $\boldsymbol{a}=-Q\ \boldsymbol{i}+P\ \boldsymbol{j}$ 的旋度 $\mathbf{rot}\ \boldsymbol{a}=\left(\dfrac{\partial P}{\partial x}-\dfrac{\partial(-Q)}{\partial y}\right)\boldsymbol{k}=\mathbf{0}$. 于是, $\boldsymbol{a}$ 为有势场. 所以, 存在函数 u, 使得 $\boldsymbol{a}=\mathbf{grad}\ u$, 有

$$-Q=\frac{\partial u}{\partial x},\quad P=\frac{\partial u}{\partial y}.$$

函数 u 称为平面调和场 $\boldsymbol{A}=P(x,y)\ \boldsymbol{i}+Q(x,y)\ \boldsymbol{j}$ 的**力函数** (force function), 可用如下线积分求出

$$u(x,y)=\int_{x_0}^{x}-Q(x,y_0)\mathrm{d}x+\int_{y_0}^{y}P(x,y)\mathrm{d}y+C.$$

进一步, 比较上面知

$$\frac{\partial u}{\partial x}=\frac{\partial v}{\partial y},\quad \frac{\partial u}{\partial y}=-\frac{\partial v}{\partial x},$$

这就是平面调和场的力函数 u 与势函数 v 之间的关系式, 因此, 可得

$$\Delta u=0,\quad \Delta v=0.$$

如同第二章处理解析函数 $f(z)=u(x,y)+\mathrm{i}v(x,y)$ 的实部 $u(x,y)$ 和虚部 $v(x,y)$ 的关系, 它们满足共轭调和函数条件, 可从一个求出另外一个.

平面调和场的力函数 $u(x,y)$ 与势函数 $v(x,y)$ 的等值线 $u(x,y)=C_1$ 与 $v(x,y)=C_2$ 相应地称为平面调和场的**力线** (line of force) 与**等势线** (equipotentialine), 其切线的斜率分别为

$$y'\Big|_{u(x,y)=C_1}=-\frac{u_x}{u_y}=\frac{Q}{P},\quad y'\Big|_{v(x,y)=C_2}=-\frac{v_x}{v_y}=-\frac{P}{Q}.$$

因此, 在场中任一点, 力线的切线方向与场向量 $\boldsymbol{A}=P(x,y)\,\boldsymbol{i}+Q(x,y)\,\boldsymbol{j}$ 的方向一致. 从而, 力线就是场的向量线. 又因为力线的切线斜率与等势线的切线斜率恰成负倒数, 所以力线与等势线是互相正交的.

例 10.12 已知平面调和场的力函数 $u=x^2-y^2+xy$, 求场的势函数 v 及场向量 $\boldsymbol{A}$?

解法一 因为 $v_y=u_x=2x+y$, 所以

$$v=2xy+\frac{1}{2}y^2+\varphi(x),$$

其中 φ 为待定函数. 从而 $v_x=2y+\varphi'(x)$. 又因为 $v_x=-u_y=-(-2y+x)=2y-x$, 所以 $\varphi'(x)=-x$. 故 $\varphi(x)=-\dfrac{1}{2}x^2+C$, 其中 C 为任意常数. 因此, 势函数

$$v=2xy+\frac{1}{2}y^2-\frac{1}{2}x^2+C,$$

其中 C 为任意常数.

场向量 $\boldsymbol{A}=P\boldsymbol{i}+Q\boldsymbol{j}=u_y\boldsymbol{i}-u_x\boldsymbol{j}=(x-2y)\boldsymbol{i}-(2x+y)\boldsymbol{j}$.

解法二 向量场

$$\boldsymbol{A}=-\mathbf{grad}\ v=-v_x\boldsymbol{i}-v_y\boldsymbol{j}=u_y\boldsymbol{i}-u_x\boldsymbol{j}=(-2y+x)\boldsymbol{i}-(2x+y)\boldsymbol{j}.$$

势函数

$$\begin{aligned}v(x,y)\ &=-\int_{(0,0)}^{(x,y)}\boldsymbol{A}\cdot\mathrm{d}\boldsymbol{s}+C=-\int_{(0,0)}^{(x,y)}(x-2y)\mathrm{d}x-(2x+y)\mathrm{d}y+C\\&=-\int_0^x(x-2\cdot 0)\mathrm{d}x+\int_0^y(2x+y)\mathrm{d}y+C=-\frac{1}{2}x^2+2xy+\frac{1}{2}y^2+C,\end{aligned}$$

其中 C 为任意常数. □

*** Ⅳ. 平面流速场**

在平面向量场研究中, 复分析方法有重要的应用. 这里我们来看一个流体力学的应用. 为简单起见, 这里只考虑不可压缩的定常理想流体 (其中不可压缩指的是流体密度是一个常数, 定常指的是流体运动与时间 t 无关).

设单连域 G 内平面流速场

$$\boldsymbol{v}=P(x,y)\boldsymbol{i}+Q(x,y)\boldsymbol{j},$$

既是无旋的 ($\mathbf{rot}\ \boldsymbol{v}=\mathbf{0}$), 又是无源的 ($\mathrm{div}\ \boldsymbol{v}=0$), 其中速度分量 P,Q 具有连续的偏导数, 则

$$\begin{aligned}\mathbf{rot}\ \boldsymbol{v}&=(Q_x(x,y)-P_y(x,y))\boldsymbol{k}=\mathbf{0},\\\mathrm{div}\ \boldsymbol{v}&=P_x(x,y)+Q_y(x,y)=0.\end{aligned}$$

因此, 存在两个二元函数 $u(x,y)$ 和 $v(x,y)$, 使得

$$\mathrm{d}u(x,y)=P(x,y)\mathrm{d}x+Q(x,y)\mathrm{d}y,$$
$$\mathrm{d}v(x,y)=-Q(x,y)\mathrm{d}x+P(x,y)\mathrm{d}y.$$

于是, 得到 (Cauchy-Riemann 方程)

$$P(x,y)=u_x(x,y)=v_y(x,y),\quad Q(x,y)=u_y(x,y)=-v_x(x,y).$$

从而, 得到一个解析函数

$$f(z)=u(x,y)+\mathrm{i}v(x,y)$$

和

$$\mathbf{grad}\,u=\boldsymbol{v}.$$

定义 10.19 解析函数 $f(z)=u+\mathrm{i}v$ 称为流速场 $\boldsymbol{v}$ 的**复势函数** (complex potential function), 简称**复势** (complex potential).

函数 $u(x,y)$ 称为流速场 $\boldsymbol{v}$ 的**势函数**, 等值线 $u(x,y)=C$ 称为流速场 $\boldsymbol{v}$ 的**等势线**. 如果 $u(x,y)$ 代表温度, $u(x,y)=C$ 也称为等温线 (isotherm).

函数 $v(x,y)$ 称为流速场 $\boldsymbol{v}$ 的**流函数** (stream function), 等值线 $v(x,y)=C$ 称为流速场 $\boldsymbol{v}$ 的**流线** (stream line).

因为等值线 $v(x,y)=C$ 上每点切线的斜率为 $\left.\dfrac{\mathrm{d}y}{\mathrm{d}x}\right|_{v(x,y)=C}=-\dfrac{v_x}{v_y}=\dfrac{Q}{P}$, 等值线 $u(x,y)=\widetilde{C}$ 上每点切线的斜率为 $\left.\dfrac{\mathrm{d}y}{\mathrm{d}x}\right|_{u(x,y)=\widetilde{C}}=-\dfrac{u_x}{u_y}=-\dfrac{P}{Q}$, 所以流速场 $\boldsymbol{v}$ 在等值线 $v(x,y)=C$ 上每点处的向量 $\boldsymbol{v}=P\boldsymbol{i}+Q\boldsymbol{j}$ 都与等值线 $v(x,y)=C$ 相切, 也即是说在流速场 $\boldsymbol{v}$ 中的等值线 $v(x,y)=C$ 就是流线.

另外, 若定义函数

$$w=P+\mathrm{i}Q=u_x+\mathrm{i}u_y=\overline{u_x+\mathrm{i}v_x}=\overline{f'(z)},$$

则表明流速场 $\boldsymbol{v}$ 可用复变函数 $w=\overline{f'(z)}$ 表示.

反之, 若在一个区域内给定一个解析函数 $f(z)=u+\mathrm{i}v$, 则得到一个以它为复势的平面流速场 $w=\overline{f'(z)}$ 与它对应, 然后立得这个场的流函数和势函数, 进而能描述流速场的图像.

例 10.13 已知流体偶极子的复势函数为

$$f(z)=\frac{1}{z},$$

求出流函数和势函数.

解 显然, $f(z)=\frac{1}{z}=\frac{1}{x+\mathrm{i}y}=\frac{x-\mathrm{i}y}{x^2+y^2}$. 所以, 流函数为 $v(x,y)=-\frac{y}{x^2+y^2}$, 且势函数为 $u(x,y)=\frac{x}{x^2+y^2}$. □

例 10.14 求出平面向量场

$$f(z)=az^2+b,$$

的流函数、势函数和速度, 其中常数 $a,b\in\mathbf{C}$.

解 显然, $f(z)=az^2+b=(a_1+\mathrm{i}a_2)(x+\mathrm{i}y)^2+(b_1+\mathrm{i}b_2)$

$$=[a_1(x^2-y^2)-2a_2xy+b_1]+\mathrm{i}[a_2(x^2-y^2)+2a_1xy+b_2].$$

所以, 流函数为

$$v(x,y)=a_2(x^2-y^2)+2a_1xy+b_2,$$

且势函数为

$$u(x,y)=a_1(x^2-y^2)-2a_2xy+b_1.$$

从而, 速度

$$\boldsymbol{v}=\mathbf{grad}\ u=(2a_1x-2a_2y,-2a_1y-2a_2x).$$ □

***V. 静电场**

设场内没有带电体, 平面静电场

$$\boldsymbol{E}=E_x(x,y)\boldsymbol{i}+E_y(x,y)\boldsymbol{j},$$

既是无源的又是无旋的, 其中分量 E_x,E_y 具有连续的偏导数, 则

$$\mathrm{div}\boldsymbol{E}=\frac{\partial E_x}{\partial x}+\frac{\partial E_y}{\partial y}=0,$$

$$\mathbf{rot}\boldsymbol{E}=\left(\frac{\partial E_y}{\partial x}-\frac{\partial E_x}{\partial y}\right)\boldsymbol{k}=\mathbf{0}.$$

因此, 存在两个二元函数 $U(x,y)$ 和 $V(x,y)$, 使得

$$\mathrm{d}U(x,y)=-E_y(x,y)\mathrm{d}x+E_x(x,y)\mathrm{d}y,$$

$$\mathrm{d}V(x,y)=-E_x(x,y)\mathrm{d}x-E_y(x,y)\mathrm{d}y.$$

于是, 得到 (Cauchy-Riemann 方程)

$$E_x(x,y)=U_y(x,y)=-V_x(x,y),\quad -E_y(x,y)=U_x(x,y)=V_y(x,y).$$

从而, 得到一个解析函数

$$f(z)=U(x,y)+\mathrm{i}V(x,y)$$

和

$$\mathbf{grad}\,V=-E_x\boldsymbol{i}-E_y\boldsymbol{j}=-\boldsymbol{E}.$$

定义 10.20 解析函数 $f(z)=U+\mathrm{i}V$ 称为静电场 $\boldsymbol{E}$ 的**复势函数**或**复电位** (complex electric potential).

函数 $V(x,y)$ 称为静电场 $\boldsymbol{E}$ 的势函数, 也称**电势** (electric potential) 或**电位**, 等值线 $V(x,y)=C$ 称为静电场 $\boldsymbol{E}$ 的**等势线** 或**等位线**.

函数 $U(x,y)$ 称为静电场 $\boldsymbol{E}$ 的**力函数**, 等值线 $U(x,y)=C$ 称为静电场 $\boldsymbol{E}$ 的**电力线**.

因为等值线 $U(x,y)=C$ 上每点切线的斜率为 $\left.\dfrac{\mathrm{d}y}{\mathrm{d}x}\right|_{U(x,y)=C}=-\dfrac{U_x}{U_y}=\dfrac{E_y}{E_x}$, 等值线 $V(x,y)=\widetilde{C}$ 上每点切线的斜率为 $\left.\dfrac{\mathrm{d}y}{\mathrm{d}x}\right|_{V(x,y)=\widetilde{C}}=-\dfrac{V_x}{V_y}=-\dfrac{E_x}{E_y}$, 所以静电场 $\boldsymbol{E}$ 在等值线 $U(x,y)=C$ 上每点处的向量 $\boldsymbol{E}=E_x\boldsymbol{i}+E_y\boldsymbol{j}$ 都与等值线 $U(x,y)=C$ 相切, 也即是说在静电场 $\boldsymbol{E}$ 中的等值线 $U(x,y)=C$ 就是电力线.

另外, 若定义函数

$$E=E_x+\mathrm{i}E_y=-V_x-\mathrm{i}U_x=-\mathrm{i}\,\overline{U_x+\mathrm{i}V_x}=-\mathrm{i}\,\overline{f'(z)},$$

则表明静电场 $\boldsymbol{E}$ 可用复变函数 $E=-\mathrm{i}\,\overline{f'(z)}$ 表示. 至于静电场的复势和流速场的复势相差一个因子 $-\mathrm{i}$, 这主要是电工学上的习惯用法造成的.

反之, 若在一个区域内给定一个解析函数 $f(z)=U+\mathrm{i}V$, 则得到一个以它为复势的平面静电场 $E=-\mathrm{i}\,\overline{f'(z)}$ 与它对应, 然后立得这个场的力函数和势函数, 进而能描述静电场的图像.

例 10.15 求出位于平面坐标原点的电量为 q 的点电荷所产生的静电场

$$\boldsymbol{E}=\frac{q}{2\pi\varepsilon \boldsymbol{r}^2}\boldsymbol{r}$$

的复势函数, 其中 ε 为介电常数.

解 提示

$$V=\frac{q}{4\pi\varepsilon}\ln\frac{x_0^2+y_0^2}{x^2+y^2},$$

$$U=\frac{q}{2\pi\varepsilon}\left(\arctan\frac{y}{x}+\arctan\frac{x_0}{y_0}-\frac{\pi}{2}\right).$$ □

例 10.16 已知某个静电场的电力线方程为

$$\frac{x}{x^2+y^2}=C,$$

求出等位线方程和复势函数.

留给读者练习.

* Ⅵ. **向量分析的基本定理**

定理 10.4 设 $\boldsymbol{A}=\boldsymbol{A}(\boldsymbol{r})$ 是具有连续散度和旋度的连续向量场, $r=|\boldsymbol{r}|$ 和 $\varepsilon>0$. 若当 $r\to+\infty$ 时, $|\boldsymbol{A}|$ 以 $\frac{1}{r^{1+\varepsilon}}$ 衰减下降, 而 $|\mathrm{div}\boldsymbol{A}|$ 和 $|\mathbf{rot}\boldsymbol{A}|$ 以 $\frac{1}{r^{2+\varepsilon}}$ 衰减下降, 则 $\boldsymbol{A}$ 可唯一 (可以相差一个常向量) 表成 $\boldsymbol{A}=\boldsymbol{A}_1+\boldsymbol{A}_2$, 其中 $\boldsymbol{A}_1$ 是有势场 (即 $\mathbf{rot}\boldsymbol{A}_1=\mathbf{0}$), $\boldsymbol{A}_2$ 为无源场 (即 $\mathrm{div}\boldsymbol{A}_2=0$).

▶ 习题十

1. 求出数量场 $u=x^2-2y^2+3z^2$ 在点 $A(1,1,1)$ 处沿哪个方向的方向导数最大, 并给出这个最大值.

2. 求出向量场 $\boldsymbol{A}=x\boldsymbol{i}+y\boldsymbol{j}+(x+y)z\boldsymbol{k}$ 过点 (2, 1, e) 的向量线方程.

3. 计算 (1) $\mathbf{rot}(\mathbf{grad}\ u)$; (2) $\mathrm{div}(u\mathbf{grad}\ u)$.

4. 证明: 向量场 $\boldsymbol{A}=(2xy^3z+y^2)\boldsymbol{i}+(3x^2y^2z+2xy)\boldsymbol{j}+(x^2y^3+\mathrm{e}^z)\boldsymbol{k}$ 是有势场, 并求势函数.

5. 证明: 向量场 $\boldsymbol{A}=2xy\boldsymbol{i}+(x^2-y^2-y+z)\boldsymbol{j}+(y+z)\boldsymbol{k}$ 是调和场, 并求其调和函数.

6. 已知平面调和场的力函数 $u=2(x-1)y$, 求场的势函数 v 及场向量 $\boldsymbol{A}$.

附录 I 区　　域

下面我们介绍本书中用到的一些朴素的点集拓扑学概念. 详细的知识可以参看点集拓扑学或一般拓扑学教材.

定义 I.1 复平面上以 z_0 为中心、$r > 0$ 为半径的圆 $|z - z_0| < r$ 内部的点的集合, 称为 z_0 **的邻域** (neighbourhood of z_0), 记为 $U(z_0) = \{z : |z - z_0| < r\}$. 称由 $0 < |z - z_0| < r$ 所确定的点集为 z_0 **的去心邻域** (punctured neighbourhood of z_0), 记为 $U^\circ(z_0) = \{z : 0 < |z - z_0| < r\}$.

定义 I.2 设 D 是一平面点集, 任意 $z_0 \in D$. 若存在 z_0 的一个邻域 $U(z_0) \subset D$, 则称 z_0 为 D 的**内点** (interior point). 若 D 内每一个点都是 D 的内点, 则称 D 为**开集** (open set). 平面上开集 D 的余集 $\mathbf{C}\backslash D$ 称为**闭集**(closed set).

例如, 第一象限、上半平面是开集, 但 $\{z = x + \mathrm{i}y : x \geqslant 0, y \geqslant 0\}$ 是闭集, 不是开集.

定义 I.3 度量空间的一个子集是**连通的** (connected), 若它不能被表示成两个非空的不相交的相对开集的并. 平面中的一个非空连通开集, 称为一个**区域** (domain). 特殊地, 平面中一个非空开集的充要条件是其中任何两点都可以用完全属于集合的一条折线连接起来.

定义 I.4 设 D 是复平面内的一个区域, 若 $P \notin D$, 但在 P 的任意小的邻域内总含有 D 中的点, 则称 P 为 D 的**边界点** (boundary point). D 的所有边界点组成 D 的**边界** (boundary), 记 ∂D.

定义 I.5 区域 D 与它的边界 ∂D 一起构成**闭区域** (closed domain) 或**闭域**, 记 $\overline{D}$.

定义 I.6 若一个区域 D 可以被包含在一个以原点为中心的圆里面 (即存在 $M > 0$, 使得对任意的 $z \in D$ 满足 $|z| < M$), 则称 D 是**有界的** (bounded), 否则称为**无界的** (unbounded).

例如, 圆环域 $\{z : r_1 < |z - z_0| < r_2\}$ 是有界的, 下半平面是无界的.

定义 I.7 若 $x(t), y(t)$ 是两个连续的实变函数, 则方程组 $x = x(t), y = y(t)(t \in [a, b])$ 表示一条平面曲线, 称为**连续曲线** (continuous curve). 若令 $z(t) = x(t) + \mathrm{i}y(t)$, 则该曲线可用 $z = z(t)(t \in [a, b])$ 来表示, 这是平面曲线的复数表示式.

定义 I.8　若在 $a \leqslant t \leqslant b$ 上, $x'(t)$ 和 $y'(t)$ 都是连续的且对任意的 $t \in [a,b]$ 有 $[x'(t)]^2 + [y'(t)]^2 \neq 0$, 则称这条曲线是 **光滑的** (smooth). 由几段依次相互连接的光滑曲线所组成的曲线称为 **分段光滑曲线** (piecewise smooth curve).

定义 I.9　设 $\gamma : z = z(t)(t \in [a,b])$ 为一连续曲线, $z(a)$ 和 $z(b)$ 分别称为 γ 的 **起点** (initial point) 与 **终点** (terminal point). 对满足 $a < t_1 < b$, $a \leqslant t_2 \leqslant b$ 的 t_1 与 t_2, 若当 $t_1 \neq t_2$ 时有 $z(t_1) = z(t_2)$, 则称点 $z(t_1)$ 为曲线 γ 的 **交点** (intersection point). 没有交点的连续曲线称为 **简单曲线** (simple curve) 或 **Jordan 曲线**. 若简单曲线 γ 的起点与终点重合, 则称该曲线为 **简单闭曲线** (simple closed curve).

任意一条简单闭曲线 γ 把整个复平面唯一地分成三个互不相交的点集: 一个有界区域 (称为 γ 的内部), 另一个无界区域 (称为 γ 的外部) , 以及它们的公共边界 γ.

定义 I.10　复平面上的一个区域 B, 若在其中任作一条简单闭曲线, 曲线的内部总属于 B, 则称 B 为 **单连通域** (simply connected domain), 否则就称为 **多连通域** (multiply connected domain).

单连通区域的特征: 属于 B 的任何一条简单闭曲线, 在 B 内可以经过连续变形而收缩成一点. 显然, 一条简单闭曲线的内部就是一个单连通域.

下面来看空间情形:

定义 I.11　若在一个空间区域 G 内的任何一条简单闭曲线 l, 都可以作出一个以 l 为边界且全部位于区域 G 内的曲面 S, 则称此区域 G 为 **线单连域**, 否则称为 **线复连域**, 如空心球体是线单连域, 环面体是线复连域.

定义 I.12　若在一个空间区域 G 内的任一简单闭曲面 S 所包围的全部点, 都在区域 G 内 (即曲面 S 内没有洞) , 则称此区域 G 为 **面单连域**, 否则称为 **面复连域**, 如环面体是面单连域, 空心球体为面复连域.

许多空间区域既是线单连域, 同时又是面单连域, 如实心球体、椭球体、圆柱体、平行六面体等.

附录 II　Green 公式

设闭区域 Ω 是由平面上分段光滑的简单正向闭曲线 γ 所围成. 若函数 $P(x,y)$ 和 $Q(x,y)$ 在 Ω 上具有一阶连续的偏导数, 则

$$\oint_{\gamma} P(x,y)\mathrm{d}x + Q(x,y)\mathrm{d}y = \iint_{\Omega} \Big(\frac{\partial Q}{\partial x} - \frac{\partial P}{\partial y}\Big)\mathrm{d}x\mathrm{d}y.$$

证明　显然, 只要证明

$$\oint_{\gamma} P(x,y)\mathrm{d}x = -\iint_{\Omega} \frac{\partial P}{\partial y}\mathrm{d}x\mathrm{d}y, \quad \oint_{\gamma} Q(x,y)\mathrm{d}y = \iint_{\Omega} \frac{\partial Q}{\partial x}\mathrm{d}x\mathrm{d}y$$

即可.

(1) 首先, 假设光滑曲线 γ 与平行坐标轴的直线的交点不超过两个 (如图 II.1), 于是可以将区域表示为 $\Omega = \{(x,y)|a \leqslant x \leqslant b, \varphi_1(x) \leqslant y \leqslant \varphi_2(x)\}$ 或者 $\Omega = \{(x,y)|c \leqslant y \leqslant d, \psi_1(y) \leqslant x \leqslant \psi_2(y)\}$.

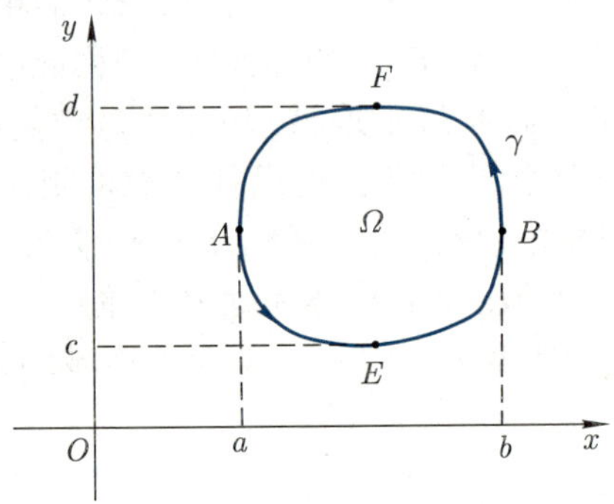

图 II.1

因为

$$\begin{aligned}\iint_{\Omega} \frac{\partial P}{\partial y}\mathrm{d}x\mathrm{d}y &= \int_a^b \mathrm{d}x \int_{\varphi_1(x)}^{\varphi_2(x)} \frac{\partial P}{\partial y}\mathrm{d}y = \int_a^b P(x,y)\Big|_{\varphi_1(x)}^{\varphi_2(x)}\mathrm{d}x \\ &= \int_a^b \Big[P(x,\varphi_2(x)) - P(x,\varphi_1(x))\Big]\mathrm{d}x,\end{aligned}$$

$$\begin{aligned}\oint_{\gamma} P(x,y)\mathrm{d}x &= \int_{\widehat{AEB}} P(x,y)\mathrm{d}x + \int_{\widehat{BFA}} P(x,y)\mathrm{d}x \\ &= \int_a^b P(x,\varphi_1(x))\mathrm{d}x + \int_b^a P(x,\varphi_2(x))\mathrm{d}x \\ &= -\int_a^b \Big[P(x,\varphi_2(x)) - P(x,\varphi_1(x))\Big]\mathrm{d}x,\end{aligned}$$

所以,

$$\oint_{\gamma} P(x,y)\mathrm{d}x = -\iint\limits_{\Omega} \frac{\partial P}{\partial y}\mathrm{d}x\mathrm{d}y.$$

类似地, 有

$$\begin{aligned}\iint\limits_{\Omega} \frac{\partial Q}{\partial x}\mathrm{d}x\mathrm{d}y &= \int_c^d \mathrm{d}y \int_{\psi_1(y)}^{\psi_2(y)} \frac{\partial Q}{\partial x}\mathrm{d}x = \int_c^d Q(x,y)\Big|_{\psi_1(y)}^{\psi_2(y)}\mathrm{d}y \\ &= \int_c^d \Big[Q(\psi_2(y),y) - Q(\psi_1(y),y)\Big]\mathrm{d}y,\end{aligned}$$

$$\begin{aligned}\oint_{\gamma} Q(x,y)\mathrm{d}y &= \int_{\widehat{EBF}} Q(x,y)\mathrm{d}y + \int_{\widehat{FAE}} Q(x,y)\mathrm{d}y \\ &= \int_c^d Q(\psi_2(y),y)\mathrm{d}y + \int_d^c Q(\psi_1(y),y)\mathrm{d}y \\ &= \int_c^d \Big[Q(\psi_2(y),y) - Q(\psi_1(y),y)\Big]\mathrm{d}y,\end{aligned}$$

所以,

$$\oint_{\gamma} Q(x,y)\mathrm{d}y = \iint\limits_{\Omega} \frac{\partial Q}{\partial x}\mathrm{d}x\mathrm{d}y.$$

(2) 若区域 Ω 的边界曲线 γ 与平行坐标轴的直线的交点超过两个, 或者区域 Ω 是多连通区域, 则只要把区域 Ω 分成有限个 (1) 中的区域类型即可. 这些小区域共同的边界上的积分恰好相互抵消, 从而 Green 公式仍成立. □

附录 III　Fourier 变换表

$f(x)$	$F(\lambda)=\int_{-\infty}^{+\infty} f(x)\mathrm{e}^{-\mathrm{i}\lambda x}\mathrm{d}x$
$\begin{cases} A,\ \lvert x\rvert \leqslant B, \\ 0,\ \lvert x\rvert > B \end{cases} \quad (A,B>0)$	$\dfrac{2A\sin B\lambda}{\lambda}$
$\begin{cases} \mathrm{e}^{-\beta x},\ x\geqslant 0, \\ 0,\qquad x<0 \end{cases} \quad (\beta>0)$	$\dfrac{1}{\beta+\mathrm{i}\lambda}$
$\begin{cases} \dfrac{2A}{B}\left(\dfrac{B}{2}+x\right),\ -\dfrac{B}{2}\leqslant x\leqslant 0, \\ \dfrac{2A}{B}\left(\dfrac{B}{2}-x\right),\ 0\leqslant x\leqslant \dfrac{B}{2} \end{cases} \quad (A,B>0)$	$\dfrac{4A}{B\lambda^2}\left(1-\cos\dfrac{B\lambda}{2}\right)$
$\mathrm{e}^{-\beta\lvert x\rvert}\ (\beta>0)$	$\dfrac{2\beta}{\beta^2+\lambda^2}$
$\mathrm{e}^{-\beta x^2}$	$\sqrt{\dfrac{\pi}{\beta}}\mathrm{e}^{-\frac{\lambda^2}{4\beta}}$
$\delta(x)$	1
$\delta(x-x_0)$	$\mathrm{e}^{-\mathrm{i}\lambda x_0}$
$\mathrm{H}(x)$	$\dfrac{1}{\mathrm{i}\lambda}+\pi\delta(\lambda)$
1	$2\pi\delta(\lambda)$
$\mathrm{e}^{\mathrm{i}\lambda_0 x}$	$2\pi\delta(\lambda-\lambda_0)$
$\cos(\lambda_0 x)$	$\pi\Big[\delta(\lambda+\lambda_0)+\delta(\lambda-\lambda_0)\Big]$
$\sin(\lambda_0 x)$	$\pi\mathrm{i}\Big[\delta(\lambda+\lambda_0)-\delta(\lambda-\lambda_0)\Big]$
$\dfrac{\sin(\lambda_0 x)}{\pi x}$	$\begin{cases} 1,\quad \lvert\lambda\rvert\leqslant\lambda_0, \\ 0,\quad \lvert\lambda\rvert>\lambda_0 \end{cases}$
$\begin{cases} A\cos\lambda_0 x,\ \lvert x\rvert\leqslant B, \\ 0,\qquad\quad \lvert x\rvert>B \end{cases} \quad (A,B>0)$	$AB\Big(\dfrac{\sin B(\lambda-\lambda_0)}{B(\lambda-\lambda_0)}+\dfrac{\sin B(\lambda+\lambda_0)}{B(\lambda+\lambda_0)}\Big)$
$x^m\ (m\in\mathbf{N})$	$2\pi\mathrm{i}^m\delta^{(m)}(\lambda)$
$\mathrm{sgn}(x)$	$\dfrac{2}{\mathrm{i}\lambda}$

附录 IV　Fourier 正弦变换表

$f(x)$	$F_s(\lambda)=\int_0^{+\infty} f(x)\sin(\lambda x)\mathrm{d}x$
$\begin{cases}\sin x, & 0<x\leqslant A,\\ 0, & x>A\end{cases}$	$\frac{1}{2}\left[\frac{\sin A(1-\lambda)}{1-\lambda}-\frac{\sin A(1+\lambda)}{1+\lambda}\right]$
$\begin{cases}1, & 0<x\leqslant A,\\ 0, & x>A\end{cases}$	$\frac{1-\cos A\lambda}{\lambda}$
$\mathrm{e}^{-ax}\ (a>0)$	$\frac{\lambda}{a^2+\lambda^2}$
$\mathrm{e}^{-\alpha x^2}\ (\mathrm{Re}\,(\alpha)>0)$	$\frac{\mathrm{e}^{-\frac{\lambda^2}{4\alpha}}}{\sqrt{\alpha}}\int_0^{\frac{\lambda}{2\sqrt{\alpha}}}\mathrm{e}^{t^2}\mathrm{d}t$
$x^{p-1}\ (0<p<1)$	$\frac{\Gamma(p)}{\lambda^p}\sin\frac{p\pi}{2}$
$x\mathrm{e}^{-x^2/2}$	$\sqrt{\frac{\pi}{2}}\lambda\mathrm{e}^{-\lambda^2/2}$
$\frac{1}{x}$	$\frac{\pi}{2}\mathrm{sgn}\lambda$
$\frac{\sin ax}{x}\ (a>0)$	$\frac{1}{2}\ln\left\|\frac{a+\lambda}{a-\lambda}\right\|$
$\mathrm{J}_0(ax)\ (a>0)$	$\begin{cases}0, & 0\leqslant\lambda<a,\\ \frac{1}{\sqrt{\lambda^2-a^2}}, & \lambda>a\end{cases}$

附录 V　Fourier 余弦变换表

$f(x)$	$F_c(\lambda)=\int_0^{+\infty} f(x)\cos(\lambda x)\mathrm{d}x$
$\begin{cases}\cos x, & 0<x\leqslant A,\\ 0, & x>A\end{cases}$	$\frac{1}{2}\left[\frac{\sin A(1-\lambda)}{1-\lambda}+\frac{\sin A(1+\lambda)}{1+\lambda}\right]$
$\begin{cases}1, & 0<x\leqslant A,\\ 0, & x>A\end{cases}$	$\frac{\sin A\lambda}{\lambda}$
$\mathrm{e}^{-ax}\ (a>0)$	$\frac{a}{a^2+\lambda^2}$
$\mathrm{e}^{-\alpha x^2}\ (\mathrm{Re}(\alpha)>0)$	$\sqrt{\frac{\pi}{4\alpha}}\mathrm{e}^{-\frac{\lambda^2}{4\alpha}}$
$x^{p-1}\ (0<p<1)$	$\frac{\Gamma(p)}{\lambda^p}\cos\frac{p\pi}{2}$
$\frac{1}{a^2+x^2}\ (a>0)$	$\frac{\pi\mathrm{e}^{-a\lvert\lambda\rvert}}{2a}$
$\cos\left(x^2/2\right)$	$\sqrt{\frac{\pi}{2}}\cos\left(\frac{\lambda^2}{2}-\frac{\pi}{4}\right)$
$\sin(x^2/2)$	$\sqrt{\frac{\pi}{2}}\cos\left(\frac{\lambda^2}{2}+\frac{\pi}{4}\right)$
$\frac{\sin ax}{x}\ (a>0)$	$\begin{cases}\frac{\pi}{2}, & 0<\lambda<a,\\ 0, & \lambda>a\end{cases}$
$\mathrm{J}_0(ax)\ (a>0)$	$\begin{cases}\frac{1}{\sqrt{a^2-\lambda^2}}, & 0\leqslant\lambda<a,\\ 0, & \lambda>a\end{cases}$

附录 VI　Laplace 变换表

$f(t)$	$F(s)=\int_0^{+\infty} f(t)\mathrm{e}^{-st}\mathrm{d}t$
$\mathrm{H}(t)$	$\frac{1}{s}$
1	$\frac{1}{s}$
e^{at}	$\frac{1}{s-a}$
$t^{\alpha}\ (\alpha>-1)$	$\frac{\Gamma(\alpha+1)}{s^{\alpha+1}}$
$t^{\alpha}\mathrm{e}^{at}\ (\alpha>-1)$	$\frac{\Gamma(\alpha+1)}{(s-a)^{\alpha+1}}$
$\sin(\omega t)\ (\omega>0)$	$\frac{\omega}{s^2+\omega^2}$
$\cos(\omega t)$	$\frac{s}{s^2+\omega^2}$
$\sinh(\omega t)$	$\frac{\omega}{s^2-\omega^2}$
$\cosh(\omega t)$	$\frac{s}{s^2-\omega^2}$
$\mathrm{e}^{-at}\sin(bt+c)$	$\frac{(s+a)\sin c+b\cos c}{(s+a)^2+b^2}$
$\frac{\mathrm{e}^{bt}-\mathrm{e}^{at}}{t}$	$\ln\frac{s-a}{s-b}$
$\frac{\sin at}{t}$	$\arctan\frac{a}{s}$
$\delta(t)$	1
$\frac{1}{\sqrt{\pi t}}$	$\frac{1}{\sqrt{s}}$
$2\sqrt{\frac{t}{\pi}}$	$\frac{1}{s\sqrt{s}}$
$\mathrm{J}_0(at)$	$\frac{1}{\sqrt{s^2+a^2}}$
$\mathrm{J}_1(at)$	$\frac{1}{a}\left(1-\frac{s}{\sqrt{s^2+a^2}}\right)$

附录 VII　Mellin 变换表

$f(x)$	$F(s)=\int_0^{+\infty} f(x)x^{s-1}\mathrm{d}x$
e^{-x}	$\Gamma(s)\quad(\mathrm{Re}(s)>0)$
$\mathrm{e}^{-ax}\ (a>0)$	$\dfrac{\Gamma(s)}{a^s}\quad(\mathrm{Re}(s)>0)$
e^{-x^2}	$\dfrac{1}{2}\Gamma\left(\dfrac{s}{2}\right)\quad(\mathrm{Re}(s)>0)$
$\sin x$	$\Gamma(s)\sin\dfrac{\pi s}{2}\quad(-1<\mathrm{Re}(s)<1)$
$\sin ax\ (a>0)$	$\dfrac{\Gamma(s)}{a^s}\sin\dfrac{\pi s}{2}\quad(-1<\mathrm{Re}(s)<1)$
$\cos x$	$\Gamma(s)\cos\dfrac{\pi s}{2}\quad(-1<\mathrm{Re}(s)<1)$
$\cos ax\ (a>0)$	$\dfrac{\Gamma(s)}{a^s}\cos\dfrac{\pi s}{2}\quad(-1<\mathrm{Re}(s)<1)$
$\dfrac{1}{1-x}$	$\pi\cot(\pi s)\quad(0<\mathrm{Re}(s)<1)$
$\dfrac{1}{a-x}\quad(a>0)$	$\pi a^{s-1}\cot(\pi s)\quad(0<\mathrm{Re}(s)<1)$
$\dfrac{1}{a+x}\quad(a>0)$	$\pi a^{s-1}\csc(\pi s)\quad(0<\mathrm{Re}(s)<1)$
$\dfrac{1}{(1+x^a)^b}\quad(a,b>0)$	$\dfrac{\Gamma(s/a)\Gamma(b-s/a)}{a\Gamma(b)}\quad(0<\mathrm{Re}(s)<ab)$
$K_\nu(ax)\ (a>0)$	$a^{-s}2^{s-2}\Gamma\left(\dfrac{s-\nu}{2}\right)\Gamma\left(\dfrac{s+\nu}{2}\right)\quad(\mathrm{Re}(s)>\lvert\mathrm{Re}(\nu)\rvert)$
$\begin{cases}1,\ 0<x<a,\\0,\ x>a\end{cases}$	$\dfrac{a^s}{s}\quad(\mathrm{Re}(s)>0)$

附录 VIII　Hankel 变换表

$f(x)$	$F_\nu(t)=\int_0^{+\infty} x\mathrm{J}_\nu(tx)f(x)\mathrm{d}x$
$\begin{cases}x^\nu,\ 0<x<A,\\ 0,\ x>A\end{cases}$	$\dfrac{A^{\nu+1}}{t}\mathrm{J}_{\nu+1}(At)\quad(\nu>-1)$
$\mathrm{e}^{-ax}(a>0)$	$\begin{cases}\dfrac{a}{(t^2+a^2)^{5/2}} & (\nu=0)\\ \dfrac{t}{(t^2+a^2)^{3/2}} & (\nu=1)\end{cases}$
$\dfrac{\sin ax}{x}$	$\begin{cases}\dfrac{a}{t\sqrt{t^2-a^2}}, & t>a,\\ 0, & 0<t<a\end{cases}\quad(\nu=1)$
$\dfrac{\sin ax}{x}$	$\begin{cases}0, & t>a,\\ \dfrac{1}{\sqrt{a^2-t^2}}, & 0<t<a\end{cases}\quad(\nu=0)$

附录 IX　Z 变换表 $(T\equiv 1)$

$f(n)\ (n\geqslant 0)$	$F(z)=\sum\limits_{n=0}^{+\infty}f(nT)z^{-n},\ \lvert z\rvert>R,$
$\mathrm{H}(n)=\begin{cases}1,\ n\geqslant 0,\\0,\ \text{其他}\end{cases}$	$\dfrac{z}{z-1}$
$\mathrm{e}^{-\alpha n}$	$\dfrac{z}{z-\mathrm{e}^{-\alpha}}$
n	$\dfrac{z}{(z-1)^2}$
$n^k\ (k\in\mathbf{N})$	$(-1)^k\mathrm{D}^k\Big(\dfrac{z}{z-1}\Big),\ \mathrm{D}=\dfrac{\mathrm{d}}{\mathrm{d}z}$
$\mathrm{H}(n-k)$	$\dfrac{z^{-k+1}}{z-1}$
$\mathrm{e}^{-\alpha n}f(n)$	$F(\mathrm{e}^{\alpha}z)$
$n^{(2)}=n(n-1)$	$2\dfrac{z}{(z-1)^3}$
$n^{(3)}=n(n-1)(n-2)$	$3!\dfrac{z}{(z-1)^4}$
$n^{(k)}=n(n-1)(n-2)\cdots(n-k+1)$	$k!\dfrac{z}{(z-1)^{k+1}}$
$n(n+1)(n+2)\cdots(n+k-1)f(n)$	$(-1)^k z^k\dfrac{\mathrm{d}^k}{\mathrm{d}z^k}F(z)$
$\dfrac{c^n}{n!}$	$\mathrm{e}^{c/z}$
$\dfrac{(\ln c)^n}{n!}$	$c^{1/z}$

附录 X　向量分析

向量分析是线性代数的延续, 主要研究与向量 (或矢量) 函数有关的微积分运算及其应用. 可以用来研究空间曲线、曲面的性质, 是微分几何的出发点. 此外, 向量又可以看作一阶张量, 因此向量分析又可以看成是张量分析的特例. 同样, 向量分析也是是场论的基础, 也是研究其他学科的有用工具之一. 当三维空间取定坐标系后, 向量函数的微分法与积分法都可以通过它的各个分量的相应运算来实现 (参见 [13]).

三维空间中全体向量构成的集合构成一个**向量代数** (vector algebra).

定义 X.1　一个仅有大小的数量称为一个**标量** (scalar). 如温度、密度、质量、功等.

只有当两个标量有相同的物理维数时, 才可比较. 在同样的单位制下, 两个标量相等当且仅当它们有相同的量 (绝对值) 和符号.

定义 X.2　一个既有大小又有方向的量称为一个**向量** (vector), 常用 $\boldsymbol{a}$ 或 $\vec{a}$ 表示, 其中向量的大小也称为向量的**模** (module), 记为 $|\boldsymbol{a}|$. 如位移、速度、加速度、力、力矩、电场场强、电介质极化等.

只有当两个向量有相同的物理或几何意义 (从而有相同的维数) 时, 才可比较. 在同样的单位制下, 两个向量相等当且仅当它们有相同的量 (长度) 和方向.

模为零的向量称为**零向量** (zero vector), 记为 $\mathbf{0}$, 它的方向可以看成是任意的. 模为 1 的向量称为**单位向量** (unit vector). 一个与向量 $\boldsymbol{a}$ 大小相等方向相反的向量称为**相反向量** (opposite vector), 记为 $-\boldsymbol{a}$.

在几何与物理的许多问题中, 常常涉及与起点无关的一些向量, 但经过平移能完全重合, 这种向量常被认为是同一个向量, 称为**自由向量** (free vector). 沿着直线作用的向量称为**滑动向量** (sliding vector). 作用于空间一点的向量称为**约束向量** (bound vector). 当取定三维空间的坐标系后, 自由向量由 3 个数完全确定, 滑动向量由 5 个数完全确定, 约束向量由 6 个数完全确定, 而后两种常归为前者的研究. 因此, 多数教材中仅研究自由向量.

定义 X.3　**张量** (tensor) 是一个定义在一些向量空间及其对偶空间的笛卡儿积上的多重线性映射, 其坐标是 m 维空间内有 m 个分量的一种量, 其中每个分量都是坐标的函数, 而在坐标变换时, 这些分量依照某些规则作线性变换. 由于变换方式的不同, 张量分成协变张量、反变张量、混合张量三类. 例如, 几何学中的曲率张量, 工程中的应变张量 (形变张量), 物理中的惯性矩张量、极化张量等.

张量这一术语起源于力学, 它最初是用来表示弹性介质中各点的应力状态, 后来张量理论发展成为力学和物理学的一个有力的数学工具. 张量是向量的推广, 向量是一阶张量. 张量的重要性在于它可以满足一切物理定律, 且与坐标系的选择无关.

定义 X.4 (向量的**线性运算**) 以一个定点作为始点作不在同一直线上的两个向量 $\boldsymbol{a}, \boldsymbol{b}$, 再以这两个向量为邻边作一个平行四边形, 从定点到这个平行四边形对角顶点所构成的向量, 称为向量 $\boldsymbol{a}$ 与 $\boldsymbol{b}$ 的**和**, 记为 $\boldsymbol{a}+\boldsymbol{b}$. 也称为向量加法的平行四边形法则. 当向量 $\boldsymbol{a}, \boldsymbol{b}$ 同向平行时, $\boldsymbol{a}+\boldsymbol{b}$ 指的是一个与 $\boldsymbol{a}, \boldsymbol{b}$ 方向相同、大小为 $|\boldsymbol{a}|+|\boldsymbol{b}|$ 的向量. 当向量 $\boldsymbol{a}, \boldsymbol{b}$ 反向平行时, $\boldsymbol{a}+\boldsymbol{b}$ 指的是一个与 $\boldsymbol{a}, \boldsymbol{b}$ 中模大的向量方向一致、大小为 $\big||\boldsymbol{a}|-|\boldsymbol{b}|\big|$ 的向量.

向量 $\boldsymbol{a}$ 与 $\boldsymbol{b}$ 的**差**定义为 $\boldsymbol{a}+(-\boldsymbol{b})$, 记为 $\boldsymbol{a}-\boldsymbol{b}$.

设 $\mu \in \mathbf{R}$, 向量 $\boldsymbol{a}$ 与 μ 的乘积 $\mu\boldsymbol{a}$ 是一个向量, 称为向量 $\boldsymbol{a}$ 与数 μ 的**乘法**, 简称 **数乘**. 向量 $\mu\boldsymbol{a}$ 的模与方向规定如下: 当 $\mu>0$ 时, $\mu\boldsymbol{a}$ 的方向与 $\boldsymbol{a}$ 的方向一致, 模等于 $|\boldsymbol{a}|$ 的 μ 倍. 当 $\mu=0$ 时, $\mu\boldsymbol{a}=\mathbf{0}$, 方向可以任意. 当 $\mu<0$ 时, $\mu\boldsymbol{a}$ 的方向与 $\boldsymbol{a}$ 的方向相反, 模等于 $|\boldsymbol{a}|$ 的 $|\mu|$ 倍.

性质 X.1 向量的加法运算和数乘运算满足如下性质:

(1) 加法交换律 $\boldsymbol{a}+\boldsymbol{b}=\boldsymbol{b}+\boldsymbol{a}$.

(2) 加法结合律 $(\boldsymbol{a}+\boldsymbol{b})+\boldsymbol{c}=\boldsymbol{a}+(\boldsymbol{b}+\boldsymbol{c})$.

(3) $\boldsymbol{a}+\mathbf{0}=\mathbf{0}+\boldsymbol{a}=\boldsymbol{a}$.

(4) $\boldsymbol{a}+(-\boldsymbol{a})=\mathbf{0}$.

(5) $1\cdot\boldsymbol{a}=\boldsymbol{a}$.

(6) $\lambda(\mu\boldsymbol{a})=(\lambda\mu)\boldsymbol{a}$, 其中 $\lambda, \mu \in \mathbf{R}$.

(7) $(\lambda+\mu)\boldsymbol{a}=\lambda\boldsymbol{a}+\mu\boldsymbol{a}$, 其中 $\lambda, \mu \in \mathbf{R}$.

(8) $\mu(\boldsymbol{a}+\boldsymbol{b})=\mu\boldsymbol{a}+\mu\boldsymbol{b}$, 其中 $\mu \in \mathbf{R}$.

注 X.1 空间中向量的全体和线性运算一起构成一个**向量空间** (vector space) 或**线性空间** (linear space).

定义 X.5 设非零向量 $\boldsymbol{a}$ 与 $\boldsymbol{b}$ 经过平移起点均位于同一点 O, 在 $\boldsymbol{a}, \boldsymbol{b}$ 决定的平面内将其中一个向量绕 O 点旋转, 使得这两个向量的正方向重合, 所转过的角度称为向量 $\boldsymbol{a}$ 与 $\boldsymbol{b}$ 的**夹角**, 记为 $(\widehat{\boldsymbol{a}, \boldsymbol{b}})$, 且规定 $0 \leqslant (\widehat{\boldsymbol{a}, \boldsymbol{b}}) \leqslant \pi$. 特别地, 当 $\boldsymbol{a} /\!/ \boldsymbol{b}$ 时, 若 $\boldsymbol{a}$ 与 $\boldsymbol{b}$ 同向, 则 $(\widehat{\boldsymbol{a}, \boldsymbol{b}})=0$; 若 $\boldsymbol{a}$ 与 $\boldsymbol{b}$ 反向, 则 $(\widehat{\boldsymbol{a}, \boldsymbol{b}})=\pi$. 当 $\boldsymbol{a}$ 与 $\boldsymbol{b}$

其中之一为 $\mathbf{0}$ 时, 则 $(\widehat{\boldsymbol{a},\boldsymbol{b}})$ 可在 0 与 π 之间任意取值.

给定轴 l 上的单位向量 $\boldsymbol{e}$, 过给定的向量 $\boldsymbol{a}$ 起点 A 和终点 B 作与轴 l 垂直的平面交 l 轴分别为 A' 和 B', 则分别称 A' 与 B' 在轴 l 上的投影, 向量 $\overrightarrow{A'B'}$ 称为向量 $\boldsymbol{a}$ 在轴 l 上的分向量. 由于 $\overrightarrow{A'B'}/\!/\boldsymbol{e}$, 所以存在唯一的一个数 λ, 使得 $\overrightarrow{A'B'}=\lambda\boldsymbol{e}$, 称 λ 为向量 $\boldsymbol{a}$ 到轴 l 上的**投影**, 记 $\mathrm{Prj}_l\boldsymbol{a}$. 若向量 $\boldsymbol{a}$ 与轴 l 的夹角为 θ, 则 $\mathrm{Prj}_l\boldsymbol{a}=|\boldsymbol{a}|\cos\theta$. 显然, 当向量 $\boldsymbol{a}\neq\mathbf{0}$, $\mathrm{Prj}_l\boldsymbol{a}$ 可正可负, 也可以为 0.

于是, 有 $\mathrm{Prj}_l(\boldsymbol{a}+\boldsymbol{b})=\mathrm{Prj}_l\boldsymbol{a}+\mathrm{Prj}_l\boldsymbol{b}$.

定义 X.6　向量 $\boldsymbol{a}$ 与 $\boldsymbol{b}$ 的**数量积**指的是一个数, 大小等于 $|\boldsymbol{a}|\cdot|\boldsymbol{b}|\cdot\cos(\widehat{\boldsymbol{a},\boldsymbol{b}})$, 记为 $\boldsymbol{a}\cdot\boldsymbol{b}$. 数量积有时也称为**内积**或**点积**.

显然, 向量 $\boldsymbol{a}$ 与 $\boldsymbol{b}$ 的数量积满足

$$\boldsymbol{a}\cdot\boldsymbol{b}=|\boldsymbol{a}|\mathrm{Prj}_{\boldsymbol{a}}\boldsymbol{b}=|\boldsymbol{b}|\mathrm{Prj}_{\boldsymbol{b}}\boldsymbol{a},$$

(1) 交换律　$\boldsymbol{a}\cdot\boldsymbol{b}=\boldsymbol{b}\cdot\boldsymbol{a}$,

(2) 分配律　$(\boldsymbol{a}+\boldsymbol{b})\cdot\boldsymbol{c}=\boldsymbol{a}\cdot\boldsymbol{c}+\boldsymbol{b}\cdot\boldsymbol{c}$,

(3) $\boldsymbol{a}\perp\boldsymbol{b}$ 充要条件是 $\boldsymbol{a}\cdot\boldsymbol{b}=0$.

定义 X.7　给定两个向量 $\boldsymbol{a}$ 和 $\boldsymbol{b}$, 若向量 $\boldsymbol{c}$ 满足

(1) $|\boldsymbol{c}|=|\boldsymbol{a}|\cdot|\boldsymbol{b}|\sin(\widehat{\boldsymbol{a},\boldsymbol{b}})$, 即向量 $\boldsymbol{c}$ 的模等于由向量 $\boldsymbol{a}$ 和 $\boldsymbol{b}$ 张成平行四边形的面积;

(2) 向量 $\boldsymbol{c}$ 垂直于由向量 $\boldsymbol{a}$ 和 $\boldsymbol{b}$ 张成的平面;

(3) 向量 $\boldsymbol{a},\boldsymbol{b},\boldsymbol{c}$ 符合右手法则,

则称向量 $\boldsymbol{c}$ 为向量 $\boldsymbol{a}$ 和 $\boldsymbol{b}$ 的**向量积** (vector product), 也称**叉乘** (cross product), 记为 $\boldsymbol{a}\times\boldsymbol{b}$.

显然, $\boldsymbol{a}\times\boldsymbol{a}=\mathbf{0}$. 向量 $\boldsymbol{a}/\!/\boldsymbol{b}$ 的充要条件是 $\boldsymbol{a}\times\boldsymbol{b}=\mathbf{0}$. 此外, $\boldsymbol{a}\times\boldsymbol{b}=-\boldsymbol{b}\times\boldsymbol{a}$ 和 $(\boldsymbol{a}+\boldsymbol{b})\times\boldsymbol{c}=\boldsymbol{a}\times\boldsymbol{c}+\boldsymbol{b}\times\boldsymbol{c}$.

定义 X.8　三个向量 $\boldsymbol{a},\boldsymbol{b},\boldsymbol{c}$ 的**混合积** (mixed product) 指的是标量 $(\boldsymbol{a}\times\boldsymbol{b})\cdot\boldsymbol{c}$, 也称为**标量三重积**, 记为 $(\boldsymbol{a},\boldsymbol{b},\boldsymbol{c})$.

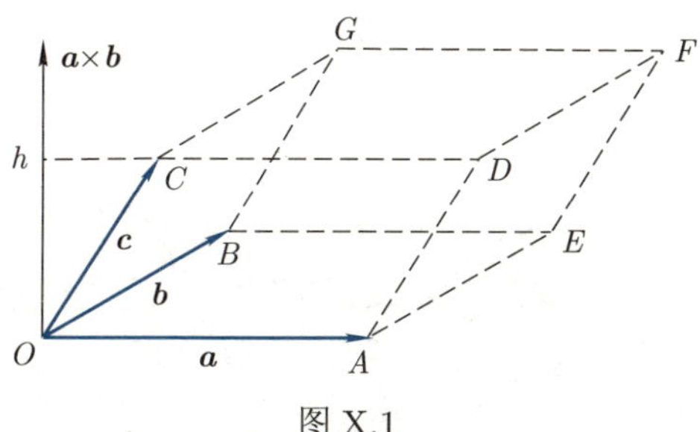

图 X.1

由混合积的定义知, $(\boldsymbol{a}\times\boldsymbol{b})\cdot\boldsymbol{c}=|\boldsymbol{a}\times\boldsymbol{b}|\cdot|\boldsymbol{c}|\cdot\cos\,(\widehat{\boldsymbol{a}\times\boldsymbol{b},\boldsymbol{c}})=|\boldsymbol{a}\times\boldsymbol{b}|\mathrm{Prj}_{\boldsymbol{a}\times\boldsymbol{b}}\boldsymbol{c}$. 注意到 $\mathrm{Prj}_{\boldsymbol{a}\times\boldsymbol{b}}\boldsymbol{c}$ 也是由三个不共面向量 $\boldsymbol{a},\boldsymbol{b},\boldsymbol{c}$ 张成的平行六面体的高, 所以混合积的绝对值 $|(\boldsymbol{a},\boldsymbol{b},\boldsymbol{c})|$ 等于以 $\boldsymbol{a},\boldsymbol{b},\boldsymbol{c}$ 为棱的平行六面体的体积 V (如图 X.1 所示). 当夹角 $(\widehat{\boldsymbol{a}\times\boldsymbol{b},\boldsymbol{c}})\in\left(0,\dfrac{\pi}{2}\right)$ 时, $|(\boldsymbol{a},\boldsymbol{b},\boldsymbol{c})|=V$; 当夹角 $(\widehat{\boldsymbol{a}\times\boldsymbol{b},\boldsymbol{c}})\in\left(\dfrac{\pi}{2},\pi\right)$ 时, $|(\boldsymbol{a},\boldsymbol{b},\boldsymbol{c})|=-V$.

显然, 三个向量 $\boldsymbol{a},\boldsymbol{b},\boldsymbol{c}$ 共面的充要条件是 $(\boldsymbol{a},\boldsymbol{b},\boldsymbol{c})=0$. 此外, 混合积也有轮换对称性

$$(\boldsymbol{a},\boldsymbol{b},\boldsymbol{c})=(\boldsymbol{b},\boldsymbol{c},\boldsymbol{a})=(\boldsymbol{c},\boldsymbol{a},\boldsymbol{b}).$$

定义 X.9 三个向量 $\boldsymbol{a},\boldsymbol{b},\boldsymbol{c}$ 的**双重向量积** (bi-cross product) 指的是标量 $\boldsymbol{a}\times(\boldsymbol{b}\times\boldsymbol{c})$, 也称为**向量三重积** (vector triple product).

由定义出发可得 Lagrange 公式

$$\boldsymbol{a}\times(\boldsymbol{b}\times\boldsymbol{c})=\boldsymbol{b}(\boldsymbol{a}\cdot\boldsymbol{c})-\boldsymbol{c}(\boldsymbol{a}\cdot\boldsymbol{b}).$$

易于证明 Jacobi 恒等式

$$\begin{aligned}&\boldsymbol{a}\times(\boldsymbol{b}\times\boldsymbol{c})+\boldsymbol{b}\times(\boldsymbol{c}\times\boldsymbol{a})+\boldsymbol{c}\times(\boldsymbol{a}\times\boldsymbol{b})=\boldsymbol{0},\\&(\boldsymbol{a}\times\boldsymbol{b})\times\boldsymbol{c}=\boldsymbol{a}\times(\boldsymbol{b}\times\boldsymbol{c})-\boldsymbol{b}\times(\boldsymbol{a}\times\boldsymbol{c}).\end{aligned}$$

注 X.2 方程 $\boldsymbol{a}\cdot\boldsymbol{x}=m$ $(\boldsymbol{a}\neq\boldsymbol{0})$ 的求解就产生了向量的**除法运算**. 显然, $\boldsymbol{a}\cdot\boldsymbol{x}=m$ 的解 $\boldsymbol{x}$ 不唯一, 具有无穷多解 (如图 X.2 所示). 因此, 向量代数里最好避免使用除法运算.

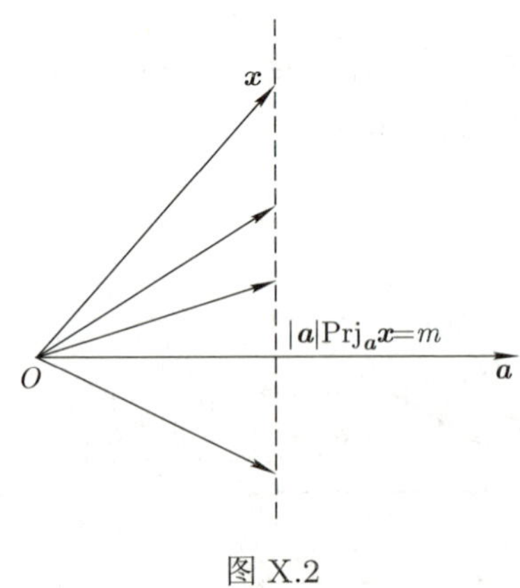

图 X.2

例如, 功 $W = \boldsymbol{F} \cdot \boldsymbol{s}$. 力 $\boldsymbol{F}$ 关于点 O 的力矩 $\boldsymbol{M} = \boldsymbol{r} \times \boldsymbol{F}$, 其中 $\boldsymbol{r}$ 是连接 O 到 $\boldsymbol{F}$ 起点的向量. 电场 $\boldsymbol{E}$ 中带电 e 所受力 $\boldsymbol{F}_e = e\boldsymbol{E}$. 磁场 $\boldsymbol{H}$ 中以速度 $\boldsymbol{v}$ 运动的带电粒子 e 所受力 $\boldsymbol{F}_m = \dfrac{e}{c}(\boldsymbol{v} \times \boldsymbol{H})$. 因此, 在电磁场中以 $\boldsymbol{v}$ 运动的带电粒子 e 所受力 $\boldsymbol{F} = \boldsymbol{F}_e + \boldsymbol{F}_m$.

定义 X.10　给定 n 个向量 $\boldsymbol{a}_1, \boldsymbol{a}_2, \cdots, \boldsymbol{a}_n$. 若存在不全为零的 n 个数 $c_1, c_2, \cdots, c_n$, 使得

$$c_1\boldsymbol{a}_1 + c_2\boldsymbol{a}_2 + \cdots + c_n\boldsymbol{a}_n = \boldsymbol{0},$$

则称这 n 个向量 $\boldsymbol{a}_1, \boldsymbol{a}_2, \cdots, \boldsymbol{a}_n$ 是**线性相关的** (linearly dependent), 否则称这 n 个向量 $\boldsymbol{a}_1, \boldsymbol{a}_2, \cdots, \boldsymbol{a}_n$ 是**线性无关的** (linearly independent). 换句话说, 若 $c_1\boldsymbol{a}_1 + c_2\boldsymbol{a}_2 + \cdots + c_n\boldsymbol{a}_n = \boldsymbol{0}$ 蕴含 $c_1 = c_2 = \cdots = c_n = 0$, 则称 n 个向量 $\boldsymbol{a}_1, \boldsymbol{a}_2, \cdots, \boldsymbol{a}_n$ 是线性无关的.

由定义知, 两个线性相关的向量是共线的, 三个线性相关的向量是共面的.

定理 X.1　(1) 设 $\boldsymbol{a}$ 和 $\boldsymbol{b}$ 是两个线性无关 (即非共线) 的向量, 则与 $\boldsymbol{a}$ 和 $\boldsymbol{b}$ 共面的任意向量 $\boldsymbol{c}$ 都有唯一的分解 $\boldsymbol{c} = \lambda\boldsymbol{a} + \mu\boldsymbol{b}$, 其中 $\lambda, \mu \in \mathbf{R}$.

(2) 设 $\boldsymbol{a}, \boldsymbol{b}$ 和 $\boldsymbol{c}$ 是三个线性无关 (即非共面) 的向量, 则任意向量 $\boldsymbol{d}$ 都有唯一的分解 $\boldsymbol{d} = \lambda\boldsymbol{a} + \mu\boldsymbol{b} + \nu\boldsymbol{c}$, 其中 $\lambda, \mu, \nu \in \mathbf{R}$.

注 X.3　三维空间中的任意四个向量必线性相关.

定义 X.11　任意三个线性无关的向量 $\boldsymbol{e}_1, \boldsymbol{e}_2, \boldsymbol{e}_3$ 构成三维空间的一组基, 其中 $\boldsymbol{e}_1, \boldsymbol{e}_2, \boldsymbol{e}_3$ 的每一个向量都称为一个**基向量**.

给定三维空间的一组基 $\boldsymbol{e}_1, \boldsymbol{e}_2, \boldsymbol{e}_3$, 任意一个向量 $\boldsymbol{a}$ 都有唯一的分解

$$\boldsymbol{a} = a_1\boldsymbol{e}_1 + a_2\boldsymbol{e}_2 + a_3\boldsymbol{e}_3, \qquad a_1, a_2, a_3 \in \mathbf{R}.$$

定义 X.12　从一个共同的点 O 分别引入三个基向量 $\boldsymbol{e}_1, \boldsymbol{e}_2, \boldsymbol{e}_3$, 使得直线 Ox_k 包含向量 $\boldsymbol{e}_k$, 其中 $k = 1, 2, 3$, 则 $Ox_1x_2x_3$ 构成一个**斜坐标系** (oblique coordinate system), Ox_1, Ox_2, Ox_3 称为**坐标轴** (coordinate axis), O 称为 **原点** (origin).

进一步, 若三个基向量 $\boldsymbol{e}_1, \boldsymbol{e}_2, \boldsymbol{e}_3$ 两两正交, 且 $|\boldsymbol{e}_1| = |\boldsymbol{e}_2| = |\boldsymbol{e}_3| = 1$, 则称这个向量组 $\boldsymbol{e}_1, \boldsymbol{e}_2, \boldsymbol{e}_3$ 是**单位正交的**, 对应的基称为一组 **单位正交基**, 对应的坐标系称为一个 **直角坐标系**. 此时, 我们常用 $\boldsymbol{i}, \boldsymbol{j}, \boldsymbol{k}$ 取代 $\boldsymbol{e}_1, \boldsymbol{e}_2, \boldsymbol{e}_3$, 对应的坐标轴用 Ox, Oy, Oz 来取代.

起点在坐标原点 O 、终点为 M 的向量 $\overrightarrow{OM}$ 称作点 M(对于 O 点) 的**向径** (或矢径), 常用表示

$$\boldsymbol{r} = \overrightarrow{OM} = x\boldsymbol{i} + y\boldsymbol{j} + z\boldsymbol{k},$$

其中 x, y, z 分别是从点 M 到坐标平面 yOz, zOx, xOy 的带 $\pm$ 符号的距离. 于是, (x, y, z) 也称为点 M 关于直角坐标系 $Oxyz$ 的**坐标**.

二维空间直角坐标系 Oxy 的两个基向量 $\boldsymbol{i}, \boldsymbol{j}$ 是线性无关的, 且 $\boldsymbol{i} \perp \boldsymbol{j}$, 此时点 M 的位置对应于向径 $\boldsymbol{r} = \overrightarrow{OM} = x\boldsymbol{i} + y\boldsymbol{j}$. 若 $r = |\overrightarrow{OM}| = \sqrt{x^2 + y^2}$ 表示点 M 到固定点 O 的距离, θ 表示向量$\overrightarrow{OM}$ 与射线 Ox 所成的夹角, 其中点 O 称为**极点**, 射线 Ox 称为**极轴**, 则坐标曲线是半径为 r 的圆周和倾角为 θ 的射线, 对应的基向量为 $\boldsymbol{e}_r$ 和 $\boldsymbol{e}_\theta$, 且 $|\boldsymbol{e}_r| = |\boldsymbol{e}_\theta| = 1$. 显然, 随着平面中点 M 的变化 $\boldsymbol{e}_r$ 和 $\boldsymbol{e}_\theta$ 也不断变化, 但是始终有 $\boldsymbol{e}_r \perp \boldsymbol{e}_\theta$, 因此, 它们与点 O 一起构成也一个正交坐标系, 称为**极坐标系**. 显然, 直角坐标系和极坐标系之间有关系

$$x = r\cos\theta, \quad y = r\sin\theta$$

和

$$r = \sqrt{x^2 + y^2} \in [0, +\infty), \quad \tan\theta = \frac{y}{x}, \quad \theta \in [0, 2\pi).$$

相对于空间直角坐标系或斜坐标系, 坐标曲线不是直线的坐标系也称为**曲线坐标系**. 例如, 二维平面也可以选择更一般的极坐标系 $Ou\theta$, 它的坐标曲线是椭圆 $u = \sqrt{\dfrac{x^2}{a^2} + \dfrac{y^2}{b^2}} \in [0, +\infty)$ 和射线 $\tan\theta = \dfrac{ay}{bx}$, 其中 $a, b > 0$ 且 $a \neq b$. 这个坐标系与直角坐标系的一个关系为

$$x = au\cos\theta, \quad y = bu\sin\theta.$$

此时对应的基向量 $\boldsymbol{e}_u$ 和 $\boldsymbol{e}_\theta$ 满足 $|\boldsymbol{e}_u| = |\boldsymbol{e}_\theta| = 1$. 显然, 随着平面中点 M 的变化 $\boldsymbol{e}_u$ 和 $\boldsymbol{e}_\theta$ 也不断变化, 但是向量 $\boldsymbol{e}_u$ 和 $\boldsymbol{e}_\theta$ 之间的夹角也不断变化, 一般而言不再是极坐标系中的直角. 因此, 坐标系 $Ou\theta$ 不是一个正交坐标系. 在解决具体的物理问题时, 为了计算方便往往更愿意选择正交坐标系. 如果把正交坐标系当作非正交曲线坐标系的极限状况来看, 那么正交坐标系的许多特征就变得更为明显.

注 X.4　描述物理现象的方程与任意特殊坐标系的参考无关, 但为计算方便, 可选适当坐标系, 使问题只涉及标量形式.

如果给定三维空间的两组基分别为 $\boldsymbol{e}_1, \boldsymbol{e}_2, \boldsymbol{e}_3$ 和 $\boldsymbol{u}_1, \boldsymbol{u}_2, \boldsymbol{u}_3$, 且它们之间的关系为

$$\boldsymbol{u}_k = a_k^l \boldsymbol{e}_l, \qquad \boldsymbol{e}_k = b_k^l \boldsymbol{u}_l$$

或

$$(\boldsymbol{u}_1,\boldsymbol{u}_2,\boldsymbol{u}_3)=(\boldsymbol{e}_1,\boldsymbol{e}_2,\boldsymbol{e}_3)\begin{pmatrix} a_1^1 & a_2^1 & a_3^1 \\ a_1^2 & a_2^2 & a_3^2 \\ a_1^3 & a_2^3 & a_3^3 \end{pmatrix},$$

$$(\boldsymbol{e}_1,\boldsymbol{e}_2,\boldsymbol{e}_3)=(\boldsymbol{u}_1,\boldsymbol{u}_2,\boldsymbol{u}_3)\begin{pmatrix} b_1^1 & b_2^1 & b_3^1 \\ b_1^2 & b_2^2 & b_3^2 \\ b_1^3 & b_2^3 & b_3^3 \end{pmatrix},$$

则矩阵 $\boldsymbol{A}=\begin{pmatrix} a_1^1 & a_2^1 & a_3^1 \\ a_1^2 & a_2^2 & a_3^2 \\ a_1^3 & a_2^3 & a_3^3 \end{pmatrix}$ 称为从基 $\boldsymbol{e}_1,\boldsymbol{e}_2,\boldsymbol{e}_3$ 到基 $\boldsymbol{u}_1,\boldsymbol{u}_2,\boldsymbol{u}_3$ 的**过渡矩阵**, 而矩阵 $\boldsymbol{B}=\begin{pmatrix} b_1^1 & b_2^1 & b_3^1 \\ b_1^2 & b_2^2 & b_3^2 \\ b_1^3 & b_2^3 & b_3^3 \end{pmatrix}$ 称为从基 $\boldsymbol{u}_1,\boldsymbol{u}_2,\boldsymbol{u}_3$ 到基 $\boldsymbol{e}_1,\boldsymbol{e}_2,\boldsymbol{e}_3$ 的过渡矩阵且 $\boldsymbol{AB}=\boldsymbol{I}$, 即 $\boldsymbol{B}=\boldsymbol{A}^{-1}$.

对任意的向量 $\boldsymbol{a}\in\mathbf{R}^3$, 在不同的基 $\boldsymbol{e}_1,\boldsymbol{e}_2,\boldsymbol{e}_3$ 和 $\boldsymbol{u}_1,\boldsymbol{u}_2,\boldsymbol{u}_3$ 下分别有坐标

$$\begin{aligned}\boldsymbol{a}&=a_1\boldsymbol{e}_1+a_2\boldsymbol{e}_2+a_3\boldsymbol{e}_3=(\boldsymbol{e}_1,\boldsymbol{e}_2,\boldsymbol{e}_3)\begin{pmatrix} a_1 \\ a_2 \\ a_3 \end{pmatrix}\\ &=b_1\boldsymbol{u}_1+b_2\boldsymbol{u}_2+b_3\boldsymbol{u}_3=(\boldsymbol{u}_1,\boldsymbol{u}_2,\boldsymbol{u}_3)\begin{pmatrix} b_1 \\ b_2 \\ b_3 \end{pmatrix},\end{aligned}$$

于是,

$$\begin{pmatrix} a_1 \\ a_2 \\ a_3 \end{pmatrix}=\boldsymbol{A}\begin{pmatrix} b_1 \\ b_2 \\ b_3 \end{pmatrix}\quad \text{或} \quad \begin{pmatrix} b_1 \\ b_2 \\ b_3 \end{pmatrix}=\boldsymbol{A}^{-1}\begin{pmatrix} a_1 \\ a_2 \\ a_3 \end{pmatrix},$$

称为 $\boldsymbol{a}$ 在基 $\boldsymbol{e}_1,\boldsymbol{e}_2,\boldsymbol{e}_3$ 和 $\boldsymbol{u}_1,\boldsymbol{u}_2,\boldsymbol{u}_3$ 下的**坐标变换公式**.

性质 X.2　在给定三维空间的空间直角系 (或单位正交基)$O\boldsymbol{ijk}$ 下, 对任意两个向量

$$\boldsymbol{a}=a_1\boldsymbol{i}+a_2\boldsymbol{j}+a_3\boldsymbol{k},\qquad \boldsymbol{b}=b_1\boldsymbol{i}+b_2\boldsymbol{j}+b_3\boldsymbol{k}$$

和任意 $\lambda \in \mathbf{R}$, 有

$$a_1 = \boldsymbol{a} \cdot \boldsymbol{i},\ a_2 = \boldsymbol{a} \cdot \boldsymbol{j},\ a_3 = \boldsymbol{a} \cdot \boldsymbol{k}, \qquad b_1 = \boldsymbol{b} \cdot \boldsymbol{i},\ b_2 = \boldsymbol{b} \cdot \boldsymbol{j},\ b_3 = \boldsymbol{b} \cdot \boldsymbol{k}.$$

$$\boldsymbol{a} = (\boldsymbol{a} \cdot \boldsymbol{i})\boldsymbol{i} + (\boldsymbol{a} \cdot \boldsymbol{j})\boldsymbol{j} + (\boldsymbol{a} \cdot \boldsymbol{k})\boldsymbol{k}, \qquad \boldsymbol{b} = (\boldsymbol{b} \cdot \boldsymbol{i})\boldsymbol{i} + (\boldsymbol{b} \cdot \boldsymbol{j})\boldsymbol{j} + (\boldsymbol{b} \cdot \boldsymbol{k})\boldsymbol{k}.$$

$$\boldsymbol{a} \pm \boldsymbol{b} = (a_1 \pm b_1)\boldsymbol{i} + (a_2 \pm b_2)\boldsymbol{j} + (a_3 \pm b_3)\boldsymbol{k}.$$

$$\lambda \boldsymbol{a} = (\lambda a_1)\boldsymbol{i} + (\lambda a_2)\boldsymbol{j} + (\lambda a_3)\boldsymbol{k}.$$

$$\boldsymbol{a} \cdot \boldsymbol{b} = a_1 b_1 + a_2 b_2 + a_3 b_3.$$

$$\boldsymbol{a} \times \boldsymbol{b} = \begin{vmatrix} \boldsymbol{i} & \boldsymbol{j} & \boldsymbol{k} \\ a_1 & a_2 & a_3 \\ b_1 & b_2 & b_3 \end{vmatrix} = (a_2 b_3 - a_3 b_2)\boldsymbol{i} + (a_3 b_1 - a_1 b_3)\boldsymbol{j} + (a_1 b_2 - a_2 b_1)\boldsymbol{k}.$$

$$(\boldsymbol{a} \times \boldsymbol{b}) \cdot \boldsymbol{c} = \begin{vmatrix} a_1 & a_2 & a_3 \\ b_1 & b_2 & b_3 \\ c_1 & c_2 & c_3 \end{vmatrix}, \quad \text{其中 } \boldsymbol{c} = c_1 \boldsymbol{i} + c_2 \boldsymbol{j} + c_3 \boldsymbol{k}.$$

例如, 当质点 M 受外力 $\boldsymbol{F}$ 沿曲线 l 运动时, 在运动过程中, $\boldsymbol{F}$ 为常向量, $\boldsymbol{v}$ 为变向量.

定义 X.13 若对标量 t 在某区间 $I \subseteq \mathbf{R}$ 内的每一个数值, 变向量 $\boldsymbol{A}$ 都存在某一个确定的向量与之对应, 则称 $\boldsymbol{A}$ 为 t 的**向量值函数** (vector-valued function), 记 $\boldsymbol{A} = \boldsymbol{A}(t)$, I 为向量值函数 $\boldsymbol{A}$ 的定义域.

上述定义把实变实值函数 $f : \mathbf{R} \to \mathbf{R}$, 推广到了向量值函数 $\boldsymbol{A} : \mathbf{R} \to \mathbf{R}^3$. 进一步, 可以推广到多元向量值函数 $\boldsymbol{A} : \mathbf{R}^m \to \mathbf{R}^n$, 其中 $m, n \in \mathbf{N}$.

在给定三维空间的直角坐标系 $Oxyz$ 中,

$$\boldsymbol{A}(t) = \varphi(t)\boldsymbol{i} + \psi(t)\boldsymbol{j} + \zeta(t)\boldsymbol{k},$$

即一个向量值函数 $\boldsymbol{A}(t)$ 和三个有序数量值函数 (坐标) 构成一一对应

$$\boldsymbol{A}(t) \leftrightarrow (\varphi(t), \psi(t), \zeta(t)).$$

定义 X.14 把 $\boldsymbol{A}(t)$ 的起点取作坐标原点, 随着 t 的变化, $\boldsymbol{A}(t)$ 的终点 M 会描绘出一条曲线 l, 该曲线称作 $\boldsymbol{A}(t)$ 的向量**速端曲线** (hodograph), 或者简称 $\boldsymbol{A}(t)$ 的**图形**, $\boldsymbol{A}(t) = \varphi(t)\boldsymbol{i} + \psi(t)\boldsymbol{j} + \zeta(t)\boldsymbol{k}$ 称为此曲线的**向量方程**.

由向量代数知, 起点在坐标原点 O 、终点为 $M(x, y, z)$ 的向径, 常用 $\boldsymbol{r} = \overrightarrow{OM} = x\boldsymbol{i} + y\boldsymbol{j} + z\boldsymbol{k}$ 表示. 于是, $\boldsymbol{A}(t)$ 为终点 $M(x, y, z)$ 的向径, 故 $x = \varphi(t)$, $y = \psi(t)$, $z = \zeta(t)$, 称为曲线 l 的**坐标函数**或**参数方程**.

显然, 曲线 l 的向量方程和参数方程之间有一一对应关系.

定义 X.15 设向量值函数 $\boldsymbol{A}(t)$ 在点 t_0 的某个邻域内有定义, $\boldsymbol{A}_0$ 为常向量. 若对任给定的 $\varepsilon>0$, 存在 $\delta>0$, 使得当 $0<|t-t_0|<\delta$ 时, 有 $|\boldsymbol{A}(t)-\boldsymbol{A}_0|<\varepsilon$ 成立, 则称 $\boldsymbol{A}_0$ 为 $\boldsymbol{A}(t)$ 当 $t\to t_0$ 时的**极限**, 记 $\lim\limits_{t\to t_0}\boldsymbol{A}(t)=\boldsymbol{A}_0$.

注 X.5 向量值函数的极限运算法则, 完全类似于数量值函数. 例如,

$$\begin{aligned}
&\lim_{t\to t_0}u(t)\boldsymbol{A}(t)=\lim_{t\to t_0}u(t)\lim_{t\to t_0}\boldsymbol{A}(t),\\
&\lim_{t\to t_0}[\boldsymbol{A}(t)\pm\boldsymbol{B}(t)]=\lim_{t\to t_0}\boldsymbol{A}(t)\pm\lim_{t\to t_0}\boldsymbol{B}(t),\\
&\lim_{t\to t_0}[\boldsymbol{A}(t)\cdot\boldsymbol{B}(t)]=\lim_{t\to t_0}\boldsymbol{A}(t)\cdot\lim_{t\to t_0}\boldsymbol{B}(t),\\
&\lim_{t\to t_0}[\boldsymbol{A}(t)\times\boldsymbol{B}(t)]=\lim_{t\to t_0}\boldsymbol{A}(t)\times\lim_{t\to t_0}\boldsymbol{B}(t).
\end{aligned}$$

上式的证明只要利用

$$\lim_{t\to t_0}\boldsymbol{A}(t)=\lim_{t\to t_0}\varphi(t)\boldsymbol{i}+\lim_{t\to t_0}\psi(t)\boldsymbol{j}+\lim_{t\to t_0}\zeta(t)\boldsymbol{k}$$

把向量值函数的极限转化为求三个数量值函数的极限即可.

定义 X.16 设向量值函数 $\boldsymbol{A}(t)$ 在点 t_0 的某个邻域内有定义, 且 $\lim\limits_{t\to t_0}\boldsymbol{A}(t)=\boldsymbol{A}(t_0)$, 则称 $\boldsymbol{A}(t)$ 在 $t=t_0$ 处是**连续的**. 若向量值函数 $\boldsymbol{A}(t)$ 在某个区间内的每一点处都连续, 则称 $\boldsymbol{A}(t)$ 在该区间内连续.

于是, 向量值函数 $\boldsymbol{A}(t)$ 在 $t=t_0$ 处连续的充要条件是 $\boldsymbol{A}(t)$ 的三个坐标函数 $\varphi(t)$, $\psi(t)$, $\zeta(t)$ 都在 $t=t_0$ 处连续.

定义 X.17 设向量值函数 $\boldsymbol{A}(t)$ 在点 t_0 的某个邻域 $U(t_0)$ 内有定义, 并设 $t+\Delta t\in U(t_0)$. 若

$$\frac{\Delta\boldsymbol{A}}{\Delta t}=\frac{\boldsymbol{A}(t+\Delta t)-\boldsymbol{A}(t)}{\Delta t}$$

在 $\Delta t\to 0$ 时, 其极限存在, 则称此极限为 $\boldsymbol{A}(t)$ 在点 t 处的**导数**, 简称**导向量**, 记 $\dfrac{\mathrm{d}\boldsymbol{A}}{\mathrm{d}t}$ 或 $\boldsymbol{A}'(t)$.

注 X.6 (1) 若 $\boldsymbol{A}(t)=\varphi(t)\boldsymbol{i}+\psi(t)\boldsymbol{j}+\zeta(t)\boldsymbol{k}$ 且 $\varphi(t),\psi(t),\zeta(t)$ 在点 t 处可导, 则

$$\boldsymbol{A}'(t)=\varphi'(t)\boldsymbol{i}+\psi'(t)\boldsymbol{j}+\zeta'(t)\boldsymbol{k}.$$

即把向量值函数的导数转化为求三个数量值函数的导数.

(2) 向量值函数的导数公式

设向量值函数 $\boldsymbol{A}=\boldsymbol{A}(t)$, $\boldsymbol{B}=\boldsymbol{B}(t)$ 和数量值函数 $u=u(t)$ 在 t 的某个区

间内可导, 则有

$$\begin{gathered}\frac{\mathrm{d}}{\mathrm{d}t}\boldsymbol{C}=\boldsymbol{0}\quad(\boldsymbol{C}\text{为常向量}),\\ \frac{\mathrm{d}}{\mathrm{d}t}(\boldsymbol{A}\pm\boldsymbol{B})=\frac{\mathrm{d}}{\mathrm{d}t}\boldsymbol{A}\pm\frac{\mathrm{d}}{\mathrm{d}t}\boldsymbol{B},\\ \frac{\mathrm{d}}{\mathrm{d}t}(u\boldsymbol{A})=\frac{\mathrm{d}u}{\mathrm{d}t}\boldsymbol{A}+u\frac{\mathrm{d}\boldsymbol{A}}{\mathrm{d}t},\\ \frac{\mathrm{d}}{\mathrm{d}t}(\boldsymbol{A}\cdot\boldsymbol{B})=\boldsymbol{A}\cdot\frac{\mathrm{d}\boldsymbol{B}}{\mathrm{d}t}+\frac{\mathrm{d}\boldsymbol{A}}{\mathrm{d}t}\cdot\boldsymbol{B},\\ \frac{\mathrm{d}}{\mathrm{d}t}\boldsymbol{A}^2=\frac{\mathrm{d}}{\mathrm{d}t}(\boldsymbol{A}\cdot\boldsymbol{A})=2\boldsymbol{A}\cdot\frac{\mathrm{d}\boldsymbol{A}}{\mathrm{d}t},\\ \frac{\mathrm{d}}{\mathrm{d}t}(\boldsymbol{A}\times\boldsymbol{B})=\boldsymbol{A}\times\frac{\mathrm{d}\boldsymbol{B}}{\mathrm{d}t}+\frac{\mathrm{d}\boldsymbol{A}}{\mathrm{d}t}\times\boldsymbol{B}.\end{gathered}$$

$$\frac{\mathrm{d}\boldsymbol{A}}{\mathrm{d}t}=\frac{\mathrm{d}\boldsymbol{A}}{\mathrm{d}u}\frac{\mathrm{d}u}{\mathrm{d}t},\text{ 其中}\boldsymbol{A}=\boldsymbol{A}(u),u=u(t)\text{(复合函数求导公式)}.$$

(3) 导向量的几何意义

导向量为一个向量速端曲线的切向向量, 指向对应 t 值增大的一方.

(4) 导向量的物理意义

导向量 $\frac{\mathrm{d}\boldsymbol{r}}{\mathrm{d}t}$ 为质点 M 运动轨迹 $\boldsymbol{r}=\boldsymbol{r}(t)$ 的速度向量 $\boldsymbol{v}=\frac{\mathrm{d}\boldsymbol{r}}{\mathrm{d}t}$.

设质点 M 在空间中运动, 其向径 $\boldsymbol{r}=\boldsymbol{r}(t)$, 则向量速端曲线 l 就是 M 的运动轨迹. 若质点在 $t=t_0$ 时位于 M_0, 经过一段时间 t 到达 M, 期间在 l 上所经过的路程为 $s=\widehat{MM_0}$, 于是 $\frac{\mathrm{d}\boldsymbol{r}}{\mathrm{d}t}=\frac{\mathrm{d}\boldsymbol{r}}{\mathrm{d}s}\cdot\frac{\mathrm{d}s}{\mathrm{d}t}=\boldsymbol{\tau}\cdot v$, 其中 $\boldsymbol{\tau}=\frac{\mathrm{d}\boldsymbol{r}}{\mathrm{d}s}$ 是 M 处的一个单位切向向量, 指向 s 增大的一方, 表示质点的运动方向. 而 $\frac{\mathrm{d}s}{\mathrm{d}t}=v$ 是路程 s 对时间 t 的变化率, 表示质点运动的速度大小.

定义 X.18 设有向量值函数 $\boldsymbol{A}(t)$, 称 $\mathrm{d}\boldsymbol{A}=\boldsymbol{A}'(t)\mathrm{d}t$ $(\mathrm{d}t=\Delta t)$ 为 $\boldsymbol{A}(t)$ 在点 t 处的**微分**.

若 $\boldsymbol{A}(t)=\varphi(t)\boldsymbol{i}+\psi(t)\boldsymbol{j}+\zeta(t)\boldsymbol{k}$, 则

$$\mathrm{d}\boldsymbol{A}=\varphi'(t)\mathrm{d}t\ \boldsymbol{i}+\psi'(t)\mathrm{d}t\ \boldsymbol{j}+\zeta'(t)\mathrm{d}t\ \boldsymbol{k}\ \text{或}\quad \mathrm{d}\boldsymbol{A}=\mathrm{d}\varphi\ \boldsymbol{i}+\mathrm{d}\psi\ \boldsymbol{j}+\mathrm{d}\zeta\ \boldsymbol{k}$$

是切向量, 在 M 处与 $\boldsymbol{A}(t)$ 的向量速端曲线 l 相切.

注 X.7 $\frac{\mathrm{d}\boldsymbol{r}}{\mathrm{d}s}$ 的几何意义: 向量值函数对 (其向量速端曲线的) 弧长 s 的导数 $\frac{\mathrm{d}\boldsymbol{r}}{\mathrm{d}s}$ 为一单位切向向量, 恒指向 s 增大的一方.

若把 $\boldsymbol{A}(t)=\varphi(t)\boldsymbol{i}+\psi(t)\boldsymbol{j}+\zeta(t)\boldsymbol{k}$ 看作其终点 $M(x,y,z)$ 的向径函数 $\boldsymbol{r}=x\boldsymbol{i}+y\boldsymbol{j}+z\boldsymbol{k}$, 则 $\mathrm{d}\boldsymbol{r}=\mathrm{d}x\,\boldsymbol{i}+\mathrm{d}y\,\boldsymbol{j}+\mathrm{d}z\,\boldsymbol{k}$, $|\mathrm{d}\boldsymbol{r}|=\sqrt{(\mathrm{d}x)^2+(\mathrm{d}y)^2+(\mathrm{d}z)^2}$. 另一方面, 若在有向曲线 l 上取定一点 M_0 作为计算弧长 s 的起点, l 的正向取为 s 增大的方向, 则在 l 上任一点 M 处, $\mathrm{d}s=\sqrt{(\mathrm{d}x)^2+(\mathrm{d}y)^2+(\mathrm{d}z)^2}$. 于是, $|\mathrm{d}\boldsymbol{r}|=|\mathrm{d}s|$. 因此, $|\mathrm{d}\boldsymbol{r}|=\left|\dfrac{\mathrm{d}\boldsymbol{r}}{\mathrm{d}s}\cdot\mathrm{d}s\right|=\left|\dfrac{\mathrm{d}\boldsymbol{r}}{\mathrm{d}s}\right|\cdot|\mathrm{d}s|$. 故 $\left|\dfrac{\mathrm{d}\boldsymbol{r}}{\mathrm{d}s}\right|=1$.

定义 X.19　设在 t 的某个区间 I 上, 有 $\boldsymbol{B}'(t)=\boldsymbol{A}(t)$, 则称 $\boldsymbol{B}(t)$ 为 $\boldsymbol{A}(t)$ 在 I 上的一个**原函数**. 在区间 I 上 $\boldsymbol{A}(t)$ 的所有原函数的全体, 称为 $\boldsymbol{A}(t)$ 在 I 上的**不定积分**, 记 $\displaystyle\int\boldsymbol{A}(t)\mathrm{d}t$.

注 X.8　(1) 若 $\boldsymbol{B}(t)$ 为 $\boldsymbol{A}(t)$ 的一个原函数, 则 $\displaystyle\int\boldsymbol{A}(t)\mathrm{d}t=\boldsymbol{B}(t)+\boldsymbol{C}$, 其中 $\boldsymbol{C}$ 为常向量.

(2) 对向量值函数来说, 换元积分法与分部积分法仍成立. 因为可以利用

$$\int\boldsymbol{A}(t)\mathrm{d}t=\boldsymbol{i}\int\varphi(t)\mathrm{d}t+\boldsymbol{j}\int\psi(t)\mathrm{d}t+\boldsymbol{k}\int\zeta(t)\mathrm{d}t$$

把向量值函数的不定积分转化为三个数量值函数的不定积分来处理.

(3) 向量值函数的不定积分的性质

$$\int k\boldsymbol{A}(t)\mathrm{d}t=k\int\boldsymbol{A}(t)\mathrm{d}t,\text{其中}k\text{为常数},$$

$$\int[\boldsymbol{A}(t)\pm\boldsymbol{B}(t)]\mathrm{d}t=\int\boldsymbol{A}(t)\mathrm{d}t\pm\int\boldsymbol{B}(t)\mathrm{d}t,$$

$$\int u(t)\boldsymbol{A}\mathrm{d}t=\boldsymbol{A}\int u(t)\mathrm{d}t,$$

$$\int\boldsymbol{a}\cdot\boldsymbol{A}(t)\mathrm{d}t=\boldsymbol{a}\cdot\int\boldsymbol{A}(t)\mathrm{d}t,$$

$$\int\boldsymbol{a}\times\boldsymbol{A}(t)\mathrm{d}t=\boldsymbol{a}\times\int\boldsymbol{A}(t)\mathrm{d}t.$$

定义 X.20　设向量值函数 $\boldsymbol{A}(t)$ 在 $[T_1,T_2]$ 上连续, 则 $\boldsymbol{A}(t)$ 在 $[T_1,T_2]$ 上的**定积分**是指下面形式的极限

$$\int_{T_1}^{T_2}\boldsymbol{A}(t)\mathrm{d}t=\lim_{\lambda\to0}\sum_{k=1}^{n}\boldsymbol{A}(\xi_k)\Delta t_k,$$

其中 $T_1=t_0<t_1<\cdots<t_n=T_2$, ξ_k 为 $[t_{k-1},t_k]$ 中的一点, $\Delta t_k=t_k-t_{k-1}$, $\lambda=\max\limits_k\Delta t_k$.

注 X.9 向量值函数的定积分具有类似数量值函数的基本性质. 因为可以利用

$$\int_{T_1}^{T_2} \boldsymbol{A}(t)\mathrm{d}t = \boldsymbol{i}\int_{T_1}^{T_2} \varphi(t)\mathrm{d}t + \boldsymbol{j}\int_{T_1}^{T_2} \psi(t)\mathrm{d}t + \boldsymbol{k}\int_{T_1}^{T_2} \zeta(t)\mathrm{d}t$$

把向量值函数的定积分转化为三个数量值函数的定积分进行处理.

定理 X.2(Newton-Leibniz 公式) 若 $\boldsymbol{B}(t)$ 为连续向量值函数 $\boldsymbol{A}(t)$ 在 $[T_1, T_2]$ 上的一个原函数, 则 $\displaystyle\int_{T_1}^{T_2} \boldsymbol{A}(t)\mathrm{d}t = \boldsymbol{B}(T_2) - \boldsymbol{B}(T_1)$.

参考文献

[1] 陈方权, 蒋绍惠. 解析函数论基础. 2 版. 北京: 北京师范大学出版社, 2008.

[2] 梁昌洪. 复变函数札记. 北京: 科学出版社, 2011.

[3] 欧维文. 复变函数论. 长春: 吉林大学出版社, 1994.

[4] 西安交通大学高等数学教研室. 工程数学　复变函数. 4 版. 北京: 高等教育出版社, 2011.

[5] 谢树艺. 工程数学　矢量分析与场论. 3 版. 北京: 高等教育出版社, 2005.

[6] 严镇军. 数学物理方法. 合肥: 中国科学技术大学出版社, 1999.

[7] 张元林. 工程数学　积分变换. 4 版. 北京: 高等教育出版社, 2003.

[8] 中国大百科全书总编辑委员会《数学》编辑委员会. 中国大百科全书 数学. 北京: 中国大百科全书出版社, 1992.

[9] 钟玉泉. 复变函数论. 4 版. 北京: 高等教育出版社, 2013.

[10] 庄圻泰, 张南岳. 复变函数. 北京: 北京大学出版社, 1984.

[11] AHLFORS L V. Complex Analysis. 3rd ed. New York: McGraw-Hill Education, 1979.

[12] BENEDETTO J J. Harmonic Analysis and Applications. Boca Raton CRC Press, 1997.

[13] BORISENKO A I, TARAPOV I E. Vector and Tensor Analysis with Applications. English ed, transl. by Silverman R A. New York: Dover Publications Inc., 1968.

[14] BROWN J W, CHURCHILL R V. Complex Variables and Applications. 8th ed. New York: McGraw-Hill Education, 2009.

[15] DAVIES B. Integral Transforms and Their Applications. 3rd ed. New York: Springer Verlag, 2002.

[16] ERDELYI A. Tables of Integral Transforms, Vol. I and II. New York: McGraw-Hill, 1954.

[17] GRAFAKOS L. Classical Fourier Analysis. 2nd ed. New York:

Springer Verlag, 2008.

[18] IORIO R, IORIO V M. Fourier Analysis and Partial Differential Equations. Cambridge: Cambridge University Press, 2001.

[19] JURY E I. Theory and Applications of the z-Transform Method. New York: Krieger, 1964.

[20] LANG S. Complex Analysis. 4th ed. New York: Springer Verlag, 1999.

[21] LIGHTHILL M J. Introduction to Fourier Analysis and Generalised Functions, Cambridge: Cambridge University Press, 1964.

[22] MISRA O P, LAVOINE J L. Transform Analysis of Generalized Functions. Amsterdam: Elsevier Science Publisher. B.V., 1986.

[23] POLYA G, LATTA G. 复变函数. 路见可, 等, 译. 北京: 高等教育出版社, 1985.

[24] RUDIN W. Real and Complex Analysis. 3rd ed. New York: McGraw-Hill Education, 1987.

[25] SAFF E B, SNIDER A D. Fundamentals of Complex Analysis with Applications to Engineering and Science. 3rd ed. New York: Pearson Education Inc., 2003.

[26] STEIN E M, SHAKARCHI R. Complex Variables. Princeton: Princeton University Press, 2003.

[27] STEIN E M, WEISS G. Introduction to Fourier Analysis on Euclidean Spaces. Princeton: Princeton University Press, 1971.

[28] TRANTER C J. Integral Transforms in Mathematical Physics . 2nd ed. New York: John Wiley & Sons, 1956.

[29] WIDDER D V. An Introduction to Transform Theory. New York: Academic Press, 1972.

[30] ZWILLINGER D. Standard Mathematical Tables and Formulae 33rd ed. New York: Chapman and Hall/ CRC, 2018.

名 词 索 引

这里按汉语拼音顺序给出常用名词 (凡以外文字母开始的词组均将第一个字母看作汉语拼音归入相应的类中), 并给出其所在的页码.

F

G

H

J

K

L

M

N

P

Q

R

S

T

W

X

Y

Z

习题参考答案

南京理工大学工程数学历年考试试题

南京理工大学工程数学历年考试试题
答案及评分标准

郑重声明

读者意见反馈

为收集对教材的意见建议，进一步完善教材编写并做好服务工作，读者可将对本教材的意见建议通过如下渠道反馈至我社。

咨询电话　400-810-0598

反馈邮箱　hepsci@pub.hep.cn

通信地址　北京市朝阳区惠新东街4号富盛大厦1座

　　　　　高等教育出版社理科事业部

邮政编码　100029

防伪查询说明

用户购书后刮开封底防伪涂层，使用手机微信等软件扫描二维码，会跳转至防伪查询网页，获得所购图书详细信息。

防伪客服电话　(010)58582300